프렌즈 시리즈 25

프렌즈
오사카

정꽃나래·정꽃보라 지음

Osaka

중앙books

PROLOGUE
저자의 말

✦

간사이 지방은 도쿄에서 대학을 다니던 우리가 처음이자 마지막으로 방문한 일본 국내 관광지였다. 아무런 정보 없이 단지 가깝고 저렴하다는 이유만으로 무작정 골랐던 간사이와의 인연이 이렇게 오래갈 줄은 꿈에도 모른 채 여름방학의 짧은 여행이 시작되었다.

2박 3일의 일정이었지만 간사이를 제대로 느끼겠다는 야심 찬 포부를 담아 하루 한 도시씩 관광하는 것을 목표로 했던 우리. 그것이 무리였다는 것을 알게 된 건 여행 시작 직후 오사카에 도착하고 나서다. 도시마다 특색이 다른 건 물론이고 둘러봐야 할 곳은 어찌나 많던지. 세계적인 메트로폴리스 도쿄에서 유학 생활을 하던 터라 한마디로 지방 도시를 얕잡아 본 것이다. 의욕적으로 오사카, 교토, 고베 세 도시를 돌긴 했지만 결국 각 도시의 굵직한 명소 두세 군데만 후딱 돌고 서둘러 비행기에 올라탄 기억이 난다.

왁자지껄 유쾌한 서민의 거리 오사카, 일본의 자부심 천년 고도 교토, 이국적이고 세련된 항구 도시 고베, 소박하지만 정겨운 사슴의 고향 나라, 푸른 바다 빛으로 물든 해안 도시 와카야마…. 간사이 도시들의 이미지 하면 흔히 이렇게 말하곤 한다. 하지만 간사이를 한마디로 정의하긴 어렵다. 워낙 팔색조 같은 매력을 지녀서 그런가. 첫 여행 이후 몇 번이고 짧고 긴 일정으로 간사이를 방문했고 가이드북의 취재를 위해 장기간 체류하며 여행을 했지만 그 어떤 수식어로도 이 지역을 대변할 수는 없다는 결론을 내렸다. 확실히 말할 수 있는 건 간사이 지방은 한 번의 방문으로 다양한 풍경을 마주할 수 있다는 점이다. 마치 버스나 열차만으로 국경을 넘나드는 유럽 여행 같은 느낌 말이다. 한 시간 남짓 지하철을 달려 도착하면 전혀 다른 풍경이 펼쳐진다니. 멋지지 아니한가!

유난히도 다양한 매력을 가진 간사이 지방, 그곳에서 당신만의 여행을 찾길 바라며 이 책이 완벽한 여행에 좋은 길잡이가 되길 바란다.

정꽃나래 일본 조치대학(上智大学)에서 언론학을 공부했다. 대한해협을 건너 시작된 유학 생활에서 도시 탐방에 재미를 붙여 여행에 눈을 떴다. 본래 독서가 취미였으나, 출판 강국인 일본에서 생활하며 책의 매력에 더욱 빠졌다. 결국 책과 여행 두 가지 취미를 즐길 수 있는 일이 하고 싶어 여행작가의 삶을 시작했다.

jung.kon.narae@gmail.com

정꽃보라 일본 메이지대학(明治大学)에서 마케팅을 전공했다. 대학 졸업 후 일본 IT 대기업에 입사해 IT 엔지니어로 4년간 일했다. 퇴사 후 10년간의 일본 생활을 정리하고 쌍둥이 동생 정꽃나래와 함께 2년 반 동안 세계를 일주했다. 이후 다년간의 여행 경험을 살리고자 여행작가의 길로 들어섰다. 오랜 시간 보낸 곳을 완전히 떠나지 못하고 매년 서너 달은 일본에서 지내고 있다.

kobbora@gmail.com

공동 저서 <베스트 프렌즈 오사카>, <베스트 프렌즈 교토>, <베스트 프렌즈 도쿄>, <프렌즈 홋카이도>, <프렌즈 후쿠오카>, <프렌즈 도쿄>, <런던 여행백서>, <오사카 교토 여행백서>, <도쿄 마실>, <오키나와 셀프트래블>, <하와이 셀프트래블>, <팔로우 스페인 · 포르투갈>, <리얼 일본 소도시>

HOW TO USE
일러두기

★

이 책에 실린 정보는 2024년 8월까지 수집한 정보를 바탕으로 하고 있습니다. 현지 교통·볼거리·레스토랑·쇼핑센터의 요금과 운영 시간, 숙소 정보 등이 수시로 바뀔 수 있음을 말씀드립니다. 때로는 공사 중이라 입장이 불가능하거나 출구가 막히는 경우도 있습니다. 저자가 발빠르게 움직이며 바뀐 정보를 수집해 반영하고 있지만 예고 없이 현지 요금이 인상되는 경우가 비일비재합니다. 이 점을 감안하여 여행 계획을 세우시기 바랍니다. 새로운 정보나 변경된 정보가 있다면 아래로 연락 주시기 바랍니다. 더 나은 정보를 위해 귀 기울이겠습니다.

저자 이메일 kobbora@gmail.com   jung.kon.narae@gmail.com

01
알차게 오사카를 여행하는 법

오사카를 처음 방문하는 초보 여행자도 낯설지 않게 오사카를 여행할 수 있도록 '오사카 알아가기'를 통해 다양한 관점에서 오사카를 소개했다. 크게 오사카의 먹거리·볼거리·쇼핑으로 나눈 뒤 그 하위 내용들을 테마별·지역별·인기별 등 다양한 방법과 배치를 활용해 소개했다. 정보를 단순하게 나열하는 것이 아닌, 여행자에게 꼭 필요한 각종 정보를 유기적으로 구성하였기 때문에 낯선 여행지에 대한 두려움을 해소하고 알차고 재미있게 오사카를 여행할 수 있다.

02
도시별 최신 여행 정보 수록

이 책은 오사카(미나미, 기타, 오사카 성, 덴노지·신세카이, 베이 에어리어, 오사카 근교)와 교토(기요미즈데라·기온, 은각사, 금각사·니조조, 교토 역, 아라시야마, 교토 근교)를 중심으로 간사이 지역을 소개하며 더 나아가 고베, 나라, 와카야마까지 다루고 있다. 이 외에도 각 도시를 여행하며 함께 방문하면 좋은 근교 여행지(PLUS AREA) 7곳도 함께 소개하고 있으니, 오사카를 더욱 알차고 쉽게 여행하고 싶다면 근교 여행지를 참고하자. 여기에 저자가 제공하는 알짜배기 여행 팁, 여행지를 더욱 세세하게 뜯어보는 ZOOM IN 코너, 여행의 즐거움이 배가 되는 스페셜 코너 Feature를 참고하면 더욱 알찬 여행을 즐길 수 있다.

도시 간 이용 노선 및 소요 시간을 한눈에!

일본은 한 지역 내에서 운행하는 철도 수가 많아 매우 복잡한 구조로 되어 있는데, 이는 간사이 지역에도 예외 없이 적용된다. 간사이전 지역에 철도를 운행하는 회사만 해도 28개 업체나 되며 노선은 무려 110개에 달한다. JR, 지하철, 난카이, 한큐, 한신, 게이한, 긴테쓰등 열차들이 거미줄처럼 얽히고설킨 노선도를 처음 본다면 적잖이당황스러울 것이다. <프렌즈 오사카>에서는 간사이 지역 내에서 이동할 때 최적의 이용 노선과 소요 시간을 알기 쉽게 소개했다. 또 각승하차역과 요금까지 상세히 소개하고 있으니, 효율적인 여행을 위해 참고하자.

길 찾기도 척척! 지역별 최신 지도

책에서 소개하는 모든 관광, 식당, 쇼핑 명소와 숙소는 본문 속 또는 맵북 지도에 위치를 표시했다. 본문 속 맵북 P.00-00 는 해당 스폿이 표시된 맵북 페이지와 구역 번호를 의미한다. 모든 지도는 지도만으로 길을 찾기 쉽도록 길 찾기의 표식이 될 수 있는 표지물, 길 이름 등을 표기했다.

스마트폰 여행자들을 위한 '키워드'

스마트폰이 일상 속에서 활용도가 높아짐에 따라 여행에서도 스마트폰의 활용도가 높아졌다. 지도 애플리케이션을 이용해 길을 찾는 여행자들이 많은데, 이때 한글이나 영어는 입력이 수월하지만 일본어를 입력하긴 어렵다. <프렌즈 오사카>에서는 이를 위해 모든 스폿 정보 부분에 키워드를 입력해 두었다. 이는 지도애플리케이션인 구글 맵스(Google maps)에 입력 시 해당 스폿의 위치를 바로 짚어주는 키워드로, 일본어를 입력하기 어려운 상황에서 여행자가 길을 찾는 데 용이하다.

헵파이브 관람차

CONTENTS
오사카

오사카 알아가기

오사카 여행 설계하기

오사카 大阪

교토 京都

고베 神戸

효고
兵庫

교토
京都

시가
滋賀

고베
神戸

오사카
大阪

나라
奈良

미에
三重

와카야마
和歌山

간사이/긴키
関西 / 近畿

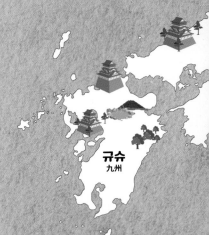

규슈
九州

간사이 지방은 어떤 곳인가요?

간사이(関西) 지방은 일본의 중심부에 있는 가장 큰 섬인 혼슈(本州) 중서부에 위치하는 지역으로, 오사카부(大阪府), 교토부(京都府), 효고현(兵庫県), 나라현(奈良県), 와카야마현(和歌山県), 시가현(滋賀県) 등 2부·4현이 속해 있다. 간사이 지방에 미에현(三重県)이 더해져 긴키(近畿)라는 호칭으로 불리는 경우도 있는데, 주로 정부 기관 같은 공적인 조직이나 일반 기업체에서 쓰이고 일반적으로는 도쿄가 포함된 간토(関東) 지방과의 대조로 인해 생겨난 명칭인 간사이로 불린다.

<프렌즈 오사카>에서는 간사이 지방의 핵심인 오사카와 교토를 비롯해 인근에 자리하는 효고의 고베, 나라, 와카야마의 주요 관광구역을 다루고 있다.

홋카이도
北海道

주고쿠
中国

도호쿠
東北

간토
関東

주부
中部

간사이/긴키
関西 / 近畿

시코쿠
四国

오키나와
沖縄

일본 전도

오사카 알아가기

Osaka *attraction*

오사카 알아가기 | 볼거리

오사카 도톤보리

교토 기온

オススメ!

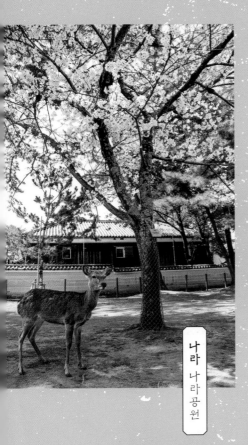

GOTO
トラベル

와카야마 시라하마

나라 나라공원

고베 베이에어리어

해시태그로 알아보는 간사이

전철로 한 시간만 이동했을 뿐인데 펼쳐지는 풍경이 이다지도 다르다니.
간사이 여행의 매력은 이 한 줄로 설명이 끝난 게 아닐까? 저마다 뿜어내는 에너지와
분위기가 각기 달라서 취향에 맞는 도시를 찾아보는 재미가 있다.

오사카

#레트로 #빈티지
#먹다가망한다 #쇼핑천국

교토

#천년고도 #전통사원
#옛날로타임슬립 #기모노

고베
#항구도시 #세련되고멋스러운
#양식 #디저트

와카야마
#바다 #온천 #해산물

나라
#사슴 #대불전 #고즈넉

간사이 도시별 하이라이트

1.도톤보리 道頓堀 2.신세카이 新世界 3.유니버설 스튜디오 재팬 USJ
4.오사카 성 大阪城 5.우메다 스카이빌딩 梅田スカイビル

오사카

1.교토타워 京都タワー 2.은각사 銀閣寺 3.금각사 金閣寺
4.아라시야마 嵐山 5.기요미즈데라 清水寺

교토

1.기타노이진칸 北野異人館 2.난킨마치 南京町 3.하버랜드 ハーバーランド

고베

1.나라공원 奈良公園 2.도다이지 東大寺 3.호류지 法隆寺

나라

1.시라하마 白浜 2.기시 貴志 3.고야산 高野山

와카야마

간사이의 사계절

봄
春
벚꽃놀이

오사카 게마사쿠라노미야 공원

여름
夏
마쓰리

오사카 덴진마쓰리 호노하나비

가을
秋
단풍놀이

교토 도후쿠지

겨울
冬
겨울 풍경

교토 아라시야마

THINGS TO KNOW ABOUT OSAKA

한국과 마찬가지로 일본 역시 봄, 여름, 가을, 겨울 사계절이 뚜렷한 나라다.
간사이(関西) 지방은 계절마다 예쁜 옷을 갈아입고 손님맞이에 나선다.
일본의 국화인 벚꽃이 곳곳에 만발하는 봄이나 단풍으로 빨갛게 물든 가을은 방문객이
폭발적으로 증가할 정도로 간사이의 가장 아름다운 모습을 볼 수 있는 시기다.
여름과 겨울에도 각종 축제가 풍성하게 열려 쉴 틈 없이 즐거움을 선사한다.

봄

일본의 봄 하면 역시 '벚꽃(桜)'을 빼놓을 수 없다.
해마다 발표되는 개화와 만개 시기를 예의주시하며 벚꽃놀이를 준비하는 현지인의 모습을
어김없이 관찰할 수 있는 시기다. 일본 사계절의 대표 격으로도 꼽히는 존재이기에
한국인을 포함한 해외여행자 역시 이 시기를 선호하는 경향이 두드러진다.

대표적인 벚꽃 명소

오사카의 오사카 성 공원(大阪城公園), 게마사쿠라노미야 공원(毛馬桜之宮公園), 조폐국(造幣局), 교토의 기온(祇園) 지역과 가모가와(鴨川) 강변, 고베의 이쿠타 신사, 나라의 나라 공원.

기다림의 미학, 600도의 법칙

벚꽃의 개화 시기를 가늠할 수 있는 600도의 법칙은 2월 1일을 기준점으로 설정하고, 그날부터 매일 최고 기온을 더해서 합산 온도가 600도 정도가 되면 벚꽃이 핀다고 한다. 매일 평균 기온을 합산한 400도의 법칙도 있다.

일본의 봄을 먹어요, 사쿠라모찌

사쿠라모찌(桜餅)는 벚꽃을 닮은 핑크빛 떡을 소금에 절인 벚나무 잎으로 감싼 일본의 전통 화과자다. 찹쌀을 쪄내어 겉모습이 오돌토돌한 도묘지(道明寺) 가루 떡 속에 팥소를 넣어 동그란 모양으로 만든 간사이(関西)식과 얇은 크레이프 형태로 구운 밀가루 반죽 사이에 팥소를 끼운 간토(関東)식 두 종류가 있다. 소금에 절인 벚꽃 잎을 감싸며 마무리하는 점은 둘 다 같다.

Tip 사계절의 구분은 크게 두 가지로 나타나는데, 학교나 관공서 등 일반적인 국가 기관에서 지정하는 각 시기는 4~6월이 봄, 7~9월이 여름, 10~12월이 가을, 1~3월이 겨울이며, 기상청에서 공식으로 지정하는 시기는 3~5월이 봄, 6~8월이 여름, 9~11월이 가을, 12~2월이 겨울로 나뉜다.

화려한 불꽃이 캄캄한 여름밤을 수놓는 불꽃놀이와 일본 전통 의상인 유카타를 입고
한여름을 즐기는 일본 축제 마쓰리(祭り)는 일본의 여름을 더욱 풍성하게 만든다.
한국만큼 무더위를 자랑하지만 지역마다 독특한 이벤트를 개최하여 다양한 즐거움을
선사하기 때문에 방문할 가치가 충분하다. 단, 일사병에 주의하며 다닐 것.

여름

대표적인 여름 축제

오사카의 덴진마쓰리(天神祭)와 교토의 기온마쓰리(祇園祭)는 도쿄의 간다마쓰리(神田祭)와 더불어 일본을 대표하는 3대 축제에 속한다. 덴진마쓰리는 오사카텐만구(大阪天満宮)에서 시작하여 오카와(大川)강을 중심으로 펼쳐지는 축제로 매년 7월 24일과 25일에 개최한다. 축제와 동시에 열리는 덴진마쓰리호노하나비(天神祭奉納花火) 불꽃축제도 빼놓을 수 없다. 특히 25일 18:00부터 오카와강 선상에서 펼쳐지는 행사 후나토교(船渡御)는 축제의 가장 큰 볼거리다.

1,000년 이상의 역사를 지닌 기온마쓰리는 매년 7월 1일부터 한 달간 야사카 신사(八坂神社)를 비롯한 교토 기온 지역에서 열리는데, 유네스코 무형문화유산으로도 등재되어 있다. 7월 17일 시조(四条) 거리와 가와라마치(河原町) 거리를 행진하는 사키마쓰리(前祭)의 야마보코준코(山鉾巡行)는 꼭 봐야 할 축제의 클라이맥스.

여름 여행 필수 아이템

7~8월 일본에서 30도를 웃도는 폭염과 고온 땡볕은 여행자도 피해갈 수 없는 장애물. 무더위를 견뎌내며 곳곳하게 도시 이곳저곳을 돌아다니는 이들에게 휴대용 선풍기인 손풍기와 아이스 목토시인 넥쿨러는 건강한 여행을 위해서 반드시 지참해야 할 아이템이다. 이것 외에도 갖추면 좋은 일본의 유용한 여름나기 아이템을 소개한다. 대부분 드러그스토어나 편의점에서 구매할 수 있다.

1. 데오드란트 デオドラント
땀과 냄새를 방지하고 상쾌한 피부를 유지해준다. 스프레이, 롤온, 시트 등 다양한 종류가 있다.

2. 비오레 사라사라 파우더 시트
ビオレさらさらパウダーシート
산뜻하고 보송보송한 느낌을 주는 땀 닦는 시트. 비누, 시트러스, 무향 세 종류가 있다.

3. 냉감 스프레이 冷感スプレー
뿌리면 냉감 효과를 얻고 은은한 향기로 땀냄새를 피할 수 있다. 의류나 몸에 직접 뿌리면 된다.

4. 냉각 시트 冷却シート
몸에 붙이면 장시간 차가운 냉기가 느껴지면서 순간적으로 온도가 낮아진 듯한 시원함을 느낄 수 있다.

5. 반 땀 차단 발바닥 젤
Ban 汗ブロック足用ジェル
발에 생기는 땀을 억제하고 발냄새와 화끈거림을 방지하는 젤. 맨발이나 바깥에서 신발을 벗을 때 뿌리면 좋다.

6. 키레토 레몬 구연산 음료
キレートレモン クエン酸2700
폭염으로 더위를 먹었다면 레몬 1개 분량의 과즙과 비타민C 1,350mg이 함유된 구연산 음료를 먹으면 피로감을 어느 정도 회복할 수 있다.

울긋불긋 붉은색과 노란색으로 물드는 단풍 또한 일본을 만끽하기에 좋은 요소.
이르면 11월 중순부터 12월 중순까지 전국 각지는 가을 옷으로 갈아입고 더욱 아름다운
풍경을 뽐낸다. 한 편의 그림 같은 자연을 감상하기에 이 시기만 한 때도 없다.

가을

대표적인 단풍 명소

간사이의 아름다운 단풍을 볼 수 있는 곳은 주로 교토
에 몰려 있다. '단풍의 에이칸도(モミジの永観堂)'라는
별칭이 붙여진 에이칸도젠린지(永観堂禅林寺), 새빨갛게 물든 2,000그루의 단풍나무가 인상적인
도후쿠지(東福寺), 운치 있는 산책길로 인기가 높은 철학의 길(哲学の道), 한국인에게는 잘 알려지
지 않았지만 현지인에게 단풍 명소로 유명한 엔코지(圓光寺)와 시센도(詩仙堂)가 있다.

겨울이 되면 교토 북부 등지에서 함박눈이 쌓인 한겨울의 풍경이 펼쳐진다.
때로는 폭설이 내리는 경우가 있지만 흔하지는 않다. 한국보다는 비교적 추위가 덜한 편이며,
연말연시로 인해 북적북적한 일본을 느낄 수 있다.

겨울의 대표적인 겨울 명소

고베의 루미나리에(ルミナリエ)는 1995년 일어
난 고베 대지진(한신 아와지 대지진, 阪神淡路
大震災)을 다음 세대에게 알리고 고베의 부흥과
재생을 꿈꾸는 희망을 담아 시작된 행사다. 유
럽 바로크 시대에 행해졌던 장식예술 중 하나로
탄생한 것으로 전기 조명을 이용한 환상적인 빛
의 향연이 인상적이다. 매년 1월에 10일간 구거
류지(旧外国人居留地), 메리켄파크(メリケンパー
ク), 히가시 유원지(東遊園地)에서 개최된다.
🌐 www.feel-kobe.jp/kobe_luminarie

겨울에만 볼 수 있는 자연 풍경

눈앞에 보이는 풍경이 온통 눈이 쌓여 마치 화
장한 것처럼 경치가 바뀌는 것을 눈화장(雪化
粧)이라 표현한다. 교토 아라시야마, 금각사, 기
요미즈데라에서 볼 수 있다.

겨울

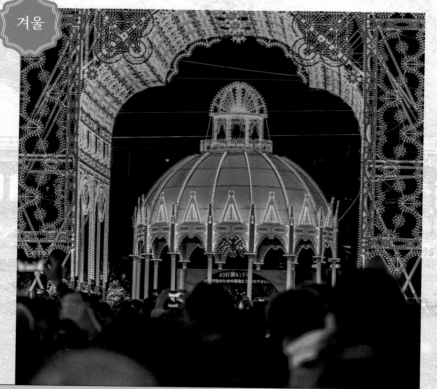

알 고 보 면 재 미 있 는 동일본 vs 서일본

알고 보면 재미있는 동일본과 서일본의 음식문화 차이! 일본 열도를 반으로 툭 잘랐을
때 오른편에 위치한 지역을 동일본, 왼편에 위치한 지역을 서일본이라고 지칭한다.
도쿄로 대표되는 동일본은 홋카이도(北海道), 도호쿠(東北), 간토(関東) 지역이, 오사카로
대표되는 서일본은 간사이(関西), 주고쿠(中国), 규슈(九州) 지역이 포함되어 있다.
재미있게도 일본은 두 구역의 문화, 생활습관, 성격, 말투가 대조적이어서 서로 비교
대상이 되곤 하는데, 음식도 예외는 아니다.

우동육수

東(동일본)
가쓰오부시 육수와 진간장을
사용한 진하고 강한 맛

西(서일본)
다시마 육수와
연한 간장을 사용한
옅은 맛

주로
사용되는
파의 종류

東
대파

西
쪽파

고등어
조리 방법

西
맛술조림

東
소금구이

인기
브랜드
소스

西
오타후쿠

東
불독

西(서일본)
오무스비(おむすび)라
불리며 동그란
원형의 주먹밥 또는
타원형의 가마니 모양

일본식
삼각김밥

야키소바

東(동일본)
오니기리(おにぎり)라
불리며 전형적인
삼각 모양

東 야키소바만 먹는다.
西 밥과 함께 먹는다.

유부초밥
형태

西
흔히 알려진
삼각형

선호하는
식빵 두께

東 얇은 것
西 두꺼운 것

東
가마니 모양의
직사각형

일본식
떡국
오조오니

西
동그라미

東
사각형

온천을 제대로 즐기는 법

지하에서 자연스럽게 솟아난 25도 이상의 온수 또는 25도 미만이라도 특정 성분 물질이 기준치 이상 함유된 물을 천연온천이라 정의한다. 신체의 온열 작용뿐만 아니라 혈액과 림프 순환이 촉진되어 피로회복과 피부미용에 효과가 있어 인기가 높다. 일본에서 처음 온천을 이용할 때 당황하지 않고 능숙하게 즐길 수 있도록 아래 내용을 숙지해두자.

온천 이용 시 주의사항

- 온천에 몸을 담그는 행위는 하루 1~3회가 적당하다.
- 식사 전 또는 식후 즉시나 음주 후 입욕은 피하자.
- 격한 운동이나 과로로 몸이 피곤할 경우 입욕하지 않도록 한다.
- 노약자나 어린이는 혼자 입욕하기보다는 동반자와 함께한다.
- 혈압과 심장 관련 지병이 있다면 입욕을 권장하지 않는다.

온천에서 지켜야 할 매너

- 몸에 문신을 한 사람은 원칙상 온천 출입이 불가능하다.
- 긴 머리는 올려 묶어서 머리카락이 직접적으로 물에 닿지 않도록 한다.
- 세균이 침투할 수 있으므로 욕조 안에 수건을 담그지 않는다.
  단, 머리에 얹는 것은 가능.
- 위생상의 문제로 수영복 착용이 금지되어 있다.
- 온천수가 뜨겁다는 이유만으로 다른 물을 더해 희석해서는 안 된다.
- 주변에 사람이 없어도 온천 내에서의 사진촬영은 금지된다.

올바른 온천 이용 절차

1. 입욕 전 충분한 수분 보충하기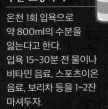

온천 1회 입욕으로 약 800ml의 수분을 잃는다고 한다. 입욕 15~30분 전 물이나 비타민 음료, 스포츠이온 음료, 보리차 등을 1~2잔 마셔두자.

2. 욕조에 들어가기 전에 샤워장에서 몸 씻기

몸의 청결을 위해서 당연히 해야 하나 온천의 온도와 수질을 몸에 적응시키고자 하는 목적이 크다. 심장에서 먼 부위부터 차례대로 씻을 것.

3. 명치까지만 잠기는 반신욕으로 시작하기

반신욕으로 몸을 길들이면 온도와 수압에 의해 발생하는 급격한 부담을 줄일 수 있다. 욕조 가장자리에 머리를 눕히고 몸을 띄우는 침욕도 좋다.

4. 한 번에 장시간 있기보다는 간격을 두고 전신욕 진행하기

3분간 전신을 담그다가 욕조에서 나와 3~5분간 휴식을 취한 후 다시 온천에 몸을 담그는 것을 2~3회 반복하는 분할욕을 추천한다.

5. 머리에 젖은 수건 얹기

실내 욕조나 여름 노천탕에선 어지러움 방지를 위해 차가운 수건을, 겨울 노천탕에서는 뇌혈관 수축을 막고자 따뜻한 수건을 사용하자.

6. 욕조에서 손과 발 움직이기

몸이 익숙해지면 물속에서 손발 관절과 근육을 움직여보자. 혈액 속 노폐물을 배출하고 혈액순환을 촉진시켜 피로회복에 효과가 있다.

7. 마지막 샤워는 하지 않기

피부 표면에 막을 형성해 보습 효과를 높이고 온천의 약효 성분을 그대로 유지하기 위해서 샤워하지 않고 수건으로 가볍게 닦고 나오자.

8. 입욕 후 30분간 휴식 취하기

온천욕으로 빼앗긴 수분을 보충하고 체력을 회복할 시간이 필요하다. 물을 마시고 보온을 위해 최대한 몸을 움직이지 않고 쉬어주자.

오 사 카 의   전 망 대 와   관 람 차

전망대

아베노하루카스 하루카스300
あべのハルカス ハルカス300

| 지역 덴노지

| 높이 300m | 요금 ￥2,000

| 특징 3일본에서 두 번째로 높은 건물.
58, 59, 60층의 삼층 구조.

사기시마 코스모타워 전망대
さきしまコスモタワー展望台

| 지역 베이 에어리어

| 높이 252m | 요금 ￥1,000

| 특징 360도 파노라마 조망. 바다 풍경.

우메다 스카이빌딩 공중정원 전망대
梅田スカイビル 空中庭園展望台

| 지역 우메다

| 높이 173m | 요금 ￥2,000

| 특징 39층, 40층, 옥상의 삼층 구조.
9:30~15:00 사이 오사카e패스 제시하면 무료.

쓰텐카쿠 通天閣

| 지역 신세카이

| 높이 108m | 요금 ￥1,000

| 특징 특별 야외 전망대와 돌출 전망대 설치.
오사카e패스 제시하면 무료.

관람차

헵파이브 관람차
HEP FIVE 観覧車

| 지역 우메다
| 높이 105m | 요금 ￥600
| 특징 관람차 티켓 제시하면 헵파이브
   일부 시설 할인.

덴포잔 대관람차
天保山大観覧車

| 지역 베이 에어리어
| 높이 112.5m | 요금 ￥900
| 특징 의자, 바닥 모두 투명인 곤돌라 운행.
   일본야경유산으로 지정.

도톤보리 돈키호테 대관람차
ドン・キホーテ道頓堀店の観覧車

| 지역 신사이바시
| 높이 77.4m | 요금 ￥600
| 특징 오사카e패스 제시하면 할인.

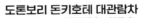

교토의 사찰을 즐기는 방법

교토의 인기 관광명소의 면면을 살펴보면 사찰이 큰 비중을 차지한다.
아름다운 경치를 감상하는 일 외에 느낄 수 있는 간단하면서도
알기 쉬운 재미 요소를 소개한다.

오미쿠지 운세가 좋은 순서

운세는 크게 정해진 순서는 없으나 주로 두 종류로 나뉜다. 가장 좋은 운세는
대길(大吉), 가장 나쁜 운세는 대흉(大凶)이다. 흉은 스스로 극복하며 성장한
다고, 얼마든지 만회할 수 있다고 하니 너무 나쁘게 생각하지 않아도 된다. 운
세 결과 바로 밑에는 소망, 연애, 혼담, 사업, 주거, 여행, 건강, 학문 등 각 주제
에 관한 메시지가 적혀 있다. 구글 번역기나 파파고 등 번역 애플리케이션의 이
미지 번역 기능을 이용하면 어렵지 않게 내용을 확인할 수 있다.

신사마다 운세 순서가 약간씩 다른데, 대표적인 2가지를 소개한다.

吉 ────────────────▶ 凶

좋은 운세	대길 (大吉)	길 (吉)	중길 (中吉)	소길 (小吉)	말길 (末吉)	흉 (凶)	대흉 (大凶)	나쁜 운세
좋은 운세	대길 (大吉)	중길 (中吉)	소길 (小吉)	길 (吉)	말길 (末吉)	흉 (凶)	대흉 (大凶)	나쁜 운세

[오미쿠지 뽑을 때 주의사항]

❶ 신께 무엇을 묻고 싶은지 구체적으로 상상하며 오미쿠지를 뽑는다.
❷ 길흉 결과보다는 각 주제에 관한 메시지가 중요하니 꼭 확인해볼 것.
❸ 오미쿠지는 사찰 경내에서 묶어 매달아도 되고 집으로 가지고 돌아가도 좋다.
❹ 오미쿠지의 정해진 유효기간은 없으나 올해 운세를 알아볼 목적이라면
1년 정도로 보면 된다.

오미쿠지·おみくじ

사찰에서 길흉을 점쳐주는 운세 뽑기. 예로부터 신성한 복권의 결과에는 신불의 의사가 개입한다고 여겨져 왔다. 즉 신사나 사찰에서 뽑은 점괘는 '신불의 뜻을 알 수 있는 복권'을 말한다.

PLACE

독특한 오미쿠지를 만날 수 있는 사찰

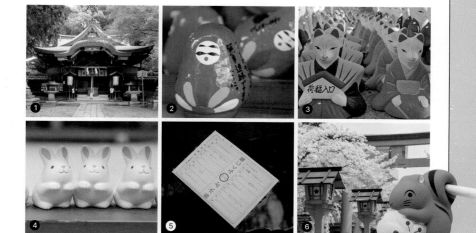

1. 아와타 신사 粟田神社
여행 수호와 여행 안전의 신을 모시는 신사. 작은 새 모양을 한 귀여운 오미쿠지는 경내에 묶으면 가지에 앉아 있는 것처럼 보인다.

맵북 P.23-B2

⌂ 東山区粟田口鍛冶町1
⊕ www.awatajinja.jp

2. 이치히메 신사 市比賣神社
여성의 수호신을 모시는 신사로, 여성의 모든 소원을 빌어 주면서 액운을 막아 주기도 하여 여성 참배객이 많다. 맵북 P.20-A2

⌂ 下京区本塩竈町河原町五条下ル一筋目西入ル
⊕ www.ichihime.net

3. 아라키 신사 荒木神社
후시미이나리타이샤(伏見稲荷大社) 인근에 있는 신사. 남녀의 인연뿐만 아니라 사람과 물건의 좋은 인연도 맺어준다.

맵북 P.17-B2

⌂ 伏見区深草開土口町12-3
⊕ arakijinja.jp

4. 오카자키 신사 岡崎神社
임신과 출산의 상징인 토끼를 모시는 신사. 귀여운 토끼 모양의 오미쿠지가 신사 전체를 가득 메우고 있다. 맵북 P.23-B2

⌂ 左京区岡崎東天王町51
⊕ okazakijinja.jp

5. 기후네 신사 貴船神社
교토 시내를 흐르는 가모강 수원지에 위치해 물의 신을 모시는 신사. 영험한 물에 종이를 담그면 운세가 떠오르는 미즈미쿠지(水みくじ)이다. P.393

6. 히라노 신사 平野神社
60종 400그루의 벚꽃나무가 있는 아름다운 신사. 종합 운세를 알 수 있는 오미쿠지는 벚꽃을 안고 있는 다람쥐 모양이다.

맵북 P.25-B1

⌂ 北区平野宮本町1
⊕ www.hiranojinja.com

오마모리 · お守り

행운을 빌거나 액운을 퇴치하는 일종의 부적. 신의 힘이 깃든 부적을 일상에 늘 소지함으로써 악령이나 귀신에게서 신의 보호를 받을 수 있다고 믿는다. 사찰마다 소원과 목적의 종류가 다르며, 구입 후 1년이 지나면 효력이 떨어지므로 다시 사찰에 반납하면 된다.

PLACE

귀여운 오마모리를 만날 수 있는 사찰

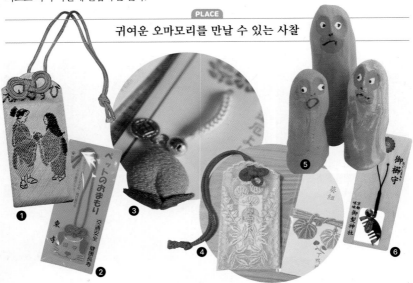

1. 노노미야 신사 野宮神社
연애 성취로 유명한 오마모리. 일본 최초의 고전소설 <겐지모노가타리(源氏物語)>를 모티브로 하여 주인공 겐지(光源)와 그의 연인 로쿠조노미야스도코로(六条御息所)의 그림이 그려져 있다. P.383

2. 도오지 東寺
오마모리는 흔히들 인간을 위한 부적이라고 생각하는 것이 보통이지만 요즘 세상은 다르다. 사랑하는 반려동물의 건강을 지켜주는 도오지의 오마모리는 부적 뒤에 동물의 이름과 연락처를 적어 목줄에 달 수 있다. P.366

3. 헤이안진구 平安神宮
예로부터 액막이의 과일로 여겨져 왔던 복숭아 모양의 오마모리. 나쁜 운을 막아주고 행운이 찾아온다고 한다. P.332

4. 시모가모 신사 下鴨神社
운수가 트이고 복을 가져다주는 레이스 오마모리. 여성 참배자에게 큰 인기. P.350

5. 야사카코신도 八坂庚申堂
손가락 모양의 수제 원숭이 오마모리는 소지하면 손재주가 생긴다고 한다. P.300

6. 미카미 신사 御髪神社
일본에서 유일하게 머리카락의 신을 모시는 신사라 전국의 미용사가 모여든다는 이곳의 오마모리는 빗의 모양을 하고 있다. 아름다운 머리카락을 간직할 수 있도록 빌기도 한다. P.385

에마 · 絵馬
소원을 빌거나 이미 이루어진 소원에 대한 답례로 신사나 절에 봉납하는 그림 현판. 소원이나 다짐을 적어 정해진 곳에 걸어 두는 것이 일반적이다.

PLACE
재미난 에마를 만날 수 있는 사찰

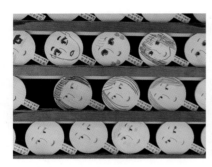

가와이 신사 河合神社
시모가모 신사 경내 입구 부근에 자리한 신사로, 거울 모양을 한 에마가 큰 인기다. 에마에 그려진 얼굴에 화장을 하면 미인이 되어 연애운이 높아진다고 믿는다. P350

후시미이나리타이샤 伏見稲荷大社
1,000개의 도리이를 지나면 도달하는 오쿠샤봉배소(奥社奉拝所)에 하얀 여우 모양 에마가 있다. 자유롭게 얼굴을 그리며 마음속으로 소원을 빈다. P372

[에마 적는 방법]
❶ 가로쓰기, 세로쓰기 어떠한 방식이든 상관없다.
❷ 소원, 이름, 주소, 날짜를 기재하는 것이 일반적
❸ 소원은 간결하게 작성하는 것이 좋다.
❹ 소원을 여러 개 적어도 된다.
❺ 단, 순산 또는 합격 전용 에마가 있으니 주의!
❻ 이름은 이니셜로 기재해도 좋고 주소는 생략해도 좋다.

데미즈야 · 手水舍

사원 참배 전 심신을 정화할 목적으로 손과 입을 물로 깨끗이 씻어내는 장소. 사원에 들어서서 본격적으로 둘러보기 전 들르는 것이 일반적인 절차다. 초즈야 또는 데미즈샤로도 불린다.

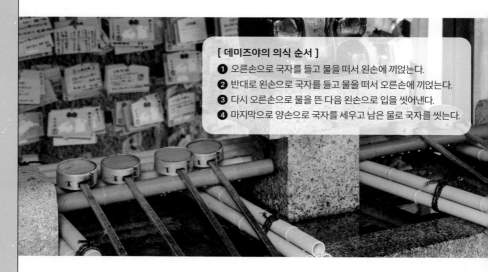

[데미즈야의 의식 순서]
❶ 오른손으로 국자를 들고 물을 떠서 왼손에 끼얹는다.
❷ 반대로 왼손으로 국자를 들고 물을 떠서 오른손에 끼얹는다.
❸ 다시 오른손으로 물을 뜬 다음 왼손으로 입을 씻어낸다.
❹ 마지막으로 양손으로 국자를 세우고 남은 물로 국자를 씻는다.

오센코 · お線香

일본 사원 본당 중앙에 자리한 향로 '조코로(常香炉)'에 막대향을 꽂는 분향 의식. 향을 통해 신과 소통하며 마음으로 교류하기 위함이라고. 부처님에 대한 신앙심과 공양하는 마음을 담고 있다.

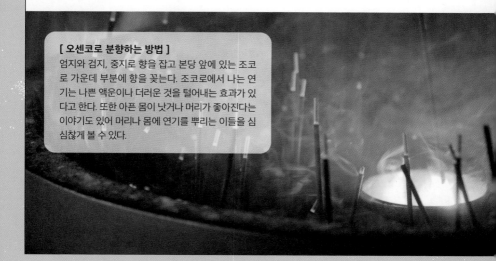

[오센코로 분향하는 방법]
엄지와 검지, 중지로 향을 잡고 본당 앞에 있는 조코로 가운데 부분에 향을 꽂는다. 조코로에서 나는 연기는 나쁜 액운이나 더러운 것을 털어내는 효과가 있다고 한다. 또한 아픈 몸이 낫거나 머리가 좋아진다는 이야기도 있어 머리나 몸에 연기를 뿌리는 이들을 심심찮게 볼 수 있다.

지조 · 地蔵　사찰 정원 이끼 사이로 살며시 얼굴을 보이는 석상은 지장보살로 불린다. 귀여운 표정과 아담한 모양이 그저 바라보는 것만으로도 절로 미소가 지어진다.

PLACE
깜찍한 지조를 만나볼 수 있는 사찰

산젠인 三千院
경내 정원에 6개의 동자지장(わらべ地蔵)이 숨어 있다. 순산을 원하는 사람, 아이를 낳거나 지키고 싶은 사람의 소원을 들어주는 출산과 육아 기원 불상이다. P 394

엔코지 圓光寺
경내 주규노니와(十牛之庭)에서 단풍이 떨어진 바닥을 유심히 살펴보면 찾을 수 있다. 불상의 모습이 마치 단풍이 떨어지는 풍경을 바라보는 것만 같다. P 335

불상 · 仏像　부처의 모습을 본떠 만든 성스러운 형상. 부처의 깨달음을 새겼다고 하는데, 불상에 손을 모아 절을 올리면 마음이 안정되고 불심이 깨어난다고 전해진다.

PLACE
독특한 불상을 만나볼 수 있는 사찰

고류지 広隆寺
우리나라 국보 83호 금동미륵보살반가사유상과 매우 흡사한 일본 국보 제1호 '목조미륵보살반가사유상(木造弥勒菩薩半跏像)'이 안치된 사원. P 346

곤카이코묘지 金戒光明寺
퍼머 머리를 한 불상이 반기는 절. 아미타불이 긴 시간 수행한 결과 머리가 자라면서 소용돌이치며 지금의 머리가 되었다고 한다. 키워드 금계광명사

절과 신사의 차이

절과 신사는 전체적인 분위기는 비슷해 보여도 알고 보면 전혀 다른 종교 사원이다. 믿음의 대상이나 만들어진 목적이 다르며, 참배 방식이나 소망하는 내용에도 결정적인 차이가 있다.

절(お寺)	차이점	신사(神社)
불교	종교	신도(神道)
끝에 사(寺)가 붙는다	명칭	끝에 신사(神社) 또는 타이샤(大社), 궁(宮)이 붙는다
산문, 탑, 불상	건물	**도리이***, 본전
합장	참배방법	박수
소원, 극락왕생	소원	당장 미래의 소원
인왕상	수호신	**고마이누***

도리이 鳥居

신사 입구에 세워진 현관문. 신성한 장소인 신사와 인간이 사는 장소의 경계를 구분 짓고 신사 내에 부정적인 것이 들어가는 걸 막는 역할을 한다. 도리이에 들어서기 전 반드시 해야 할 일! 바로 가볍게 목례를 하고 들어가는 것. 신사를 빠져나올 때도 신사 방향으로 몸을 돌려 인사한다. 참고로 신사에 도리이가 있다면 절에는 일주문, 천왕문 같은 산문이 있다.

신사 입구에 사자와 비슷한 형상을 조각한 석상 한 쌍을 마주 놓은 것으로 배전을 향해 오른쪽에 입을 벌린 사자, 왼쪽에 입을 다문 사자를 배치하는 것이 기본이다. 시대마다 다양한 형태가 만들어졌으나 현재는 정해진 형태는 없다.

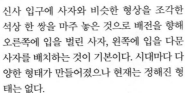

고마이누 狛犬

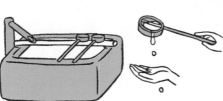

일본의 전통 의상인 기모노 입기는 교토를 여행하는 관광객의 필수 체험 코스가 되고 있다. 교토의 옛 정취가 물씬 풍기는 거리를 거닐며 관광 명소를 돌아볼 때 의상까지 갖춰 입으면 여행에 더욱 흥이 나는 법이다.

주요 기모노 대여점

기요미즈데라가 위치하는 기온(祇園) 지역에 기모노(着物)를 대여해주는 대여점이 밀집되어 있으며, 아라시야마와 교토역 주변에도 자리하고 있다. 대여점 공식 홈페이지에서 예약하는 것이 일반적이나, 마이리얼트립, kkday, 클룩 등 여행 전문 플랫폼에서도 진행할 수 있다.

Tip 예약 없이 현지에서 곧바로 대여하고 싶다면 구글맵 검색창에서 'kimono rental'을 검색하면 현 위치에서 가까운 대여점을 찾을 수 있다.

[대여 시 주의사항]

❶ 대여하고 싶은 이들에 비해 숍의 수는 많지 않으므로 여행 날짜가 확정되었다면 온라인 사이트를 통해 미리 예약을 진행하는 편이 좋다.

❷ 대여점이 문을 여는 시간대에 맞춰서 예약하면 비교적 기모노 디자인이 다양할 때 고를 수 있기 때문에 이른 시간에 방문하는 것을 권장한다.

❸ 여름에는 얇은 소재로 된 여름용 기모노인 '유카타(浴衣)'를 입자. 현지인들은 여름 축제나 불꽃놀이 등의 이벤트에 유카타를 입고 방문한다.

❹ 대여점의 기본 패키지에는 기모노와 가방, 신발 등의 소품만 포함된 것이 있다. 전문가가 직접 입혀주거나 헤어 세팅까지 하고 싶다면 추가 요금을 내야 하는 경우가 있어 꼼꼼하게 살펴보고 예약할 것.

❺ 남자 기모노가 없는 대여점도 있으니 주의할 것. 남자 기모노를 갖춘 곳은 커플 패키지 요금도 있으니 참고하자.

❻ 기모노 자체가 조여 입는 옷이라 답답함을 느낄 수 있으며 전용 신발인 조리(草履)는 생각보다 걷기 불편하다. 하루 전체를 통째로 빌리기보단 반나절 일정으로 대여하는 것을 권한다.

Osaka
eating

오사카 알아가기 | 먹거리

やきとり

다코야키

고베규

장어덮밥

간사이 라멘

구시카쓰

이곳에서만 맛볼 수 있는 향토 음식 ~ 오사카

오코노미야키
おこのみやき

우리나라의 부침개와 비슷한 모양으로, 밀가루 반죽에 달걀, 양배추, 돼지고기, 해산물 등을 섞어 철판에 구운 다음 소스와 마요네즈를 뿌리고 김가루와 가쓰오부시를 얹으면 완성되는 음식이다. 가게에서 선보이는 주요 메뉴로는 돼지고기계란(豚玉), 오징어계란(イカ玉), 소힘줄구이 (すじ焼き), 해산물(海鮮) 등이 있다.

간사이와 간토의 다른 점

간사이   간토

자르는 법 : [간사이] 삼각형의 피자 컷 [간토] 사각형의 격자 컷
소스 : [간사이] 오타후쿠 [간토] 불독

오사카식과 히로시마식의 차이

오사카 大阪

반죽과 재료를 몽땅 섞은 후 굽는다. 면을 절대 넣지 않는 히로시마와 달리 모던야키라는 메뉴가 따로 있을 정도로 면을 추가해 굽는 경우가 많으며, 폭신한 식감이 특징.

히로시마 広島

우선 반죽을 얇은 크레페 모양으로 구운 다음 그 위에 재료들을 겹겹이 쌓아올려 층을 만들어낸다. 볼륨감이 느껴지는 풍성한 맛이 특징.

오코노미야키와 비슷한 음식

네기야키 ねぎ焼き

오코노미야키와 흡사하나, 양배추 대신 대파를 듬뿍 넣어 만든 음식.

모던야키 モダン焼き

오코노미야키에 야키소바(메밀면으로 만든 국물 없는 볶음면)를 얹어 만든 음식.

몬쟈야키 もんじゃ焼き

새우, 오징어, 명란젓 등 해산물과 양배추, 일본식 떡 모찌, 치즈 등 각종 재료를 밀가루와 조미료를 넣은 물에 넣고 섞은 다음 철판에 구워 먹는 음식.

Tip 철판에서 직접 오코노미야키를 적당한 크기로 자른 후 떠서 먹도록 돕는 도구를 '코테(コテ)'라고 한다.

다코야키
たこやき

오사카에서 탄생한 대표적인 길거리 음식으로 밀가루 반죽 안에
문어를 넣어 동그랗게 구운 음식이다. '다코'는 문어, '야키'는 구이를 뜻한다.
주로 간식으로 즐겨 먹지만 반찬으로 먹는 지역도 있다.

오사카의 놀라운 다코야키 기기 보급률

오사카의 가정에는 다코야키를 만들어 먹을 수 있는 기기
가 반드시 있다는 얘기는 거의 사실이다. 일본의 한 제분회
사에서 실시한 다코야키 기기 관련 조사에서 오사카는 무
려 90%의 보급률을 보였다.

다코야키의 종류

소스 ソース | **마요네즈** マヨネーズ
쇼유 醤 | **파** ネギ | **명란치즈** 明太チーズ

간사이식 간토식 다코야키의 차이점

육안으로 뚜렷한 차이를 느낄 수는 없지만 간사이식과 간토
식 다코야키는 확실히 다르다. 가장 큰 차이는 바로 식감이
다. 겉은 바삭하고 속은 촉촉한 간토식에 반해 간사이식은
부드럽고 푹신푹신한 식감이 특징이다. 또한 반죽에 양배
추나 파를 넣는 간토와 달리 간사이는 특별한 채소를 넣지
않는 점에도 차이가 있다.

구시카쓰
くしカツ

육고기, 해산물, 채소 등 다양한 재료를 꼬치에 꽂아 튀긴 음식으로
'구시아게(串揚げ)'라고도 부른다. 오사카 신세카이(新世界)가 발상지이며,
이 지역에 많은 전문점이 밀집해 있다.

소스 두 번 찍어먹기 금지

손님에게 보다 신속하게 음식을 제공하고자 고안된 제도.
소스를 공유함으로써 일일이 소스나 접시를 준비하는 수고
를 덜 수 있게 되었기 때문. 하지만 소스를 공유하면 위생적
인 부분에서 문제가 발생하기 마련이다. 때문에 이러한 암
묵적인 규칙이 자연스럽게 뿌리내릴 수 있었다.

소스를 먹는 방법

앞접시에 한 번 찍어먹은 구시카쓰를 놓는다. 양배추의 움
푹 파인 부분을 숟가락으로 이용해 소스를 떠낸 다음 한 번
찍어 더 이상 두 번 찍어먹을 수 없는 구시카쓰에 뿌린다. 양
배추 역시 두 번 찍어먹는 것은 금지이므로 먹을 때마다 새
것을 쓰도록 한다.

생김새가 비슷한 도테야키 どて焼き

오사카의 명물 요리 중 하나로 소고기 힘줄살을 된장이나
미림으로 장시간에 걸쳐 끓인 것이다.

밀가루를 반죽하여 길게 늘어뜨린 면을 간장육수에 넣어 먹는 음식.
종류는 일반적으로 알려진 국물과 함께 먹는 가케(かけ)와 소바처럼 면을
찬물에 헹궈 대발에 올린 자루(ざる), 소량의 간장소스나 쯔유를
뿌려먹는 붓카케(ぶっかけ), 면을 볶아 먹는 야키우동(焼うどん)이 있다.

기쓰네 우동
きつねうどん

오사카에서 탄생한 기쓰네 우동

참다시마와 고등어, 가쓰오부시 등을 우려낸
육수에 굵지 않은 쫄깃한 우동면을 넣고 그
위에 매콤달콤한 유부를 얹은 우동이다.
유부 우동에 여우를 뜻하는 '기쓰네'라는
이름이 붙은 이유는 여우가 유부를 좋아하는
것으로 알려져 있기 때문이라고.

간사이

간토

간사이와 간토의 차이

오사카의 명물 음식 중 하나인 기쓰네 우동이
간사이(関西) 지역을 대표하는 우동이라면,
간토(関東) 지역은 튀김 부스러기(天かす)를
올린 다누키(たぬき) 우동이 대표적이다.

니쿠스이
肉吸い

우동 육수에 고기와 반숙 달걀만을 넣어 만든 음식. 오사카의 우동집 '지토세(千とせ)'를 방문한 한 개그맨이 숙취 해소용으로 면발 없이 국물만 주문한 것을 계기로 탄생하였다.

닭고기, 붕장어, 새우, 대합, 새우 등 10여 가지 재료와 우동을 넣고 끓인 전골이다. 냄비에 육수와 함께 재료를 순차적으로 넣고 먹으며, 육수 맛에 깊이가 생기기 시작했을 때 약간 굵은 우동면을 넣고 끓여 먹으면 된다. 봄에는 미역이나 죽순, 여름에는 갯장어, 가을에는 송이버섯 등 제철 재료를 넣고 끓이며 계절을 즐기기도 한다.

우동스키
うどんすき

카스 우동
かすうどん

오사카 남동부에 위치하는 하비키노시(羽曳野市)에서 시작한 소울푸드로, 아부라카스(油かす)라는 것을 넣고 만든 우동이다. 카스란 소 내장을 기름기가 빠질 때까지 오래도록 튀긴 것을 말한다. 겉은 바삭하고 촉촉하며, 속은 탱글탱글한 식감이다.

재료 본연의 감칠맛을 느낄 수 있도록 비교적 싱겁게 간을
한 것이 특징인 교토의 전통음식. 교토에서만 맛볼 수 있는
음식을 즐기는 것도 교토를 만끽하는 즐거움의 하나다.

이 곳 에 서 만 맛 볼 수 있 는 향 토 음 식 ~ 교 토

양념을 발라 숯불에 구워 낸 장어를
흰쌀밥 위에 얹고 커다랗고 두꺼운
달걀지단으로 덮어 제공하는 덮밥. 딱
봤을 때는 장어가 보이지 않지만 달걀을
걷어내면 살며시 모습을 드러낸다.

**우나기노
킨시동**
うなぎのきんし丼

유도후
湯豆腐

난젠지 주변에서 탄생한 스님의
사찰음식. 다시마를 바닥에 깐
냄비에 깍둑썰기한 두부와 물을
넣고 끓인 것을 간장과 양념에
찍어 먹는다. 두부 본연의 맛을
만끽할 수 있다.

메이지(明治) 시대에
고안된 음식으로, 말린
청어를 다시마와 묽은
간장을 사용해 매콤하게
간을 하여 조린 것을
따뜻한 소바 위에 얹어
함께 먹는다. 잘게 썬
파를 취향껏 적당히 올려
먹으면 더욱 맛있다.

니신소바
にしんそば

지리멘산쇼
ちりめん山椒

교토에서 많이 채취되는 산초
열매를 함께 넣어 간장이나
술에 졸인 작은 생선을 말한다.
교토에서는 생선을 날로 먹기보다는
소금이나 된장, 간장으로 졸여
보존하는 풍습이 있었다고.

오반자이
おばんざい

교토 사람들이 일반적으로 먹는 정갈한
가정요리를 뜻한다. 제철 식재료를 듬뿍 사용해 무침,
조림, 튀김 등으로 만든다. 재료 본연의 맛을 살리기
위해 간은 비교적 삼삼하게 하는 편이다.

THINGS TO KNOW ABOUT OSAKA

Tip 교토에서만 나는 채소, 교야사이 京野菜

교토 특유의 기후와 풍토, 비옥한 토양과 풍부한 물로 길러졌으며 농가 기술로 품종 개량을 거듭하며 정성껏 가꾼 채소. 독특한 맛과 향기, 채색을 가지고 있으며, 건강에 도움이 되는 성분이 풍부하게 함유되어 있어 영양가가 높다.

에비이모
えびいも
교토식 토란.
제철은 10월 하순~1월.

구조네기
九条ねぎ
교토식 대파.
제철은 1~2월.

가모나스
賀茂なす
교토식 가지.
제철은 6월 하순~10월.

교미즈나
京みず菜
교토식 새싹채소.
제철은 12~3월.

만간지토가라시
万願寺唐辛子
교토식 풋고추.
제철은 6월 하순~8월.

쇼고인다이콘
聖護院だいこん
교토식 순무.
제철은 10월 하순~2월 하순.

기누가사동
衣笠丼

얇은 유부와 파를 올린 밥 위에 부드러운 반숙 달걀을 얹은 모습이 마치 푸르른 나무숲 위에 하얀 비단을 깐 인근에 있는 눈 쌓인 기누가사산(衣笠山)을 떠올리게 한다 하여 이름이 붙은 덮밥이다.

유바
湯葉

콩과 물만을 사용해 콩의 주요 성분을 농축한 가공식품. 사각형 나무틀을 끼운 냄비에 넣은 두유를 약한 불로 가열할 때 표면에 생기는 얇은 막을 말하는데, 미끌미끌한 식감과 고소한 맛이 특징이다.

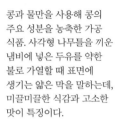

교쓰케모노
京漬物

소금으로만 간을 하여 채소 본연의 감칠맛을 살린 채소 절임. 예로부터 교토의 좋은 풍토와 수질에서 나고 자란 채소를 사용한 사찰음식이 발달한 영향이 크다. 향과 색감을 중요시하며, 담백한 맛이 특징이다.

사바즈시
鯖寿司

옛날옛적 에도(江戸) 시대에 교토에서 탄생한 고등어 초밥. 인근 해안에서 잡은 고등어를 오래 먹고자 소금에 절인 상태로 운반하였는데, 여기에 식초를 바른 밥 위에 얹어 먹은 것에서 유래하였다.

이곳에서만 맛볼 수 있는 향토음식 ~ 고베

고베규
神戶牛

고베가 속한 효고현(兵庫縣)의 순혈 소 가운데 기준 이상의 등급 와규만이 고베규로 불린다. 육즙이 풍부한 단맛과 향이 느껴지며 육질이 부드러운 것이 특징이다.

아카시야키
明石燒き

밀가루, 녹말을 정제한 밀가루, 달걀 그리고 인근 해안에서 잡은 문어를 섞어 만든 향토 음식. 다코야키보다 더 부드럽고 납작하며, 육수를 찍어먹는 것이 다른 점이다.

까나리 못조림
いかなごのくぎ煮

아카시 해협에서 잡은 까나리를 조림으로 해 먹은 것이 시작이며, 색깔과 모양이 녹슨 못을 닮았다고 해서 못조림이라 불리게 되었다.

소바메시
そばめし

고베인의 소울푸드. 야키소바 (메밀볶음면)를 잘게 썰어 쌀밥과 함께 철판에 볶은 음식. 고베의 아오모리(靑森)라는 오코노미야키 전문점에서 고안했다.

이곳에서만 맛볼 수 있는 향토음식 ~ 나라

소면을 따뜻한 육수에 넣어 먹는 순순한 면요리. 면은 소면보다 많이 짧은 편이라 국물이 너무 우려질 일도 없고 어린이나 노년층도 먹기 쉽다.

뉴멘
にゅうめん

유부초밥
いなり寿司

우리에게 친숙한 유부초밥의 발상지가 바로 나라다. 매콤하게 끓인 유부 속에 잘게 다진 적초생강이나 참깨를 섞은 초밥을 채워 넣었다.

쑥떡
よもぎ餅

감잎초밥
柿の葉寿司

고등어나 연어를 얹은 밥을 감잎으로 감싼 다음 상자 틀에 넣고 힘주어 누른 누름 초밥. 감잎은 살균효과가 있어 음식을 보존하는 데 탁월한 효과가 있다고.

예로부터 전해져 내려오던 손바닥만 한 크기의 쑥떡을 먹기 좋게 한입 크기로 만들었다. 나라마치를 걷다 보면 빠른 속도로 떡메치기를 하는 풍경을 볼 수 있다.

이곳에서만 맛볼 수 있는 향토음식 ~ 와카야마

가쓰우라 참치
勝浦のマグロ

와카야마의 가쓰우라 항구에선 바다에서 건져올린 참치를 곧바로 얼음물에 넣어 신선함을 유지시킨 상태에서 한 번도 냉동하지 않고 가까운 어시장에 제공하므로 싱싱한 생참치를 맛볼 수 있다.

메하리 초밥
めはり寿司

갓장아찌쌈으로 감싼 흰쌀밥을 말한다. 야구공만 한 크기의 초밥을 먹을 때 눈을 치켜세워 입을 벌리고 먹는다 하여 '눈을 부릅뜬다'를 의미하는 메하리로 이름 붙여졌다.

매실절임
梅干し

와카야마는 온난한 기후와 풍부한 일조량, 토양 배수의 우수함 등 매실 재배에 적합한 조건을 모두 갖추고 있다. 타 지역보다 알이 굵고 두툼해 더욱 인기가 높다.

다금바리 전골
クエ鍋

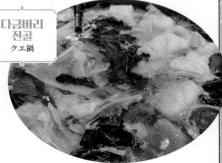

어획량이 적어 '환상의 고급 생선'으로도 불리는 흰살 생선 전골. 생선 살에 지방이 듬뿍 함유되어 있어 독특한 탄력과 깊은 맛이 특징이다. 전골을 다 먹고 남은 국물로 만들어 먹는 죽도 일품이다.

\ ZOOM iN /

간사이의 라멘

이토록 가까이 인접해 있음에도 그 흔한 라멘 맛조차도
서로 다른 개성을 가진 간사이 지역. 우동을 선호하는 오사카 외에 나머지
지역은 서민의 소울푸드로 둘 만큼 라멘을 좋아한다.

교토

교토라멘 京都ラーメン
묵직하고 진한 맛의 대표 격.
심심하고 담백한 이미지의
교토 향토 음식과 달리 돼지뼈
육수에 진간장으로 간을
하거나 닭과 채소를 삶은 육수,
닭뼈에 돼지비곗살을 더한
육수 등 베이스부터 걸쭉한
느낌이 강하다.

덴리라멘 天理ラーメン
돼지뼈와 닭뼈 육수, 간장을 사용한
국물과 잔뜩 토핑된 배추, 돼지고기, 마늘
등의 건더기가 인상적인 라멘. 나라현
덴리시(天理市)의 포장마차에서 시작된
음식이라 하여 붙여진 이름이다.

나라

와카야마

와카야마라멘 和歌山ラーメン
담백한 간장과 진한 돼지뼈 간장 맛이
주류. 간장 맛은 보기에는 진한 국물색을
띠지만 정작 마셔보면 깔끔한 점이
반전이며, 진한 돼지뼈 간장 맛도 끝맛이
순하고 감칠맛이 난다.

간사이 한정 지역 먹거리

아이스크림

지역 한정 상품 개발에 진심인 나라, 일본. 다방면에서 발견할 수 있는 한정 상품 행렬은 소소한 디저트까지 이어진다. 간사이 지역에서만 맛볼 수 있는 시원한 아이스크림으로 더위를 식혀보자.

오사카

551 호라이 아이스캔디
551蓬萊 アイスキャンデー

오사카의 명물 돼지고기만두로 잘 알려진 551호라이에서는 1954년 출시 후 1,000만 개 이상 팔린 아이스캔디도 유명하다. 종류는 홋쿄쿠와 비슷하나 초코(チョコ), 과일(フルーツ) 맛은 이곳에서만 맛볼 수 있다.

오사카

홋쿄쿠 아이스캔디
北極 アイスキャンディー

팥(アズキ), 우유(ミルク), 파인애플(パイン), 말차(抹茶), 고구마(サツマイモ), 코코아(ココア), 딸기(イチゴ), 오렌지(オレンジ) 등 다양한 맛을 선보이는 수제 아이스바로 옛날 맛을 그대로 고수한다.

교토

기온츠지리 말차 초코너츠아이스바
宇治茶 祇園辻利 抹茶 チョコナッツアイスバー

교토를 비롯해 시가(滋賀), 효고(兵庫) 지방의 세븐일레븐에서만 판매하고 있는 말차 맛 아이스크림. 일본의 고급 녹차 산지 중 하나인 교토의 우지(宇治) 지역 유명 녹차 전문점 기온츠지리가 만들어 맛은 보장된다.

교쿠린엔 그린소프트
玉林園 グリーンソフト

와카야마

일본 국내산 녹차가 100% 함유된 소프트 크림. 녹차 찻잎을 맷돌에 정성스럽게 갈아 풍미가 손상되지 않은 깔끔한 단맛이 특징이다. 다수의 매체에 소개되면서 전국적으로 꽤 높은 인지도를 가지고 있다.

간사이 지역 사람들의 빵 사랑은 타의 추종을 불허한다. 빵으로 아침 식사를 하는 비율이 타 지역 대비 높은 편이며, 다음 날 아침에 먹을 빵을 산다는 의미의 '내일의 빵을 산다(明日のパンを買う)'는 말을 입에 달고 산다.

오사카

고베

YK베이킹 산미
YKベイキング サンミー

빵 사이에 크림을 바르고 케이크 반죽을 덧씌운 다음 초콜릿으로 토핑한 데니시빵. 빵, 크림, 초콜릿 맛을 동시에 즐길 수 있어 '세 가지 맛'을 뜻하는 이름을 붙였다고 한다.

니시카와 식품 니시카와 플라워
ニシカワ食品
にしかわフラワー

폭신한 빵 위에 바닐라 풍미의 달달한 밀크 크림을 빙 둘러 토핑해 이름 그대로 꽃다발 같은 느낌을 준다. 빵은 일반 반죽과 캐러멜 맛 반죽을 교차로 사용했다.

와카야마

나카타제빵 나카타노빵
名方製パン ナカタのパン

창립 120주년을 맞이한 노포 빵집의 대표 메뉴는 겉바속촉의 정석을 보여주는 멜론빵 스위트(スイート)와 스위트 빵 속에 초코 크림을 듬뿍 넣은 셀렉트(セレクト).

고베

토미즈 안쇼쿠
トミーズ あん食

홋카이도산 팥으로 만든 알갱이 팥소와 생크림을 넣고 구워 크리미한 식빵. 말차팥, 앙버터, 하이밀크 등 다양한 종류를 선보이며, 산노미야 지점에서 구매 가능하다.

Tip 교토의 멜론빵은 다르다!
격자무늬의 쿠키 식감의 빵 표면이 특징인 동그란 멜론빵이 일반적이지만 교토의 멜론빵은 럭비공 모양의 타원형인 데다 표면이 카스텔라같이 부드러우며 빵 속에 흰 앙금이 들어 있다.

오
사
카
의
명
물
길
거
리
음
식

오사카에서 탄생한 대표적인 길거리 음식을 맛보는 것도
오사카를 만끽하는 또 하나의 방법!

다코센
たこせん

얇은 전병 사이에 다코야키를
끼운 음식으로 소스와
마요네즈를 뿌려 먹는 것이
기본 맛이다. 여기에 명란젓,
치즈, 파, 달걀 등의 토핑을
곁들여 먹는 메뉴도 있다.

설탕과 간장을 조합한 양념을 뿌린
경단 꼬치. 연못에 솟아나는 물거품을
형상화했다 하여 '미타라시'라는 이름이
붙었다. 우메다 다이마루, 다카시마야,
아베노 하루카스에 입점한 '기야스소
혼포(喜八洲総本舗)'가 유명.

이카야키
イカ焼き

밀가루 반죽에 잘게 자른 오징어를 넣어
철판에 납작하게 구워낸 음식으로, 매콤한
소스를 뿌리는 것이 독특하다. '이카'는
오징어, '야키'는 구이를 뜻한다.

**미타라시
당고**
みたらし団子

'551 호라이(551蓬萊)'
에서 판매하는 돼지고기
만두는 냉동이 아닌
그 자리에서 만든 것이다.
1945년에 문을 열어
지금까지 현지인에게
많은 사랑을 받고 있다.

부타망
豚まん

바나나, 귤 등 생과일과 설탕 등을 첨가한
우유를 얼음과 함께 갈아서 만든 주스.
과일의 진한 맛이 느껴지는 달콤한 맛이
특징이다. 한신우메다(阪神梅田) 역 동쪽
개찰구 부근에 자리하고 있다.

슈퍼타마데
베니쇼가텐
スーパー玉出 紅生姜天

오사카의 슈퍼마켓
체인 중 하나인
슈퍼타마데가 개발한
붉은 생강튀김. 붉은
생강을 꼬챙이에 꽂아
통째로 튀겨내어
판매하고 있다.

믹스주스
ミックスジュース

갓 튀긴 따끈따끈한 빵 사이에
홋카이도산 우유와 생크림으로 만든
아이스크림을 듬뿍 담은 것으로,
젊은이의 거리 아메리카 무라(アメ村)의
대표적인 길거리 음식이다. 삼각공원
부근에 위치한다.

아이스도그
アイスドッグ

Tip **백화점에서 즐기는 오사카 명물**

한신우메다(阪神梅田) 백화점 지하 1층에서는 오사카
현지인이 사랑하는 로컬 음식만을 한데 모은 '스낵 파크
(スナックパーク)'를 운영하고 있다. 다코야키, 오코노미
야키, 오므라이스, 우동, 나폴리탄 전문점을 푸
드코트 형식으로 만나볼 수 있다. 그중에서도
특히 이카야키는 한신 백화점의 명물
음식으로 자리 잡은 인기 메뉴로, 늘
기다란 대기 행렬을 이루고 있지
만 회전율은 빠른 편이다.

일본 음식 대백과

초밥

초밥(寿司)은 식초와 소금으로 간을 한 하얀 쌀밥과 날생선이나 조개류를 조합한 음식이다. 초밥에도 다양한 종류가 있는데 흔히 초밥이라고 알려진 밥 위에 재료를 얹은 것은 니기리즈시(握り寿司)라 한다. 김밥과 형태가 비슷한 마키즈시(巻き寿司), 밥과 재료를 김으로 감싼 원뿔형 초밥 테마키즈시(手巻き寿司), 유부초밥 이나리즈리(稲荷寿司), 날생선과 달걀 등을 뿌린 지라시즈시(ちらし寿司), 나무 사각틀에 밥과 재료를 넣어 꾹 누른 사각형 초밥 오시즈시(押し寿司), 성게나 연어알 등을 밥에 얹어 김으로 감싼 군칸마키(軍艦巻き) 등이 있다.

초밥집의 기본 매너

- 오감을 즐기기 위해 방문 전 향수나 담배는 삼가는 편이 좋다.
- 초밥은 가능한 한 나오는 즉시 먹도록 하자.
- 밥알에 간장을 묻히면 쉽게 떨어지므로 재료에 묻히도록 한다.
- 밥알이 무너지지 않고 신선도 유지를 위해 초밥은 한입에 다 먹도록 한다.
- 재료와 밥알을 분리해서 먹지 않도록 한다.
- 초밥을 먹을 때 젓가락 말고 손으로 먹어도 문제없다.
- 젓가락은 받침대에 두는 것이 원칙. 없는 경우는 간장 접시에 두면 된다.

추천! 초밥 먹는 순서

담백한 맛의 재료로 시작해 점점 맛이 진한 재료를 순서대로 먹으면 재료 본연의 맛을 최대한 즐기며 초밥을 먹을 수 있다.

- 담백하고 깔끔한 재료 ▶ 진하고 강한 재료
- 흰살 생선 ▶ 붉은살 생선
- 니기리즈시(握り寿司) ▶ 마키즈시(巻き寿司)
- 마지막은 달달한 재료 또는 국으로 마무리
- ※ 초밥을 먹은 후 먹는 초생강은 이전에 먹은 재료 맛이 다음 재료 맛을 방해하지 않고 먹을 수 있도록 입가심 역할을 한다.

Tip

고추냉이 없이 초밥을 먹는 행위는 매너 위반이 아니다. 고추냉이 없는 초밥이 먹고 싶다면 "사비누키데오네가이시마스(サビ抜きでお願いします)"라고 부탁하면 된다.

미니 초밥 용어집

- 밥알 シャリ ◀» 샤리
- 재료 ネタ ◀» 네타
- 곁들임 채소 ツマ ◀» 츠마
- 초생강 ガリ ◀» 가리
- 초밥 접시 ゲタ ◀» 게타
- 국물 吸い物 ◀» 스이모노
- 주방장 특선 おまかせ ◀» 오마카세

재료별 일본어 명칭과 발음

재료	일어명 발음	재료	일어명 발음	재료	일어명 발음
참치	マグロ 마구로	꽁치	サンマ 산마	오징어	イカ 이카
참치살 중 지방이 많은 뱃살 부위	大トロ 오오토로	가자미	カレイ 카레이	문어	タコ 타코
오오토로 이외에 지방이 적은 참치 부위	中トロ 추토로	방어	ぶり 부리	성게	ウニ 우니
붕장어	アナゴ 아나고	새끼 방어	はまち 하마치	갯가재	シャコ 샤코
장어	ウナギ 우나기	도미	たい 타이	가리비	ホタテ 호타테
연어	サーモン 사아몬	잿방어	かんぱち 칸파치	전복	アワビ 아와비
고등어	サバ 사바	넙치	ひらめ 히라메	피조개	アカガイ 아카가이
정어리	イワシ 이와시	광어 지느러미	えんがわ 엔가와	연어 알	イクラ 이쿠라
전갱이	アジ 아지	새우	エビ 에비	청어 알	かずのこ 하즈카즈노코
가다랑어	カツオ 카츠오	게	カニ 카니	달걀	たまご 타마고

Tip 주방장을 부를 때 다이쇼(大将), 고슈진(ご主人), 이타마에상(板前さん)을 사용한다.

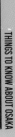

야키토리

야키토리(焼き鳥)는 일본식 꼬치요리로 한국의 꼬치와 마찬가지로
닭고기를 한입 사이즈로 자른 다음 나무꼬치에 꽂아 직화구이한 것이다.

야키토리의 주요 부위

· 닭다리 살 もも 🔊 모모
· 닭가슴살 むね 🔊 무네
· 닭껍질 皮 🔊 카와
· 닭고기와 파를 번갈아 끼운 것 ねぎま 🔊 네기마
· 닭의 횡격막 ハラミ 🔊 하라미
· 닭꼬리뼈 주위 살 ぼんじり 🔊 본지리
· 닭연골 なんこつ 🔊 난코츠
· 닭의 간 レバー 🔊 레바
· 닭날개 手羽先 🔊 테바사키
· 닭염통 ハツ 🔊 하츠
· 다진 닭고기 つくね 🔊 츠쿠네

야키토리 먹는 방법

· 같은 부위라도 담백한 소금(塩) 맛과 새콤한 간장 양념(タレ) 맛 중 선택하여 주문한다.
· 부위 본연의 맛을 즐기고 싶다면 소금, 간이 진하고 감칠맛 나는 맛을 먹고 싶다면 간장 양념 맛을 추천한다.
· 연한 맛부터 진한 맛 순으로 주문하자. 맛 종류 역시 소금 맛부터 즐기고 간장 양념 맛을 주문하면 좋다.
· 취향에 따라 고춧가루(七味唐辛子), 후추(胡椒) 등 조미료를 첨가해도 좋다.
· 다 먹고 남은 꼬치는 나무통에 꽂아둔다.

야키니쿠

어느 순간부터 일본을 방문하는 한국인 여행자에게 필수 코스가 된 음식 중 하나가 바로 일본식 불고기 '야키니쿠(焼肉)'다. 재일교포의 영향으로 일본에 널리 퍼지게 된 야키니쿠는 현재 일본 현지에서 대표적인 한국 음식으로 큰 사랑을 받고 있다.

야키니쿠의 인기 부위

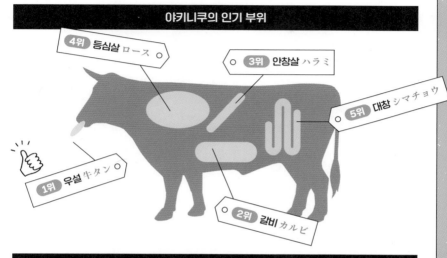

4위 등심살 ロース

3위 안창살 ハラミ

5위 대창 シマチョウ

1위 우설 牛タン

2위 갈비 カルビ

야키니쿠의 기본

- 메뉴는 크게 붉은 살코기(赤身肉), 내장(ホルモン), 기타 부위 세 가지로 나뉜다.
- 같은 부위라도 소금(塩) 맛과 양념(タレ) 맛 중 선택하여 주문한다.
- 메뉴가 도착하면 직접 굽는 방식이다.
- 취향껏 선택하면 되나 일반적으로 소금 맛은 레몬소스, 양념은 간장소스에 찍어 먹는다.
- 철판 교환의 유료 여부는 가게마다 다르다.

야키니쿠 주문 방법

재미있는 것은 야키니쿠를 주문하는 순서와 초밥집에서 초밥을 주문하는 순서가 매우 흡사하다는 사실이다. 담백하고 맛이 옅은 흰살 생선부터 점점 맛이 진하고 강한 붉은살 생선 순으로 먹는 것처럼 야키니쿠 역시 비슷한 흐름으로 주문하는 것이 좋다고 한다.

소금 맛 ▶ 양념 맛 그리고 지방이 적은 부위 ▶ 지방이 많은 부위 순, 즉 살코기 ▶ 등심 ▶ 갈비 ▶ 내장 순으로 주문하는 것이다.

Tip 철판 교환 요청 시 일본어
"아미코오칸오네가이시마스
(網交換お願いします)"

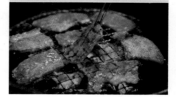

THINGS TO KNOW ABOUT OSAKA

밥 위에 반찬을 얹어 그대로 먹는 덮밥(丼)을 말한다. 대표적인 음식으로 소고기를 얹은 규동(牛丼)과 돼지고기를 얹은 부타동(豚丼), 덴동(天丼, 튀김), 오야코동(親子丼, 닭고기와 달걀), 가츠동(カツ丼, 돈카츠), 가이센동(海鮮丼, 해산물) 등이 있다.

한국인이 사랑하는 장어덮밥

이제는 한국에서도 쉽지 않게 찾아볼 수 있을 만큼 대중적인 음식으로 자리 잡고 있는 장어덮밥. 일본에서 장어덮밥을 일컫는 단어로 우나동(鰻丼), 우나주(鰻重), 히쓰마부시(ひつまぶし)가 있다. 이들의 미세한 차이를 알아보도록 하자.

- **우나동(鰻丼)** : 동그란 밥그릇에 담긴 것으로 우나주보다 장어 양이 적은 편이다.
- **우나주(鰻重)** : 네모난 찬합에 담긴 것으로 장어의 간을 넣어 만든 국이 제공된다.
- **히쓰마부시(ひつまぶし)** : 나고야(名古屋)의 향토요리로, 밥통 위에 먹기 좋게 썬 장어가 얹어 있다. 파, 김, 고추냉이, 국, 오차즈케용 육수, 절임반찬과 함께 제공된다.

장어덮밥의 간사이와 간토 차이

간사이 지역(関西) 배에 칼집을 넣어 손질하는 하라비라키(腹開き)로 배를 가른 다음 찌지 않고 바로 구어 바삭하고 고소한 것이 특징이다.

간토 지역(関東) 등에 칼집을 넣어 손질하는 세비라키(背開き)로 등을 가른 후 한 번 구운 것을 찌고 다시 굽는다. 담백하고 부드러운 것이 특징.

소바

메밀가루로 면을 만들어 쯔유에 찍어 먹거나 육수에 넣어 먹는 요리다. 쯔유는 지역마다 만드는 방식이 다르나 일반적으로는 가다랑어를 쪄서 말린 가쓰오부시, 다시마, 표고버섯 등을 우려낸 육수에 간장, 설탕, 미림(みりん) 등을 넣어 만든다.

소바는 크게 쯔유에 찍어 먹는 모리소바(もりそば)와 육수를 그릇에 부어 국물과 함께 먹는 가케소바(かけそば), 다양한 재료와 함께 볶아 먹는 야키소바(焼きそば)로 나뉜다. 모리소바는 면발이 담긴 그릇에 따라 대발을 사용한 자루소바(ざるそば)와 사각형 나무 찜통을 사용한 세이로소바(せいろそば)로 나눌 수 있다. 면발에 김이 올려져 있는 소바를 자루소바, 김이 없는 소바를 모리소바라고 부르는 가게도 있다. 또 순수 메밀가루로 만든 면을 기코우치(生粉打ち) 또는 주와리소바(十割蕎麦)라 하며 밀가루와 메밀가루를 2:8 비율로 배합해 만든 면을 니하치소바(二八蕎麦)라고 한다.

소바 そば

샤부샤부 しゃぶしゃぶ

스키야키 すき焼き

스키야키

일본식 전골인 나베 요리의 대표 격. 얇게 썬 소고기와 양파, 두부, 버섯, 파 등의 각종 재료를 냄비에 넣고 끓이면서 간장과 설탕으로 맛을 낸 것으로, 재료가 익으면 날달걀에 찍어 먹는다.

샤부샤부

나베 요리. 스키야키보다는 우리나라에서도 다양한 형태로 만나볼 수 있는 음식이다. 고기와 채소를 뜨거운 육수에 넣어 익힌 다음 참깨 소스나 폰즈(ポン酢)라고 하는 과즙 식초에 찍어 먹는다.

일본식 양식

외국의 전통 음식을 일본인의 입맛에 맞춰 현지화한 일본식 양식 역시 일본의 전통음식으로 손색이 없다. 인도의 전통 음식인 카레를 비롯해 돈카츠, 오므라이스가 한국인에게도 알려져 있는 대표적인 일본식 양식이다.

카레
カレー

대표적인 일본식 양식으로 일본에서는 카레라이스(カレーライス)라 불린다. 인도에서 직접 들어온 것이 아닌 메이지(明治) 시대 인도를 지배했던 영국 해군에 의해 전해진 것이라 한다. 향신료가 강한 인도의 카레와 달리 고기나 해산물, 채소 등 재료의 풍미를 살린 매콤달콤한 맛이 특징이다.

• 오사카에서 가장 오래된 양식집은 1910년에 문을 연 명물 카레집 '지유켄(自由軒)' P192 이다.

• 현지인은 일반적으로 카레를 먹을 때 밥과 섞지 않는다. 카레와 밥의 양을 자유롭게 정할 수 있기 때문에 섞지 않는 게 더욱 맛있다고 느낀다고.

• 카레와 함께 먹는 반찬 '후쿠신즈케(福神漬け)'는 무, 가지, 순무, 작두콩, 자조, 참외, 연근 등 7종류 재료를 잘게 썰어 미림간장에 담근 절임이다.

• 카레와 관련한 유명한 명언 중 하나로 "카레는 음료입니다(カレーは飲み物です)"가 있다. 일본의 대식가인 한 연예인이 카레를 순식간에 해치운 다음 한 발언으로 지금까지도 회자되고 있다.

일본 카레와 인도 카레는 무엇이 다를까?

일본식 카레 : 걸쭉하고 진한 소스에 각종 채소와 고기를 넣고 끓여서 쫄깃한 일본 쌀밥에 뿌려 먹는 것.

본고장 인도 카레 : 다수의 향신료를 조합해 만든 소스를 퍼석하고 가늘고 긴 쌀밥 또는 밀가루를 구운 난에 뿌려 먹는 것.

오므라이스
オムライス

프랑스의 달걀 요리 오믈렛에
케첩을 섞은 밥을 더해
데미그라스 소스를 끼얹어
먹는 것으로 오믈렛+라이스를
합친 조어다. 1900년대 양식
전문점이 치킨라이스와 오믈렛을
합친 음식을 제공하기 시작하면서
탄생한 음식이다. 간사이(関西) 지방은
오사카(大阪) 신사이바시(心斎橋)의
홋코쿠세이(北極星)가 원조로 알려져 있다.

돈카츠
とんかつ

영국에서 건너온 커틀릿을 독자적인
스타일로 발전시킨 음식. 영국에서
커틀릿은 일반적으로 소고기나
양고기로 만드는데, 돼지고기로 만든
커틀릿을 포크카츠레츠라고 하다가
돼지를 의미하는 한자 '돈(豚)'을 합쳐
지금의 단어로 바뀌었다.

나폴리탄
ナポリタン

일본에서만 만날 수 있는 스파게티다. 1920년대 요코하마의 한 호텔 총주방장이었던
이리에 시게타다(入江茂忠)가 토마토, 양파, 마늘, 토마토 페이스트, 올리브오일을
사용해 양념을 고안한 것이 나폴리탄의 시작이다. 이후 고가의 토마토 대신 미군이
대량으로 들어온 케첩으로 스파게티를 만들면서 큰 인기를 얻게 된다.

여
독
을
푸
는
술
한
잔,
이
자
카
야

짧은 여행 기간 동안 늦은 밤까지 오사카를 알차게 즐기는 방법!
이자카야나 식당에서 술 한잔으로 여독을 풀며 기분 좋은 밤을 보내는 것이다.

일
본
의
술
문
화

이자카야 居酒屋

간단한 안주와 함께 저렴하게 술을 마실 수 있는 대중적인 술집을 의미하는 이자카야는 단순히 술만 마시는 곳이 아니라 일본인의 평범한 일상을 엿볼 수 있는 곳이다. 남녀노소를 불문하고 술 한잔으로 스트레스를 해소하는 장소이자 수다를 즐기며 인간관계를 돈독히 하는 사교의 장이며, 간단하게 끼니를 때우며 하루를 마감하는 밥집이기도 하다. 대부분의 이자카야는 17:00부터 개점하며 늦으면 이른 새벽까지 영업하는 곳이 많아 불타는 오사카의 밤을 보낼 수 있다. 1980년대부터는 전문 업체가 운영하는 이자카야 체인점이 하나둘 늘어나기 시작하면서 변화가는 물론 동네 곳곳에서 심심찮게 만날 수 있다. 체인 이자카야는 술과 음식 사진이 실린 메뉴판을 사용하고 있고, 영어나 한국어 등 외국어로 표기된 메뉴와 터치스크린 주문 방식을 채용한 곳도 있어 일본어를 모르더라도 주문하는 데 어려움이 없다.

알아두면 좋은 일본의 술 문화

다치노미(立ち飲み) - 서서 술을 마시는 행위를 뜻한다. 다치노미 전문점의 특징은 서서 먹고 마시는 것에만 그치지 않는다. 여타 식당에 비해 저렴하게 음식을 맛볼 수 있으며, 캐주얼한 가게 분위기로 혼술도 편하게 즐길 수 있다는 점이 강점이다.

조이노미(ちょい飲み) - 일본어 그대로 풀면 '잠깐 마신다'를 의미하며, 업무를 마치고 귀가하는 직장인을 겨냥한 식당이다. 퇴근길에 잠깐 들러 저녁 식사와 함께 술을 즐기는 행위를 일컫는다.

센베로(せんべろ) - 우리나라 돈으로 1만 원 정도에 해당하는 단돈 ¥1,000으로 즐길 수 있을 만큼 저렴한 가격대의 이자카야를 뜻하는 단어로, 허름하고 소박한 분위기지만 안주 맛은 결코 다른 곳에 뒤지지 않는 숨은 보석 같은 곳을 말한다.

❶ 맥주 ビール

'나마비루(生ビール)'라고 칭하는 생맥주는 이자카야에서 가장 많이 소비되는 주류다. 용량이 350㎖ 정도 되는 두꺼운 유리잔은 '조키(ジョッキ)'라고 불리며 이자카야에서 주로 쓰이는 일반적인 생맥주잔이다. 참고로 병에 든 맥주는 '빙비루(瓶ビール)'로 표기한다. 대표적인 맥주 회사로는 기린(KIRIN), 아사히(Asahi), 삿포로(SAPPORO), 산토리(SUNTORY) 등이 있으며, 이자카야마다 취급하는 맥주 브랜드가 다르다.

❷ 쇼추 焼酎

다양한 원료를 발효시켜 만든 증류주로 알코올 도수는 니혼슈보다 높은 25도 정도다. 고구마를 주원료로 하여 달콤하고 향기로운 맛이 특징인 이모조추(芋焼酎), 보리가 주원료로 산뜻하고 칼칼한 맛인 무기조추(麦焼酎), 쌀이 주원료로 알코올 도수가 높고 부드러우면서 깔끔한 맛을 내는 고메소추(米焼酎) 등 크게 세 종류로 나뉜다. '데워도 좋고 차갑게 해도 좋고'라는 말이 있을 정도로 마시는 방법이 각양각색. 차갑게 해서 마시는 레이슈(冷酒), 데워서 마시는 간자케(燗酒), 상온으로 즐기는 조온(常溫), 유리잔에 얼음을 띄워서 마시는 로쿠(온더락, ロック) 등이 있다.

❸ 하이볼 ハイボール

주류 문화의 변화로 한국인의 입맛을 사로잡은 술이 바로 위스키다. 위스키를 부담 없이 더욱 맛있게 즐길 수 있는 하이볼은 위스키와 소다수를 섞은 술이다.

❹ 추하이 チューハイ

소주를 뜻하는 쇼추(焼酎)의 '추'와 하이볼(ハイボール)의 '하이'를 합친 단어로 증류주를 베이스로 하여 과즙과 탄산을 섞은 술.

❺ 사와 サワー

위스키나 쇼추 등의 알코올 음료에 레몬, 키위, 라임, 매실 등과 소다를 섞어 만든 칵테일의 일종이다. 알코올 도수가 낮은 편이고 달달한 맛이 강하여 여성에게 인기가 높다.

❻ 니혼슈 日本酒

한국에서 '사케(さけ)'라 부르는 것이 바로 니혼슈이다. 쌀을 원료로 한 양조주로 '세이슈(淸酒)'라고도 불린다. 일본법상 알코올 도수를 22도 미만으로 규정하고 있으며 대부분 15~16도다. 제조 시 양조 알코올의 사용 여부와 쌀의 정미율 등에 따라 준마이슈(純米酒), 긴조슈(吟醸酒), 혼조조슈(本醸造酒) 등으로 나뉜다. 도수가 높지 않아 다른 음료를 섞어 희석해서 마시지 않고 스트레이트로 마시는 것이 일반적이다.

일본의 술 종류

이자카야 용어집

좌석 お座席 🔊 오자세키

이자카야의 좌석은 크게 카운터석(カウンター席), 다다미방(座敷), 테이블석(テーブル席)으로 구성된다. 혼술을 위해 방문한 1인은 카운터석 또는 2인 테이블석으로 안내되며, 일반적으로는 손님의 기호에 따라 다다미방 또는 테이블석을 선택하게 된다. 5인 이상의 단체나 분리된 개인실 형태는 다다미방인 경우가 많다.

식전 제공 음식 お通し 🔊 오토오시

일본식 선술집 이자카야(居酒屋)에서는 인당 자릿세 개념 음식을 제공한다. 자리에 앉자마자 입맛을 돋우기 위한 명목으로 작은 그릇에 전채요리가 담겨 나오는데, 이는 자릿세를 내야 한다는 말을 간접적으로 내비치는 것이다.

음료 무제한 飲み放題 🔊 노미호오다이

90분 내지 2시간 이내에 정해진 음료 메뉴를 무제한으로 즐길 수 있는 코스. 보통 요리 가격과 별개로 ¥1,000~2,000의 추가요금을 내면 된다. 참고로 음식 무한리필은 타베호오다이(食べ放題)라고 한다.

해피아워 ハッピーアワー 🔊 핫삐이아와

손님이 적은 시간대에 이용객을 불러들일 목적으로 만들어진 서비스 타임. 주로 주류 메뉴의 할인을 진행하며, 보통 평일 16:00부터 18:00 사이에 실시한다.

마지막 주문 ラストオーダー 🔊 라스토오오다

영업 종료 전 마지막으로 음식과 음료를 주문할 수 있는 시간. 가게마다 정해진 시간이 다르나 일반적으로 음식은 문 닫기 1시간 전, 음료는 30분 전까지 주문 가능하다.

심야요금 深夜料金 🔊 신야료오킹

22:00 이후부터 영업이 종료될 때까지 주문한 메뉴에 한해 10% 금액이 가산되는 시스템. 모든 가게에 적용되는 부분은 아니나 간혹 심야 요금을 적용하는 곳이 있다.

이자카야 순례하기 좋은 동네

오사카

우메다(梅田) : 신우메다식도가(新梅田食道街), 오사카 역 앞 제1~4빌딩(大阪駅前第1~4ビル), 기타신치(北新地) 등 역 주변에는 이자카야 밀집 지역이 여기저기 산재한다.

우라난바(裏難波) : 북쪽 센니치마에(千日前) 지역에서 난산도오리(なんさん通り)까지, 동쪽 구로몬 시장부터 오사카 다카시마야에 이르는 구역은 대표적인 술집 골목으로 유명하다.

덴마(天満) : 개성 있는 이자카야와 다치노미 전문점 등 개인이 운영하는 아담한 술집이 있는 구역으로 부담 없는 가격대와 점심부터 영업하는 가게가 많다는 점이 특징.

교토

가와라마치(河原町) : 교토 최대 번화가. 니시키 시장 부근 마치노아카리상점가(街の灯り商店街)와 가라스마파르요코초(烏丸バル横丁)는 최신식 술집 골목으로 자리잡은 곳.

교토 역(京都駅) : 교토 역 부근은 워낙 관광객으로 늘 붐비는 곳이지만 그만큼 가게도 많은 편이다. 도보 5분 거리에 최근 형성된 스이진신마치(崇仁新町)도 즐기기 좋다.

고베

산노미야 역(三宮駅) : 고베 관광의 거점인 산노미야 역을 중심으로 많은 수의 이자카야가 모여 있다. 프랜차이즈부터 개인이 운영하는 가게까지 영업 형태가 다양하다.

> **Tip** 여러 군데의 이자카야나 음식점을 바꾸어 가면서 술을 마시고 다니는 것을 하시고자케(はしご酒)라 부른다.

알아두면 좋은 이자카야 단어

생맥주 生ビール 🔊 나마비이루

찬물 お冷 🔊 오히야

상온에 둔 술 冷や 🔊 히야

데운 술 熱燗 🔊 아츠캉

작은 술잔 お猪口 🔊 오초코

일본 술병 徳利 🔊 톳쿠리

맥주잔 ジョッキ 🔊 조키

음료잔 グラス 🔊 그라스

병 瓶 🔊 빙

스트레이트 ストレート 🔊 스토레에토

온더락 ロック 🔊 록쿠

물로 희석 水割り 🔊 미즈와리

따뜻한 물로 희석 お湯割り 🔊 오유와리

소다로 희석 ソーダ割り 🔊 소다와리

녹차로 희석 お茶割り 🔊 오차와리

매실주 梅酒 🔊 우메슈

지역 향토 맥주 地ビール 🔊 지비이루

논알코올 ノンアルコール 🔊 논아르코오르

물수건 おしぼり 🔊 오시보리

여행자들의 쉼터, 카페

키워드로 알아보는 일본의 카페 문화

킷사텐 喫茶店

일본식 다방. 옛날로 돌아간 듯한 복고풍 인테리어에 어두운 조명 아래 잔잔한 배경음악이 흐르는 고요하고 차분한 분위기가 특징이다.

모닝 モーニング

카페 영업 시작 후 아침 시간대(보통 11:00까지)에만 선보이는 한정 메뉴. 간단한 식사 메뉴와 음료를 저렴한 가격에 이용할 수 있어 인기가 높다.

세트 메뉴 セットメニュー

푸드 메뉴 또는 디저트 메뉴와 음료가 하나로 구성된 것으로, 할인이 적용되어 개별 구매보다 이득이다. 단, 선택할 수 있는 음료가 제한된 경우도 있다.

커피 티켓 コーヒーチケット

이른바 커피 구독권으로, 일반 가격보다 저렴하게 즐길 수 있다. 카페마다 다르나 보통 5~12회 정도 이용할 수 있다.

콘센트 電源

개인 운영 카페에서는 전기 사용을 할 수 없는 곳이 많다는 점을 알아두자. 단, 스타벅스, 도토루, 카페 벨로체, 털리즈 등 카페 체인점에서는 좌석마다 콘센트를 설치해두는 등 누구나 이용할 수 있다.

Tip 음료를 취향껏 즐길 수 있도록 설탕, 검시럽, 커피밀크, 레몬시럽 등을 갖춘 카페가 많다. 휴지, 빨대와 함께 비치된 곳이 많으니 잘 살펴보자.

일본 카페 단골 메뉴

커피젤리
コーヒーゼリー
커피를 응고해 말캉하고
탱글한 젤리로 맛보는 메뉴.

커피플로트
コーヒーフロート
커피 위에
아이스크림을
얹은 음료.

레몬스쿼시
レモンスカッシュ
상큼한 레몬 과즙을
넣은 탄산소다.

크림소다
クリームソーダ
멜론맛 탄산음료
위에 아이스크림을
얹은 것.

푸딩
プリン
달걀, 설탕, 우유를 섞고
캐러멜 소스를 끼얹어
구운 디저트.

푸딩 아 라 모드
プリンアラモード
커스터드 푸딩과 함께 과일,
생크림, 아이스크림을
먹음직스럽게 토핑한 디저트.

파르페
パフェ
과일, 생크림, 쿠키,
젤리 등을 겹겹이 쌓아
만든 디저트.

달걀샌드위치
たまごサンド
두 개의 식빵 사이에
달걀을 끼운 샌드위치.

후르츠폰치
フルーツポンチ
탄산수에 자잘하게
썬 5가지 과일이나
시럽을 넣은 것.

음식점 이용하기

일본의 식사 예절

- 손을 모아 합장하며 인사말을 한다.
  잘 먹겠습니다. いただきます ◀◎ 이타다키마스
  잘 먹었습니다. ご馳走様でした ◀◎ 고치소사마데시타
- 테이블에 팔꿈치를 대고 먹지 않는다.
- 식사 할 때는 밥 공기와 국 공기는 손에 들고 먹는다.
- 쩝쩝 먹는 소리를 내면 안 되지만 따뜻한 국물이나 면은 소리 내어도 된다.
- 젓가락으로 음식을 찌르거나 식기를 끌고 오는 행위는 하지 않도록 한다.
- 나무 젓가락을 사용할 경우 반으로 쪼갤 때 수평으로 잡고 위아래로 나누도록 한다.
- 물수건은 손을 닦는 용도로만 사용하자. 입을 포함한 얼굴이나
  다른 부위에 닦는 행위는 예절에 어긋난다.
- 음식을 먹을 때 앞접시 대신 손으로 받쳐서 먹지 않도록 한다.

예약 시스템의 활성화

내가 가는 음식점이 인기 맛집인지 판단하는 척도는 가게 앞에 길게 늘어선 대기줄이었다. 하지만 예약 시스템이 활성화되면서 현재는 기나긴 대기 행렬을 찾아볼 수 없는 맛집이 늘어나고 있다. 음식점의 공식 홈페이지나 구글 맵 정보의 예약 페이지에 연결된 예약 전문 시스템인 테이블체크(Table Check) 또는 타베로그(食べログ), 레티(Retty), 구루나비(ぐるなび) 등 음식점 예약 전문 사이트를 통해 예약할 수 있으며, 예약 가능 여부는 공식 홈페이지를 접속하거나 구글 맵 정보를 통해 예약란을 확인하면 알 수 있다. 음식점에 따라 외국인 관광객은 예약이 불가하거나 노쇼 방지를 위해 예약금을 받는 경우가 있으므로 꼼꼼히 확인하도록 한다.

- 테이블체크 www.tablecheck.com/ko/japan
- 타베로그 tabelog.com/kr
- 레티 retty.me
- 구루나비 gurunavi.com/ko

음식점 이용 절차

❶ 음식점마다 입장 절차가 상이하다. 자판기를 통해 음식을 선택하고 계산한 다음 손님이 원하는 자리에 착석해 음식을 기다리는 곳이 있는가 하면 음식점에 들어서자마자 점원이 자리를 안내할 때까지 입구에 서서 기다려야 하는 곳도 있다. 긴 대기행렬을 이루는 인기 맛집은 QR코드나 기기를 입구에 비치해 대기표를 뽑는 방식을 시행하고 있는 경우가 있다.

❷ 가게에 들어서면 보통 점원이 눈치를 채고 손님에게 인원수를 확인한다. 손가락으로 몇 명인지 의사 표시를 하면 점원이 직접 자리로 안내해준다. 점원이 가만히 서서 자리를 안내하지 않고 "오스키나 세키에 도오조(お好きな席へどうぞ)"라고 한다면 손님이 앉고 싶은 자리에 앉아도 된다는 뜻이다. 느낌으로 어느 정도 파악할 수 있으니 일본어를 모르더라도 걱정하지 말자.

❸ 착석 후에는 메뉴판을 보고 원하는 음식을 고른 후에 "스미마셍(すみません)"을 외쳐 점원을 부른 후 주문하면 된다. 최근에는 테이블에 비치된 QR코드를 스캔해 스마트폰에서 직접 주문하는 방식도 늘어났다. 영어 또는 한국어로 된 사이트가 나타나며, 사진 메뉴로 되어 있는 경우가 많아 주문하기 쉽다.

❹ 많은 음식점이 라스트오더(ラストオーダー)라는 제도를 시행하고 있다. 영업 종료 30분~1시간이 지나면 음식과 음료 주문을 받지 않는데, 점원이 테이블을 돌며 마지막 주문을 받는다. 이 제도를 엄격히 지키는 가게는 문 닫기 1시간 전에 방문하더라도 손님을 받지 않는다.

❺ 음식값 지불은 음식을 먹은 테이블에서 직접 계산하거나 출구 부근 카운터에서 실시한다. 전반적으로 신용카드와 교통카드, 간편결제 시스템이 서서히 정착되고 있는 추세이나 아직 개인이 운영하는 가게에는 현금 결제만 가능한 곳이 있으니 주의하자.

일본어 메뉴판 읽기

음식과 관련된 일본어

정식 定食 ◀) 테에쇼쿠

메인 요리에 미소된장국, 절임반찬, 달걀 등이 포함되어 제공되는 메뉴. 쟁반에 음식들을 가지런히 나열한 정갈한 식사 형태가 바로 이것. 조금 더 정중한 의미의 고젠(御膳)을 표기하는 곳도 있다. 일본의 일반 가정식을 맛보려면 정식 메뉴를 주문하는 것이 좋다.

날마다 바뀌는 메뉴 日替わり ◀) 히가와리

일본에서는 고정 메뉴 외에 매일 다른 메뉴를 선보이는 음식점이 흔한 편이다. 오늘의 메뉴(本日のメニュー)라는 이름으로 기재된 곳도 있다. 참고로 주마다 바뀌는 메뉴는 슈가와리(週替わり), 달마다는 쓰키가와리(月替わり)라 한다.

단품 単品 ◀) 탄삥

메인 요리 한 가지로만 구성된 메뉴나 세트 메뉴 속에 구성된 음식 하나를 일컫는 말. 가끔 메뉴에 적혀 있는 '~は単品で販売しません'는 '~은 단품으로 판매하지 않습니다'라는 뜻이다.

세트 セット ◀) 셋토

단품 메뉴에 밥이나 음료를 추가한 것을 말한다. 밥은 고항셋토(ごはんセット), 음료는 노미모노셋토(飲み物セット)라 부른다. 각각 주문하는 것보다 세트로 주문하는 것이 저렴한 경우가 많다.

리필 おかわり ◀) 오카와리

밥이나 미소된장국 등을 리필할 때 쓰는 말이다. 무료로 무제한 리필해 주는 메뉴라면 오카와리지유(おかわり自由)라고 적혀 있다.

물 お水 ◀) 오미즈

차가운 물은 오히야(お冷), 뜨거운 물은 오유(お湯), 무료로 제공되는 따뜻한 녹차는 오차(お茶)라고 한다.

밥 ごはん ◀) 고항

일반적인 흰쌀밥을 부르는 말. 영어를 그대로 발음한 라이스(ライス)로 표기된 곳도 있다. 보통보다 1/2 적은 양은 한라이스(半ライス), 곱빼기는 오모리(大盛り)라고 부른다.

미니 사이즈 ミニサイズ ◀) 미니 사이즈

보통보다 1/2 정도 적은 양의 메인 요리를 표기할 때 쓰인다. 어린이가 먹거나 적은 양을 먹고 싶을 때 주문하면 좋다.

후식 デザート ◀) 데자아토

케이크, 아이스크림, 푸딩 등 달달한 메뉴를 후식으로 먹는 문화는 세계 공통! 일본에는 후식에 신경 쓴 음식점이 많고 맛도 좋은 편이다.

한정 메뉴 限定 ◀) 겐테이

아침이나 점심, 또는 특정 요일, 날짜에만 선보이는 메뉴. 모든 제품에 한정을 붙여서 판매하는 것을 좋아하는 일본인다운 메뉴. 계절마다 제철 식재료로 만든 기간 한정 메뉴도 자주 등장한다.

메인 요리의 조리 형태

면류 麺 | **덮밥** 丼 | **구이** ~焼き
튀김 ~揚げ | **볶음** ~炒め | **조림** ~煮付け
모둠 ~盛り合わせ

반찬(사이드 메뉴) 종류

미소된장국 みそ汁 | **절임반찬** 漬物
달걀말이 出し巻き | **낫토** 納豆
명란젓 明太子 | **날달걀** 生玉子
샐러드 サラダ | **우메보시** 梅干し

메인, 반찬에 뿌려 먹는 첨가물

무즙 大根おろし | **고춧가루** 七味唐辛子
마요네즈 マヨネーズ | **케첩** ケチャップ
돈카츠소스 中濃ソース
샐러드레싱 ドレッシング

알아두면 편리한 일본어

세금 제외 가격 税抜き ◀) 제에누키
세금 포함 가격 税込み ◀) 제에코미
계산 お会計 ◀) 오카이케에
영수증 レシート ◀) 레시이토
금연석 禁煙席 ◀) 킨엔세키
흡연석 喫煙席 ◀) 키츠엔세키
셀프서비스 セルフサービス ◀) 세루후사아비스
화장실 お手洗い ◀) 오테아라이

알아두면 좋은 메뉴판 단어

초밥 寿司 ◀) 스시
회 刺身 ◀) 사시미
일본식 튀김 天ぷら ◀) 덴푸라
스키야키 すき焼き ◀) 스키야키
샤부샤부 しゃぶしゃぶ ◀) 샤부샤부
오코노미야키 お好み焼き ◀) 오코노미야키
함박스테이크 ハンバーグステーキ ◀) 함바그스테에키
돈카츠 とんかつ ◀) 돈카츠
일본식 닭꼬치 焼き鳥 ◀) 야키토리
라멘 ラーメン ◀) 라아멘
우동 うどん ◀) 우동
소바 そば ◀) 소바
탄탄멘 担々麺 ◀) 탄탄멘
짬뽕 ちゃんぽん ◀) 잔퐁
오므라이스 オムライス ◀) 오무라이스
카레 カレー ◀) 카레에
소고기덮밥 牛丼 ◀) 규동
닭고기달걀덮밥 親子丼 ◀) 오야코동
생맥주 生ビール ◀) 나마비이루
콜라 コーラ ◀) 코오라
일본주 日本酒 ◀) 니혼슈
녹차 緑茶 ◀) 료쿠차

Osaka
shopping

오사카 알아가기 | 쇼핑

돈키호테

우메다의 백화점

난바의 상업시설

お祭!

24시간 편의점

캐릭터 상품 전문점

외국인 여행자의 혜택, 면세

세금 환급 절차

한 곳에서 하루에 ¥5,000(세금 제외 가격 기준) 이상 구매

매장 직원에게 'Tax refund, please' 또는 '免税お願いします。 🔊 '멘제에, 오네가이시마스' 요청, 여권을 제시하고 환급 서류에 서명

세금 제외한 금액으로 계산 또는 세금 포함한 금액으로 계산하고 면세카운터에서 금액을 환급

출국할 때 공항 내에 위치한 '세관(税関)' 카운터 방문

기기에 여권을 스캔

일본 체류 6개월 미만의 외국인 여행자에 한해 세금 환급을 신청하면 소비세 8~10%의 면세를 적용받을 수 있다. 모든 쇼핑 명소가 면세가 되는 것은 아니므로 매장에 표기된 'TAX-FREE SHOP'의 마크를 발견하거나 대형 쇼핑센터의 인포메이션센터에서 확인 후 구입하도록 하자. 면세 적용 범위는 하루에 동일한 장소에서 면세 대상 물품인 일반 물품과 소모품 합산(세금 제외 가격 기준) ¥5,000 이상 구입했을 경우이며, 반드시 본인의 여권을 지참하여야 한다. 단, 구입 후 30일 이내에 일본에서 반출하는 것을 원칙으로 한다. 환급되는 금액은 매장에서 계산할 때 세금을 제하고 계산하는 경우와 세금 포함된 금액으로 계산 후 쇼핑센터 내 면세카운터에서 차액을 환급 받는 경우 두 가지가 있다. 점포마다 돌려받는 방식이 상이하므로 영수증에 계산된 금액을 꼼꼼히 확인하자.

Tip

2021년부터 음식점이나 상점에서 세금을 포함한 총금액의 표기가 의무화되었다. 따라서 가격표에 표기된 금액은 기본적으로 소비세 제외(税抜) 가격이다. 간혹 큰 글씨로 표기된 금액 다음에 괄호 속 금액은 소비세 포함(税込) 가격이며, 면세 적용 시 금액이 작은 부분을 참고하면 된다.

알아두면 쏠쏠한 쇼핑 용어

하츠우리 初売り

매년 1월 1일(휴업인 경우 1월 2일)이 되면 일본의 백화점과 상점가에서는 처음 판다는 의미를 가진 '하츠우리'라는 단어를 대대적으로 내걸어 이제껏 공개하지 않았던 신상품을 한꺼번에 내놓는다. 값비싼 상품이 당첨되는 추첨 행사를 진행하거나 세일을 실시하기도 한다.

기간 한정 期間限定

일정 기간에만 선보이는 한정 상품은 먹거리와 쇼핑에서 자주 발견할 수 있다. 특히 먹거리에서 두드러지는데, 편의점이나 슈퍼마켓에서 기간 한정을 내세운 맛의 제품은 한 번쯤 먹어보면 좋다.

후쿠부쿠로 福袋

복주머니라 불리는 이 패키지는 1월 1일을 대표하는 상품이다. 쇼핑백에 상품을 여러 개 넣어 판매하는 종합 선물세트로, 속에 무엇이 들었는지 알 수 없는 상태에서 구입하기 때문에 어떤 상품이 들었는지 기대하면서 여는 재미가 있다. 최근에는 쇼핑백 속 상품을 그대로 보여주고 판매하는 경우도 있다. 대부분 ¥5,000~1만대에 판매하나 유명 브랜드의 옷이나 전자제품 같은 경우는 ¥3만~5만을 호가한다. 복주머니 안에 들어있는 물품들의 합계 가격이 복주머니 판매 가격보다 5배를 넘거나 희귀한 한정 상품이 들어 있을 수도 있어 1일이 되기 전부터 상점 앞에서 밤을 새우는 이들이 많다.

할인 割引

일본의 세일 기간은 일본의 황금연휴인 골드위크가 시작되는 4월 하순부터 5월 상순(봄), 6월 하순부터 7월 하순(여름), 10월 하순(가을), 12월 상순부터 1월 하순(겨울)까지 펼쳐진다. 세일 기간이 아니라도 쇼핑센터 자체적으로 할인행사를 펼치는데, 50% 또는 5할인(割引), 반값(半額) 등으로 표기한다.

타임세일 タイムセール

의류 브랜드가 다수 입점해있는 쇼핑센터나 패션빌딩에서는 세일 기간에 현재 가격보다 더 저렴하게 판매하는 타임세일을 비정기적으로 실시한다. 보통 세일 가격에서 10~20%를 더 할인해주거나 2~3개를 사면 제품 하나가 무료라든지 하는 방식이다. 점원이 갑작스럽게 소리를 지르며 숫자가 적힌 패널을 들고 있다면 눈여겨볼 것. 그것이 바로 타임세일을 알리는 표시다. 상품 태그나 패키지에 '타임서비스(タイムサービス)'라 적힌 것도 이에 해당한다.

포인트카드 ポイントカード

일본의 수많은 브랜드를 비롯해 전문점에서는 모든 구매자에게 구매 가격의 5~10%를 포인트로 적립해주는 포인트카드를 발급한다. 발급 시 회원가입을 위한 일본 국내의 주소와 연락처가 필요할 수도 있으나 정보가 없어도 가입할 수 있다. 단, 포인트카드를 적립하면 면세 수속을 못 받는 경우도 있으니 이익을 따져보고 선택하도록 하자.

Tip

[일본 입국 시 면세 범위]
면세 범위 | 주류 3병(1병당 760ml), 담배(궐련형 담배 200개비, 가열식 담배 10개비, 시가 50개비, 기타 250g), 향수 2온스(1온스 약 28ml, 오드투알렛과 오드코롱은 적용 외)
반입 금지 물품 | 마약(대마초, 아편, 각성제 등), 아동 포르노, 저작권이나 상표권을 침해한 물품
[한국 입국 시 면세 범위] 휴대품 면세 한도 $800, 2L 이하 $400 미만 술 2병, 담배 200개비(10갑), 향수 60ml 이하

오
사
카

쇼
핑

필
수

코
스

슈퍼마켓

길거리에서 흔히 볼 수 있는 슈퍼마켓은 간사이 지방 여행의 필수 코스다. 오사카에서 지점이 많은 슈퍼마켓 프랜차이즈로는 세이유(SEIYU), 라이프(ライフ), 코요(KOHYO)를 꼽을 수 있으며, 오사카에서만 만나볼 수 있는 지역 밀착형 슈퍼마켓이자 파격적인 가격 제안으로 인기가 높은 슈퍼타마데(スーパー玉出)가 있다. 대형 마트인 만큼 웬만한 상품은 모두 찾아볼 수 있으며 다양한 할인행사로 인해 생각지도 않은 '득템'을 할 수도 있다.

전자양판점

빅카메라(ビッグカメラ), 요도바시카메라(ヨドバシカメラ), 베스트덴키(BEST電機) 등 다양한 전자 브랜드의 상품을 한데 모아 판매하는 가전제품 전문매장도 쇼핑 코스 중 하나. 일본 국내의 웬만한 전자 브랜드 상품들은 모두 만나볼 수 있다. 샘플 기계가 비치되어 있어 직접 만져보고 사용해 볼 수 있으며 전문 스태프들이 친절하게 상품을 설명해준다. 세금 제외 ¥5,000 이상(세금 포함 시 ¥5,400 이상) 구입 시에는 면세 수속도 가능해 잘하면 한국보다 저렴하게 구입할 수 있다.

드러그스토어

간사이 여행에서 빠질 수 없는 쇼핑의 묘미. 일본의 드러그스토어에는 우리나라에서는 만나볼 수 없는 독특한 아이템이 많다. 일부 제품은 한국 드러그스토어에서도 판매되고 있지만 현지에서 구입하는 것이 훨씬 저렴하다. 대표적인 프랜차이즈로는 마쓰모토키요시(マツモトキヨシ)를 비롯하여 코쿠민(KOKUMIN), 다이코쿠드러그(ダイコクドラッグ), 코코카라파인(ココカラファイン), 선드러그(サンドラッグ), 토모즈(トモズ) 등이 있다.

🛒 전문점

일본에는 세련된 디자인에 기발하고 다양한 상품 구성, 합리적인 가격까지 더해진 각종 전문점이 많다. 현지인은 물론 관광객에게도 높은 인기를 누리고 있는 전문점을 소개한다.

❶ 돈키호테 ドン・キホーテ ○

없는 물건이 없을 정도로 방대한 상품 구성에 가격 또한 저렴해 손님몰이에 앞장서고 있는 대형 종합 할인매장.

❷ 프랑프랑 Francfranc ○

독자적인 오리지널 디자인의 아기자기하고 깜찍한 상품을 내세워 여심을 자극하는 생활용품 전문점. 특히 주방용품과 패션 잡화의 인기가 높다.

❸ 저가형 잡화점 ○

캔두(CanDo), 다이소(ダイソー), 스리코인즈(3COINS), 세리아(Seria)가 있다. 실용적이고 쓰임새가 좋은 것은 물론 디자인까지 예쁜 상품이 모여 있다.

❹ 무인양품 無印良品 ○

브랜드 로고가 없는 단순하지만 세련된 디자인으로 인기를 끄는 브랜드. 저렴한 가격에 비해 품질이 좋다. 깔끔하고 세련된 디자인의 생활용품이 돋보인다.

❺ 로프트 LoFt ○

핸즈와 더불어 기발한 아이디어 생활용품이 많다. 특히 문구용품, 미용용품 등이 돋보인다.

❻ 핸즈 Hands ○

참신한 아이디어 생활용품이 돋보이는 잡화 전문점. 아기자기한 디자인 상품도 많아 구경하는 재미가 쏠쏠하다.

종합 할인 매장인 '돈키호테(ドン・キホーテ)'는 생활에 도움이 되는 실용적인 생필품부터 기념이 될 만한 독특한 상품까지 매장을 가득 채우고 있어 구경만으로도 시간 가는 줄 모른다.

돈키호테에서 보물찾기 첫 번째

드러그스토어 상품

1. 로이히 동전파스
ロイヒつぼ膏 ◀)) 초보코

어깨 결림과 요통에 좋은 직경 2.8cm의 동전 모양 파스. 일반 사이즈, 큰 사이즈, 시원한 쿨 타입 등 총 3종류가 있다.

2. 코와 반테린 물파스
コーワ バンテリン
◀)) 반테린

어깨 결림, 요통, 무릎 통증에 효과적인 파스. 액체, 크림, 스프레이, 젤 타입이 있다.

3. 히사미쓰제약 사론파스 Ae
久光製薬 サロンパスAe
◀)) 사론파스

혈액 순환을 촉진하는 비타민E와 염증을 진정시키는 실리실산메틸 성분을 배합한 파스. 근육통, 타박상, 관절염 등에 효과가 있다.

4. 산텐제약 산테 PC
参天製薬 サンテPC
◀)) 산테피씨

컴퓨터나 스마트폰 사용으로 인한 충혈이나 가려움 등 눈의 피로를 개선하는 안약.

5. 고바야시제약 아이봉
小林製薬 アイボン
◀)) 아이봉

가볍게 안구를 세척할 수 있는 눈약. 눈병 예방 효과가 있고, 미세먼지, 꽃가루, 황사 등으로부터 눈 건강을 지켜준다.

6. 로토제약 눈약
ロート製薬 Cキューブ
◀)) 시큐브

건조한 눈이 상쾌해지는 눈약. 콘택트렌즈를 착용한 상태에서도 사용할 수 있어 편리하다.

7. 오타이산 위장약
太田胃散
◀)) 오오타이산

뛰어난 효능으로 입소문이 자자한 위장약. 1일 3회 식간 또는 식후 한 스푼 복용.

8. 닥터숄 압박 스타킹 Dr. Scholl メディキュット
◀)) 메디큐토

다리 부종 완화에 미적 효과까지 기대할 수 있는 압박 스타킹. 근무 중이나 취침 중 언제든지 사용할 수 있도록 다양한 제품을 선보이고 있다.

9. 다이쇼제약 신비오페르민S

大正製薬 新ビオフェルミンS

🔊 신비오훼르민에스

생후 3개월부터 복용 가능한
유산균 약으로, 3종의 유산균이
소장부터 대장까지 넓게
보호해준다.

10. 코와 카베진 위장약 Kowa

キャベジンコーワ

🔊 캬베진 고오와

속이 메스껍거나 거북할 때
먹는 위장약. 제산제가 빠르게
위산을 중화시켜 소화를 돕는다.
1회 2정, 1일 6정까지 복용.

11. 이케다모한도 모기 패치

池田模範堂 ムヒパッチA

🔊 무히팟치

벌레 물린 곳에 붙이면 빨리
가라앉는 귀여운 호빵맨
모양의 밴드.

12. 고바야시제약 해열 시트

小林製薬 熱さまシート

🔊 네츠사마시토

열이 날 때 이마에 붙이는 해열
시트. 볼과 목에도 부착할 수
있는 제품과 성인, 여성, 어린이,
아기용 등 다양한 종류로
구성되어 있다.

13. 다이쇼제약 구내염 패치

大正製薬 口内炎パッチ大正A

🔊 코오나이엔팟치

구내염과 설염 전문 치료 패치.
염증 부위에 직접 붙여서
사용한다. 1일 1~4회 부착 가능.

14. 고바야시제약 수분 마스크

小林製薬 のどぬ~るぬれマスク

🔊 노도누~루누레마스크

마스크 속에 스팀 효과가 있는
필터를 장착해 약 10시간 동안
수분을 유지해준다.

15. 키노메구미 아시리라 수액 시트

樹の恵本舗 足リラシート

🔊 아시리라시이토

천연 수액 시트를 발바닥에
붙이면 다리의 피로가 풀린다.

16. 고바야시제약 나이토민 숙면 귀마개

小林製薬 ナイトミン

🔊 나이토민

귀마개의 방음 효과로 주위 잡음
으로 인한 수면 방해를 방지하고,
발열체가 귀를 따스하게 감싸며
자기 전에 편안함을 준다.

17. 카오 메구리즈무 시리즈의 증기 아이 마스크

花王めぐリズム蒸気でホットア
イマスク

🔊 조오키아이마스크

눈이 피로할 때 사용하면 좋은
아이 마스크. 증기가
약 40도로 10분간 지속되어
눈을 따뜻하게 감싸준다.

18. 고바야시제약 액체 반창고

小林製薬 サカムケア

🔊 사카무케아

다친 부위에 발라주면
굳어지면서 투명 밴드 역할을
하는 액체 반창고.

돈키호테에서 보물찾기 두 번째

슈퍼마켓 상품

1. 다이코쿠 야구시카쓰 소스

大黒屋 なにわ名物串かつソース

🔊 나니와메에부츠 구시카쓰소오스

구시카쓰에 찍어 먹는 전용 소스. 다른 튀김류에 찍어 먹어도 맛있다.

2. 오타후쿠 오코노미야키 소스

おたふく お好みソース

🔊 오코노미소오스

오사카가 속한 일본 서쪽 지방에서 즐겨 먹는 오코노미야키 소스. 20종류 향신료를 첨가.

3. 와나카 다코야키 소스

わなか 特製万能濃厚ソース

🔊 토쿠세에반노노 오코소오스

오사카의 유명 다코야키 전문점인 '와나카'가 출시한 다코야키 전용 소스. 매콤한 맛이 일품.

4. 올리버 도로 소스

オリバー どろソース

🔊 도로소오스

돈카츠, 오므라이스, 오코노미야키 등에 쓰이는 우스터 소스에 매운맛을 더한 것으로 기본 맛과 5배 매운맛 두 종류가 있다.

5. 아사히식품 아사히 폰즈 소스

大黒屋 旭食品 旭ポンズ

🔊 아사히폰즈

오사카의 식탁에 빠질 수 없는 대표 조미료. 유자 향 소스를 첨가하여 모든 요리의 맛을 극대화시킨다.

6. 오타후쿠 야키소바 소스

オタフク 関西限定焼そばソース

🔊 야키소바소오스

일본 서쪽 지방의 스타일을 사랑하는 고객 1,000명과 공동 개발한 야키소바 소스. 오사카, 교토, 나라 등 간사이 지방 한정으로 판매한다.

7. 지유켄 카레 후리카케

自由軒カレーふりかけ

🔊 지유켄카레에후리카케

오사카의 유명 식당 '지유켄'의 카레맛 후리카케. 지유켄 오리지널 카레 가루로 만들었다.

8. 히가시마루 우동 수프

ヒガシマル うどんスープ

🔊 우동스으프

끓는 물에 넣기만 하면 오사카식 우동이 완성되는 간편 수프. 8개 묶음에 ¥200 정도 되는 저렴한 가격이 장점.

9. 닛신 야키소바 U.F.O.
日清焼そば U.F.O.
🔊 야키소바유우호오

오사카가 위치하는 서쪽 지방 현지인이 선호하는 인스턴트 야키소바. 참고로 도쿄가 속한 동쪽 지방은 닛신 야키소바보다 페양구(페양구) 야키소바를 선호한다.

10. 가루비 카루
カルビー カール 🔊 카아루

일본 전역에 판매되던 유명 과자였으나 현재는 오사카가 속한 서쪽 지방에서만 한정적으로 선보이고 있는 과자. 동쪽 지방에서 온 현지인이라면 반드시 구매한다고.

11. 깃코만 혼쯔유
キッコーマン 濃いだし 本つゆ
🔊 혼쯔유

우동, 소바, 전골, 샤부샤부, 스키야키 등 일본 요리에서 빼놓을 수 없는 조미료.

12. 마스야 오니기리 전병
マスヤ おにぎりせんべい
🔊 오니기리센베에

삼각김밥 모양을 한 귀여운 과자. 바삭바삭하면서도 부드러운 식감이 특징.

13. 데라오카 양조
寺岡有機醸 たまごにかけるお醤油
🔊 타마고카케쇼유

가다랑어, 다시마, 굴 엑기스를 섞은 간장달걀밥 전용 진간장. 부드러운 단맛이 일품이다.

14. 우에가키베이카 우구이스볼
植垣米菓 鴬ボール
🔊 우구이스보오루

공 모양 쌀과자. 하얀색 부분은 떡, 갈색 부분은 밀가루로 만들어진다. 기름에 튀기면 자연스럽게 공 모양이 된다고 한다.

15. AGF 포션 커피 AGF
ブレンディ ポーション 濃縮コーヒ
🔊 포오숀코오히

양질의 원두로 만든 드립 커피를 간편하게 즐길 수 있어 한국인 여행자에게 인기가 높다.

16. 이토엔 가루 녹차
伊藤園 お〜いお茶
🔊 오〜이오차

한 스푼만 넣어도 찻집에서 차를 마시는 듯한 기분을 만끽할 수 있는 가루 녹차.

17. 카메야 고추냉이 후리카케
カメヤ わさびふりかけ
🔊 와사비 후리카케

40년 이상의 역사를 자랑하는 고추냉이 후리카케. 톡 쏘는 매운맛이 식욕을 돋운다.

18. 본치 본치아게
ぼんち ぼんち揚
🔊 본치아게

오사카가 속한 간사이 지방 사람들에게 절대적인 사랑을 받고 있는 전병 과자. 묽은 간장, 가다랑어, 다시마 육수로 양념을 만들었다.

선물로 제격, 아이디어 상품

각종 전문점에서 발견한 기발하고 재미있는 아이디어 상품!
선물로도 제격이다.

캐릭터 주걱
깜찍한 모양의

유모차에 가방을 걸어놓을 수 있는
유모차 걸이

세워서
보관할 수 있는
가위

설거지용
수세미 보관고리
캐치 후크

달걀 삶는 시간을 측정할 수 있는
에그타이머

이것만 있으면
핫도그도 뚝딱!
핫도그 틀

계란달걀간장밥 전용소스
달걀간장

페트병과 봉투 전용
캡

냉장고 여닫이를 간단하게
고정할 수 있는 장치

개봉한 우유갑을
고정시키는
클립

동그란 팬케이크를
간단하게!
실리콘 팬케이크 롤

머리를 빨리 말릴 수
있게 도와주는
헤어 드라이 장갑

화장 수정 시 편리한
수분 면봉

간장을 소량으로 사용하고 싶다면
간장스프레이

매년 한국인 관광객들의 선택을 받은 수많은 쇼핑 아이템 가운데서
꾸준히 인기 상승 중인 베스트 쇼핑 아이템을 소개한다.

한국인 픽, 베스트 쇼핑 아이템

귀여운 하트 모양의
로고가 특징인
꼼데가르송

잇세이 미야케(ISSEY MIYAKE)의
히트 상품 **바오바오**

시작은 프랑스지만 유행은
일본이 선도한 의류 브랜드
단톤

유명 브랜드의
손수건을 ¥500~2,000
가격에~
백화점 손수건

한국인 입맛을 사로잡은
민트 태블릿
민티아와 프리스크

세탁기 속에 하나만 넣으면
세탁이 뚝딱!
캡슐세제

2024년 상반기 한국의
히트 상품으로 부상한
킨조젤리

1962년에 탄생한
일본의 가방 전문 브랜드
포터

디자인과 실용성으로
무장한 별책부록을 득템할 수 있는
잡지와 무크지

입냄새의 원인이 되는
단백질을 씻어내는
마우스워시 오쿠치레몬

반신욕으로 힐링을!
입욕제

양질의 원두로 만든
드립커피를 간편하게 즐겨보자
포션커피와 드립백커피

우에시마커피점의 간판 메뉴인
흑당커피를 집에서 즐긴다
UCC흑당시럽

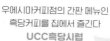

오직 일본에서만 살 수 있는
한정 상품이 가득!
스타벅스

같은 듯 다른 일본의 편의점

길거리에서 흔히 볼 수 있는 편의점(コンビニ)은 여행자 사이에서 이미 필수 코스로 자리 잡은 일본의 대표적인 쇼핑 스폿이다. 뛰어난 위치 선정은 편의점의 편리함을 극대화시켜주는 요소. 일부러 찾으려 하지 않아도 번화가와 주택가 상관없이 눈에 띄는 곳에 자리하여 24시간 손님을 맞이한다. 또한 다채로운 상품 구성은 일본 편의점의 가장 큰 장점이다. 세븐일레븐같이 분명 편의점 이름은 같은데 한국과는 또다른 상품들로 공간을 가득 채우고 있어 호기심을 자극한다.

대표적인 프랜차이즈

한국인에게도 친숙한 세븐일레븐(セブンイレブン), 패밀리마트(ファミリーマート), 미니스톱(ミニストップ)을 비롯해 로손(ローソン), 데일리야마자키(デイリーヤマザキ) 등이 있다. 고객이 많이 찾는 인기 상품 위주로 깔끔하게 진열돼 있는 것이 특징이며 브랜드별로 오리지널 상품을 개발하고 판매하는 데도 주력하고 있다.

편의점별 추천 상품

로손	패밀리마트	데일리야마자키	세븐일레븐	미니스톱
디저트	음료	빵	도시락	아이스크림

Tip 편의점에서 면세 쇼핑하기

일부 점포에 한해 단기 체류 관광객을 대상으로 면세를 실시하고 있다. 반드시 여권을 지참할 것.

면세 대상 상품 : 과자, 음료, 화장품, 담배, 서적, 완구, 의류 등 한 매장에서 하루에 구매한 세금 제외 금액 ¥5,000 이상 ¥50만 이하의 물품.

면세 대상 외 상품 : 기프트카드, 우표류(비과세 상품), 예약 상품, 결제 또는 수납 대행 상품, 냉동식품, 뚜껑이 고정되어 있지 않은 음료수.

주의 : 면세로 구매하신 상품은 전용 봉투로 포장하므로 일본을 출국할 때까지 절대로 개봉하면 안 된다. 만약 소비한 경우 출국 시 세금이 부과되는 경우가 있다.

간사이 지역에서만 만나볼 수 있는 상품

❶ 닛신식품 돈베이
日清食品 どん兵衛

일본의 대표적인 컵라면 제조회사 닛신이 선보이는 컵우동으로 전국적으로 유통되는 상품이다. 단, 간사이 지역이 포함된 서일본과 도쿄가 있는 동일본에서 판매되는 상품의 맛이 다르다. 서일본은 가다랑어와 다시마를 원료로 한 육수, 동일본은 가다랑어만을 사용한 육수로 수프를 만들었다. 서일본은 산초를 가미한 고춧가루를, 동일본은 붉은 고추를 넣어 고명에도 차이가 엿보인다.

❷ 조미김 삼각김밥
味付海苔のおにぎり

서일본과 동일본의 편의점 삼각김밥에도 차이가 있다는 사실은 일본인에게도 잘 알려져 있지 않은 부분. 서일본은 밥을 감싸는 김에 조미김을 사용하고 동일본은 구운 김을 사용한다. 지역의 음식 문화와 기호에 맞춰 약간의 변화를 준다고.

❸ 가루비 포테이토칩스
カルビー ポテトチップス

일본 제과회사 가루비의 히트 상품인 포테이토칩스는 일부 지역에서만 맛볼 수 있는 한정 맛을 선보인다. 간사이 지역에서만 판매하는 간사이 육수 간장(関西だししょうゆ)은 가다랑어의 풍미와 다시마의 감칠맛을 살린 육수 맛이다. 국물의 부드럽고 담백한 맛이 그대로 느껴진다.

❹ 패밀리마트 니쿠스이
ファミリーマート 肉吸い

오사카의 향토음식이 편의점 도시락으로 등장했다. 우동 육수에 얇게 썬 소고기와 달걀만을 넣어서 면발 없이 먹는 니쿠스이를 패밀리마트에서 간사이와 인근 주변 지역 한정으로 선보인다. 가다랑어와 다시마로 우린 육수에 소고기, 두부, 파를 넣어 끓였다.

알아두면 쓸모 있는 편의점 토막 상식

무료 교환권 제도

최근 세븐일레븐, 로손, 패밀리마트가 공격적으로 진행하는 마케팅 중 하나로, 대상 상품을 하나 구매하면 하나 더 받을 수 있는 무료 교환권이 주어지는 제도. 한국의 1+1 제도와 차이점은 무료 교환권 발권 기간과 교환권을 물건으로 교환할 수 있는 기간이 다르다는 점이다. 예를 들어 7월 4일부터 10일까지 받은 교환권은 7월 11일부터 24일 사이에만 쓸 수 있다. 타이밍만 잘 맞춘다면 단기 여행자도 혜택을 받을 수 있다. 대상 상품은 가격표 옆에 붙은 홍보 문구를 유심히 살펴보면 알 수 있다.

화장실

일본과 한국 편의점의 가장 큰 차이라 할 수 있는 부분은 바로 편의점 내부의 화장실 유무일 것이다. 예전보다 줄어들었으나 현재도 수많은 편의점에는 화장실을 갖추고 있다. 화장실 이용 전 점원에게 '화장실 써도 되나요?(トイレ使ってもいいですか? 토이레츠캇떼모이이데스까)'라고 한마디만 건네면 된다.

주류 · 담배 구매

주류와 담배를 취급하는 점포에서 물건 구입 시 계산대 화면에 법률상 구매에 문제가 없는 20세 이상임을 확인하는 절차를 거쳐야 한다. 화면에는 '20세 이상입니까?(20歳以上ですか?)'라는 문구와 함께 OK 버튼이 뜨는데, 이를 반드시 눌러야만 계산을 할 수 있다.

비닐봉투의 유료화

일본 역시 한국과 마찬가지로 비닐봉투의 유료화가 본격적으로 시행되고 있는 나라다. 봉투 한 장당 ¥3~7 정도이며, 크기에 따라 가격이 달라진다. 참고로 나무젓가락, 빨대, 플라스틱 수저는 무료로 제공한다.

생활용품 판매

칫솔, 양말, 기초화장품 등 여행에서 필수로 사용하는 생활용품을 깜빡하고 지참하지 않았다면 걱정하지 않아도 된다. 웬만한 상품은 편의점에서도 판매하고 있기 때문. 패밀리마트는 생활용품 자체 브랜드 '컨비니언스 웨어'를 출시하였고 로손은 유명 생활용품 브랜드 '무인양품', 세븐일레븐은 저가형 균일가점 '다이소'와 계약을 맺어 일부 상품을 비치하고 있다.

ATM 이용

편의점 내에 설치된 ATM을 통해 선불식 충전 카드로 현금을 인출할 수 있다. 이용 카드에 따라 출금 수수료가 면제되는 편의점이 달라지므로 주의하자. 참고로 트래블로그와 토스뱅크는 세븐일레븐, 트래블월렛은 미니스톱(월 $500 이하), SOL트래블은 세븐일레븐과 미니스톱에서 인출하면 수수료가 무료다.

편의점 커피

한국과 마찬가지로 일본의 편의점 역시 자체 브랜드의 오리지널 커피를 판매하고 있다. 패밀리마트와 로손은 에스프레소를 베이스로 한, 세븐일레븐과 미니스톱은 드립커피를 베이스로 한 커피를 선보인다. 따뜻한 커피는 150~165ml 기준 ¥100~150 정도의 저렴한 가격에 즐길 수 있으며, 아이스커피, 카페라테, 프라푸치노, 스무디 등 다양한 라인업을 갖추고 있다.

셀프 계산대

최근 편의점에서 눈에 띄는 것이 셀프 계산대다. 방문객 수는 많으나 가게에 상주하는 점원 수가 적은 곳에 주로 설치되어 있다. 특히 야간 시간대에는 계산대에 간혹 점원이 없는 경우도 있는데, 이럴 때 셀프 계산대를 이용하는 상황이 발생한다. 아쉽게도 모든 계산대가 한국어나 영어를 지원하는 것은 아니므로 다소 어렵게 느낄 수는 있다. 이럴 때 계산대 하단에 그림으로 된 사용방법 설명서를 참고하여 진행하도록 하자.

종류부터 팁까지, 일본의 술 도감

맥주 ビール

일본인이 가장 사랑하는 주류 1위에 빛나는 음료.
일본의 대표적인 맥주 회사로는 기린(KIRIN), 아사히(Asahi), 삿포로(SAPPORO),
산토리(SUNTORY), 오리온(ORION) 등이 있다.

슈퍼드라이
スーパードライ
제조사 　 아사히
알코올 도수 　 5%
맛 　 약간 쓴맛

이치방시보리
一番搾り
제조사 　 키린
알코올 도수 　 5%
맛 　 단맛

더 프리미엄 몰츠
ザ・プレミアム・モルツ
제조사 　 산토리
알코올 도수 　 5.5%
맛 　 단맛

구로라벨
黒ラベル
제조사 　 삿포로
알코올 도수 　 5%
맛 　 단맛

에비스 맥주
ヱビスビール
제조사 　 삿포로
알코올 도수 　 5%
맛 　 쓴맛

오리온 더 드래프트
オリオンザ・ドラフト
제조사 　 오리온
알코올 도수 　 5%
맛 　 단맛

Tip 한국 입국 시 주류 면세 범위

2병까지 면세 가능. 단, 전체 용량이 2L 이하이며, 가격은 $400 이하여야 한다. 주류는
별도 면세 범위로, $800 면세 한도에는 포함되지 않는다. 이를 초과 시 자진신고서를 작
성할 것. 관세의 30%를 감면 혜택 받을 수 있다. 이를 어길 시 40%의 가산세가 부과되므
로 주의해야 한다.

신장르 新ジャンル │ 발포주 発泡酒 │ 무당 無糖

아사히 더 리치
アサヒ ザ・リッチ

- 제조사 아사히
- 알코올 도수 6%
- 종류 신장르

클리어 아사히
クリアアサヒ

- 제조사 아사히
- 알코올 도수 6%
- 종류 신장르

단레이
淡麗

- 제조사 키린
- 알코올 도수 5.5%
- 종류 발포주

긴무기
金麦

- 제조사 산토리
- 알코올 도수 5%
- 종류 발포주

Tip 맥주·발포주·신장르·무당의 차이

맥주 : 맥아 비율이 50% 이상이면서 알코올 도수 20% 미만인 것
발포주 : 맥아 비율이 50% 미만이면서 알코올 도수 20% 미만인 것
신장르 : 맥아가 아닌 발포성 곡물을 원료로 하며 알코올 도수 11% 미만인 것
무당 : 일반 맥주의 당질이 3.1g인 데 반해 당질이 0.5g 미만인 것. 당질제로(糖質ゼロ)로도 불린다. 참고로 당질오프(糖質オフ)는 2.5g 미만을 뜻한다.

올 프리
オールフリー

- 제조사 산토리
- 알코올 도수 0%
- 종류 논알코올

고쿠제로
極ZERO

- 제조사 삿포로
- 알코올 도수 5%
- 종류 무당

추하이 チューハイ

소주를 뜻하는 쇼추(焼酎)의 '추'와 하이볼(ハイボール)의 '하이'를 합친 단어로 증류주를 베이스로 하여 과즙과 탄산을 섞은 술이다.

슬랏
Slat

- 제조사 아사히
- 알코올 도수 3%
- 베이스 스피리츠

-196도
-196℃

- 제조사 아사히
- 알코올 도수 6%
- 베이스 보드카

레몬도
檸檬堂

- 제조사 코카콜라
- 알코올 도수 5%
- 베이스 스피리츠

효케츠
氷結

- 제조사 키린
- 알코올 도수 5%
- 베이스 보드카

💰
니혼슈 日本酒

쌀을 원료로 한 양조주로 '세이슈(淸酒)'라고도 불린다.
일본법상 알코올 도수를 22도 미만으로 규정하고 있으며 대부분 15~16도다.

닷사이
獺祭

제조사
아사히슈조(旭酒造)

알코올 도수	16%
원산지	야마구치

주온다이
十四代

제조사
다카키슈조(高木酒造)

알코올 도수	16%
원산지	야마가타

지콘
而今

제조사
기야쇼슈조(木屋正酒造)

알코올 도수	16%
원산지	미에

구보다 만주
久保田 萬寿

제조사
아사히슈조(朝日酒造)

알코올 도수	15%
원산지	니이가타

📱 Tip 니혼슈 라벨 보는법

❶ 상품명

❷ 용량
180, 300, 720ml 등이 있다.

❸ 원재료명
사용량이 많은 순서대로 기재하며, 원료인 쌀의 품종명은 사용 비율이 50%를 넘는 경우에 표기할 수 있다.

❹ 정미율
현미를 깎은 후 남은 쌀의 비율을 말하며, 니혼슈의 술 내음에 큰 영향을 준다고 한다.

❺ 알코올 도수
일반적인 도수는 15~16도다.

❻ 제조자
제조자 및 제조장 소재지를 반드시 기재해야 한다.

쇼추 焼酎

다양한 원료를 발효시켜 만든 증류주로 알코올 도수는 니혼슈보다 높은 25도 정도다.
고구마, 보리, 쌀 등 다양한 재료를 주원료로 한다.

쇼추 라벨 보는법

❶ 상품명

❷ 주류 품목
라벨에 반드시
'본격소주(本格焼酎)'라고
명기하도록 규정되어 있다.

❸ 용량
110, 180, 300, 720,
900, 1800ml 등이 있다.

❹ 사용 원재료
사용된 쌀, 보리, 고구마 등
주원료 가운데 사용량이
많은 순서대로 표기.

❺ 알코올 도수
일반적으로 25도가 기본이다.
%와 도수의 표기는 표현만
다를 뿐 의미는 같다.

❻ 제조자
제조자 및 제조장 소재지를
반드시 기재해야 한다.

구로키리시마
黒霧島

제조사	기리시마슈조(霧島酒造)
원료	고구마
알코올 도수	25%
원산지	미야자키

이이치코
いいちこ

제조사	산와슈루이(三和酒類)
원료	보리
알코올 도수	25%
원산지	오이타

긴카토리카이
吟香鳥飼

제조사	도리카이슈조(鳥飼酒造)
원료	쌀
알코올 도수	25%
원산지	구마모토

백년의 고독
百年の孤独

제조사	구로키혼텐(黒木本店)
원료	고구마
알코올 도수	40%
원산지	미야자키

위스키 ウイスキー

곡물을 원료로 하여 나무통에 숙성시킨 증류주. 일본에서 생산된 재패니즈 위스키는
스코틀랜드, 아일랜드, 캐나다, 미국과 함께 5대 위스키로 불린다.

지타
知多

제조사	산토리
알코올 도수	43%
제조법	그레인 위스키

히비키
響

제조사	산토리
알코올 도수	43%
제조법	블렌디드 위스키

요이치
余市

제조사	닛카
알코올 도수	45%
제조법	몰트 위스키

후지
富士

제조사	산토리
알코올 도수	43%
제조법	블렌디드 위스키

Tip 맛있는 하이볼 만들기

일본식 하이볼은 청량감과 상쾌함을 즐기는 스타일이므로 톡 쏘는 탄산맛이 중화되지 않도록 덜 섞는 것이 포인트! 만들기 전에 위스키, 소다, 위스키잔 모두 차갑게 식혀두도록 한다.

❶ 잔에 얼음을 가득 채워 차갑게 식힌다.
❷ 위스키를 적당량 붓는다.
❸ 위스키를 섞는다.
❹ 소다(토닉워터)를 추가한다.
❺ 머들러를 사용해 세로로 한 번 섞어주면 완성!

비율 위스키 1 : 소다 3~4

한국인 픽

여행 막바지 면세 쇼핑에서 빠지지 않는 주류 가운데 한국인 관광객의 선택을 받은 상품.
돈키호테, 편의점, 슈퍼마켓에서 찾아볼 수 있다.

가쿠빈
角瓶

- 제조사 | 산토리
- 알코올 도수 | 40%
- 종류 | 위스키

야마자키
山崎

- 제조사 | 산토리
- 알코올 도수 | 43%
- 종류 | 위스키

신루추
杏露酒

- 제조사 | 키린
- 알코올 도수 | 14%
- 종류 | 리큐어

호로요이
ほろよい

- 제조사 | 산토리
- 알코올 도수 | 3%
- 종류 | 추하이

Tip 주요 주류 구매처

추천하는 주류 구매처는 빅카메라 난바점(ビックカメラ なんば店) 2층과 한신백화점 우메다 본점(阪神梅田本店) 지하 1층이다. 외국인 여행자가 주로 구매하는 주류를 갖추고 있으며 면세 혜택도 받을 수 있기 때문이다. 가격은 빅카메라가 한신백화점보다 조금 저렴하나 인기 품목의 품절이 잦은 것이 단점이며, 반대로 한신백화점은 빅카메라보다 재고 관리가 잘 되는 편이라 원하는 상품을 구할 가능성이 높다고 한다. 두 곳 외에도 주류 전문점을 방문하고 싶다면 구글맵에 'liquor store'를 검색해보자. 리쿼마운틴, 캐빈리쿼, 킹그램, 야마야 등이 유명하다.

캐릭터 천국 오사카에서 쇼핑하기

실속 있고 알차게 캐릭터 쇼핑하기

일본은 자타가 공인하는 귀엽고 깜찍한 캐릭터 천국이다.
전 세계가 열광하는 스테디셀러부터 최근 인기 급상승 중인 신흥 강자까지
모두 오사카에서 만나볼 수 있다.

산리오 SANRIO

헬로키티, 시나모롤, 포차코, 폼폼푸린, 쿠로미 등 한국에서도 폭발적인 인기를 누리고 있는 산리오의 캐릭터 상품을 총망라한 기념품점은 오사카와 교토에서도 만나볼 수 있다.

구글맵 검색어 **Sanrio**

전문점 종류

산리오 SANRIO

개인 사업자가 산리오와 직접 계약하여 운영하는 프랜차이즈점. 기프트 게이트에서 판매하는 상품과 거의 동일하며, 백화점 입점이 많아 면세 혜택을 받을 수 있다.

비비틱스 Vivitix

산리오를 사랑하는 성인을 대상으로 한 상품이 주를 이루는 키덜트 대상 전문점이다. 기프트 게이트와는 또다른 상품들이 있으므로 마니아라면 함께 방문하는 것이 좋다.

기프트 게이트 GIFT GATE

산리오가 운영하는 직영점으로, 전문점 가운데 가장 많은 상품 수를 자랑한다. 오리지널 한정품을 판매하고 있으나 면세가 되지 않는 점이 아쉽다.

나우!!! Now!!!

산리오의 신상품 위주로 판매하는 전문점으로 타 브랜드와의 협업 상품도 취급한다.

저가형 균일가숍

다이소(DAISO)와 세리아(Seria), 캔두(Can Do) 균일가숍에서 판매 중인 산리오의 상품은 문구, 생활용품, 장식품 위주로 구성되어 있어 비교적 가격이 저렴한 편이 장점이다. 대부분의 상품이 ¥100~300대다 보니 예상보다 많은 지출을 할 수 있다.

돈키호테 ドン・キホーテ

한국인의 필수 쇼핑 코스로 꼽히는 종합 할인 매장 돈키호테에서도 산리오의 기념품을 만나볼 수 있다. 다른 곳에 비해 많은 상품이 있는 것은 아니나 일정 금액 이상 구매 시 면세와 할인 혜택이 주어지며 다양한 카테고리의 상품을 한 번에 쇼핑할 수 있어 많은 이들이 찾는다.

오리지널 스토어

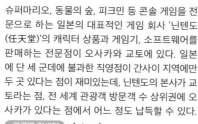

닌텐도
NINTENDO

포켓몬
Pokémon

슈퍼마리오, 동물의 숲, 피크민 등 콘솔 게임을 전문으로 하는 일본의 대표적인 게임 회사 '닌텐도(任天堂)'의 캐릭터 상품과 게임기, 소프트웨어를 판매하는 전문점이 오사카와 교토에 있다. 일본에 단 세 군데에 불과한 직영점이 간사이 지역에만 두 곳 있다는 점이 재미있는데, 닌텐도의 본사가 교토라는 점, 전 세계 관광객 방문객 수 상위권에 오사카가 있다는 점에서 어느 정도 납득할 수 있다.

구글맵 검색어 **nintendo**

일본의 유명 게임 시리즈이자 TV 애니메이션 작품으로도 알려진 포켓몬스터의 공식 스토어 '포켓몬센터(ポケモンセンター)'는 오사카 최대 번화가인 우메다와 신사이바시, 교토 가와라마치에 위치한다. 신사이바시점은 포켓몬을 테마로 한 카페도 함께 운영하고 있으며, 면세 혜택도 주어지니 참고하자.

구글맵 검색어 **pokemon**

 Tip **닌텐도 매장 방문 시 주의 사항**

워낙 방문객 수가 많다 보니 주말과 공휴일에는 입장을 위한 정리권을 배부한다. 오사카는 직영점이 자리하는 다이마루 우메다 백화점 영업 시작 전후로 배부처가 달라진다. 개점 전에는 1층 물의 시계 앞에서, 개점 후에는 13층 점포 앞에서 배부하며, 교토는 1층 T8 입구 마리오 앞에서 받을 수 있다.

THINGS TO KNOW ABOUT OSAKA

스튜디오 지브리
스タジオジブリ

일본 애니메이션의 거장 미야자키 하야오(宮崎駿)의 장편 애니메이션 작품의 등장인물을 캐릭터화해 오리지널 상품을 판매하는 곳은 '도토리 공화국(どんぐり共和国)'이다. 난바, 신사이바시, 우메다 지점은 면세 혜택을 받을 수 있어 ¥5,500이상 구매할 경우 이곳을 이용하면 좋다. 지브리 캐릭터 전문 의류 브랜드인 GBL 취급점은 신사이바시, 동구리 클로젯(Donguri Closet)은 우메다이다.

구글맵 검색어 **donguri kyowakoku**

디즈니
DISNEY

디즈니(Disney), 픽사(PIXAR), 마블(MARVEL), 스타워즈(STAR WARS) 등 디즈니가 선보이는 애니메이션 또는 영화 속 등장인물이 캐릭터가 되어 나타났다. 디즈니 오리지널 전문점인 디즈니 스토어는 헵파이브, 루쿠아, 아베노큐즈몰 등 오사카의 굵직한 쇼핑몰 내에 입점하여 접근성이 뛰어나며, 헵파이브와 루쿠아는 면세 혜택도 주어진다.

구글맵 검색어 **disney store** Disney

세계적으로 큰 사랑을 받고 있는 미국의 만화 '피너츠'의 등장인물 캐릭터 상품을 전문으로 판매하는 '스누피 타운 숍(Snoopy Town Shop)'은 오사카 3군데, 교토 2군데에서 운영 중이다. 스누피를 모티프로 한 카페 '스누피 차야(SNOOPY茶屋)'도 교토에 있으니 팬이라면 놓치지 말 것.

구글맵 검색어 **snoopy town**

피너츠
PEANUTS

우리에겐 '짱구'라는 이름으로 친숙한 일본의 애니메이션 크레용 신짱의 공식 스토어는 '액션 백화점(アクションデパート)'이라는 재미난 명칭으로 운영되고 있다. 헵파이브와 신사이바시 파르코에 입점되어 있으며, 신사이바시에서는 면세 서비스를 제공한다.

구글맵 검색어 **crayon shin chan**

크레용 신짱
クレヨンし
んちゃん

닌텐도의 인기 액션 게임 캐릭터 전문점이 '커비즈 푸푸푸 마켓(KIRBY'S PUPUPUMARKET)'이라는 이름으로 한큐삼번가와 신사이바시 파르코에 운영되고 있다. 커비를 테마로 한 '커비 카페'는 점문점과 별도로 덴노지미오 6층에 있으니 참고하자.

구글맵 검색어 **kirby**

별의 커비
星のカービィ

캐릭터 전문점

키디랜드
KIDDY LAND

최근 몇 년간 일본의 젊은 세대를 사로잡은 차세대 거물급 캐릭터들이 급부상했다. 키디랜드는 '먼작귀(먼가 작고 귀여운 녀석)'라는 줄임말로도 불리며 한국에서도 인기 급상승 중인 '치이카와(ちいかわ)', 늘 운이 따라주지 않는 스토리로 인해 SNS에서 화제를 불러일으켜 인기 캐릭터가 된 '오판추우사기(おぱんちゅうさぎ)', 불완전하지만 개성 있는 힐링 캐릭터 '스밋코구라시(すみっコぐらし)' 등 이들의 상품을 한자리에 모은 전문점이다.

구글맵 검색어 **kiddy land**

애니메이트
アニメイト

일본의 만화, 애니메이션, 게임, 라이트노벨에서 파생된 다양한 상품을 판매하는 전문점. 서울에도 지점을 둘 정도로 한국인에게도 꽤나 높은 인지도를 가진 곳이다. 캐릭터 굿즈, 피규어, 트레이딩 카드, 서적, 문구류, CD 등 있을 건 다 있다. 면세 서비스를 진행한다.

구글맵 검색어 **animate**

스루가야
駿河屋

만화와 애니메이션 상품, 음악 CD와 DVD, 서적, 게임 소프트웨어 등 취미 관련 중고 상품을 전문으로 한 중고 상점으로 오사카 덴덴타운에만 5개 지점을 운영하고 있다. 제품 수가 워낙 많아 하나의 거대한 보물창고를 보는 기분이다. 바구니와 진열대에 가득 찬 상품을 하나하나 살펴보다 보면 원하는 보물을 찾을 수 있을 테니 마니아라면 시간을 어느 정도 할애해도 좋다.

구글맵 검색어 surugaya

점프숍
JUMP SHOP

원피스, 스파이 패밀리, 주술회전, 최애의 아이 등 일본의 만화잡지 '소년점프(少年ジャンプ)'에서 연재 중이며 한국에도 다수의 팬을 보유하고 있는 작품의 오리지널 캐릭터 상품을 판매하는 전문점. 오사카에는 헵파이브와 다이마루신사이바시 내에 위치하며 면세 혜택이 주어진다.

구글맵 검색어 jump shop

내 손안의 여행지, 기념품

오사카

매력적인 아이템이 넘쳐나는 오사카에서 기념품 찾기는 사실 그다지 어려운 일은 아니다. 오사카를 상징하는 마스코트와 이곳만의 먹거리만으로도 충분히 두 손 가득 장바구니를 채울 수 있다.

くいだおれ太郎
구이다오레 타로

おでかけ太郎

大阪弁 おみくじ綿棒
오사카 사투리 면봉

막대 부분에 오사카 사투리와 그날의 운세가 프린트된 면봉. 뽑을 때마다 하루의 행운도와 간단한 오사카 사투리를 알 수 있다.

1949년 오사카 도톤보리의 한 음식점 마스코트로 탄생하였으나 시간이 흐르자 점차 도톤보리를 상징하는 캐릭터로 자리 잡았다. 도톤보리 기념품점에서 쉽게 찾아볼 수 있다.

名物 カレー

自由軒 名物カレー
지유켄 명물 카레

일본 어린이들의 학습용 녹말풀로 널리 알려진 브랜드의 캐릭터 상품. 1975년 오사카에서 탄생한 향토 브랜드로, 신사이파르코에 기념품점을 운영하고 있다.

FUEKI LIP STICK

후에키쿤 フエキくん

1910년 문을 연 노포의 간판 메뉴인 '명물 카레'를 집에서도 간단하게 먹을 수 있도록 개발한 레토르트 식품. 가게에서 먹는 맛과 흡사하다는 평이 많다.

北極 保冷バッグ
홋코큐 보냉백

오사카의 수제 아이스바 브랜드
'홋코큐'가 아이스크림 포장을 위해
제작한 보냉백. 귀여운 펭귄 로고와
시원한 파란색이 매력적이다.

ビリケンさん ぬいぐるみ
빌리켄 인형

미국 대통령 애칭에서 유래한
신세카이의 명물 수호신
빌리켄을 인형으로 만들었다.
행복을 가져다주는 신이라
하여 사업번창과 가정평화를
기원하고자 구입한다고.

阪神タイガース パインアレ
한신타이거즈 파인아레

일본 프로야구팀
한신 타이거즈가
38년 만인 2023년에
우승할 당시 감독인
오카다 아키노부가
경기 중 즐겨 먹은 것으로
알려진 파인애플 맛
사탕을 협업하여 만든
기념품이다.

オモシロクナ～ル
오모시로쿠나～루

먹으면 오사카 사람들만큼
재미있게 말할 수 있으며
자신감이 증가한다는 영양제로
판매하고 있으나 실은 보통의
사탕이다. 오사카 사람들의
재치와 유머가 뛰어나다는
이미지로 인해 탄생했다.

교토에서만 만나볼 수 있는 다양한 상품은 여행을 추억할 기념품으로 제격이다.
여행자의 구미를 당기고 교토의 매력을 한층 더 올려주는
나만의 선물 후보를 소개한다.

요지야 기름종이
よーじや あぶらとり紙

교토의 유명 미용제품 전문점으로,
일본의 특수한 전통 종이로
만든 기름 종이가 가장 유명한
아이템이다. 기름만 흡수하는
능력이 탁월하다.

잇포도차호 녹차
一保堂茶舗 緑茶

1717년부터 교토의 대표적인 일본차
전문점으로 자리매김해온 곳. 말차, 센차, 반차
등 다양한 종류의 녹차를 판매하고 있다. 티백,
녹차 가루, 찻잎 등 여러 형태로 선보인다.

소소 다비시타
SOU・SO 足袋下

일본의 아름다운 사계절과 운치 있는 풍경을
특유의 아기자기함으로 표현한 오리지널 교토
브랜드. 일본 전통 버선을 현대적인 스타일로
재현한 양말이 인기가 높다.

세이코샤 에코백
誠光社 エコバッグ

교토의 인기 독립서점 세이코샤
내부 한쪽에 마련된 7인치 LP 판매
코너의 전용 에코백. 7인치 LP
30~40장이 거뜬히 담긴다.

SNOOPY茶屋
스누피 교토 한정 인형

니시키 시장 내에 자리하는 스누피 카페에서는
교토 한정 스누피 인형을 판매하고 있다.
스누피가 일본의 전통 옷을 입고 일본식 경단인
'당고'를 들고 있다.

七味家本舖 七味唐辛子
시치미야혼포 시치미 고춧가루

우동, 라멘, 미소된장국, 채소
절임 등에 뿌려 먹기 좋은
고춧가루. 고추, 흰 깨, 검은깨,
산초, 파래, 청자소, 삼씨 등
7개 재료를 배합해 만든다.

カランコロン京都 がまぐちバッグ
가란코론교토 가마구치백

교토다운 아이템이 가득한 패션잡화
브랜드의 인기 상품. 가방 입구가
두꺼비 입 같은 물림쇠가 달려 있는
형태로, 교토 사람들은 금전운을
가져다 준다고 믿는다.

교토의 오랜 노포
깃사텐은 저마다의
개성과 매력으로
똘똘 뭉쳐있다.
한 문구 브랜드가
이들의 특징을 마스킹
테이프로 녹여냈다.
교토의 문구점에서
만나볼 수 있다.

喫茶店 マスキングテープ
깃사텐 마스킹테이프

스마트 珈琲店 オリジナルコーヒーカップ&ソーサー
스마트 커피점 오리지널 커피잔 세트

교토 시내의 일본식 다방인
'깃사텐' 중 대표 격으로 꼽히는
스마트 커피점의 로고가 새겨진
오리지널 커피잔과 받침 세트.
카페에서도 그대로 쓰이고 있다.

松栄堂 金閣
쇼에이도 긴카쿠

300년 이상의 전통을 지닌 인센스 브랜드.
금각사 연못에 비친 금박 누각 '긴카쿠'를
모티프로 한 백단의 싱그러운 향을 느낄 수
있는 인센스 스틱이 유명하다.

고베

もちもち神戸豚まんマスコット
돼지고기찐빵 마스코트

고베의 차이나타운
난킨마치의 인기 먹거리인
돼지고기찐빵이 마스코트로
다시 태어났다. 귀여운 표정과
쫀득한 촉감이 특징이다.

アンパンマンミュージアムグッズ
호빵맨 박물관 공식 기념품

고베 항만지구에 있는 호빵맨
박물관에서는 고베에서만
판매하는 기념품이 있다. 고베
항구를 떠오르게 하는 이미지들로
꾸며져 있어 더욱 특별하다.

異人館 ブックマーカー
기타노이진칸 북마크

1800~1900년대에 세워진 서양식
주택이 즐비한 기타노이진칸을 테마로
한 북마크. 영국관의 셜록 홈스와 주택의
스테인드글라스를 모티프로 삼았다.

나라

興福寺精進ふりかけ
고후쿠지 정진 후리카케

나라공원 옆에 있는 1,300년 역사의
사원 '고후쿠지'가 한 식품회사와
손을 잡고 만든 조미료. 사찰의
정진요리를 밥 위에 뿌려먹는
후리카케로 승화시켰다.

白雪ふきん
시라유키 행주

예로부터 얇은 직물의 산지였던 나라의
대표적인 기념품. 창업주의 조모가
모기장 자투리 천을 행주로 사용한 것을
계기로 만들어졌다.

와카야마

와카야마는 일본 내 매실 생산량 전국 1위를 자랑하는데, 대표적인 특산품으로 꼽히는 것이 바로 일본식 매실 장아찌다. 타 지역보다 과육이 두껍고 부드러우며 새콤달콤하면서 상쾌한 맛을 띠는 것이 특징이다.

우메보시 梅干し

温泉旅行 白浜
온천여행 시라하마

온천 도시로 알려진 시라하마의 온천 기분을 집에서도 느낄 수 있도록 만들어진 입욕제. 생약 엑기스를 배합하여 피로회복과 신경통에도 효능이 있다.

早和果樹園 みかポン
소와카주엔 미카퐁

와카야마의 특산품 중 하나인 귤의 과즙을 사용한 폰즈 소스. 와카야마산 귤 과즙 30%를 베이스로 유자, 오렌지, 황금감을 조합해 만들었다.

간사이 공통

江崎グリコ 近畿限定お菓子
에자키글리코 간사이 한정 과자

カルビー 関西限定お菓子
가루비 간사이 한정 과자

일본의 유명 제과회사인 카루비의 대표 과자 '자가리코(じゃがりこ)'의 간사이 지역 한정으로 다코야키 맛을, 인기 감자칩 '카타아게포테이토(堅あげポテト)'는 쿠시카쓰 맛을 선보인다.

駅名標シリーズ トレーディングアクリルキーホルダー
역명 표지 트레이딩 아크릴 키홀더

간사이 지역을 달리는 JR 전철, 한큐 전철, 오사카메트로 등 철도회사의 역명 표지가 키홀더로 등장했다. 열차여행을 추억하기에도 좋다.

오사카에 거점을 둔 제과회사 에자키글리코 역시 지역 한정 과자를 선보이고 있다. 일본식 빼빼로 '포키(ポッキー)'는 교토 우지 지역의 말차를 사용한 우지말차 맛을, 막대과자 '프릿츠(プリッツ)'는 대파 맛을 선보인다.

지역별 맛있는 명과

오사카

일본 여행에서 빠질 수 없는 맛있는 먹거리 쇼핑! 오사카의 맛을 가지고 돌아가고자 한다면 명과 쇼핑을 잊지 말자. 귀국 직전 여행의 대미를 장식하기에 제격이다.

야키타테 치즈케이크 焼きたてチーズケーキ
리쿠로 오지상 りくろーおじさんの

한국인 여행자 사이에서 '검은 아저씨 치즈케이크'로 통하는 치즈케이크 전문점. 갓 구운 따끈따끈한 케이크도 맛있지만 식혀서 먹거나 냉동실에 넣어 먹는 등 취향에 따라 먹는 방법도 다양하다.

오사카하나 랑드샤 大阪花ラング
아미다이케다이코쿠 あみだ池大黒 의

창립 200년이 넘는 노포 화과자 전문점이 오랜 연구 끝에 선보인 꽃 모양의 랑드샤 쿠키. 부드러우면서 바삭바삭한 쿠키와 꿀을 곁들인 휘핑 크림에 공을 들였다.

초로켄삐 ちょろけんぴ缶
잇소도 一創堂 의

가을부터 겨울에 걸쳐 수확한 고구마로 만든 과자. 고구마의 달달한 맛과 소금의 짠맛이 합쳐져 중독성 있는 '단짠단짠' 맛을 즐길 수 있다.

츠키게쇼 月化粧
아오키쇼후안 青木松風庵 의

홋카이도산 두 종류의 콩을 조합한 백앙금 속에 우유의 풍미가 그득한 연유와 홋카이도산 버터를 듬뿍 넣어 구운 만주. 부드럽고 촉촉한 맛이 일품이다.

지도리야 千鳥屋宗家 의
미타라시 코모찌 みたらし小餅

'호흡 초콜릿'이라는 독특한 이름이 인상적인
제품. 살아 숨쉬는 것처럼 신선한 상태의 초콜릿을
먹었으면 하는 바람에서 지은 이름이라고. 장인의
수작업으로 만들 만큼 고품질을 고집한다.

출시 후 30년 동안 누적 판매
수 2억 개를 자랑하는 오사카의
대표적인 명과. 매콤한 경단
소스를 쌀떡 속에 넣어 한입에
먹을 수 있는 크기로 만들었다.

마루시게 マルシゲ 의
코큐초코 呼吸チョコ

오사카의 명물 캐릭터인
쿠이다오레 다로의 얼굴 모양을
한 사브레 쿠키. 레트로한 철제
케이스 속에 6종류의 표정을
지닌 사브레 쿠키가 들어 있다

타로푸드 太郎フーズ 의 쿠이다오레
다로 사브레 くいだおれ太郎サブレ

산타플래닛 サンタプラネット 의
오모시로이 코이비토 面白い恋人

훗카이도의 대표 명과 '시로이
코이비토(白い恋人, 하얀 연인)'를
패러디해 '재미있는 연인'으로 네이밍한
센스 있는 제품. '오사카 사람은
재미있다'는 이미지를 그대로 차용했다.

 Tip 과자 브랜드의 프리미엄 라인

슈퍼마켓과 편의점에서 만날 수 있는 과자가 한층 업그레이
드되어 프리미엄 디저트로 변신했다. 가루비(カルビー)의 포
테이토칩을 더욱 바삭하게 다양한 맛으로 즐길 수 있는 그랜
드 가루비(グランカルビー), 글리코(Glico)의 간판 상품인 포키를 고급스러운 맛으로 탈바꿈시킨 바통도르(バト
ンドール), 40년의 역사를 자랑하는 과자 핫피탄(ハッピーターン)을 치즈, 말차라테, 바닐라밀크 등 다양한 맛
으로 선보이는 해피 턴즈(Happy Turn's)는 백화점 푸드코너에서 만나볼 수 있다.

교토는 입맛 까다로운 이들도 매료시킬 만큼 달콤함으로 무장한 명과가 즐비하다. 여행을 마치고 돌아갈 때 한 손에 쥐고 귀국한다면 달콤하게 여행을 추억할 수 있을 것이다.

おたべ & 夕子 八つ橋
오타베 & 유코 야쓰하시

교토를 대표하는 명과. 쌀가루, 설탕, 계피로 만든 떡을 얇게 밀어 정사각형으로 자른 다음 팥앙금을 넣어 세모 모양으로 접은 것이 일반적인 형태다. 계피 외에도 말차, 깨, 초콜릿 등 다양한 맛이 있다.

교토 현지인의 큰 사랑을 받는 1856년에 창업한 화과자 전문점. 떡가루에 달걀을 섞은 반죽에 직접 만든 수제 통팥소를 넣어서 구운 만주. 촉촉한 껍질과 담백한 단맛이 나는 팥소의 조화가 인상적이다.

満月 阿闍梨餅
만게쓰 아자리모찌

鼓月 千寿せんべい
고게쓰 센주센베이

버터 풍미가 그윽한 달지 않은 연유 설탕 크림을 바른 바삭한 물결 쿠키. 파도 사이에 하늘을 나는 학의 그림자가 비친 풍경을 형상화해 쿠키로 표현했다. 전 연령층에게 인기가 높다.

교토의 인기 디저트 전문점 '말브랑슈'의 간판 상품인 녹차맛 랑드샤. 교토 우지(宇治)와 시라카와(白川) 등지에서 엄선한 차를 독자적으로 혼합해 구운 쿠키 사이에 화이트 초콜릿을 끼워 완성했다.

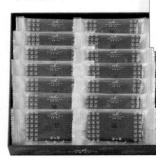

マールブランシュ 茶の菓
말브랑슈 차노카

수학여행으로 교토를 방문한 학생들
손에 반드시 들려 있는 명과 중 하나로,
교토에서 만든 두유와 말차로 만든
독일식 구움 과자 '바움쿠헨'이다. 폭신한
식감과 말차의 쌉싸름한 맛이 특징.

교바아무 京ばあむ

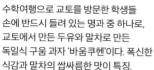

로이즈 교토 ロイズ京都

홋카이도 삿포로에 거점을 둔 초콜릿
브랜드 '로이즈(ROYCE, ロイズ)'가
교토에 진출했다. 이곳의 간판 상품은
홋카이도산 생크림을 넣어 만든
생초콜릿으로, 교토 한정으로 우지
말차와 치즈 맛을 선보인다.

プレスバターサンド 宇治抹茶
프레스 버터 샌드 우지말차맛

홋카이도산 밀가루와 버터를 사용한 쿠키
반죽 사이에 말차 버터크림과 버터 캐러멜을
끼우고 꾹 눌러 구워 유분이 자연스럽게
빠진 깔끔한 맛의 샌드가 완성되었다.
교토에서만 맛볼 수 있다.

SIZUYAPAN あんぱん
시즈야빵 앙금빵

홋카이도산 밀가루와 버터를 사용한
쿠키 반죽 사이에 말차 버터크림과 버터
캐러멜을 끼우고 꾹 눌러 구워 유분이
자연스럽게 빠진 깔끔한 맛의 샌드가
완성되었다. 교토에서만 맛볼 수 있다.

Tip 교토 시내 곳곳에서 만나볼
수 있는 시즈야 빵집을 발견하면 교
토 사람들의 소울 푸드 '가르네(カル
ネ)'를 먹어보자. 마가린을 바른 카이
저롤 사이에 햄과 양파를 끼운 빵으
로, 간식으로 즐기기에 좋다.

고베

고베에 정착한 서양인과 그들이 들여온 각종 먹거리의 영향으로 한발 앞선 디저트 문화를 꽃피운 고베는 오랜 내공이 쌓이면서 일본 최고 수준의 명과를 탄생시켰다.

프랑스식 구운 과자에 화과자의 장점을 가미해 일본인의 기호에 맞춘 고프르를 처음으로 고안한 양과자점. 얇게 구운 바삭한 식감의 반죽에 크림이 사르르 녹으면서 자연스레 어우러진다.

神戸風月堂 ゴーフル
고베 후게츠도 고프르

モロゾフ ロイヤルミルクティーのケーキ
모로조프 로열 밀크티 케이크

창립 90년이 넘는 고베의 대표적인 양과자 전문 브랜드가 다이마루 고베 백화점 한정으로 선보이는 밀크티맛 케이크. 얼그레이 홍차의 깊은 풍미와 부드러운 우유의 촉촉한 식감이 특징이다.

ユーハイム アッフェルバウム
유하임 아펠바움

시럽에 푹 절인 사과를 통째로 독일식 케이크 바움쿠헨으로 감싼 디저트. 고급스러운 단맛과 사과의 은은한 산미가 돋보인다. 사과처럼 포장된 부분도 재미있다. 모토마치 본점에서만 판매한다.

アンリ・シャルパンティエ フィナンシェ
앙리 샤르팡티에 휘낭시에

1975년 출시 후 50년 가까운 기간 동안 꾸준히 사랑받아 온 고베의 대표 스테디셀러. 무려 1.1초에 1개가 팔린다고. 단맛이 응축된 아몬드와 버터의 묵직한 향을 느낄 수 있다.

トーラク 神戸プリン
토라쿠 고베 푸딩

3년간의 시행착오 끝에 탄생한 오리지널 푸딩. 달걀, 생크림, 설탕에 감귤향 리큐어를 첨가하여 심플한 조합이지만 부드럽고 깔끔한 뒷맛을 내는 독자적인 스타일이 제대로 먹혔다.

神戸フランツ 神戸魔法の壺プリン
고베 프란츠 마법의 항아리푸딩

항아리를 닮은 용기에 담겨 있어
항아리 푸딩으로 불리는 인기
디저트. 오래오래 정성껏 끓인
고소한 캐러멜 위에 진한 커스터드
푸딩이, 그리고 푸딩 위에는
부드럽고 달콤한 크림이 얹혀 있다.

モンロワール リーフメモリー
몬로와르 리프메모리

유럽의 전통 초콜릿을 엄선해 초콜릿
본연의 맛을 추구하는 초콜릿 전문
브랜드의 시그니처 상품. 나뭇잎
모양으로 되어 있으며, 고객에게
따뜻한 기억으로 남길 바라는 마음에서
이름 붙여졌다.

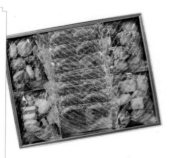

一番舘 ポーム・ダムール
이치방칸 폼 다무르

고베의 유명 초콜릿 전문점이 만든 히트 상품.
신선한 사과를 장시간 꿀로 끓인 후 은은한 쓴맛이
느껴지는 초콜릿으로 코팅하였다. 사과와 초콜릿이
서로 만나면서 달콤쌉쌀함이 입안에 퍼진다.

フロインドリーブ ダブルスイート
프로인드리브 더블 스위트

독일인 남편과 일본인 아내가 합심하여 차린
빵집이 창립 100주년을 맞이했다. 감칠맛
나는 버터를 듬뿍 사용한 하트 모양의 바삭한
파이와 수제 믹스쿠키를 한데 모은 과자
세트가 특히 인기가 높다.

パティスリー・トゥートゥス トレフル
파티세리 투스투스 트레플

프랑스 알자스 지방의 전통
빵이자 결혼식이나 축하할
일에 먹는 쿠겔호프를
이곳만의 스타일로 선보인다.
딸기를 넣은 반죽으로
케이크를 굽고 그 위에
딸기맛 초코를 끼얹어
완성한다.

나라

곶감, 단팥, 쌀 등 재료 본연의 맛을 살린 소박한 화과자가 주류인 나라의 명과들. 담백하면서도 씹는 재미를 느낄 수 있는 식감으로 은은한 중독성을 띤다.

**総本店柿寿賀
카키스가**

설탕에 조린 유자 껍질을 곶감으로 말아 만든 나라의 대표적인 화과자. 씹을 때마다 곶감 본연의 달달함과 유자의 상큼한 향이 은은하게 퍼져 우아하면서 소박한 맛을 낸다.

**本家菊屋 菊之寿
혼케키쿠야 키쿠노코토부키**

400년이 넘은 나라의 노포 화과자점. 연유를 첨가해 단맛이 나는 반죽에 흰 팥과 고급 팥을 섞어 부드러운 감촉이 일품인 팥소를 조합한 촉촉한 화과자가 대표 상품이다.

찹쌀로 만든 일본식 쌀과자 오카키(おかき)를 전문으로 하는 과자업체의 최고 인기 상품. 한번 먹으면 멈출 수 없을 만큼 자꾸 손이 가는 중독적인 맛이다. 코로모찌(ころもち)라는 애칭으로 불린다.

**高山製菓 高山かきもち
다카야마제과 타카야마카키모찌**

**まほろば大仏プリン本舗
마호로바다이부츠혼포 다이부츠푸딩**

1870년 창업과 동시에 탄생한 이곳의 떡은 나라 지역을 대표하는 향토음식 중 하나인 쿠즈모찌. 갈분으로 만든 투명하고 탱탱한 떡으로, 갓 만들어져 따뜻한 상태에서 먹는 것을 권장한다.

**天極堂 葛餅
덴교쿠도 쿠즈모찌**

나라의 유명 관광 명소 중 하나인 도다이지(東大寺)의 거대한 불상을 빼닮은 캐릭터가 친숙한 푸딩 전문점. 단단한 식감으로 시작해 매끄럽게 부서지는 부드러움으로 마무리된다.

와카야마

100~400년의 어마어마한 역사를 자랑하는 노포가 산재하는 와카야마는 간사이 지방의 숨은 명과 맛집이다. 어린이보다는 어른의 입맛에 맞춘 제품이 많다.

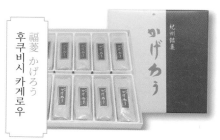
福菱 かげろう
후쿠비시 카게로우

와카야마의 명과 하면 반드시 언급되는 유명 구움 과자. 입안에 넣는 순간 순식간에 사라지는 식감이 마치 시라하마의 해변에 떠다니는 아지랑이 같다 하여 붙여진 이름이다.

鈴屋 デラックスケーキ
스즈야 디럭스 케이크

2024년에 창업 100주년을 맞이한 과자점. 이곳의 대표상품인 디럭스 케이크는 특수 배합과 제조법으로 만든 오리지널 잼을 카스텔라 사이에 끼우고 화이트 초콜릿으로 전체를 감쌌다.

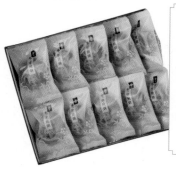
総本家駿河屋 本ノ字饅頭
스루가야 혼노지만주

上きしやきもち
가미기시야 야키모찌

유네스코 세계유산에 등재된 불교 성지 고야산에 위치하는 300년 전통의 노포 구운 떡집. 적당히 달콤한 팥소와 향기로운 쑥떡이 구워지면서 고소한 맛을 자아낸다.

400년 된 노포의 장인정신이 깃든 만주. 과자 가운데에 本이라는 한자가 새겨져 있어 이름 붙여졌으며, 부드럽고 달콤한 팥소를 감싼 쫀득쫀득한 껍질의 궁합이 기가 막히다.

儀平 うすかわ饅頭
기헤이 우스카와만주

달지 않은 만주를 만들어보자는 생각에서 출발하여 일평생 만주만을 연구하며 살아온 창업주의 모든 것이 담긴 결정체. 얇은 피로 감싼 달지 않은 팥소는 입에 넣는 순간 절제된 단맛을 체감할 수 있다.

오사카 여행 설계하기

기본 국가 정보

osaka plan ❀

국가명	일본 日本 🇯🇵
수도	도쿄 東京
인구	1억 2,330만 명. 오사카부 인구 수는 9,922,840명.
지리	홋카이도(北海道), 혼슈(本州), 시코쿠(四国), 큐슈(九州) 등 4개의 큰 섬으로 이루어진 일본 열도(日本列島)와 이즈·오가사와라 제도(伊豆·小笠原諸島), 지시마 열도 (千島列島), 류큐 열도(琉球列島)로 구성된 섬나라다.
면적	377,915km²
언어	일본어
시차	한국과 시차는 없다.
통화	¥100=약 930원(2024년 8월 기준)
전압	100V(멀티 어댑터 필요)
국가번호	81
비자	여권 유효 기간이 체류 예정 기간보다 더 남아 있다면 입국은 문제 없으며, 최대 90일까지 무비자로 체류 가능하다.

일본의 주요 이벤트

시기	12월	1월	2월	3월	4월	
계절	겨울(12~2월)			봄(3~5월 중순)		
연휴 및 휴가철	겨울방학 (12월 하순~1월 상순) 연말연시휴가 (12월 하순~1월 상순)			봄방학 (3월 상하순~4월 상순)		
주요 이벤트	귀성(帰省) 겨울 보너스 (冬ボーナス)	겨울 세일 시작		학교 졸업식 (卒業式) 벚꽃놀이 (お花見)	학교 입학식 (入学式) 회사 입사식 (入社式)	

기후

한국처럼 사계절의 변화가 뚜렷한 편으로 봄에는 벚꽃,
여름은 불꽃축제, 가을은 단풍, 겨울은 일루미네이션 등 계절마다
색다른 풍경을 만나볼 수 있다. 선선한 날씨가 계속되는 봄철의 4~5월과
가을철의 10~11월이 가장 여행하기 좋은 시기다. 단, 6월의 장마,
7~8월의 무더위, 9월의 태풍 등 어김없이 찾아오는 불청객은 여행에
치명적인 방해 요소이므로 될 수 있으면 피하는 것이 좋다.

재료	1월	2월	3월	4월	5월	6월	7월	8월	9월	10월	11월	12월
최고 기온(°C)	9.9	11.1	14.4	19.5	23.7	26.9	30.9	32.1	28.3	23.4	17.8	12.6
평균 기온(°C)	6.6	7.4	10.4	15.1	19.4	23	27.2	28.1	24.4	19.2	13.8	8.9
최저 기온(°C)	3.5	4.1	6.7	11.2	15.6	19.9	24.3	25	21.3	15.4	10.2	5.6
강수량(mm)	68	71.5	113	117	143	255	278	172	178	73.7	84.8	84.8

공휴일

국민 모두가 축복하는 기념일이라 하여 공휴일을 '슈쿠지츠(祝日)'라
부르는 일본. 연휴가 집중되는 4월 하순과 5월 상순의 골든 위크
(ゴールデンウィーク, Golden Week), 9월 중하순의 실버 위크
(シルバーウィーク, Silver Week) 그리고 직장인의 휴가철이자 일본의
추석 개념인 8월 중순의 오봉(お盆, 일본의 명절)이
대표적인 휴일이자 여행 성수기다.

1월 1일 설날	5월 3일 헌법 기념일	9월 셋째 주 월요일 경로의 날
1월 둘째 주 월요일 성인의 날	5월 4일 녹색의 날	9월 23일 추분秋分의 날
2월 11일 건국기념일	5월 5일 어린이날	10월 둘째 주 월요일 체육의 날
2월 23일 일왕 탄생일	7월 셋째 주 월요일 바다의 날	11월 3일 문화의 날
3월 21일 춘분春分의 날	8월 11일 산의 날	11월 23일 노동 감사의 날
4월 29일 쇼와의 날	8월 13~15일 오봉 명절	

5월	6월	7월	8월	9월	10월	11월
	여름(5월 하순~9월 상순)				가을(9월 하순~11월)	
골든위크 (4월 하순~5월 상순)		여름방학 (7월 하순~8월 하순)		실버위크 (9월 하순)		
		오봉(お盆)명절 (8월 13일~15일)				
	장마(梅雨) 여름 세일 시작	불꽃놀이 (花火大会) 여름축제 (お祭り)	귀성(帰省)	태풍(台風)	단풍놀이 (紅葉)	학교 축제 (学園祭)

오사카 입국하기

간사이국제공항은 오사카 시내 중심가에서 남시쪽으로 약 40km 떨어진 이즈미사노(泉佐野)시에 있는 국제공항으로, 오사카가 속한 간사이 지역의 관문으로서 일본 국내는 물론이고 세계 각국의 국제선 거점으로도 중요한 위치를 지니고 있다. 제1터미널과 제2터미널로 되어 있으며, 제주항공과 피치항공을 제외한 대한항공, 아시아나항공, 일본항공, 전일본공수, 티웨이항공, 에어부산, 진에어, 에어서울 등의 항공사는 제1터미널에서 출발, 도착한다.

① 입국절차

② 입국심사 Visit Japan Web(VJW)

2023년 4월 29일부터 입국 심사, 세관 신고의 정보를 온라인을 통해 미리 등록하여 각 수속을 QR코드로 대체하는 'Visit Japan Web' 서비스를 실시하고 있다. 입국 전 웹사이트에서 계정을 만들고 정보를 등록하면 된다. 탑승편 도착 예정 시각 6시간 전까지 절차를 완료하지 않았다면 서비스를 이용할 수 없으므로 주의하자. 일본 입국 당일 수속 시 QR코드를 제출하면 된다. 🌐 www.vjw.digital.go.jp(한국어 지원)

③ 수하물 찾기

입국심사장에서 빠져나오면 바로 앞에 수하물 수취소가 자리한다. 표지판에 항공사, 항공기 편명, 벨트 번호를 확인한 후 해당 벨트로 이동해 수하물을 찾는다.

④ 세관 검사

Visit Japan Web을 통해 발급받은 세관 수속 QR코드를 보여주거나 세관 주변에 비치된 세관신고서를 작성하여 여권과 함께 제출하면 된다.

Tip 터미널을 확인하자

인천, 김포, 김해 출발/도착 제주항공과 피치항공 탑승자는 제2터미널을 이용해야 한다. 제1터미널과 제2터미널 구간을 4, 5분 간격으로 운행하는 무료 셔틀버스가 있으므로 약 10분 정도면 이동이 가능하다. 제2터미널 출입구 오른편에는 리무진 버스 정류장이, 왼편에는 셔틀버스 정류장이 있으므로 헷갈리지 않도록 하자.

⑤ 출입국 서류 작성

Visit Japan Web을 미리 등록하지 않았거나 스마트폰 입력이 익숙하지 않다면 일본 공항 도착 시 아래 외국인 입국 기록카드와 휴대품·별송품 신고서를 직접 기입 후 제출하도록 한다. 서류는 비행기 기내 또는 공항 검사장에 비치되어 있다.

외국인 입국 기록카드 기입 예시

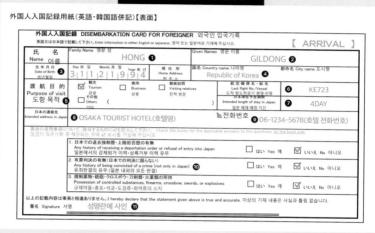

외국인 입국 기록카드 기입 예시

❶ 영문 성 HONG ❷ 이름 GILDONG
❸ 생년월일 31/12/1994
❹ 나라명 Republic of Korea
❺ 도항 목적 '관광'에 체크
❻ 도착 항공기 편명 KE723
❼ 일본 체재 예정 기간 4일
❽ 일본 연락처 OSAKA TOURIST HOTEL(호텔명)
❾ 전화번호 06-1234-5678(호텔 전화번호)
❿ 질문사항 '아니오'에 체크
⓫ 서명란에 사인

휴대품·별송품 신고서 기입 예시

❶ 탑승기 편명 KE723 ❷ 출발지 SEOUL
❸ 입국일자 2024년 05월 31일
❹ 영문 성 HONG 이름 GILDONG
❺ 현주소 OSAKA TOURIST HOTEL(호텔명)
❻ 전화번호 06-1234-5678(호텔 전화번호)
❼ 국적 Republic of Korea
❽ 생년월일 1994년 12월 31일
❾ 여권번호 M123G1234
❿ 동반가족 해당하는 부분에 숫자 기입
⓫ 질문사항에 체크
⓬ 서명란에 사인

osaka
plan

✽

간사이국제공항에서 이동하기

간사이국제공항에서 오사카 시내로 들어가기

01

난카이 전철 南海電鉄

숙소가 난바 인근 미나미 지역에 위치한 경우 가장 저렴하고 빠르게 이동할 수 있는 교통수단. 티켓은 소요 시간과 이용 요금에 따라 특급 라피트, 공항 급행, 보통 등 3종류로 나뉜다. 관광객이 주로 이용하는 것은 특급 라피트와 공항 급행이다. 특급 라피트는 다시 알파(α)와 베타(β) 두 종류로 나뉘는데, 알파는 간사이국제공항과 난바 역 사이 사카이(堺) 역과 이즈미사노(泉佐野) 역에 정차하지 않아 베타보다 정차역이 두 개 적을 뿐 베타와 큰 차이는 없다. 참고로 급행 라피트는 난바 역까지 34~39분, 공항 급행은 43분이면 도착한다. 공항 급행은 간사이 스루패스 소지 시 별도의 추가 요금 없이 이용할 수 있다.

난카이(南海) 전철
간사이국제공항(関西空港) 역

난카이(南海) 전철
난바(なんば)・신이마미야(新今宮)・
덴가차야(天下茶屋) 역

`이용 가능 교통패스` 난카이 간사이 공항 라피트 편도·왕복권 `추천 이용자` 난카이 전철 난바 역 인근에 숙소 또는 목적지가 있는 여행자 💰편도 ¥970~ ⏱라피트 34~39분, 공항 급행 43분(난바 역 기준) `구매처` 난카이 전철 간사이국제공항 역 티켓 매표소 🌐www.howto-osaka.com/kr/ticket/rapit

간사이국제공항에서 오사카로 이동하기

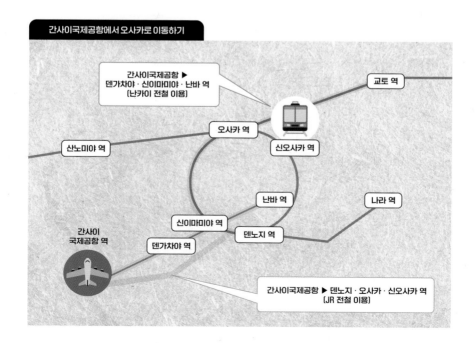

간사이국제공항 ▶
덴가차야·신이마미야·난바 역
(난카이 전철 이용)

교토 역

오사카 역

산노미야 역

신오사카 역

난바 역

신이마미야 역

나라 역

덴노지 역

간사이
국제공항 역

덴가차야 역

간사이국제공항 ▶ 덴노지·오사카·신오사카 역
(JR 전철 이용)

02

JR 전철 특급 하루카 JR特急はるか

오사카 시내까지 빠르게 도달할 수 있는 교통수단 중 하나로 숙소가 우메다 인근 기타 지역과 덴노지 부근에 있다면 이용하는 것을 권한다. 공항에서 JR 전철 오사카(大阪) 역과 신오사카(新大阪) 역, 덴노지(天王寺) 역까지 환승 없이 갈 수 있어 편리하다. JR 전철 간사이국제공항 역을 출발하는 열차는 공항 쾌속과 특급열차 하루카(はるか) 두 종류가 있는데, 한국인을 포함한 외국인 단기 여행자는 특급열차를 저렴하게 이용할 수 있는 알뜰 티켓이 있으므로 하루카를 타는 것이 이득이다. 자유석과 지정석이 있는데 알뜰 티켓은 하루카 지정석을 무료로 예약하여 이용할 수 있으니 참고하자.

[이용 가능 교통패스] 하루카 편도 티켓 [추천 이용자] JR 전철 덴노지·오사카· 신오사카 역 인근에 숙소가 있는 여행자, 오사카까지 빠른 이동을 원하는 자 ¥ 편도 ¥ 1,210 ⓢ 약 50분(오사카 역 기준) [구매처] 한국 국내 온라인 여행사 또는 여행 상품 플랫폼, 일본 JR 전철 간사이국제공항 역 티켓 매표소 ∰ www.westjr.co.jp/global/kr/ticket/pass/one_way

**JR 전철
간사이국제공항(関西空港) 역**

**JR 전철 오사카(大阪)
신오사카(新大阪)·덴노지(天王寺) 역**

03

리무진 버스

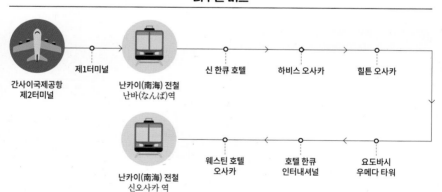

제1터미널

간사이국제공항
제2터미널

난카이(南海) 전철
난바(なんば)역

신 한큐 호텔   하비스 오사카   힐튼 오사카

웨스틴 호텔   호텔 한큐   요도바시
오사카   인터내셔널   우메다 타워

난카이(南海) 전철
신오사카 역

짐이 많거나 정류장이 숙소 근처에 있는 경우 이용하기 좋은 교통수단. 간사이국제공항 제2터미널에서 출발해 제1터미널을 거쳐 난바(오사카 시티에어 터미널), JR 전철 오사카 역, 유니버설 스튜디오 재팬 등 오사카 시내 각 정류장에 정차한다. 정해진 시각에 정확하게 출발해 편안하게 갈 수 있다는 장점이 있지만 다른 이동 수단보다 시간이 더 소요되고 별도의 할인 티켓이 없다는 점이 아쉽다. 편도보다는 왕복으로 구입하는 것이 더 저렴하다. 참고로 리무진 버스 승차장 위치는 제1터미널은 1층 국제선 도착 로비, 제2터미널은 국제선 출발 로비로 나오면 오른쪽 국내선 로비 앞에 있다.

[추천 이용자] 정류장 인근에 숙소 또는 목적지가 있는 여행자, 짐이 많은 여행자 ¥ [편도] 성인 ¥ 1,800, 어린이 ¥ 900 [왕복] 성인 ¥ 3,300(승차일부터 14일간 유효) *왕복 어린이 요금 없음 ⓢ 난바 약 50분, 오사카 역 약 50분, 유니버설 스튜디오 재팬 약 1시간 10분 [구매처] 정류장 부근 티켓 매표소 ∰ www.kate.co.jp/kr

간사이국제공항에서 교토 시내로 들어가기

01

JR 전철 특급 하루카 JR 特急はるか

교토 역까지 가장 빠르게 도달할 수 있는 교통수단. JR 전철 간
사이국제공항 역을 출발하는 열차는 오사카에서 한 번 환승해
야 하는 쾌속열차(関空快速)와 교토까지 직행으로 이동하는 특
급열차 하루카(はるか) 두 종류가 있는데, 한국인을 포함한 외국
인 단기 여행자는 특급열차를 저렴하게 이용할 수 있는 알뜰티켓
이 있으므로 하루카를 타는 것이 이득이다. 알뜰티켓은 ¥1,500치
가 충전되어 있는 교통카드가 포함된 이코카&하루카(ICOCA &
HARUKA)와 하루카 할인권이 있다. 두 티켓 모두 하루카 지정석
을 무료로 예약하여 이용할 수 있으니 참고하자.

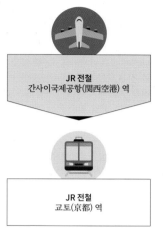

JR 전철
간사이국제공항(関西空港) 역

JR 전철
교토(京都) 역

`이용 가능 교통패스` 이코카&하루카, 하루카 특급열차 할인권 `추천 이용자` 교토 역
인근에 숙소가 있는 여행자, 교토 역을 기점으로 하는 버스 이용자, 교토 역 주변
관광명소 방문객, 교토까지 빠른 이동을 원하는 자 💴 [이코카&하루카] 편도
¥3,800, 왕복 ¥5,600, [하루카 특급열차] 할인권 ¥1,800 ⏱ 1시간 20분
`구매처` 한국 국내 온라인 여행사 또는 여행상품 플랫폼, 일본 JR 전철 간사이
국제공항 역 🌐 티켓 매표소 www.westjr.co.jp/global/kr/ticket/icoca-
haruka

간사이국제공항에서 교토로 이동하기

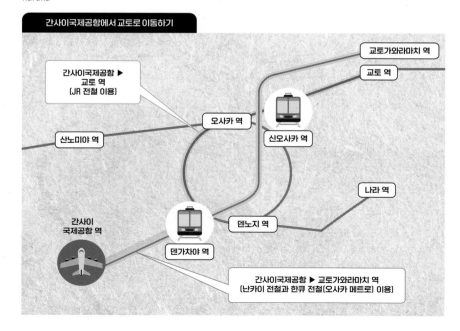

교토가와라마치 역

교토 역

간사이국제공항 ▶
교토 역
[JR 전철 이용]

오사카 역

신오사카 역

산노미야 역

나라 역

간사이
국제공항 역

덴노지 역

덴가차야 역

간사이국제공항 ▶ 교토가와라마치 역
[난카이 전철과 한큐 전철(오사카 메트로) 이용]

02

난카이 전철과 한큐 전철

난카이(南海) 전철
간사이국제공항(関西空港) 역

오사카 메트로 (Osaka Metro)
덴가차야(天下茶屋) 역

한큐(阪急) 전철
교토가와라마치(京都河原町) 역

난카이 전철 간사이국제공항 역을 출발해 덴가차야 역에서 오사카 메트로 덴가차야 역으로 환승하여 한큐 전철 교토가와라마치 역까지 이어지는 연결편을 이용하는 방법이다. 교토 중심가에 위치하는 한큐 전철 주요 역 주변에 정차할 경우 편리하다. 단, 중간에 한 번 환승해야 한다. 간사이 스루패스 소지자는 이용 가능하며, 일반 운임보다 ¥380 저렴하게 이용할 수 있는 할인 티켓 '교토 액세스 티켓(京都アクセスきっぷ)'도 있으니 적극 활용해보자.

`이용가능교통패스` 교토 액세스 티켓, 간사이 스루패스 `추천 이용자` 한큐(阪急) 전철 교토가와라마치(京都河原町) 역, 가라스마(烏丸) 역, 오미야(大宮) 역, 아라시야마(嵐山) 역 인근에 숙소 또는 목적지가 있는 여행자 🔘 편도 ¥1,250
🕐 약 2시간 10분(교토가와라마치 역 기준) `구매처` 난카이 전철 간사이국제공항 역
🌐 티켓 매표소 www.howto-osaka.com/kr/ticket/counter-kyoto

03

리무진 버스

짐이 많거나 교토 역 부근에 정차할 경우 이용하면 편리하다. 간사이국제공항 제2터미널에서 출발해 제1터미널을 거쳐 교토 역(京都駅)에 정차한다. 티켓은 성인 기준 편도는 ¥2,800이지만 왕복으로 구입하면 ¥4,600으로 보다 저렴하다.

`추천 이용자` 교토 역 인근에 숙소가 있는 여행자, 교토 역을 기점으로 하는 버스 이용자, 교토 역 주변 관광명소 방문객, 짐이 많은 여행자 🔘 ¥2,800 🕐 제1터미널 06:50~23:05, 제2터미널 09:47~22:52 약 1시간 40분
`구매처` 정류장 부근 🌐 티켓 매표소 www.kate.co.jp/kr

간사이국제공항에서 와카야마로 들어가기

01

리무진 버스

공항에서 와카야마 역까지 환승 없이 이동할 수 있다. 공항을 출발한 버스는 제1터미널 기준 40분 만에 JR 전철 와카야마 역에 도착한다. 단, 10:00, 14:00, 17:00, 20:00에 각각 한 대씩만 운행하여 비행 시간에 맞추기 쉽지 않다는 점이 아쉽다.

`추천 이용자` JR 전철 와카야마 역 부근에 숙박시설이 있는 여행자 🔘 [편도] 성인 ¥1,400, 어린이 ¥700 [왕복] 성인 ¥2,600, 어린이 ¥1,400 🕐 40~60분 `구매처` 온라인 여행 플랫폼, 간사이국제공항 버스 승차장 앞 매표소 🌐 www.kate.co.jp/kr

간사이국제공항에서 고베로 들어가기

01
리무진 버스

환승 없이 직통으로 고베 중심가인 산노미야(三宮)로 이동하기에는 리무진 버스가 적합하다. 제1터미널의 경우 시간당 1~3대를 운행한다. 전철로 이동할 경우 환승을 해야 하고 시간이 더 많이 소요되는 점을 참고하자.

추천 이용자 고베까지 환승 없이 이동하고 싶은 여행자, 짐이 많은 여행자 추천 이용자 ⓨ [편도] 성인 ￥2,200, 어린이 ￥1,100 [왕복] 성인 ￥3,700, 어린이 ￥2,200 ⓒ 65~80분 **구매처** 온라인 여행 플랫폼, 간사이국제공항 버스 승차장 앞 매표소 ⓦ www.kate.co.jp/kr

02
고베 베이 셔틀 神戸-関空ベイ・シャトル

바다에 인접한 고베는 공항에서 페리를 타고 고베 공항 해상 액세스 터미널(神戸空港海上アクセスターミナル)에 도착해 포트라이너(ポートライナー)로 환승하여 산노미야(三宮)로 이동할 수 있다. 간사이국제공항 제1터미널에 위치한 티켓 카운터에서 포트라이너 승차권이 포함된 티켓을 구매 후 12번 승차장에서 연락 버스를 타고 터미널로 이동하면 된다.

추천 이용자 관광 기분으로 이동하고 싶은 여행자 ⓨ 포트라이너 세트권(편도만 취급) 성인 ￥1,880, 어린이 ￥940 ⓒ 터미널까지 30분, 산노미야까지 40분 **구매처** 간사이국제공항 내 티켓 카운터 ⓦ www.kobe-access.jp

간사이국제공항에서 나라로 들어가기

01
리무진 버스

공항에서 나라로 환승 없이 이동할 수 있는 유일한 교통수단이다. 리무진 버스는 터미널에서 출발해 나라호텔(奈良ホテル), 긴테쓰(近鉄) 전철 긴테쓰나라(近鉄奈良) 역, JR 전철 나라(奈良) 역에 정차한다. 아쉬운 점은 10:00, 14:00, 17:00, 20:00에 각각 한 대씩만을 운행한다는 점이다.

추천 이용자 환승 없이 이동하고 싶은 여행자, 짐이 많은 여행자 ⓨ [편도] 성인 ￥2,400, 어린이 ￥1,200 [왕복] 성인 ￥4,500, 어린이 ￥2,400 ⓒ 약 90분 **구매처** 온라인 여행 플랫폼, 간사이국제공항 버스 승차장 앞 매표소 ⓦ www.kate.co.jp/kr

02
전철

공항에서 나라 관광 구역까지 직통으로 이동 가능한 노선이 없어 번거롭지만 환승할 필요가 있다. 난카이 전철 관련 패스 소지자라면 난카이 전철 급행을 타고 난카이난바 역까지 이동한 다음 긴테쓰 전철 오사카난바로 환승하면 긴테쓰나라 역까지 이동할 수 있다. 참고로 긴테쓰나라 역 주변에 나라 공원, 도다이지, 가스가타이샤 등 핵심 명소가 모여 있어 곧바로 나라 관광을 시작하고 싶은 이들에게 권장하는 노선이다. JR 전철 하루카 탑승권 소지자라면 덴노지 역까지 이동한 다음 환승하여 나라 역까지 한 번에 이동할 수 있다. 단, JR 나라 역에서 나라 공원까지는 거리가 있으므로 참고하자.

이용 가능 교통패스 난카이 전철 할인 티켓, JR 전철 할인 티켓 **추천 이용자** 교통 패스 소지자 ⓨ 난카이 전철 ￥1,650~, JR 전철 ￥1,550~ ⓒ 90~120분 **구매처** 온라인 여행 플랫폼, 현지 티켓 발매소 ⓦ 난카이 전철 www.nankai.co.jp JR 전철 www.westjr.co.jp

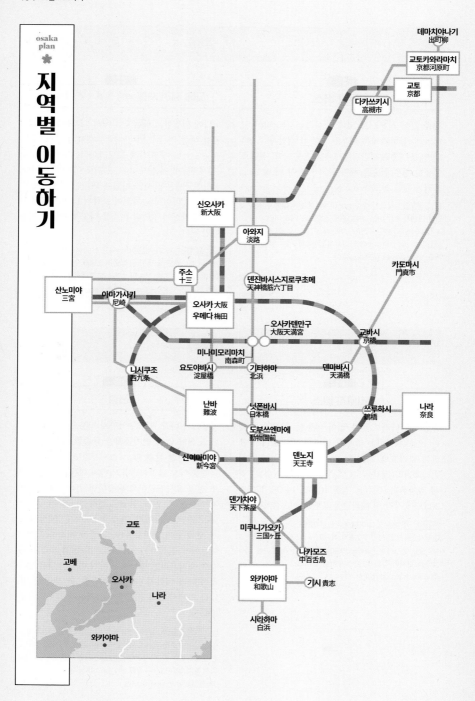

| 오사카 | | 교토 |

오사카와 교토를 잇는 전철로는 JR, 한큐(阪急), 게이한(京阪)이 있다. 전철별로 주요 승하차역이 다르므로 숙소와 일정을 고려하여 전철을 선택하도록 하자. JR과 한큐는 오사카의 인기 관광 명소를 도보로 둘러볼 수 있는 오사카(大阪)와 오사카우메다(大阪梅田) 역에 정차한다. 게이한은 교토로 이동할 때 요도야바시(淀屋橋)나 덴마바시(天満橋), 교바시(京橋) 역을 거쳐 가므로 이 주변에서 출발할 경우에 이용하면 좋다. 난바(なんば), 우메다(梅田) 등 오사카의 주요 전철역에는 정차하지 않으나 교토의 유명 관광지인 후시미이나리(伏見稲荷)나 최대 중심가인 기온시조(祇園四条) 역까지 한 번에 갈 수 있는 장점이 있다. 간사이 스루패스를 구입했다면 추가 요금 없이 한큐와 게이한 전철을 이용할 수 있으며, JR 패스를 구입했다면 JR 전철을 이용하면 된다.

이용 노선	오사카 승하차역	교토 승하차역	전철 종류	소요시간	요금
JR 전철	신오사카 (新大阪)	교토(京都)	신칸센(新幹線)	14분	¥1,450
			신쾌속(新快速)	24분	¥580
			쾌속(快速)	37분	
			보통(普通)	42분	
	오사카 (大阪)		신쾌속(新快速)	29분	¥580
			쾌속(快速)	43분	
			보통(普通)	47분	
한큐 전철	오사카우메다 (大阪梅田)	교토가와라마치 (京都河原町)	특급(特急)	43분	¥410
			준특급(準特急)	1시간 2분	
게이한 전철	요도야바시 (淀屋橋)	기온시조 (祇園四条)	특급(特急)	48분	¥430
			쾌속급행(快速急行)	54분	

오사카 · 고베

오사카와 고베 간의 이동 수단으로 추천하는 전철은 한큐(阪急)와 한신(阪神) 전철로, 비용과 소요 시간을 따져봤을 때 가성비가 좋다. 오사카 난바 역은 긴테쓰와 한신 전철이 공동으로 운행하는 역이며, 고베 승하차역은 한신 전철의 고베산노미야 역을 이용한다는 점을 기억해두자. 간사이 스루패스 소지자는 JR 전철을 제외한 한큐, 한신 등의 전철을 추가 요금 없이 이용할 수 있다. 참고로 JR 전철 산노미야(三ノ宮) 역과 한신 전철 고베산노미야(神戸三宮) 역 다음 정차역은 차이나타운, 항만 지구와 가까운 모토마치(元町) 역이다.

이용 노선	오사카 승하차역	교토 승하차역	전철 종류	소요시간	요금
JR 전철	신오사카 (新大阪)	신고베(新神戸)	신칸센(新幹線)	12분	¥2,950
		산노미야 (三ノ宮)	특급(特急)	26분	¥1,330
			신쾌속(新快速)	28분	¥570
			쾌속(快速)	32분	
	오사카 (大阪)	산노미야 (三ノ宮)	특급(特急)	18분	¥1,710
			신쾌속(新快速)	21분	¥420
			쾌속(快速)	28분	
한큐 전철	오사카우메다 (大阪梅田)	고베산노미야 (神戸三宮)	특급(特急)	32분	¥330
한신 전철	오사카우메다 (大阪梅田)	고베산노미야 (神戸三宮)	특급(特急)	33분	¥330
한신 & 긴테쓰 전철	오사카난바 (大阪難波)	고베산노미야 (神戸三宮)	쾌속급행(快速急行)	42분	¥420

오사카 · 와카야마

오사카와 와카야마를 연결하는 철도회사는 JR 전철과 난카이(南海) 전철이다. 출발하는 지역에 따라 이용 노선이 다른데, 우메다 부근이라면 JR 전철, 난바 부근이라면 난카이 전철을 이용해 환승 없이 이동할 수 있다. JR 전철과 난카이 전철 교통패스 소지자는 추가 요금 없이 각 패스를 이용할 수 있으니 적극 활용하자.

이용 노선	오사카 승하차역	교토 승하차역	전철 종류	소요시간	요금
JR 전철	신오사카(新大阪)	와카야마(和歌山)	특급(特急)	1시간 9분	¥3,210
	오사카(大阪)	와카야마(和歌山)	쾌속(快速)	1시간 33분	¥1,280
난카이 전철	난카이난바 (南海難波)	와카야마시 (和歌山市)	급행(急行)	1시간 5분	¥970

오사카 → 나라

오사카와 나라 간의 이동 수단으로는 JR 전철과 긴테쓰(近鉄) 전철이 있다. 나라, 호류지, 아스카 등 목적지별로 이용하는 전철이 다르므로 일정을 고려하여 선택하도록 하자. JR 전철 오사카 역에서 승차할 경우 덴노지(天王寺) 역 또는 신이마미야(新今宮) 역에서 환승할 필요가 있다. 긴테쓰 전철의 오사카아베노바시 역은 이름이 다소 생소하지만 JR 전철 덴노지 역에서 도보 3분 정도로 가까운 거리에 있다. 나라 시내 외 호류지나 아스카로 이동할 경우에는 덴노지 지역에서 출발한다는 점을 기억하자. 마찬가지로 간사이 스루패스를 소지한 경우 별도의 추가 요금 없이 긴테쓰 전철을 이용할 수 있고, JR 패스 소지자일 경우 JR 전철을 탈 수 있다.

이용 노선	오사카 승하차역	교토 승하차역	전철 종류	소요시간	요금
JR 전철	오사카(大阪)	신고베(新神戸)	쾌속(快速)	1시간	¥820
	난바(難波)	특급(特急)		44분	¥580
	덴노지(天王寺)	신쾌속(新快速)	쾌속(快速)	24분	¥480
긴테쓰 전철	오사카난바 (大阪難波)	긴테쓰나라 (近鉄奈良)	특급(特急)	35분	¥1,200
			급행(急行)	37분	¥680
	오사카아베노바시 (大阪阿部野橋)	아스카(飛鳥)	급행(急行)	45분	¥850

교토 → 오사카

오사카와 교토를 잇는 전철로는 JR, 한큐(阪急), 게이한(京阪), 긴테쓰(近鉄)가 있다. 전철별로 주요 승하차역이 다르므로 숙소와 일정을 고려하여 전철을 선택하도록 하자. 간사이 스루패스(KANSAI THRU PASS)를 구입했다면 추가 요금 없이 한큐와 게이한 전철을 이용할 수 있으며, JR패스 소지자라면 JR 전철을 이용하면 된다.

이용 노선	오사카 승하차역	교토 승하차역	전철 종류	소요시간	요금
JR 전철	신오사카 (新大阪)	교토(京都)	신칸센(新幹線)	14분	¥1,450
			신쾌속(新快速)	24분	¥580
			쾌속(快速)	37분	
			보통(普通)	42분	
	오사카 (大阪)		신쾌속(新快速)	29분	¥580
			쾌속(快速)	43분	
			보통(普通)	47분	
한큐 전철	오사카우메다 (大阪梅田)	교토가와라마치 (京都河原町)	특급(特急)	43분	¥410
			준특급(準特急)	1시간 2분	
게이한 전철	요도야바시 (淀屋橋)	기온시조 (祇園四条)	특급(特急)	48분	¥430
			쾌속급행(快速急行)	54분	

| 교토 | | 와카야마 |

교토와 와카야마를 잇는 전철로는 JR 전철이 유일하다. 교토에서 쾌속열차를 타고 오사카까지 이동한 다음 특급열차로 환승하면 2시간 내외로 와카야마에 도착할 수 있다. 쾌속열차 이용만으로도 충분히 이동 가능하나 특급열차보다 20분이 더 소요된다.

이용 노선	오사카 승하차역	교토 승하차역	전철 종류	소요시간	요금
JR 전철	교토(京都)	와카야마시 (和歌山市)	특급(特急)	1시간 35분	¥4,470
			쾌속(快速)	2시간 20분	¥1,880

| 교토 | | 나라 |

교토와 나라 간의 이동수단으로는 JR 전철과 긴테쓰(近鉄) 전철이 있는데 어느 한쪽이 정답이라고 할 수 없을 정도로 뚜렷한 장점이 없다. 긴테쓰 전철의 특급열차는 소요시간이 짧고 지정석에 앉아 편하게 이동할 수 있지만 일반 요금에 지정석 요금을 추가로 내야 한다. 간사이 스루패스에는 지정석 요금이 포함되어 있지 않으므로 소지자 역시 추가 요금을 내야 한다.

이용 노선	나라 승하차역	교토 승하차역	전철 종류	소요시간	요금
JR 전철	나라(奈良)	교토(京都)	쾌속(快速)	44분	¥720
			보통(普通)	65분	
긴테쓰 전철	긴테쓰나라 (近鉄奈良)	긴테쓰교토 (近鉄京都)	특급(特急)	34분	¥1,020
			급행(急行)	50분	¥760

| 교토 | | 고베 |

교토와 고베 간의 이동수단으로는 JR 전철을 추천한다. 교토와 고베의 주요 역인 교토(京都) 역과 산노미야(三ノ宮) 역을 오가기 때문에 편리하다. 한큐(阪急) 전철을 이용하면 JR 전철 운임의 절반 가격으로 이동할 수 있지만, 도중 오사카의 주소(十三) 역에서 환승해야 하는 단점이 있다.

이용 노선	오사카 승하차역	교토 승하차역	전철 종류	소요시간	요금
JR 전철	신고베(新神戸)	교토(京都)	신칸센	29분	¥2,870
	산노미야 (三ノ宮)		신쾌속(新快速)	52분	¥1,110
			쾌속(快速)	1시간 10분	
한큐 전철	고베산노미야 (神戸三宮)	교토가와라마치 (京都河原町)	특급(特急)	65분	¥640

나라 와카야마

나라와 와카야마를 잇는 전철로는 JR 전철과 긴테쓰(近鉄) 전철이 있다. 두 지역은 지리적으로는 인접해 있으나 주요 거점인 역에 한 번에 갈 수 있는 철도 노선이 없으므로 1~2회 환승을 거쳐서 이동해야 하는 번거로움이 있다. 주로 이용하는 노선은 JR 전철 나라 역을 출발해 JR 와카야마 역으로 가는 노선으로, 오사카 텐노지(天王寺) 역에서 1회 환승이 이루어진다.

이용 노선	오사카 승하차역	교토 승하차역	전철 종류	소요시간	요금
JR 전철	나라(奈良)	와카야마(和歌山)	쾌속(快速)	2시간	¥1,620

고베 나라

고베와 나라 간의 이동수단으로는 긴테쓰(近鉄) 전철을 추천한다. JR 전철을 이용할 경우, 오사카(大阪) 역에서 갈아타야 하며 요금도 긴테쓰 전철과 비교하면 비싼 편이다. 역과 한신 전철 고베산노미야(神戸三宮) 역 다음 정차역은 차이나타운, 항만 지구와 가까운 모토마치(元町) 역이다.

이용 노선	오사카 승하차역	교토 승하차역	전철 종류	소요시간	요금
JR 전철	산노미야(三ノ宮)	나라(奈良)	쾌속(快速)	83분	¥1,280
긴테쓰 전철	고베산노미야 (神戸三宮)	긴테쓰나라 (近鉄奈良)	쾌속급행(快速急行)	78분	¥1,100

고베 와카야마

고베와 와카야마 사이를 오가는 교통수단으로 JR 전철이 있다. 두 도시 사이에 오사카가 위치하므로 반드시 오사카에서 환승을 해야만 연결된다. 일반적으로 1~3회의 환승 절차가 필요한데, 시간을 절약하고 싶다면 특급열차를 이용하여 환승 횟수와 소요 시간을 줄이는 방법이 있다. 단, 일반 요금보다 비싸다는 단점이 있다.

이용 노선	오사카 승하차역	교토 승하차역	전철 종류	소요시간	요금
JR 전철	산노미야(三ノ宮)	와카야마 (和歌山)	특급(特急)	2시간	¥1,880
			급행(急行)	2시간 22분	¥1,430

osaka
plan

지역별 주요 교통수단

오사카

01
오사카의 교통 사정

일본은 일찍이 국가가 소유하던 국철이 민영화되고 한국과 달리 사기업이 철도를 운영하는 사철을 법적으로 허용하고 있다. 따라서 한 지역 내에서 운행하는 철도 수가 많아 매우 복잡한 구조로 되어 있는데, 이는 간사이 지역에도 예외 없이 적용된다. 간사이 전 지역에 철도를 운행하는 회사만 해도 28개 업체나 되며 노선은 무려 110개에 달한다. JR, 지하철, 난카이, 한큐, 한신, 게이한, 긴테쓰 등 열차들이 거미줄처럼 얽히고설킨 노선도를 처음 본다면 적잖이 당황스러울 것이다. 모든 철도와 노선을 파악하는 것은 어려우므로 자신이 여행할 여행지를 중심으로 어떤 노선이 운행되는지, 어떤 동선이 효율적인지 미리 숙지하자.

02
교통패스 적극 활용

일정과 동선이 대략 정해졌다면 교통패스를 알아보도록 하자. 일본은 교통비가 비싼 나라로 유명하지만 경우에 따라 저렴하고 편리하게 이용할 수 있는 교통패스 상품이 다양하게 구비되어 있다. 이동할 때마다 일일이 티켓을 구입해야 하는 번거로움이 없고 가격 또한 저렴하여 여행자에게는 더할 나위 없는 선택이다. 일본 현지에서 구매하기보다는 출발 전 국내 여행사나 온라인 쇼핑몰에서 교통패스를 구입하여 떠나는 것이 일반적이다. 일본 현지보다 약 5~15% 저렴하기 때문이다.

03
대중교통 이용 시 주의사항

① 완행과 급행

서울의 지하철 1·4·9호선 급행열차와 같이 일부 정차역을 건너뛰어 운행하는 점은 일본도 마찬가지다. 보통과 급행 두 종류로 이루어진 서울에 비해 일본은 보통에 해당하는 각역 정차(各駅停車)부터 준급(準急)행, 준특급(準特急), 쾌속(快速), 통근쾌속(通勤快速), 신쾌속(新快速), 급행(急行), 특급(特急) 등 종류를 세분화하여 운행하므로 탑승 전 자신의 목적지가 열차 정차역에 포함되어 있는지 확인을 하고 승차해야 한다. 열차 전광판 속 최종 목적지와 함께 나열되는 정차 역명을 꼼꼼하게 읽어보고 탑승하는 습관을 들이도록 하자.

> **Tip**
> **요금이 추가되는 열차 종류**
> 일부 열차회사의 급행과 특급열차는 승차 시 추가 요금이 발생한다. 또한 이용 좌석에 따라 부과되는 요금이 달라지므로 특실(グリーン車)과 일반실(普通車), 지정석(指定席)과 자유석(自由席) 중 선택하여 미리 예매해두어야 한다.

② 플랫폼 표시에도 주목

처음 일본의 전철을 이용하는 이들의 궁금증을 자아내는 것이 바로 전광판에 표시된 '승차 위치(乗車位置)'와 플랫폼에 표시된 삼각형과 동그라미 표식이다. 주로 오사카를 중심으로 한 간사이(関西) 지역에서 볼 수 있는데, 열차의 승차문이 플랫폼 어느 구간에 정차하는지를 나타내는 것이다. 예를 들어 '△1~8'이라 표기된 경우는 삼각형 플랫폼 1번부터 8번까지 승차문이 정차하므로 이에 맞춰 줄을 서라는 의미다. 도쿄를 비롯한 하루 유동인구가 많은 수도권은 시간별 운행 차량에 큰 차이가 없다. 하지만 대부분의 지역은 시간별 이용자 수에 따라 차량 편성을 달리하여 유동적으로 운행하고 있어 이러한 시스템을 채용하고 있다. 역에 따라 도형 없이 '4~8'이라고 표기된 경우도 있는데 플랫폼에 적힌 숫자에 맞춰 줄을 서면 된다.

같은 열차 다른 목적지

대다수의 열차는 하나의 최종 목적지를 향해 운행되지만 같은 열차여도 목적지가 다른 경우가 있어 예외도 있음을 기억해야 한다. 예를 들어 오사카(大阪) 역을 출발하는 JR 쾌속열차는 차량 첫째 칸부터 넷째 칸(1~4호차)까지는 간사이국제공항(関西国際空港) 역으로, 다섯째 칸부터 여덟째 칸(5~8호차)까지는 와카야마(和歌山) 역으로 간다. 운행 도중 일정 역에 도달하면 각자 분리되어 최종 목적지로 향하기 때문에 전광판은 물론 플랫폼에 적힌 목적지 표시도 확인해야 실수를 줄일 수 있다.

③ 여성 전용차량의 운영

JR 전철, 오사카 메트로, 한큐 전철, 게이한 전철, 한신 전철, 난카이 전철, 긴테쓰 전철 등 오사카를 중심으로 운행되는 대부분의 노선은 특정 칸에 한해 여성, 초등학생 어린이, 몸이 불편한 승객과 그의 도우미만 승차할 수 있는 '여성 전용차량'을 운영하고 있다. 노선에 따라 해당하는 차량과 시간대가 다르며, 자세한 사항은 오사카 경찰청 홈페이지를 참고하면 된다.
⊕ www.police.pref.osaka.lg.jp/sodan/sodan/1/4526.html

④ 에스컬레이터로 보는 도쿄와 오사카의 차이

전철 역사 내에 있는 에스컬레이터 이용에 따라 도쿄로 대표되는 간토(関東) 지역과 오사카로 대표되는 간사이(関西)의 차이를 엿볼 수 있다. 에스컬레이터를 탈 때 간토는 왼편에, 간사이는 오른편에 서는 것이 기본이며, 반대편은 서둘러 올라가는 이들을 위해 비워두는 것이 일반적이다. 같은 간사이 지역임에도 교토는 예외적으로 간토와 같은 방향이라고 하는데 워낙 관광객이 많은 곳이라 방향이 일정치 않은 편이다.

일본 속 두 나라 간토와 간사이

놀라울 만큼 서로 다른 문화를 가진 간토(도쿄)와 간사이(오사카)는 철도의 사소한 부분에서도 차이를 느낄 수 있다. JR 전철이 중심인 간토와 달리 간사이는 한큐, 한신, 긴테쓰, 게이한 등 다양한 사철 회사가 중심을 이루고 있다. 또한 한국의 지하철처럼 한 줄로 길게 늘어선 롱 시트를 다수 채용한 곳이 간토, 열차처럼 두 사람이 앉을 수 있는 박스 시트를 다수 채용한 곳이 간사이이며, 손잡이 모양도 간토는 삼각형, 간사이는 동그라미 모양이다.

⑤ 기본 매너

전동차 내에서 큰소리로 떠들지 않거나 음식물 섭취 삼가 등 누구나 알고 있는 것 외에 일본인 사이에서 암묵적으로 지켜오고 있는 매너가 있다. 한국에서도 지켜지고 있지만 일본에서 더욱 철저하게 이루어지고 있는 몇 가지. 바로 하차하는 이들이 모두 사라진 다음 승차하는 점, 배낭을 뒤로 메지 않고 자신의 앞쪽 다리에 놔두거나 선반 위에 놔두는 점, 승차문 부근에 서 있는 사람은 역에 정차할 때마다 하차하는 이들을 위해 매번 내려야 하는 점, 휴대전화는 매너모드로 설정해두는 점 등을 들 수 있다.

04

지하철

총 8개 노선과 1개의 뉴트램 노선을 운영하는 지하철은 오사카를 여행할 때 많이 이용하는 교통수단이다. 대부분의 관광 명소는 지하철역에 인접해 있고 명소 간 이동에도 큰 어려움이 없기 때문이다. 또한 할인 티켓의 종류도 다양해서 여행자에게 여러모로 안성맞춤이다. 지하철역별로 표기된 영어와 숫자 조합은 역 이름을 대신하기도 하므로 이것만 알아두면 한자와 일본어를 몰라도 쉽게 이용할 수 있다.

◎ 05:23~24:17(난바 기준) ❤ ¥190~ 할인 티켓 오사카 주유패스, 간사이 스루패스, 엔조이 에코 카드, 오사카 비지터스 티켓 ⊕ www.osakametro.co.jp/ko/

05
전철

JR, 난카이, 한신, 한큐, 긴테쓰 전철이 운행 중이다. 간사이국제공항에서 도심으로 이동할 때는 주로 난카이 전철을, 오사카 시내를 이동할 때는 주로 JR 전철을 이용한다. 특히 JR 전철의 간조 선(大阪環状線)은 지하철만큼이나 오사카의 많은 주요 명소를 거치며, 유니버설 스튜디오 재팬(ユニバーサル·スタジオ·ジャパン)으로 이동하기에도 좋다. 환승이 복잡하고 장거리를 이동할 경우 비싸진다는 점을 단점으로 꼽을 수 있다.

🕐 05:10~24:16(JR 난바 기준) ¥140~ 할인 티켓
간사이 에어리어 패스, 간사이 와이드 에어리어 패스, 하루카 할인 티켓 ⊕ www.jr-odekake.net

06
버스

여행자는 이용할 일이 많지 않지만, 할인 티켓을 소지한 경우 지하철로 이동하기 모호한 단거리 이동에 용이하다. 한국과 달리 뒷문으로 승차하여 하차 시 요금을 내는 시스템이다. 요금을 낼 때는 할인 티켓을 제시하거나 교통카드를 기계에 갖다 대면 되는데 현금으로 낼 경우엔 방법이 조금 달라진다. 일본 버스에서는 거스름돈을 받을 수 없으므로 반드시 동전을 미리 준비한 후 요금에 맞춰서 내야한다. 단, 버스 내 요금함에 동전 교환 기능(両替)도 있으니 하차 전 미리 동전으로 바꿔 두도록 하자.

🕐 07:30~20:00(난바 기준) 🚹 성인 ¥210, 어린이 ¥110
⊕ www.osakabus.or.jp/info

Tip IC카드로 오사카의 시내버스와 버스, 버스와 지하철을 환승하여 이용할 경우 요금 할인이 자동으로 적용된다. 90분 이내의 버스와 버스 간의 환승은 합산 금액에서 ¥210(어린이는 ¥110) 할인, 버스와 지하철(반대도 동일)은 ¥110(어린이는 ¥50)이 할인된다. 환승 할인은 대중교통을 연속으로 이용할 경우에만 적용되며, 한큐나 JR 등의 전철에는 적용되지 않는다. 1장의 카드로 2명 이상 승차할 경우에도 할인이 적용되지 않으므로 주의하자.

고베

01
버스

기타노이진칸, 구거류지, 난킨마치, 하버랜드 등 총 16곳의 주요 관광명소를 운행하는 초록색 버스 시티루프(シティー·ループ)는 고베에서 여행자가 가장 이용하기 좋은 교통수단이다. 고베는 대부분의 명소가 도보로 이동 가능할 정도로 밀집해 있지만, 짧은 일정으로 시간적 여유가 없거나 빡빡한 스케줄로 지쳐 있다면 시티루프 버스를 이용하자. 평일 기준 시간당 3~4대를 운행하여 배차 시간이 길다는 점과 막차 시간이 이르다는 점이 단점으로 꼽힌다. 1회권이 비싼 편이므로 하루 3회 이상 승차 시에는 1일권을 구입하는 것이 이득이다.

🕐 09:00~17:50(지하철 산노미야 역 기준) 🚹 1회권 성인 ¥260, 어린이 ¥130, 1일권 성인 ¥660, 어린이 ¥330 ⊕ www.shinkibus.co.jp/bus/cityloop/bus-ticket

02
지하철과 전철

지하철은 고베 시영 지하철인 세이신야마노테(西神·山手) 선과 가이간(海岸) 선의 두 노선이 있다. 전철은 고베고속선(神戸高速線), 한신(阪神), 한큐(阪急), 산요(山陽), 고베(神戸) 전철 그리고 고베공항을 잇는 포트라이너(ポートライナー)가 운행 중이다. 고베 시내에서 움직일 때보다는 오사카나 교토 등의 간사이 지역에서 고베로 또는 반대로 이동할 때 주로 이용한다. 아리마 온천을 방문할 때는 고베고속선과 고베 전철을, 히메지성을 방문할 때는 한신 전철을 이용한다.

🕐 05:43~23:51 🚹 성인 ¥210~, 어린이 ¥110~
⊕ www.city.kobe.lg.jp/life/access/transport

교토

01
버스

교토 시내를 이동하기에 가장 편리하고 저렴한 교통수단이다. 기요미즈데라, 은각사, 금각사, 아라시야마 등 웬만한 관광 명소는 버스로 이동할 수 있을 정도로 교토 구석구석을 누빈다. 단, 버스 이용

객이 포화 상태에 이르러 승차까지 대기시간이 길거나 버스 내부가 혼잡하다는 단점이 있으며, 출퇴근시간에 맞물리면 예상 도착 시각보다 늦어지는 경우도 있다. 짧은 시간 안에 잦은 이동이 이루어져야 한다면 지하철과 함께 이용하도록 하자.

⊙ 성인 ￥230, 어린이 ￥120, 버스+지하철 1일 승차권 ￥1,100 ⊕ www.city.kyoto.lg.jp/kotsu

① 버스 번호 읽는 법

❶ 운행 거리명
❷ 행선지
❸ 버스 번호

❹ 노선 컬러로 알아보는 주요 행선지
⬤ 니시오지(西大路通) : 금각사 ⬤ 호리카와(堀川通) : 니조조 ⬤ 히가시야마(東山通) : 야사카신사, 헤이안진구 ◯ 시라카와(白川通) : 은각사 ⬤ 센본도오리 · 오미야(千本通 · 大宮通) : 다이카쿠지

02
지하철과 전철

지하철은 교토 시내 남북을 오가는 가라스마(烏丸) 선, 동서를 가로지르는 도자이(東西) 선의 두 노선이 있다. 전철은 JR, 게이한(京阪), 한큐(阪急), 게이후쿠(京福), 긴테쓰(近鉄), 사가노롯코열차(嵯峨野トロッコ) 등이 운행 중이다. 교토는 버스

노선이 잘 되어 있어 지하철과 전철을 이용할 기회가 없을 수도 있다. 하지만 출퇴근시간 정체구간이 늘어날 때는 버스보다는 제시간에 출발하고 도착하는 지하철과 전철을 이용하는 편이 좋다.

⊙ [지하철] 성인 ￥220~, 어린이 ￥110~ [전철] 성인 ￥140~, 어린이 ￥70~ ⊙ 05:25~24:20(교토 역 기준)

② 버스 시각표 읽는 방법

❶ 운행 거리명 ❷ 행선지 ❸ 평일/토요일/일요일 · 공휴일 ❹ 버스 번호

나라

01
버스

나라 시내의 관광명소는 대부분 도보로 이동할 수 있지만 시간이 부족하거나 걷기 싫다면 버스를 추천한다. 나라 지역에서 편리하고 저렴하게 여행할 수 있는 할인티켓을 판매하고 있다.

¥ 250~ ⏰ 05:46~24:26(긴테쓰나라 역 기준)
🌐 www.narakotsu.co.jp

02
전철

간사이 지방을 잇는 JR 전철과 긴테쓰나라(近鉄奈良) 전철이 운행 중이다. 비용과 접근성을 고려하면 긴테쓰나라 전철을 추천한다. 나라공원(奈良公園)에 인접한 긴테쓰나라(近鉄奈良) 역과 헤이조큐세키(平城宮跡), 야쿠시지(薬師寺), 도쇼다이지(唐招提寺), 사이다이지(西大寺) 등의 니시노쿄 지역을 모두 운행한다. 단, 나라의 주요 명소 가운데 호류지(法隆寺)만은 JR 전철로 이동해야 한다.

¥ 긴테쓰나라 전철 성인 ¥210~, 어린이 ¥110~, JR 전철 성인 ¥160~, 어린이 ¥80~ ⏰ 05:14~24:31(긴테쓰나라 역 기준) 🌐 긴테쓰나라 전철 www.kintetsu.co.jp JR 전철 www.jr-odekake.net

와카야마

01
전철

와카야마를 비롯한 간사이 지방을 연결하는 철도회사는 JR 전철, 난카이(南海) 전철, 와카야마(和歌山) 전철이 있다. 시라하마(白浜)는 JR 전철, 기시(貴志)는 와카야마 전철, 고야산(高野山)은 난카이(南海) 전철을 이용해 이동 가능하다.

¥ JR 전철 ¥170~, 난카이 전철 ¥180~, 와카야마 전철 ¥190~410 ⏰ JR 전철 06:04~22:50, 난카이 전철 05:22~24:16, 와카야마 전철 05:28~23:00

02
버스

철도역 자체가 관광지인 기시를 제외하곤 시라하마와 고야산의 각 관광명소는 버스로 연결되어 있다. 명소 인근에 정류장이 있어 편리하게 이동할 수 있다는 장점이 있다. 단, 정류장의 정확한 위치와 배차 시간을 어느 정도 파악해야 하는 번거로움은 있다.

¥ 시라하마 ¥150~480, 고야산 ¥160~510 ⏰ 시라하마 06:56~22:10, 고야산 06:35~20:53 🌐 시라하마 메이코 버스 meikobus.jp 고야산 rinkan.co.jp/koyasan

FEATURE

간사이 지방에서
택시 타기

일본에서도 이용 가능한
모바일 택시 배차 서비스

카카오택시와 우티 등 스마트폰 애플리케이션을
통한 모바일 차량 배차 서비스는 일본에서도 보
편적으로 사용되고 있다. 교토에서 이용 가능한
대표적인 애플리케이션은 디디(DiDi), 고(GO), 우
버 택시(Uber Taxi), 에스라이드(S.RIDE)이다.
디디(DiDi)는 서비스 중인 택시 차량이 많은 편이
라 가장 배차가 빠른 서비스로 알려져 있다. 게다
가 택시 예약 시 별도 요금이 부과되지 않는 점도
인기 요인으로 꼽힌다. 애플리케이션 다운로드
후 한국 전화번호로도 가입이 가능하므로 미리
등록해두는 편이 좋으며, 한국어 지원이 되지 않
아 영어로 이용해야 하지만 사용 방법은 그다지
어렵지 않다.
디디 다음으로 배차가 빠른 서비스는 고(GO)와
우버 택시(Uber Taxi)다. 우버 택시는 우티(UT)
애플리케이션을 통해서 가능한데, 애플리케이션
을 켜고 현 위치를 일본으로 잡는 순간 현지 서비
스로 자동 전환되어 바로 이용할 수 있다. 한국에
서 사용했던 방식 그대로 이용할 수 있어 따로 이
용 방법을 익히지 않아도 사용 가능하다. 고는 디
디와 마찬가지로 별도의 애플리케이션을 설치하
여 이용할 수 있으며, 영어를 지원한다.

Tip 디디와 우버 택시는 사전에 등록한
카드 결제와 현지 택시기사를 통한
현금 결제가 가능하다.

간사이 지방 공통

※ 성인 12세 이상, 어린이 6~11세, 5세 이하 2명까지 무료 동반 탑승

01

간사이 스루패스 スルッとKansai, KANSAI RAILWAY PASS

JR 전철을 제외한 주요 전철 및 간사이 전 지역의 지하철, 버스를 자유롭게 이용할 수 있는 패스다. 2일권과 3일권의 두 종류가 있으며, 연일 사용이 아니라 유효기간 내에 날짜를 선택하여 사용할 수 있다. 1일 카운트는 처음 사용한 시간에서부터 24시간이 아닌 개시한 일자의 첫차부터 막차까지 기준으로 계산된다. 교통 이외에도 입장권 할인이나 기념품 증정 등 노선 주변 관광시설의 특전 혜택이 주어진다. 일본 내에서도 구입할 수 있으나 국내 온라인 여행사나 여행상품 판매 플랫폼이 더욱 저렴하다. ⊕ www.surutto.com/kansai_rw/ko

종류	요금	이용 범위
2일권	성인 ¥5,600, 어린이 ¥2,800	간사이 전 지역의 지하철, 전철, 버스 (JR 전철 제외)
3일권	성인 ¥7,000, 어린이 ¥3,500	

02

JR 웨스트 레일 패스 JRパス, JR West Rail Pass

JR 전철에서 발행하는 외국인 여행자 전용 교통패스로 간사이 전 지역을 비롯해 히로시마, 오카야마, 호쿠리쿠 등 다양한 지역에서 사용할 수 있는 패스가 준비되어 있어 광범위하게 활용할 수 있다. 간사이 지역에 한정해서 추천할 만한 패스로는 하루카 특급열차 할인권, 간사이 원패스, 간사이 에어리어 패스를 꼽을 수 있다.

⊕ www.westjr.co.jp/global/kr

① 하루카 특급열차 할인권

JR 전철 간사이국제공항 역과 오사카, 신오사카, 덴노지 역을 잇는 특급열차 하루카(はるか)의 외국인 여행자 전용 할인 티켓이다. 간사이국제공항 역에서 덴노지 역까지 약 35분, 오사카 역까지 약 50분이 소요되는 특급열차를 저렴한 요금에 이용할 수 있어 인기가 높다. ⊕ www.westjr.co.jp/global/kr/ticket/pass/one_way

종류	요금	이용 범위
하루카 특급열차 할인권	편도 ¥2,000~	JR 전철 간사이국제공항 역과 교토 역 하루카 할인 티켓

② 간사이 원 패스 Kansai One Pass

일본을 방문한 단기 체류 외국인 관광객을 대상으로 한 교통 IC카드. 교토, 오사카, 고베, 나라 등 간사이 지역의 주요 교통수단을 카드 한 장으로 이용 가능하며, 유효 기간이 없어 언제든지 이용할 수 있다. 교토 이세탄 백화점을 비롯해 간사이 지역 150군데의 쇼핑 시설과 니조조, 교토 국제 만화 박물관 등 관광 명소에서 우대 특전을 받을 수 있다. ¥3,000(보증금 ¥500 포함) ⊕kansaionepass.com/ko

③ 간사이 패스 関西エリアパス, Kansai Area Pass

간사이국제공항부터 오사카, 교토, 고베, 나라, 히메지, 와카야마, 시가까지 주요 지역을 망라하는 승차권으로 공항 특급열차인 하루카(はるか)의 자유석 및 JR 전철의 쾌속과 보통열차를 자유롭게 이용할 수 있다. 1~4일권 총 네 종류로 나뉘며 2~4일권은 연속 사용해야 한다. 한국에서 미리 구입해 가는 것이 조금 더 저렴하다.
⊕www.westjr.co.jp/global/kr/ticket/pass/kansai

종류	요금	이용 범위
1일권	성인 ¥2,800, 어린이 ¥1,400	오사카, 교토, 고베, 나라, 히메지, 와카야마, 시가 지역의 하루카(공항 특급열차) 자유석, JR전철 쾌속 및 보통 열차
2일권	성인 ¥4,800, 어린이 ¥2,400	
3일권	성인 ¥5,800, 어린이 ¥2,900	
4일권	성인 ¥7,000, 어린이 ¥3,500	

④ 간사이 미니 패스

간사이국제공항, 오사카, 교토, 고베, 나라 지역의 신쾌속, 쾌속, 보통 열차를 3일간 무제한으로 이용할 수 있는 패스. JR 전철로만 간사이 지역을 3일 연속으로 순회할 경우 이용하면 이득이다. 단, 하루카(HARUKA) 같은 특급 열차나 급행 열차 탑승 시 별도의 특급권이 필요하며, 도카이도 신칸센과 산요 신칸센은 이용할 수 없다.
⊕www.westjr.co.jp/global/kr/ticket/pass/kansaimini

종류	요금	이용 범위
간사이 미니 패스	성인 ¥3,000 어린이 ¥1,500	간사이국제공항, 오사카, 교토, 고베, 나라 지역의 신쾌속, 쾌속, 보통 열차

03
기타 알뜰 티켓

① 한큐한신 게이한 긴테쓰 레일 패스

오사카와 교토·고베를 잇는 한큐(阪急) 전철과 한신(阪神) 전철의 전 노선을 무제한 승차할 수 있는 '한큐한신 1day 패스'와 오사카와 교토를 잇는 게이한(京阪) 전철을 무제한 승차할 수 있는 '게이한 관광 승차권', 오사카와 나라·교토·나고야를 잇는 긴테쓰(近鉄) 전철을 연속 1~5일 동안 자유롭게 이용할 수 있는 '긴테쓰 레일 패스'가 있다. ⊕한큐한신 전철 www.hankyu.co.jp/global/kr/tickets

종류	요금	이용 범위
한큐 한신 1day 패스	¥1,600(성인 한정)	교토, 오사카, 고베의 한큐 전철과 한신 전철 전 노선 무제한 승차
게이한 관광 승차권	교토, 오사카 1일권 ¥1,100 2일권 ¥1,600 교토 ¥800	교토, 오사카 또는 교토의 게이한 전철 전 노선 무제한 승차
긴테쓰 레일 패스	1일권 ¥1,800 5일권 ¥4,500(한국 구매 기준)	교토, 오사카, 나라, 나고야의 긴테쓰 전철 1~5일 연속 사용 가능

② 간사이 조이패스 Kansai Joy Pass

오사카, 고베, 교토 등 간사이 지역의 관광지와 인기 시설 중 원하는 장소를 3군데 또는 6군데 선택하여 이용할 수 있는 티켓. 첫 번째 시설을 이용하면서 패스가 개시되며 7일간 유효하다. 우메다 스카이 빌딩 공중정원 전망대와 산타마리아 크루즈 같은 관광 시설을 무료로 이용 가능하며, 백화점, 상업 시설, 식당에서 할인 혜택을 받을 수 있다. JR 전철 하루카 공항 특급열차 편도 티켓과 오사카 지하철 패스가 결합된 상품도 있다.

종류	요금	이용 범위
명소 3곳 선택	¥3,000	홈페이지 (www.tripellet.com/hfkansai/kr) 내 소개된 시설
명소 6곳 선택	¥6,000	

오사카

01
오사카 e-Pass Osaka e-Pass

우메다 스카이 빌딩 공중정원 전망대(15:00까지 무료입장), 헵 파이브 관람차, 쓰텐카쿠(타워 슬라이더 이용 시 평일 무료), 시텐노지, 오사카 시립 주택 박물관(기모노 체험은 별도 요금 부과), 톤보리 리버 크루즈, 가미가타 우키요에관, 산타마리아 유람선, 사키시마 코스모 타워 전망대 등 25개 이상의 시설을 무료로 이용 가능한 패스. 4월 30일 자로 이용 종료된 오사카 주유패스보다 요금이 저렴하여 무료 이용 가능 시설이 많은 편이나, 교통 기관은 유료로 이용해야 한다. 온라인 구매 후 실물 티켓 교환의 절차 없이 QR코드로 바로 이용할 수 있으며, 공식 홈페이지에 명시된 음식점의 10% 할인 혜택도 주어진다. 오사카 시내 지하철인 메트로 전 노선을 무제한 이용할 수 있는 결합 티켓도 판매하고 있다.

종류	요금	이용 범위
[e-PASS] 1일권	¥2,400	우메다 스카이 빌딩 공중정원 전망대, 헵 파이브 관람차, 쓰텐카쿠, 시텐노지, 오사카 시립 주택 박물관, 톤보리 리버 크루즈, 가미가타 우키요에관, 산타마리아 유람선, 사키시마 코스모 타워 전망대 등 25개 이상의 시설을 무료로 이용 가능한 패스.
[e-PASS] 2일권	¥3,000	
[e-PASS+오사카 메트로 패스] 1일권	¥3,200	
[e-PASS+오사카 메트로 패스] 2일권	¥4,500	

02

난카이 전철 할인 티켓

간사이국제공항에서 오사카의 중심인 난바로 이동할 때 탑승하는 난카이 전철 이용 시 유용한 할인 티켓이다. 성인권은 출발 전 한국 온라인에서 구매 가능하나 어린이권은 현지에서 직접 구매해야 한다.

① 간사이 공항 라피트 티켓 関空トク割ラピートきっぷ

간사이국제공항에서 난바를 잇는 난카이 전철의 특급 라피트 열차를 할인된 요금으로 승차할 수 있는 티켓. 공항에서 난바(なんば), 신이마미야(新今宮), 덴가차야(天下茶屋) 역으로 이동 시 이득이다. 일본 현지에서도 구매 가능하나 한국 온라인에서 외국인 관광객 전용 티켓을 구매하면 더욱 저렴하며, 편도권과 왕복권 두 종류 중 선택 가능하다. 단, 한국 온라인에서는 성인권만 사전 판매를 진행하므로 어린이권은 현지에서 직접 구매할 필요가 있다. 온라인에서 구매한 바우처를 난카이 전철 간사이공항 역 판매소에 제시하면 티켓으로 교환할 수 있다.
🌐 www.club-nankai.jp/traffic/ticketless/ko

종류	좌석	요금	이용 범위
편도	레귤러	성인 ¥1,350, 어린이 ¥680	간사이국제공항- 난바 간 난카이 전철 특급 라피트 열차
	슈퍼	성인 ¥1,560, 어린이 ¥890	
왕복	레귤러	성인 ¥2,700, 어린이 ¥1,350	
	슈퍼	성인 ¥3,120, 어린이 ¥1,560	

※ 6세 미만 아동은 성인 동반 시 무료 탑승 가능(단, 좌석은 미제공)

03

기타 알뜰 티켓

① 엔조이 에코 카드 エンジョイエコカード, Enjoy Eco Card

오사카 시영 지하철, 오사카 시티 버스 1일 자유이용권(단, 오사카 시티 버스는 유니버설 스튜디오 재팬행과 IKEA행 제외). 평일보다 주말, 공휴일 요금이 ¥200 저렴하므로 참고하자. 오사카 시내 약 30개 관광 시설의 할인 특전도 포함되어 있다. 오사카 시내 주요 지하철 매표소와 승차권 발매기에서 구입 가능하며 버스 내에서도 구입할 수 있다.
🌐 subway.osakametro.co.jp/ko/guide/page/enjoy-eco.php

종류	요금	이용 범위
성인 평일	¥820	오사카 시영 지하철, 시티 버스 1일 자유이용권
성인 토·일요일·공휴일	¥620	
어린이	¥310	

교토

비싼 가격으로 인해 경비의 많은 부분을 차지하는 교통비는 교통패스를 통해 절약할 수 있다.
또한 패스 소지만으로도 각종 관광명소를 무료로 입장할 수 있어 상당 부분 지출을 줄일 수 있다.
교토 현지보다 한국 온라인에서 저렴하고 편리하게 구매 가능하므로 미리 준비하도록 하자.

교토 여행에 편리한 주요 교통패스

교통 패스명		교토 지하철 버스 1일 승차권	간사이 스루패스	버스 에이덴 구라마·기부네 당일치기 패스
요금		￥1,100	￥5,600	￥2,000
사용 가능	교토시영 버스	◎	◎	◎
	교토 버스	○	◎	○
	JR버스	○	◎	X
	게이한 버스	○	◎	X
	지하철	◎	◎	X
	란덴	X	○	X
	JR 전철	X	○	X
	한큐 전철	X	○	X
	게이한 전철	X	○	○
	긴테쓰 전철	X	○	X
	에이잔 전철	X	○	○
	사가노토롯코 열차	X	X	X
참고 사항		오하라(大原) 이동 시 용이	간사이 전 지역 여행 시 추천, 전철은 일부 종류 이용 불가	하루 동안 넓은 범위로 관광 시 추천

○ : 일부 구간 사용 불가 ◎ : 모든 구간 사용 가능 X : 모든 구간 사용 불가

① 교토 지하철버스 1일 승차권 地下鉄・バス1日券

교토 시내를 오가는 버스를 하루 동안 무제한 이용할 수 있는 '교토버스 1일 승차권'과 교토버스와 교토시영지하철을 무제한 승차할 수 있는 '교토 지하철버스 1일 승차권' 두 종류가 있다. 아라시야마(嵐山)를 포함한 교토의 주요 명소를 둘러볼 예정이라면 교토버스 1일 승차권으로 충분하다. 오하라(大原)를 방문할 여행자는 교토 지하철버스 1일 승차권을 이용해야 한다.

🌐 교토 지하철버스 1일 승차권 oneday-pass.kyoto

종류	요금	이용 범위
교토 지하철버스 1일 승차권	성인 ¥1,100, 어린이 ¥550	교토 시내버스, 시영지하철

② 교토 지하철 1일 승차권 京都地下鉄1日券

교토 시내 남북을 오가는 교토 지하철을 하루 동안 자유롭게 승하차할 수 있는 승차권. 지하철 가라스마(烏丸) 선과 도자이(東西) 선의 전 구간을 이용할 수 있다. 가격은 성인 ¥800, 어린이 ¥400이다. 이용 당일 니조조 입장권 ¥100 할인(어린이는 대상 제외), 교토 국제 만화 박물관과 교토시 교세라 미술관 상설전 단체 금액으로 할인, 교토 철도 박물관 기념품 증정 등의 혜택도 주어진다.

🌐 www.city.kyoto.lg.jp/kotsu/page/0000028376.html

③ 버스 에이덴 구라마・기부네 당일치기 패스 バス＆えいでん 鞍馬・貴船日帰りきっぷ

교토시영버스, 교토버스, 게이한(京阪) 전철, 에이잔(叡山) 전철을 하루 동안 무제한 승하차 가능한 교통 패스. 교토의 역사와 문화를 만끽할 수 있는 명소가 자리하는 구라마(鞍馬), 기부네(貴船), 오하라(大原) 등의 지역을 하루 만에 돌아보려는 이용자에게 추천한다. 기후네 신사(貴船神社) 기념품 증정을 비롯해 기부네(貴船), 이치조지(一乗寺), 데마치야나기(出町柳) 지역 음식점 서비스 등 다양한 특전이 주어진다. 성인권만 판매하며, 가격은 ¥2,000이다. 🌐 www.city.kyoto.lg.jp/kotsu/page/0000197857.html

④ 교토 지하철・란덴 1일 승차권 京都地下鉄・嵐電1dayチケット

교토 지하철 전 노선과 란덴 전 노선을 하루 동안 자유롭게 승하차할 수 있는 승차권. 교토 전 지역을 하루 만에 둘러볼 예정이라면 추천한다. 교토 지하철과 란덴 각 역사에서 구입 가능하며, 가격은 ¥1,300이다.

🌐 www.city.kyoto.lg.jp/kotsu/page/0000034406.html

고베

① 고베 원데이 루프 버스 자유 승차권

고베의 주요 관광명소를 순회하는 시티루프 버스를 1~2일간 자유롭게 무제한 승차할 수 있는 승차권이다. JR 전철 산노미야(三ノ宮) 역 내 종합 인포메이션 센터나 시티루프 버스 차량 내 버스 기사에게 직접 구매할 수 있다. ● www.shinkibus.co.jp/bus/cityloop

종류	요금	이용 범위
1일권	성인 ¥700, 초등학생 이하 ¥350	고베 시내 산노미야, 모토마치
2일권	성인 ¥1,000, 초등학생 이하 ¥500	

② 히메지 투어리스트 패스

간사이국제공항에서 난바까지 가는 편도 티켓과 난바에서 히메지까지 1일 무제한 승차권으로 구성된 특별 패스. 일반 운임보다 40% 저렴한 요금에 이용할 수 있으며, 히메지성을 비롯해 40곳 이상의 시설과 음식점에서 할인 혜택을 받을 수 있어 여러모로 이득이다. 간사이국제공항에서 곧바로 히메지로 이동하여 관광을 즐기고 싶은 경우에 추천한다. ● visit-himeji.com/ko/travel-info/himeji-tourist-pass

종류	요금	이용 범위
히메지 투어리스트 패스	¥2,200	간사이국제공항 – 난바, 난바 – 히메지

③ 고베 거리 순회 1day 쿠폰

고베 시영 지하철, 한신 전철, 한큐전철, 포트라이너 등 고베시 내를 오가는 교통수단의 1일 무제한 승차권과 입장료가 ¥800 이하인 관광 시설 1곳에 입장할 수 있는 이용권이 포함된 티켓. 오사카, 교토, 나라, 히메지로 이용 영역이 확대된 버전도 판매되고 있다. ● www.feel-kobe.jp/tickets/machimeguri1day

종류	요금	이용 범위
고베 버전	¥1,000	고베, 오사카, 교토, 나라, 히메지
확대 버전	¥1,650~	

④ 고베 관광 스마트 패스포트

고베 시내 최대 48곳의 관광 시설을 1일 또는 2일간 무제한으로 방문할 수 있는 티켓. 33군데를 방문할 수 있는 베이직 티켓과 48군데 방문 가능한 프리미엄 티켓 두 종류가 있다. 대상 시설을 홈페이지에서 자세히 확인할 수 있다. ● www.feel-kobe.jp/ko/smartpass

종류	요금
[베이직] 1일권 / 2일권	¥2,500 / ¥3,900
[프리미엄] 1일권 / 2일권	¥4,500 / ¥7,200

나라

① 나라 교통 데이 패스

나라 관광의 중심인 나라공원(奈良公園) 주변과 유네스코 세계문화유산으로 지정된 사찰이 모여 있는 니시노쿄(西の京) 지역을 자유롭게 이용할 수 있는 나라공원·니시노쿄세계유산 1-Day Pass 티켓이 합리적

이다. 호류지(法隆寺)까지 커버하는 와이드 패스, 아스카(明日香), 무로(室生), 야마노베노미치(山の辺の道)까지 확대되는 나라·야마토지 패스도 있다. 시내를 순환하는 버스 관련 승차권은 P.451을 참고하자.

🌐 www.narakotsu.co.jp/rosen/free-ticket

종류	요금	이용 범위
나라공원·니시노쿄세계유산 1-Day Pass	성인 ￥600 어린이 ￥300	나라공원 – 니시노쿄 구간
나라공원·니시노쿄·호류지 세계유산 1-Day Pass Wide	성인 ￥1,100 어린이 ￥550	나라공원 – 니시노쿄 – 호류지 구간
나라·야마토지 세계유산 2-Day Pass	성인 ￥1,650 어린이 ￥830	나라공원 – 니시노쿄 – 호류지 – 아스카 – 무로 – 야마노베노미치 구간

와카야마

① 난카이 올 라인 2일권

난카이(南海) 전철의 모든 노선을 이틀간 무제한 승차할 수 있는 자유 승차권. 온라인 여행 플랫폼 또는 난카이 전철 간사이국제공항 역 인포메이션 센터를 비롯해 난바 역, 신이마미야 역, 덴가차야 역 티켓 카운터에서 구매할 수 있다. 단, 한국 온라인이 조금 더 저렴하다.

🌐 www.howto-osaka.com/kr/ticket/web-nankaiallline2daypass

종류	요금	이용 범위
난카이 올라인 2일권	온라인 ￥2,000 일본 현지 ￥2,100	난카이 전철 모든 노선

② 고야산 세계유산 티켓

간사이국제공항, 난바, 신이마미야, 덴가차야, 와카야마 등을 거치는 난카이(南海) 전철 티켓 발매역부터 고야산역까지 왕복 승차권과 고야산 내부를 오가는 버스 2일 자유 승차권이 결합된 특별 티켓. 고야산 내 시설 할인 혜택도 주어진다. 🌐 www.howto-osaka.com/kr/ticket/koyasan

종류	요금	이용 범위
고야산 세계유산 티켓	일반 ￥3,140 특급 ￥3,690(난바 출발 기준)	난카이 전철역 주요 역 – 고야산

osaka
plan

카드 이용하기

오사카에서 교통패스를 사용하지 않고 대중교통을 이용하려면, 선불 교통카드인 IC 교통카드를 구입하는 것이 편리하다. 이동할 때마다 일일이 티켓을 구입해야 하는 번거로움을 덜 수 있음은 물론, 일부 교통수단은 요금 할인까지 적용 받을 수 있기 때문이다.

01 IC카드 종류

간사이에서 발급받을 수 있
는 IC 교통카드는 JR서일본
(西日本)에서 발행하는 이코
카(ICOCA)와 간사이 스루패
스를 발행하는 스룻토간사이

(スルッとKANSAI)의 피타파(PiTaPa) 등 두 종류가 있다. 단, 피타파는 온라인을 통해 사전 신청 후 발급되므로 오프라인에서는 구매가 불가능하다. 실질적으로 외국인 관광객이 구매할 수 있는 카드는 이코카뿐이다. 이코카는 간사이 지방에서 운행하는 전철, 지하철, 버스 등 대부분의 대중 교통수단에서 이용할 수 있다(택시도 일부 차량에 한해 결제 가능). 또한 도쿄, 후쿠오카, 홋카이도, 나고야 등 전국 각지에서도 상호 이용 가능하니 참고하자.

02 발급 방법

간사이국제공항과 연결되는 간사이쿠코(関西空港) 역을 비롯해 간사이 지방 주요 도시의 JR전철 전용 매표소 미도리노마도구치(みどりの窓口)에서 구매 가능하다.

03 가격

보증금 ¥500과 충전 요금 ¥1,500을 포함한 ¥2,000이다. 충전은 발행처에서만 가능한 점을 잊지 말자. 이코카는 JR 전철역 티켓 자동 발매기에서 ¥500·1,000·2,000·3,000·5,000·10,000 단위로 최대 ¥2만까지 충전할 수 있다(한국어 지원). 환불은 역사 매표소인 미도리노마도구치에서 가능한데, 남은 충전 요금에서 수수료 ¥220을 제외한 금액과 함께 보증금 ¥500을 돌려받을 수 있다. 참고로 간사이국제공항에서 연결되는 JR 전철 간사이쿠코역에서도 환불이 가능하다.

04 결제수단으로 사용하기

IC카드는 일본 전국 대부분의 대중교통에서 사용 가능한 교통카드다. 충전은 JR 전철역 티켓 자동 발매기와 편의점 카운터에서 가능하다. 교통카드 기능 외에도 편의점, 슈퍼마켓, 백화점, 드러그스토어, 서점, 상업시설에서 결제 카드로도 이용할 수 있다. IC카드 로고가 부착된 점포라면 결제수단으로 이용 가능하다는 의미이므로 점포 입구나 계산 카운터를 유심히 살펴보자. 주요 사용처는 다음과 같다.

	편의점	카페		생활용품	무인양품
편의점	세븐일레븐	카페	스타벅스	생활용품	무인양품
	로손		도토루		마쓰모토키요시
	미니스톱	패스트푸드	KFC	드러그 스토어	산드러그
	패밀리마트		맥도날드		웰시야
	뉴데이즈		미스터도넛		코코카라파인
슈퍼마켓	이토요카도		마쓰야	패션잡화	ABC마트
	이온몰		요시노야	서점	기노쿠니야
종합쇼핑	돈키호테		스키야	가전	빅카메라

05
한국에서 IC카드 미리 발급하기

최신 IOS가 설치된 아이폰8 시리즈 이후 기종과 애플 워치3 시리즈 이후 모델에서는 애플 지갑에 JR동일본(東日本)에서 발행하는 IC카드 스이카 (Suica), JR서일본(西日本)의 이코카(ICOCA), 도쿄메트로의 파스모 (PASMO)를 추가할 수 있다. 마스터카드로 발급한 현대카드 소지자만 애플페이를 통한 충전이 가능하다는 번거로움이 있지만 카드 소지에 불편함을 겪는 이라면 시도할 만하다.

Tip 아이폰과 애플워치에 내장된 IC카드 충전 방법
JR 전철 역사 충전기계에서 충전하기(현금, 신용카드, 체크카드 사용 가능)
전철 역사에 설치된 충전기계 중 최신 기종에 한해서만 가능하다.
아이폰과 애플워치를 이미지에 표시된 부분에 두고 인식이 되면
LANGUAGE를 누르고 한국어를 선택하여 충전을 진행하면 된다.

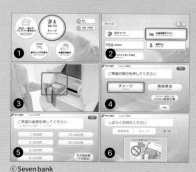

ⓒ Seven bank

편의점 ATM에서 충전하기(현금만 가능)
세븐일레븐에 설치된 ATM에서 충전을 할 수 있다.

❶ 충전(チャージ) 버튼을 클릭한다.
❷ 교통계전자머니(交通系電子マネー)를 클릭한다.
❸ ATM 리더기에 IC카드를 켠 아이폰 또는 애플워치를 둔다.
❹ 인식이 되면 충전(チャージ) 버튼을 클릭한다.
❺ 충전할 금액을 선택한다.
❻ 충전이 끝날 때까지 기다린 다음 완료되면 스마트폰을 뗀다.

오사카 집중 공략
2박 3일 코스

관광, 맛집, 쇼핑 등 여행의 구성 요소를 모두 충족하는 곳은 다름 아닌 오사카다. 교토, 고베, 나라 등 주변 도시와 묶어서 계획을 세워도 좋지만 처음 간사이를 방문한다면 오사카만을 집중적으로 돌아볼 것을 추천한다. 첫날은 미나미 지역에서 맛있는 오사카 음식을 만끽하면서 쇼핑과 야경을 즐기도록 한다. 다음 날 첫 일정으로 오사카성을 둘러보고 기타 지역으로 넘어가 주요 명소를 관광한다. 일정의 마지막 날 떠나기 전까지 여유가 있다면 덴노지 지역을 반나절 동안 구경하고 공항으로 이동하자.

소요시간

⏱ 30분
⏱ 1시간
⏱ 2시간
⏱ 5시간

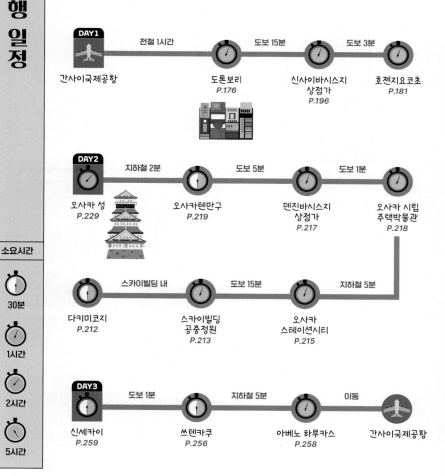

DAY1
간사이국제공항 — 전철 1시간 → 도톤보리 P.176 — 도보 15분 → 신사이바시스지 상점가 P.196 — 도보 3분 → 호젠지요코초 P.181

DAY2
오사카 성 P.229 — 지하철 2분 → 오사카텐만구 P.219 — 도보 5분 → 덴진바시스지 상점가 P.217 — 도보 1분 → 오사카 시립 주택박물관 P.218

다키미코지 P.212 — 스카이빌딩 내 → 스카이빌딩 공중정원 P.213 — 도보 15분 → 오사카 스테이션시티 P.215 — 지하철 5분 →

DAY3
신세카이 P.259 — 도보 1분 → 쓰텐카쿠 P.256 — 지하철 5분 → 아베노 하루카스 P.258 — 이동 → 간사이국제공항

짧지만 알차게 즐기는
오사카+교토
2박 3일 코스

오사카와 교토를 짧지만 알차게 즐길 수 있는 코스다. 첫날 간사이 국제공항에 도착하여 오사카로 이동해 핵심 명소인 미나미 지역을 구경한다. 이 지역은 늦은 시간까지 문을 연 상점이 많고 야경 명소로도 유명해 밤 일정을 활용하기에 안성맞춤이다. 다음 날에는 아침 일찍 전철을 타고 교토로 이동한다. 교토 역에서 늦은 아침이나 점심을 해결한 다음 기요미즈데라, 기온 거리, 은각사, 철학의길 순으로 관광한다. 교토시를 대표하는 번화가 가와라마치 부근에서 저녁을 먹고 야경을 즐기는 것으로 일정을 마무리한다. 마지막 날 오후 시간대에 출국한다면 오사카성과 기타 지역을 돌아보고 공항으로 이동하자.

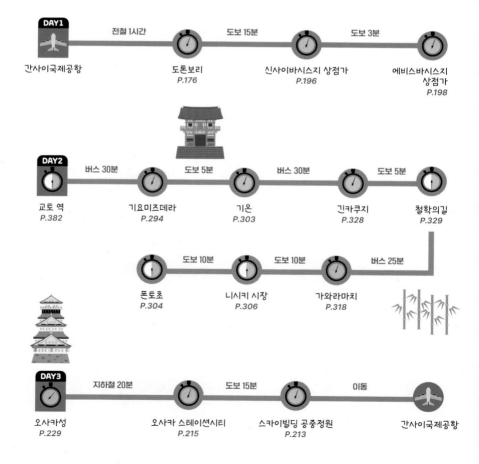

DAY1
간사이국제공항 — 전철 1시간 — 도톤보리 P.176 — 도보 15분 — 신사이바시스지 상점가 P.196 — 도보 3분 — 에비스바시스지 상점가 P.198

DAY2
교토 역 P.382 — 버스 30분 — 기요미즈데라 P.294 — 도보 5분 — 기온 P.303 — 버스 30분 — 긴카쿠지 P.328 — 도보 5분 — 철학의길 P.329

폰토초 P.304 — 도보 10분 — 니시키 시장 P.306 — 도보 10분 — 가와라마치 P.318 — 버스 25분

DAY3
오사카성 P.229 — 지하철 20분 — 오사카 스테이션시티 P.215 — 도보 15분 — 스카이빌딩 공중정원 P.213 — 이동 — 간사이국제공항

굵직한 명소들만 쏙쏙!
오사카+교토+고베
3박 4일 코스

첫날은 간사이국제공항에서 리무진 버스를 타고 고베로 직행하여 고베 관광을 즐기자. 산노미야 역에서 맛있는 고베규를 먹고 메리켄 파크로 이동해 고베 포트타워에서 전망을 감상한다. 고베 하버랜드 는 고베의 야경을 제대로 볼 수 있는 곳으로 로맨틱한 시간을 보낼 수 있다. 다음 날은 오사카를 집중적으로 둘러보기로 한다. 오사카 성, 기타 지역, 미나미 지역 순으로 굵직한 명소만을 골라서 돌아봐 도 상당한 시간이 소요된다. 셋째 날은 교토로 넘어가 주요 명소를 구경한 다음 마지막 날은 오사카 시내 덴노지를 둘러보는 것으로 여 행을 마무리 짓는다.

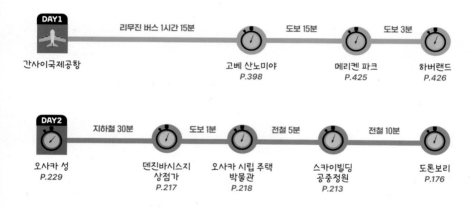

DAY 1

간사이국제공항 — 리무진 버스 1시간 15분 → 고베 산노미야 P.398 — 도보 15분 → 메리켄 파크 P.425 — 도보 3분 → 하버랜드 P.426

DAY 2

오사카 성 P.229 — 지하철 30분 → 덴진바시스지 상점가 P.217 — 도보 1분 → 오사카 시립 주택 박물관 P.218 — 전철 5분 → 스카이빌딩 공중정원 P.213 — 전철 10분 → 도톤보리 P.176

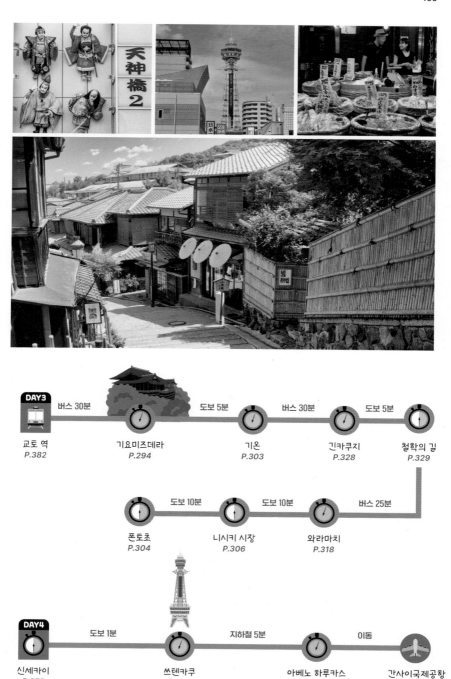

DAY3

교토 역 — 버스 30분 — 기요미즈데라 — 도보 5분 — 기온 — 버스 30분 — 긴카쿠지 — 도보 5분 — 철학의 길

교토 역	기요미즈데라	기온	긴카쿠지	철학의 길
P.382	P.294	P.303	P.328	P.329

폰토초 — 도보 10분 — 니시키 시장 — 도보 10분 — 와라마치 — 버스 25분

폰토초	니시키 시장	와라마치
P.304	P.306	P.318

DAY4

신세카이 — 도보 1분 — 쓰텐카쿠 — 지하철 5분 — 아베노 하루카스 — 이동 — 간사이국제공항

신세카이	쓰텐카쿠	아베노 하루카스	간사이국제공항
P.259	P.256	P.258	

간사이 여행 종합선물세트
오사카+교토+고베+나라
4박 5일 코스

그야말로 간사이 여행 종합선물세트 같은 일정이다. 반나절 일정으로 둘러볼 수 있는 지역을 첫날과 마지막에 배치하고 비교적 많은 시간이 소요되는 지역은 온전히 즐길 수 있도록 일정의 가운데에 넣었다. 첫날은 고베를 관광하고 둘째 날과 셋째 날은 오사카와 교토를 둘러본다. 넷째 날은 다양하게 계획할 수 있지만 최근 관광객 사이에서 필수 코스로 꼽히는 유니버설 스튜디오 재팬을 둘러보자. 슈퍼마리오 구역이 생긴 후 폭발적으로 증가한 방문객으로 발 디딜 틈이 없지만 평일은 주말에 비해 한산한 편이다. 마지막 날에는 공항으로 이동하기 전 나라에 들러 나라 공원 주변을 관광한다. 대부분의 명소가 모여 있어 이동하기 편리하고 동선을 짜기에도 좋다.

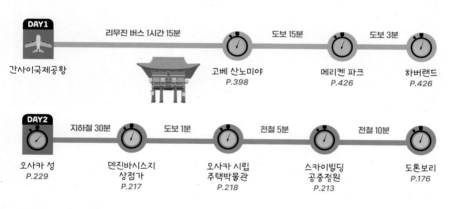

DAY1

간사이국제공항 — 리무진 버스 1시간 15분 — 고베 산노미야 *P.398* — 도보 15분 — 메리켄 파크 *P.426* — 도보 3분 — 하버랜드 *P.426*

DAY2

오사카 성 *P.229* — 지하철 30분 — 덴진바시스지 상점가 *P.217* — 도보 1분 — 오사카 시립 주택박물관 *P.218* — 전철 5분 — 스카이빌딩 공중정원 *P.213* — 전철 10분 — 도톤보리 *P.176*

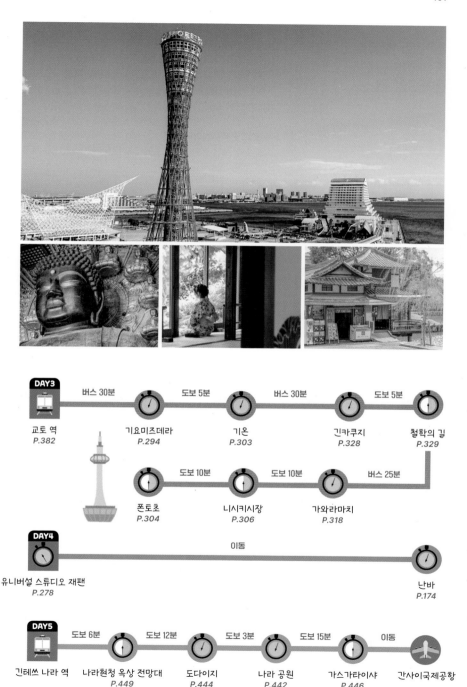

DAY3

교토 역
P.382

버스 30분 → 기요미즈데라 P.294 → 도보 5분 → 기온 P.303 → 버스 30분 → 긴카쿠지 P.328 → 도보 5분 → 철학의 길 P.329

폰토초 P.304 → 도보 10분 → 니시키시장 P.306 → 도보 10분 → 가와라마치 P.318 → 버스 25분

DAY4

유니버설 스튜디오 재팬
P.278

이동

난바
P.174

DAY5

긴테쓰 나라 역

도보 6분 → 나라현청 옥상 전망대 P.449 → 도보 12분 → 도다이지 P.444 → 도보 3분 → 나라 공원 P.442 → 도보 15분 → 가스가타이샤 P.446 → 이동 → 간사이국제공항

일본의 벚꽃을 만끽하는
오사카+교토+나라
2박 3일 코스

3월 하순부터 4월 초순까지 만발하는 벚꽃 시즌에 추천하는 코스다. 첫날은 오사카의 대표 벚꽃명소인 오사카성 주변을 중심으로 벚꽃놀이를 즐기고 둘째 날은 교토로 넘어가자. 기요미즈데라, 기온, 긴카쿠지 등 교토의 주요 명소가 벚꽃을 감상할 수 있는 스폿이므로 일부러 벚꽃 명소를 찾아갈 필요가 없다. 셋째 날은 나라로 이동해 또 다른 벚꽃을 느껴보자. 사슴과 벚꽃이 한 폭의 그림을 만들어내는 나라 공원과 가스가타이샤를 둘러보고 나라현청 옥상 전망대에서 벚꽃에 물든 나라 시내를 한눈에 들여다보자.

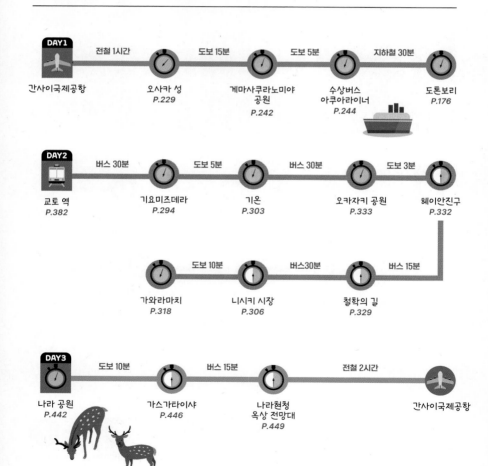

DAY1

간사이국제공항 — 전철 1시간 — 오사카 성 *P.229* — 도보 15분 — 게마사쿠라노미야 공원 *P.242* — 도보 5분 — 수상버스 아쿠아라이너 *P.244* — 지하철 30분 — 도톤보리 *P.176*

DAY2

교토 역 *P.382* — 버스 30분 — 기요미즈데라 *P.294* — 도보 5분 — 기온 *P.303* — 버스 30분 — 오카자키 공원 *P.333* — 도보 3분 — 헤이안진구 *P.332*

가와라마치 *P.318* — 도보 10분 — 니시키 시장 *P.306* — 버스30분 — 철학의 길 *P.329* — 버스 15분

DAY3

나라 공원 *P.442* — 도보 10분 — 가스가타이샤 *P.446* — 버스 15분 — 나라현청 옥상 전망대 *P.449* — 전철 2시간 — 간사이국제공항

단풍 시즌에 즐기는
교토+나라
2박 3일 코스

11월 중순부터 12월 초순까지 절정인 단풍 시즌에는 교토와 나라를 추천한다. 교토는 간사이 지역에서 단풍 명소가 가장 많은 곳이다. 유명 관광명소 이외에도 곳곳에 단풍을 만끽할 수 있는 스폿이 포진해 있어 많은 시간을 투자할 가치가 있다.

첫째 날은 공항에서 나라로 바로 넘어가 나라의 단풍을 즐겨보자. 나라 공원과 도다이지는 나라의 대표적인 단풍 명소다. 둘째 날과 셋째 날은 교토에 머물 것. 교토 역에 도착하자마자 인근 관광 명소이자 단풍 명소이기도 한 후시미이나리와 고후쿠지를 둘러본다. 추가로 기온 지역과 은각사 지역까지 둘러보는 일정이므로 아침 일찍부터 부지런히 움직이는 것이 좋다. 마지막 날은 교토 외곽 지역이지만 단풍 시즌에 큰 인기를 누리는 오하라 지역을 방문해보자.

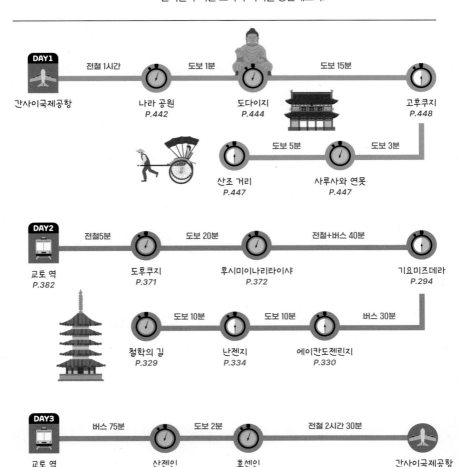

DAY1

간사이국제공항 — 전철 1시간 → 나라 공원 P.442 — 도보 1분 → 도다이지 P.444 — 도보 15분 → 고후쿠지 P.448

산조 거리 P.447 — 도보 5분 → 사루사와 연못 P.447 — 도보 3분 →

DAY2

교토 역 P.382 — 전철 5분 → 도후쿠지 P.371 — 도보 20분 → 후시미이나리타이샤 P.372 — 전철+버스 40분 → 기요미즈데라 P.294

철학의 길 P.329 — 도보 10분 → 난젠지 P.334 — 도보 10분 → 에이칸도젠린지 P.330 — 버스 30분 →

DAY3

교토 역 P.382 — 버스 75분 → 산젠인 P.394 — 도보 2분 → 호센인 P.394 — 전철 2시간 30분 → 간사이국제공항

오사카

오사카는 어떤 여행지인가요?

서일본(西日本)의 중심 지역이자 일본 제2의 도시라 불리는 일본의 대표적인 대도시. 일찍이 상업이 발달하여 쌀과 특산품의 거래가 활발히 이루어졌으며, 항상 새로운 것에 과감히 도전하는 진취적인 자세로 인해 걸출한 유명 기업 발상지 역할을 톡톡히 해왔다. 일본의 경제를 좌지우지하던 시절부터 수많은 식재료와 도구가 한데 모이면서 자연스레 식문화의 발달로 이어졌고, 그렇게 천하의 부엌으로 군림하던 오사카는 먹다가 죽을 만큼 먹거리가 많은 도시가 되었다.

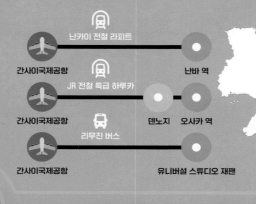

난카이 전철 라피트

간사이국제공항 — 난바 역

JR 전철 특급 하루카

간사이국제공항 — 덴노지 — 오사카 역

리무진 버스

간사이국제공항 — 유니버설 스튜디오 재팬

오사카 한눈에 보기

미나미 ミナミ

난바(難波)와 신사이바시(心斎橋) 일대를 가리키는 미나미 지역은 오사카 여행에서 빠질 수 없는 관광의 핵심이다. 미나미 최대의 번화가인 도톤보리(道頓堀)부터 영화관, 코미디 극장, 전통 극장 등이 모여 있는 문화 예술의 거리 센니치마에(千日前), 그리고 유흥가와 시장, 전자상가 등 볼거리가 풍성한 닛폰바시(日本橋) 구역까지 오사카의 주요 관광 명소가 몰려 있어 전 세계 관광객들로 발 디딜 틈이 없다. 백화점, 쇼핑센터, 종합 시설 등 쇼핑을 즐기기에도 제격이다.

오사카 근교 大阪近郊

인스턴트 컵라면의 역사를 알고 자기만의 컵라면 만들기 등 다양한 체험을 즐길 수 있는 '컵누들 박물관(カップヌードルミュージアム)', 최근 한국인에게 큰 인기를 얻고 있는 '아사히 맥주(アサヒビール) 공장', 간사이국제공항 인근에 자리한 아웃렛 '링쿠타운(りんくうタウン)', 세계적인 미디어 아트 그룹인 팀랩이 선보이는 정원 예술 '나가이 공원(長居公園)' 등 한 걸음 더 발을 넓히면 재미난 명소가 여행자를 기다리고 있다.

베이 에어리어 ベイエリア

다양한 해양 생물이 살고 있는 수족관 가이유칸, 수상 산책을 즐길 수 있는 유람선 산타마리아, 오사카항의 낮과 밤을 감상할 수 있는 덴포잔 대관람차와 사키시마 코스모 타워 전망대 등 바다와 인접한 항만 지역답게 물을 테마로 한 관광 명소가 많다. 항만 지역을 설명할 때 반드시 언급되는 테마파크 유니버설 스튜디오 재팬 또한 빼놓을 수 없는 관광지다.

베이 에어리어

기타 キタ

기타는 JR 전철 오사카(大阪駅) 역과 한신·한큐 전철 오사카우메다(大阪梅田駅) 역, 지하철 우메다(梅田駅) 역이 위치한 교통의 요지이며, 오사카시 북구에 위치한다 하여 기타 지역으로 불린다. 미나미 지역과 함께 오사카를 대표하는 번화가이자 도시 개발이 끊임없이 이어지고 있는 오사카 발전의 심장부이기도 하다. 스카이 빌딩을 중심으로 한 신우메다(新梅田) 지역과 세련되고 감각적인 쇼핑가 자야마치(茶屋町), 밤만 되면 환락가로 변신하는 기타신치(北新地) 일대를 포함한다.

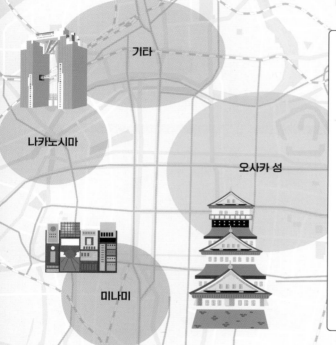

기타

나카노시마

오사카 성

미나미

덴노지·신세카이

오사카 성 大阪城

과거로 떠나는 시간 여행이 테마라면 단연 오사카 성 지역이 정답이다. 도요토미 히데요시가 축성한 오사카 성부터 시작하여 오사카의 역사를 알 수 있는 나니와노미야 유적 공원을 둘러보고 오사카 역사박물관까지 관람한다면 오사카라는 도시에 한 발짝 다가가 있음을 느낄 수 있을 것. 아름다운 꽃이 핀 정원과 최신 문화 시설, 멋스러운 분위기의 건물이 늘어선 1.5km 길이의 작은 섬 '나카노시마(中之島)'로 발걸음을 옮겨 커피 한 잔의 여유를 즐겨도 좋다.

덴노지·신세카이 天王寺·新世界

2014년 아베노 하루카스가 등장하면서부터 무서운 성장세를 보이고 있는 덴노지와 전통적인 서민들의 생활 터전 신세카이는 주요 관광 지역인 기타와 미나미 지역에 비해 관광객이 비교적 덜 붐비는 오사카시 남쪽에 위치한다. 신구의 조화가 어우러진 거리 분위기 덕분에 최근 들어 관광지로서의 인기가 더욱 높아지고 있다. 옛 오사카의 추억을 불러일으키는 레트로 분위기를 즐기기엔 이만한 곳이 없다.

오사카 지역별 이용 노선 및 역명

오사카에 있는 전철과 지하철 역의 개수만 해도 무려 484개나 된다고 한다. 촘촘하게 짜인 오사카의 노선도를 보는 순간 여행을 잘 할 수 있을지 우려의 목소리가 여기저기 들리지만 너무 걱정할 필요는 없다. 여행자가 이용하는 주요 노선과 역은 정해져 있어 이것만 알고 가도 어렵지 않게 이용할 수 있을 테니까.

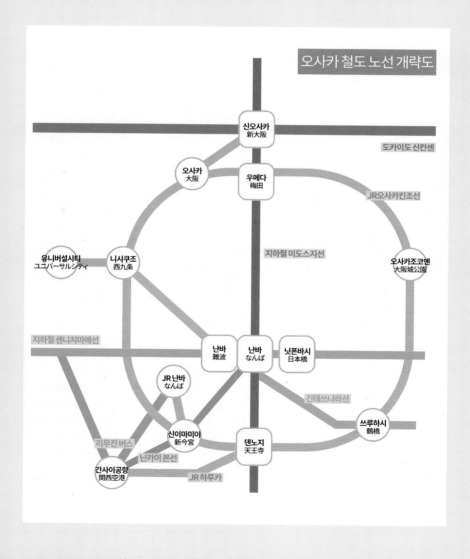

난바 역 難波 · なんば駅

난카이(南海) 전철, JR 전철, 긴테쓰(近鉄) · 한신(阪神) 전철을 비롯해 오사카의 지하철인 오사카 메트로(大阪メトロ) 센니치마에(千日前) 선, 미도스지(御堂筋) 선, 요쓰바시(四つ橋) 선 등 무려 6개 노선이 연결된 오사카 미나미(ミナミ) 지역의 대표적인 역이다.

역에서 가까운 명소 도톤보리, 난바파크스
근교 여행 난카이 전철 타고 와카야마 고야산 여행

닛폰바시 역 日本橋駅

오사카 메트로(大阪メトロ)의 센니치마에(千日前) 선과 사카이스지(堺筋) 선, 긴테쓰(近鉄) 전철의 나라(奈良) 선이 연결된 역.

역에서 가까운 명소 구로몬 시장, 덴덴타운
근교 여행 지하철에서 직통 연결되는 한큐 전철 타고 교토 여행, 긴테쓰 전철 타고 나라여행

덴노지 역 天王寺駅

JR 전철, 오사카 메트로와 더불어 노면 전차인 한카이(阪堺) 전차를 연결하는 역. 긴테쓰(近鉄) 전철 오사카아베노바시(大阪阿部野橋) 역과도 인접해 있다.

역에서 가까운 명소 아베노하루카스, 시텐노지
근교 여행 JR 전철 타고 나라 여행, JR 전철 하루카 타고 간사이국제공항 이동하기

오사카조코엔 역 大阪城公園駅

JR 전철만이 연결된 역으로, 서울의 2호선 같은 순환선으로 오사카 중심부를 한 바퀴 도는 오사카칸조(大阪環状) 선이 지나간다.

역에서 가까운 명소 오사카 성

우메다 역 梅田駅

5개 노선이 연결된 역이지만 철도회사에 따라 역명이 다르다. 한큐(阪急) 전철과 한신(阪神) 전철은 오사카우메다(大阪梅田), 지하철 미도스지(御堂筋) 선은 우메다(梅田), 다니마치(谷町) 선은 히가시우메다(東梅田), 요쓰바시(四つ橋) 선은 니시우메다(西梅田)이다.

역에서 가까운 명소 우메다 스카이 빌딩, 헵 파이브
근교 여행 한큐 또는 한신 전철 타고 고베 여행

오사카 역 大阪駅

JR 전철이 연결된 오사카의 관문과도 같은 대표적인 역이다. 신칸센, 특급, 급행, 쾌속, 보통 등 온갖 종류의 열차가 지나간다.

역에서 가까운 명소 오사카 스테이션 시티, 그랜드 프런트 오사카
근교 여행 JR 전철 타고 교토 · 나라 · 와카야마 시라하마 여행

신이마미야 역 新今宮駅

난카이(南海) 전철과 JR 전철을 연결하는 역. 오사카 메트로 미도스지(御堂筋) 선과 사카이스지(堺筋) 선 도부쓰엔마에(動物園前) 역과도 인접해 있다.

역에서 가까운 명소 신세카이, 쓰텐카쿠
근교 여행 난카이 전철 타고 간사이국제공항으로 이동하기

유니버설시티 역 ユニバーサルシティ駅

JR 전철만이 연결된 역으로, 보통 유메사키(ゆめ咲) 선으로 많이 불리는 사쿠라지마(桜島) 선이 지나간다.

역에서 가까운 명소 유니버설 스튜디오 재팬

미나미 ミナミ

must do.

01.

식도락의 천국 미나미에서 오사카의 명물
음식을 맛보자!

02.

도톤보리강변에서 글리코러너와 함께
기념사진을 남기자!

난바(難波)와 신사이바시(心斎橋) 일대를 가리키는 미나미(ミナミ)는 오사카 여행에서 빠질 수 없는 관광의 핵심 지역이다. 미나미 최대의 번화가인 도톤보리(道頓堀)부터 영화관, 코미디 극장, 전통 극장 등이 모여 있는 문화예술의 거리 센니치마에(千日前) 그리고 유흥가와 시장, 전자상가 등 볼거리가 풍성한 닛폰바시(日本橋) 구역까지 오사카의 주요 관광명소가 몰려 있어 전 세계 관광객들로 발 디딜 틈이 없다.

03.

패션 브랜드숍, 드러그스토어, ¥100숍 등이 밀집한 상점가에서 쇼핑을 즐기자!

04.

톤보리 리버 크루즈를 타고 선상에서 도톤보리 야경을 만끽하자!

미나미
map

<table>
<tr><td>미 나 미</td><td></td><td></td><td></td></tr>
<tr><td></td><td>찾 아 가 기</td><td></td><td></td></tr>
</table>

❶ 대부분의 명소는 지하철 센니치마에(千日前) 선, 요쓰바시(四つ橋) 선, 미도스지(御堂筋) 선 또는 JR 전철, 긴테쓰(近鉄) 전철, 난카이(南海) 전철의 난바(難波, なんば) 역에서 내려 둘러볼 수 있다.

❷ 구로몬 시장과 덴덴타운은 지하철 센니치마에(千日前) 선, 사카이스지(堺筋) 선 닛폰바시(日本橋) 역에서 하차하여 이동하는 편이 좋다.

❸ 아메리카무라, 브랜드숍 스트리트는 지하철 미도스지(御堂筋) 선, 나가호리츠루미료쿠치(長堀鶴見緑地) 선 신사이바시(心斎橋) 역에서 하차한다.

<table>
<tr><td>미 나 미</td><td></td><td></td><td></td></tr>
<tr><td></td><td>하 루 여 행</td><td></td><td></td></tr>
</table>

미나미지역의 동서를 가로지르는 도톤보리강을 중심으로 닛폰바시 다리와 다이코쿠바시 다리 사이에 펼쳐지는 번화가를 둘러보는 것이 관광 포인트이다. 난바 역에서 출발하여 닛폰바시 역 부근까지 오사카 관광의 필수 관광지가 몰려 있으므로 웬만한 명소는 하루 만에 다 둘러볼 수 있다. 저녁에는 도톤보리 일대가 활기를 띠므로 늦은 밤까지 관광을 즐기기에 좋다.

<table>
<tr><td>미 나 미</td><td></td><td></td><td></td></tr>
<tr><td></td><td>추 천 코 스</td><td></td><td></td></tr>
</table>

동선이 꼬이는 것을 막기 위해 신사이바시 역에서 일정을 시작하는 것이 좋다. 신사이바시스지 상점가를 훑어 내려오면 도톤보리와 자연스럽게 마주하게 된다. 도톤보리 거리 사이에 위치하는 우키요코지를 통과하여 호젠지요코초를 둘러본 다음 구로몬 시장, 덴덴타운, 센니치마에도구야스지 상점가가 있는 닛폰바시 구역을 돌아다니다 보면 미나미의 주요 명소를 물 흐르듯 관광할 수 있다. 난바로 다시 돌아와 난바파크스에서 잠시 휴식을 취한 다음 에비스바시스지 상점가를 통해 도톤보리로 다시 돌아가 야경을 즐겨보자.

course

신사이바시스지 상점가 — 도보 1분 — **도톤보리** — 도보 1분 — **우키요코지** — 도보 1분 —

호젠지요코초 — 도보 10분 — **구로몬 시장** — 도보 5분 — **덴덴타운** — 도보 5분 —

센니치마에도구야스지 상점가 — 도보 5분 — **난바파크스** — 도보 5분 — **톤보리 리버 크루즈**

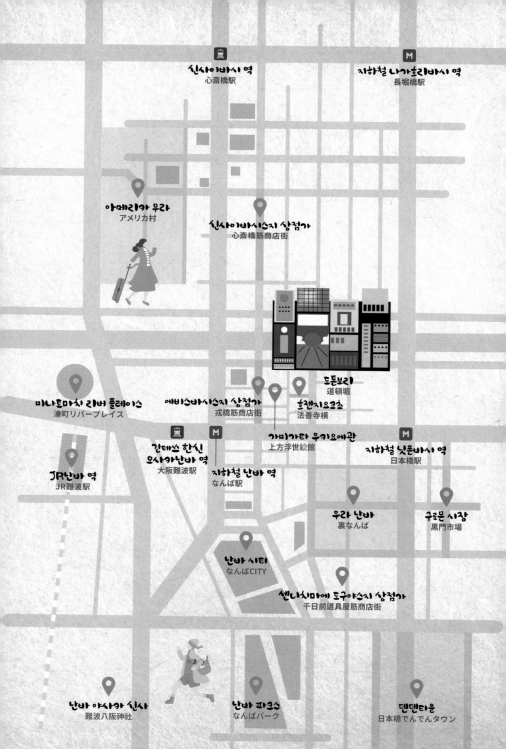

신사이바시 역
心斎橋駅

지하철 나가홀리바시 역
長堀橋駅

아메리카 무라
アメリカ村

신사이바시스지 상점가
心斎橋筋商店街

도톤보리
道頓堀

미나토마치 리버 플레이스
湊町リバープレイス

에비스바시스지 상점가
戎橋筋商店街

호젠지요코초
法善寺横丁

가미가타 우키요에관
上方浮世絵館

지하철 닛폰바시 역
日本橋駅

긴테쓰 한신
오사카난바 역
大阪難波駅

JR난바 역
JR難波駅

지하철 난바 역
なんば駅

우라 난바
裏なんば

구로몬 시장
黒門市場

난바 시티
なんばCITY

센니치마에 도구야스지 상점가
千日前道具屋筋商店街

난바 야사카 신사
難波八阪神社

난바 파크스
なんばパーク

덴덴타운
日本橋でんでんタウン

FEATURE

난바 역 해부하기

오사카 관광의 핵심이라 할 수 있는 미나미 지역은 사실 여행자에게는 가장
혼란스러운 곳일지도 모른다. 각종 전철과 지하철 역명에 '난바'라는 이름이 난무하는
황당한 풍경을 마주하기 때문이다. 하지만 너무 놀랄 필요는 없다. 역의 위치와
목적지만 파악한다면 현지인처럼 어렵지 않게 이용할 수 있을 것이다.

❶ 난카이南海 전철 난바 역なんば

- 난바에 있는 전철 역사 중 유일하게 지상에 있다.
- 역사 건물이 오사카 다카시마야, 난바 시티, 난바 파크스 등 상업시설과 직결
- 3층 개찰구 부근에 한국어 대응 가능한 티켓 카운터가 자리한다.
- 개찰구 들어서기 전 부타망으로 알려진 551호라이가 영업 중이다.
- 난카이 본선(南海本線)과 고야(高野) 선 운행
- 간사이국제공항과 고야산 이동에 용이

❷ JR 전철 난바 역難波

- 오사카 시티 에어 터미널(OCAT) 지하 1층에 위치
- 건물 2층에 간사이국제공항행 리무진 버스가 정차하는 버스 터미널이 있다.
- 다른 난바 역까지는 도보 10분 정도가 소요된다.
- 야마토지(大和路) 선 운행
- 나라와 호류지 이동에 용이

❸ 긴테쓰近鉄 · 한신阪神 전철 오사카난바 역大阪難波

- 긴테쓰 전철과 한신 전철이 공동으로 운행하며 플랫폼은 지하에 있다.
- 지하 1층에 한국어 대응 가능한 안내 카운터가 자리한다.
- 긴테쓰는 난바(難波) 선, 한신은 한신난바(阪神なんば) 선 운행
- 긴테쓰는 나라, 한신은 고베 이동에 용이

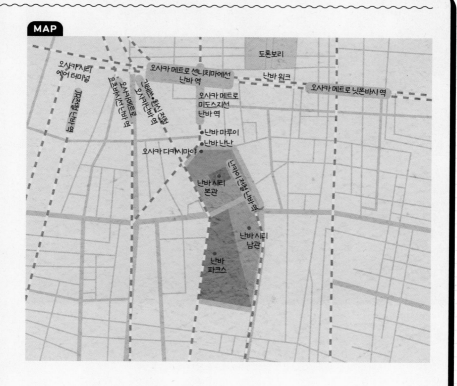

MAP

도톤보리

오사카 시티
에어터미널

오사카 메트로 센니치마에선
난바 역

난바 워크

오사카 메트로 닛폰바시 역

오사카 메트로
미도스지선
난바 역

긴테쓰・한신 전철 오사카난바 역

요쓰바시선 난바 역

JR 간사이 난바 역

• 난바 마루이
• 난바 난난

난카이 전철 난바 역

오사카 다카시마야 •

난바 시티
본관

난바 시티
남관

• 난바
파크스

---

❹ 오사카 메트로大阪メトロ **미도스지**御堂筋 **선 난바 역**なんば

- 남남(南南) 개찰구에서 난바 난난으로 직결
- 신사이바시, 우메다, 덴노지, 신세카이(도부쓰엔마에 역)까지 환승 없이 이동 가능

---

❺ 오사카 메트로大阪メトロ **센니치마에 선**千日前 **난바 역**なんば

- 난바 워크를 구경하다 보면 닛폰바시(日本橋) 역으로 자연스럽게 연결된다.
- 오사카의 코리안타운 쓰루하시(鶴橋) 역까지 환승 없이 이동 가능

---

❻ 오사카 메트로大阪メトロ **요쓰바시 선**四つ橋 **난바 역**なんば

- 관광객보다는 현지인 이용이 많은 역
- 우메다(니시 우메다 역), 아메리카무라(요쓰바시 역)까지 환승 없이 이동 가능

맵북 P.9 🔊 도오토보리 주소 北区角田町5-15 홈페이지 www.dotonbori.or.jp
가는 방법 지하철 센니치마에(千日前) 선, 요쓰바시(四つ橋) 선, 미도스지(御堂筋) 선, 긴테쓰(近鉄),
난카이(南海) 전철 난바(なんば) 역 14번 출구에서 도보 3분 키워드 도톤보리

도톤보리
道頓堀

휘황찬란한 오사카의 밤이 좋아

오사카를 방문한 관광객이라면 반드시 들르는 대표적인 번화가. 아즈치모모야마 시대(安土桃山)의 토목가인 야스이 도톤(安井道頓)이 사재를 털어 이 지역을 개발한 후부터 오락의 중심지로 성장하게 되었으며, 도톤보리란 지명도 그의 이름에서 유래하였다. 상점가에는 오사카를 상징하는 수많은 식당이 모여 있는데, '먹다가 망한다'는 뜻의 '구이다오레(くいだおれ)'는 도톤보리를 가장 잘 나타내는 단어라고 할 수 있다. 식당 대부분이 다코야키, 오코노미야키, 라멘 등 오사카의 명물 음식을 전문으로 하는 곳들이므로 이른바 오사카의 먹방 투어를 한 방에 해결할 수 있다고 해도 과언이 아니다.

가게 정면에 내걸린 거대한 입체 간판을 보면 각 식당이 내세운 대표 음식이 무엇인지 대번에 알 수 있다. 저마다 개성이 뚜렷한 간판을 구경하는 즐거움도 있다. 밤에는 거리를 수놓은 화려한 네온사인으로 불야성을 이루는데, 다른 지역보다 늦게까지 영업하는 곳이 많아 오사카의 밤을 즐기기에 더할 나위 없이 좋다. 각종 축제와 이벤트 등 사계절 내내 다채로운 행사도 개최되어 365일 쉴 새 없이 구름 인파가 몰린다.

 Tip 글리코 간판의 점등 시간은 일몰 직후부터 밤 12시까지이다.

도톤보리를 재미있게
즐기는 방법

❶ 글리코 러너를 흉내내며 화려한
간판 배경으로 기념 촬영!

주로 글리코 러너 사인 부근에 있는 에비스바시(戎橋)
위 또는 글리코 사인 건너편이자 에비스바시 아래 힛카
케바시(ひっかけ橋)에서 인증샷을 찍는다. 힛카케바시
에 있는 드러그스토어 '나노하나(nanohana)' 점포 내
부에는 글리코 러너와 함께 사진 촬영을 할 수 있도록
포토 스폿을 마련해 두었으니 방문해보자.

주소 中央区宗右衛門町 전화 06-6441-0532

❷ 화려한 네온사인이 비추는 강변을
거닐며 야간 산책하기

에비스바시를 중심으로 도톤보리
강변 약 2km에는 수변 산책로 '톤보리 리버 워크
(とんぼりリバーウォーク)'가 설치되어 있다.

❸ 오사카의 상징이 새겨진 기념품 쇼핑

[이치비리안 도톤보리점(いちびり庵 道頓堀店)]
주소 中央区道頓堀1-7-21 中座くいだおれビル1F
운영 10:00~21:00

❹ 대관람차 타고 도톤보리를 위에서
아래로 내려다보기

운영 14:00~20:00(마지막 승차 19:30)
휴무 화·금요일 요금 1인 ¥600(오사카 주유패스
제시하면 ¥100 할인, 관람차 정원 4인)

❺ 길거리 음식 먹어보기

다코야키, 다코센, 크레페,
닭튀김 등 길거리
음식 먹어보기 P.56 참고.

\ ZOOM iN /

도톤보리의 재미난 간판들

❶ 초밥 握り寿司

회전 초밥의 원조 '겐로쿠 스시(元禄寿司)' 간판에는 초밥을 쥔 장인의 손이 걸려 있다.

❷ 대왕문어 たこ

오코노미야키와 다코야키의 역사를 알 수 있는 '도톤보리 코나몬 뮤지엄(道頓堀粉もんミュージアム)'의 간판. 1층에는 다코야키 전문점 '쿠쿠루'가 있고 2층에는 박물관이, 3층에는 다코야키 음식 샘플을 체험할 수 있는 공방이 있다.

❸ 게 かに

게 요릿집 '가니도라쿠(かに道楽)'에 크게 걸려 있는 게는 계절마다 조금씩 변하는 것이 특징이다.

❹ 카루 아저씨 カールおじさん

일본의 식품 회사 '메이지 주식회사(明治株式会社)'를 대표하는 스낵 브랜드 '카루(カール)'의 캐릭터. 매 정시에 아저씨 노란 모자 속에서 개구리 '케로타(ケロ太)'가 튀어나온다.

❺ 긴류 金龍

라멘 전문점 긴류의 간판. 금색 빛깔 여의주를 머금은 녹색 용이 위용을 뽐내고 있다.

❻ 돈펭군과 에벳상
ドンペン君とえべっさん

종합 할인 매장 '돈키호테(ドン·キホーテ)'의 캐릭터인 돈펭군과 상업 번창의 신 에벳상이 마치 함께 사진을 찍는 듯 귀여운 포즈를 취하고 있다. 에벳상이 돈키호테의 노란 비닐봉지를 들고 있는 것이 재미있다.

❼ 구이다오레 타로
くいだおれ太郎

오사카를 상징하는 또 하나의 아이콘. 타로가 서 있는 건물 1층에는 그와 관련한 다양한 제품을 판매하는 기념품점 '나니와 명물 이치비리안(なにわ名物 いちびり庵)'이 있다.

❽ 교자 餃子

교자 전문점 '오사카오쇼(大阪王将)'의 간판. 적당히 구워진 교자가 먹음직스럽다.

❾ 다루마 장관 だるま大臣

구시카쓰 하면 이곳! '다루마(だるま)' 도톤보리점에는 거대한 다루마 장관이 떡하니 버티고 있다. 누군가에게 화가 난 듯한 표정은 다루마의 회장 우에야마 가쓰야(上山勝也)의 모습을 본뜬 것이다.

❿ 글리코 러너 グリコランナー

오사카에 본사를 둔 일본의 유명 제과 회사 '에자키 글리코 주식회사(江崎グリコ株式会社)'의 간판. 1935년에 시작하여 6대째 이어져 오고 있는 이 간판은 그야말로 오사카를 상징하는 아이콘이라고 봐도 무방하다.

톤보리리버크루즈
とんぼりリバークルーズ

맵북 **P.9-B1** 🔊 톤보리리바아크루우즈 주소 中央区宗右衛門町 전화 06-6441-0532
홈페이지 www.ipponmatsu.co.jp 운영 11:00~21:00 요금 성인 ¥1,500, 중·고등학생 ¥1,000, 초등학생
¥400 가는 방법 신사이바시스지 상점가(心斎橋商店街)를 바라보고 에비스바시(戎橋) 오른쪽 계단으로
내려가면 도톤보리강변 돈키호테 정문 앞에 승선장이 위치 키워드 톤보리 리버크루즈

오사카 e-PASS
도톤보리를 가로지르는 미니 크루징

도톤보리강 위에서 가볍게 수상 산책을 즐기고 싶다면 이 작은
유람선이 제격이다. 현지 안내원이 진행하는 가이드에 따라 강
변 구석구석을 관찰할 수 있는데, 유람선에서 바라본 풍경은 에
비스바시(戎橋)에서 보던 것과는 사뭇 다르게 느껴진다. 돈키호
테 도톤보리점 앞 승선장에서 출발하여 닛폰바시(日本橋)를 거
쳐 에비스바시를 지나 우키니와바시(浮庭橋)에서 돌아오는 코
스로 약 20분이 소요된다. 정시와 30분마다 배가 출발하며 승선
인원은 약 40명 정도다. 낮 시간대도 좋지만 형형색색 화려한
네온사인으로 물든 야경이 압권이므로 밤 시간대를 이용하는
관광객이 많은 편. 5~6월에는 선상에서 40분간 재즈 공연이 펼
쳐지는 '톤보리 리버 재즈 보트(とんぼりリバージャズボート)'
를 부정기적으로 운항하고 있으니 홈페이지를 참조하자.

에비스바시
 戎橋

맵북 **P.9-A1** 🔊 에비스바시 주소 北区大淀中1-1-88
가는 방법 에비스바시시즈 상점가(戎橋筋商店街) 입구 쓰타야(ツタヤ) 건물 정면에 위치 키워드 에비스 다리

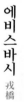 

오사카 여행 인증샷은 이곳에서

오사카를 대표하는 랜드마크 중 하나로, 신사이바시스지 상점
가와 에비스바시스지 상점가를 잇는 다리다. 이름의 유래는 확
실하지 않으나 인근에 위치한 이마미야에비스 신사(今宮戎神
社)에서 따왔다는 설이 가장 유력하다. 에도(江戸) 시대에는 신
사 참배객과 도톤보리 극장가를 방문하려는 이들로 붐볐다면
지금은 현지 젊은이들과 외국인 관광객으로 인산인해를 이룬
다. 특히 글리코 러너를 배경으로 기념 촬영을 하는 인파로 북적
이는데, 다리 부근의 화각이 가장 오사카스러운 풍경을 담아낼
수 있기 때문이다. 기념 촬영을 하는 관광객을 상대로 소매치기
가 기승을 부린다고 하니 소지품 관리에 각별히 주의하자.

우키요코지
浮世小路

맵북 **P.9-B1** 🔊 우키요코오지 주소 中央区道頓堀1-7 홈페이지 www.dotonbori.or.jp/ukiyo
가는 방법 우동집 이마이(今井)와 카라오케 장카라(ジャンカラ) 사이 골목에 위치 키워드 우키요코지

과거로의 짧은 시간여행

도톤보리(道頓堀) 초입에 있는 우동집 '이마이(今井)'와 가라오케 '장카라(ジャンカラ)' 사이에 위치한 좁은 골목. 작은 간판으로 표시한 정도여서 의식하지 않으면 지나쳐버릴 정도로 쉽게 눈에 띄지 않는다. 한 명이 간신히 지나갈 수 있을 정도로 좁지만 약 50m의 골목 안은 생각보다 볼거리가 넘쳐난다. 다이쇼(大正) 시대와 쇼와(昭和) 시대를 중심으로 당시의 오사카 풍경을 입체 그림으로 표현한 전시물과 도톤보리 일대가 그려진 옛지도, 일본식 점괘 오미쿠지(おみくじ)가 가능한 작은 절 잇슨보시 다이묘진(一寸法師大明神)이 있는 등 아기자기한 매력을 느낄 수 있다. 골목 끝은 호젠지요코초(法善寺橫町)로 이어진다.

호젠지요코초
法善寺橫町

맵북 **P.9-B2** 🔊 호오젠지요코초 주소 中央区難波1-2-16
전화 06-6211-4152 홈페이지 www.houzenji.jp
가는 방법 지하철 센니치마에(千日前) 선, 요쓰바시(四つ橋) 선,
미도스지(御堂筋) 선, 긴테쓰(近鉄), 난카이(南海) 전철 난바(なんば) 역
B18번 출구에서 오른편 골목을 조금 걸어가면 오른편에 위치 키워드 호젠지

불야성을 이루는 먹자 골목

우키요코지(浮世小路)와 더불어 오사카의 옛 정취를 느낄 수 있는 곳이다. 폭 3m의 좁다란 골목 사이에 숨어 있는 절 '호젠지(法善寺)'의 일부였던 이 거리는 절을 방문한 참배객을 대상으로 영업하던 노점들이 하나둘씩 늘어나자 결국엔 식당이 밀집한 형태로 발전하였다. 현재도 오코노미야키, 구시카쓰, 이자카야 등 오사카의 맛과 분위기를 물씬 느낄 수 있는 식당을 만날 수 있다. 호젠지는 신으로 모시는 부동명왕(不動明王)의 불상이 독특하기로 유명한데, 불상에 물을 끼얹으며 참배하는 특성 때문에 몸통 전체가 이끼로 가득하다. 때문에 이곳을 미즈카케후도산(水かけ不動さん)이라 부르기도 한다. 일반적인 신사와 달리 늦은 밤까지 참배를 할 수 있도록 등불로 절 전체를 환하게 밝히고 있다.

가미가타 우키요에관 上方浮世絵館

맵북 P 9-A2 🔊 카미가타우키요에칸 주소 中央区難波1-6-4 전화 06-6211-0303
홈페이지 www.kamigata.jp 운영 11:00~18:00(마지막 입장 17:30) 휴무 월요일(월요일이 공휴일인 경우
다음 날) 요금 성인 ￥700, 고등학생 ￥500, 초등·중학생 ￥300, 미취학 아동 무료
가는 방법 지하철 센니치마에(千日前) 선, 요쓰바시(四つ橋) 선, 미도스지(御堂筋) 선, 긴테쓰(近鉄),
난카이(南海) 전철 난바(なんば)역 B16번 출구에서 도보 3분 키워드 가미가타우키요에관

오사카 e-PASS
전통 풍속화를 감상하고 싶다면
에도(江戸) 시대 서민 생활을 기조로 한 일본의 전통 회화 양식
인 우키요에(浮世絵) 전문 미술관. 가미가타(上方)는 에도 시대
에 교토와 오사카를 지칭했던 옛 이름으로, 이 지역에서 제작된
우키요에를 전시하고 있다. 당시 활약한 가부키 배우를 소재로
한 작품이 대부분이며 섬세하고 사실적인 묘사 방식이 특징이다.

미나토마치 리버 플레이스 湊町リバープレイス

맵북 P 8-A1 🔊 미나토마치리바아프레이스 주소 浪速区湊町1-3-1 전화 06-4397-0571
홈페이지 www.oud.co.jp/riverplace 플리마켓 10:00~16:00 가는 방법 지하철 센니치마에(千日前) 선,
요쓰바시(四つ橋) 선, 미도스지(御堂筋) 선, 긴테쓰(近鉄), 난카이(南海) 전철 난바(なんば)역 26-B 출구로
나오면 바로 위치 키워드 미나토마치 리버 플레이스

현지인의 숨은 야간 산책 코스
팔각형 건물 모양이 인상적인 도톤보리강변의 다목적 복합 공간. 최신 조명과 음향 시설을
갖춘 라이브 콘서트홀 난바 하치(なんば, Hatch)와 옥외 광장인 플라자(プラザ)로 구성되
어 있으며 레스토랑과 카페도 입점해 있다. 밤에는 건물과 주변 곳곳에 설치된 간접 조명이
도톤보리강과 어우러지며 멋진 야경을 연출하여 연인들에게 숨은 데이트 명소로 알려져
있기도 하다. 매달 마지막 주 일요일에는 플라자에서 플리마켓(湊町リバープレイスフリ
ーマーケット)이 열린다.

구로몬 시장 黒門市場

`맵북 P.8-B2` 🔊 구로몬이치바 **주소** 中央区日本橋2-4-1 **전화** 06-6631-0007
홈페이지 www.kuromon.com **운영** 점포마다 다름 **가는 방법** 지하철 센니치마에(千日前)
선, 사카이스지(堺筋) 선 닛폰바시(日本橋) 역 10번 출구에서 도보 1분 **키워드** 쿠로몬 시장

오사카의 부엌에서 먹거리 탐방

2022년에 탄생 200주년을 맞이한 오사카의 대표 재래시장. 동서 300m, 남
북 80m 아케이드 상가 아래에 생선과 채소, 청과, 건어물 등을 판매하는 점
포 약 150여 개가 모여 있다. '오사카의 부엌'이란 애칭에 걸맞게 다양하고
풍성한 식재료를 쉽게 구할 수 있으며 품질도 좋고 가격 또한 저렴하다. 에
도 시대 시장 근처에 존재했지만 지금은 불타버린 절 '엔묘지(圓明寺)'의 영
향으로 '엔묘지 시장'으로 불리기도 하였으나, 절의 검은색 정문 부근부터
시장이 형성되었다고 해서 '구로몬 시장'이라 불리게 되었다. 시장통 특유의
시끌벅적한 분위기 속에서 길거리 음식을 즐기며 시장 구경을 나서보자.

Tip 구로몬 시장에서 길거리 음식 즐기기

구로몬산페이 黒門三平의
참치 マグロ
싱싱한 생참치를 곧바로 손질해 회, 초밥,
덮밥으로 제공하는 참치 전문점
주소 大阪市中央区日本橋2-11-1 **시간** 09:30~17:00

구로몬산페이 黒門三平의
특제 해산물 덮밥 特製海鮮丼
참치, 연어, 성게, 새우 등 인기 재료 6가지를
가지런히 담아 먹음직스러운 덮밥 전문점
주소 大阪市中央区日本橋2-11-1 **시간** 09:30~17:00

이시바시식품 石橋食品의
오뎅 おでん
달달한 육수에 푹 삶은 따끈한 일본식 어묵을
합리적 가격에 맛볼 수 있는 곳
주소 大阪市中央区日本橋2-11-1 **시간** 09:30~17:00

구로몬미토야 黒門みとや의
프루츠다이후쿠 フルーツ
70년 이상 자리를 지키는 화과자점.
제철 과일을 속에 넣어 만든 과일떡이 인기
주소 大阪市中央区日本橋2-11-1 **시간** 09:30~17:00

맵북 P.8-B2 센니치마에도구야스지쇼오텐가이 주소 中央区難波千日前
전화 06-6633-1423 홈페이지 www.doguyasuji.or.jp 운영 점포마다 다름
가는 방법 지하철 센니치마에(千日前) 선, 요쓰바시(四つ橋) 선, 미도스지(御堂筋) 선, 긴테쓰(近鉄),
난카이(南海) 전철 난바(なんば)역 E9번 출구에서 도보 3분 키워드 센니치마에 도구야지 상점가

센니치마에 도구야스지 상점가 千日前道具屋筋商店街

오사카 e-PASS

조리도구와 주방용품이 한자리에

조리 기구, 식기, 주방 설비 등 주로 식당에서 사용하는 도구들이 총집합한 쇼핑 거리. 예부터 가미가타(上方, 오사카와 교토를 일컫는 옛 지명) 지역은 '천하의 부엌'이라 불릴 정도로 요리에 일가견이 있는 요리 장인들이 많았는데, 이들을 지탱해준 원동력이 바로 이곳의 도구들이다. 일본식 전통 식기, 빙수기, 다코야키 팬 등 가정에서도 사용할 수 있는 주방용품은 물론 기념품으로 좋을 음식 샘플 열쇠고리와 마그넷도 판매하고 있다. 매년 도구의 날인 10월 9일에 가까운 주말에는 도구 축제가 열려 할인 행사와 체험 이벤트를 마련한다.

맵북 P.8-B2 덴덴타운 주소 浪速区日本橋
전화 06-6655-1717 홈페이지 www.nippombashi.jp
운영 점포마다 다름 가는 방법 지하철 센니치마에(千日前) 선,
사카이스지(堺筋) 선 닛폰바시(日本橋) 역 10번 출구로 나와
직진하면 덴덴타운 위치 키워드 덴덴타운

덴덴타운 日本橋でんでんタウン

서브컬처 오타쿠의 성지

도쿄에 아키하바라(秋葉原)가 있다면 오사카에는 덴덴타운이 있다! 전자 제품과 일본 애니메이션, 게임 팬이라면 꼭 한 번 들러 볼 만한 곳이다. 1950년대 라디오 부품과 공구를 판매하는 가게들이 들어서면서 자연스레 전자상가가 형성되었다. 최근에는 코스튬 플레이(コスプレ, 코스프레) 의상, 동인지(같은 취미나 취향을 가진 이들이 모여 제작한 책자), 피규어 등 일본 애니메이션의 열광 팬을 자극시킬 만한 아이템 전문점, 점원들이 코스프레 의상을 입고 손님을 맞이하는 메이드 카페(メイド喫茶) 등으로 인해 오타로드(オタロード, '오타쿠 로드'의 약자)로도 불리고 있다.

난바야사카신사
難波八阪神社

맵북 P.8-B2 🔊 난바야사카진자 주소 浪速区元町2-9-19 전화 06-6641-1149
홈페이지 nambayasaka.jp 운영 24시간 가는 방법 난카이(南海) 전철
난바(なんば) 역 5번 출구에서 도보 7분 키워드 난바 야사카 신사

나쁜 기운을 잡아먹는 사자의 입속으로

신사 정문만 보면 여타 신사와 다를 바 없는 평범한 곳
이라고 느껴질 수도 있다. 하지만 문을 들어서자마자
방문객을 반기는 거대한 사자를 보면 그 생각은 눈 녹
듯이 사라질 것이다. 신사의 건립일과 계기는 자료가
남아 있지 않아 정확하게 알 수 없지만 고산조(後三
条) 일왕이 통치하던 1069년에서 1073년 사이에 이미
유명한 신사로 알려져 있었다고 한다. 모시는 신은 일
본 신 중 하나이자 신라국 우두산(지금의 춘천)의 신으
로도 알려진 스사노오노미코토(素盞嗚尊)와 그의 아
내인 구시나다히메(奇稲田姫命), 그리고 그들의 자식
8명을 총칭하는 야하시라노미코가미(八柱御子命)다.
매년 1월 셋째 주 일요일에는 길이 29m, 무게 300kg
에 육박하는 큰 줄로 줄다리기 시합을 하는 '쓰나히키
카미고토(綱引神事)'가 열린다. 민중의 괴로움과 역병
을 퇴치할 목적으로 시작한 이 행사는 일본 무형 민속
문화재로 지정되어 있다.

아메리카무라
アメリカ村

맵북 P.8-A1 🔊 난바야사카진자 주소 中央区西心斎橋1 홈페이지 www.americamura.jp
가는 방법 지하철 미도스지(御堂筋) 선, 나가호리츠루미료쿠치(長堀鶴見緑地) 선 신사이바시(心斎橋) 역 7번
출구인 신사이바시오파(心斎橋OPA) 건물에서 나와 왼편 골목을 직진하면 나오는 일대가 아메리카무라
키워드 아메리카무라

유행을 선도하는 젊은 청춘의 거리

1970년대 니시신사이바시 주변 창고와 주차장을 개
조한 가게들이 미국에서 들어온 구제 의류, 중고 음반,
잡화 등을 팔기 시작하면서 세간의 화제를 모았다. 이
후 이 거리 일대의 상권이 활발하게 형성되었고 미국
문화를 상징하는 가게들이 많이 들어서면서 '아메리카
무라'라는 이름이 붙여졌다. 당시 활약하던 젊은 예술
가들이 자발적으로 거리 문화를 주도하면서 오사카 젊
은 세대의 문화 발신지로 발돋움하였다. 오사카의 유
행 패션이 이곳에서 시작된다고 해도 과언이 아닐 만
큼 개성 넘치는 가게가 많아 구경하는 재미가 있다. 이
곳의 상징 삼각공원(三角公園)에서는 개그맨이나 가
수를 꿈꾸는 젊은이들의 길거리 공연이 펼쳐지며 다채
로운 이벤트도 열린다.

맵북 **P.9-B2** 오카루 주소 **中央区千日前1-9-19** 전화 06-6211-0985

운영 12:00~14:30, 17:00~22:00(마지막 주문 21:30)·휴무 목요일·셋째 주 수요일

가는 방법 지하철 센니치마에(千日前) 선, 요쓰바시(四つ橋) 선, 미도스지(御堂筋) 선, 긴테쓰(近鉄),

난카이(南海) 전철 난바(なんば) 역 B22번 출구에서 도보 1분 키워드 오카루

오사카의 상징이 그려진
깜찍한 오코노미야키!

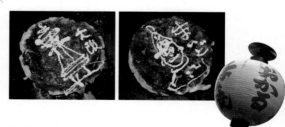

오코노미야키를 수놓는 데코레이션

맛과 퍼포먼스 모두 즐길 수 있는 오코노미야키 전문점. 철판이 설치된 테이블에 앉아 음식을 주문하면 비장한 표정으로 점원이 재료를 들고 나타난다. 능숙한 솜씨로 몇 분 동안 반죽을 뒤집으면 형태를 갖춘 오코노미야키가 서서히 모습을 드러낸다. 완성되었다고 생각한 순간 뚜껑을 덮고 잠시 기다리라는 제스처에 한껏 부풀어 올랐던 기대감이 한풀 꺾인다. 몇 분 뒤 돌아온 점원은 뚜껑을 열어 마요네즈를 손에 쥔다. 이것이 주목해야 할 오카루만의 퍼포먼스. 반죽 위를 수놓은 마요네즈는 하나의 작품으로 변신하는데, 쓰텐카쿠(通天閣), 구이다오레 타로(くいだおれ太郎), 빌리켄(ビリケン)과 같은 오사카의 상징부터 도라에몽(ドラえもん), 호빵맨(アンパンマン) 등 일본의 유명 캐릭터까지 놀라우리만치 흡사해 먹기 아까울 정도다. 귀여운 마요네즈 그림은 그림 그리기를 좋아하는 주인장의 아이디어에서 시작되었다고 한다.

맵북 P.8-B2 🔊 치토세 주소 中央区難波千日前11-6
なんばグランド花月1F 전화 06-6633-2931
홈페이지 www.chitose-nikusui.com
운영 11:00~20:00(마지막 주문 19:30)
가는 방법 난바그랜드카게쓰(なんばグランド花月) 1층에 위치
키워드 치토세

지토세 千とせ

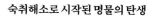

숙취해소로 시작된 명물의 탄생

일본 개그맨의 성지 난바그랜드카게쓰(なんばグランド花月) 건물 내에 위치한 식당. 일본의 유명 연예 기획사 요시모토 흥업(吉本興業)의 개그맨들이 사랑하는 곳으로 유명세를 타기 시작하면서 지금은 관광지만큼의 인기를 누리고 있다. 이곳을 대표하는 메뉴는 단연 니쿠스이(肉吸い)다. 니쿠스이는 한 개그맨이 숙취해소를 위해 고기 우동을 면발 없이 국물만 주문한 것을 계기로 탄생했다. 가다랑어와 눈퉁멸로 맛을 낸 육수에 소고기와 반숙 달걀, 파를 넣어 국물을 만들어 낸다. 여기에 날달걀을 얹은 밥을 함께 먹는다. 얼핏 단순해 보이지만 다른 곳에서는 결코 흉내 낼 수 없는 깊은 맛을 자랑한다.

맵북 P.8-B2 🔊 후쿠타로오 주소 中央区千日前2-3-17
전화 06-6634-2951 홈페이지 www.2951.jp 운영 월~금요일
17:00~24:30(마지막 주문 23:30), 토·일요일·공휴일
12:00~24:00(마지막 주문 23:00) 가는 방법 지하철
센니치마에(千日前) 선, 사카이스지(堺筋) 선 닛폰바시(日本橋)
역, 긴테쓰(近鉄) 전철 긴테쓰나라(近鉄奈良) 선
긴테쓰닛폰바시(近鉄日本橋) 역 B25 출구에서 도보 2분
키워드 후쿠타로

후쿠타로 福太郎

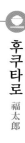

쫀득탱탱한 소 힘줄이 한가득

오사카에서만 맛볼 수 있는 명물 네기야키(ネギ焼き)가 맛있기로 명성이 자자한 집. 반죽과 파의 균형이 최고라는 자부심이 있는데, 먹어보면 인정할 수밖에 없다. 가고시마(鹿児島)산 최고급 돼지고기를 사용한 부타 네기야키(豚ネギ焼き)와 입자가 고운 박력분에 파와 다시, 소고기 힘줄 부위를 넣은 스지 네기야키(すじネギ焼き)는 이 집이 자랑하는 간판 메뉴. 네기야키뿐만 아니라 일반 오코노미야키(お好み焼き)와 야키소바(焼きそば) 또한 일품이니 함께 주문해보자.

쿠쿠루 たこ家 道頓堀 くくる

 맵북 P.9-A1 ◀)) 타코야도오톤보리쿠쿠루
주소 中央区道頓堀1-10-5白亜ビル 전화 06-6212-7381
홈페이지 www.shirohato.com/kukuru
운영 월~금요일 11:00~21:00, 토·일요일 10:00~21:00
가는 방법 에비스바시스지 상점가(戎橋筋商店街) 입구
쓰타야(ツタヤ) 건물에서 왼쪽으로 걸어가면 오른편에 위치
키워드 쿠쿠루

폭신한 식감 속 커다란 문어

도톤보리를 대표하는 다코야키(たこ焼き) 전문점. 흔히 다코야키를 길거리 음식으로 여기지만 이곳은 앉아서 먹을 수 있도록 테이블을 설치하였다. 덕분에 가게 안은 다코야키를 안주 삼아 맥주를 즐기는 손님으로 가득하다. 큰 문어를 넣어 만든 다코야키는 폭신폭신한 식감을 자랑하는데, 만드는 방식이 다른 가게와는 조금 다르다. 다코야키는 만드는 사람이 뒤집는 타이밍을 눈대중으로 재는 경우가 많은데 반해 쿠쿠루는 타이머에 맞춰 정해진 시간에 뒤집는다. 이는 모든 다코야키의 익힘 정도를 균일하게 하기 위함인데, 어느 순간에 뒤집어야 맛있는지 연구한 끝에 알아낸 타이밍이라 한다.

앗치치 혼포 あっちち本舗

맵북 P.9-B1 ◀)) 앗치치혼포
주소 中央区宗右衛門町7-19 전화 06-7860-6888
홈페이지 www.acchichi.com 운영 일~목요일
10:00~02:00, 금요일 09:00~02:00, 토요일 09:00~03:00
가는 방법 지하철 센니치마에(千日前) 선, 요쓰바시(四つ橋)
선, 미도스지(御堂筋) 선, 긴테쓰(近鉄), 난카이(南海) 전철
난바(なんば) 역 B20번 출구에서 도보 3분 키워드 앗치치

겉바속촉 다코야키의 정석

도톤보리 한가운데에 위치한 다코야키(たこ焼き) 전문점. 이 집은 차별화된 다코야키를 선보이기 위해서 고집하는 세 가지가 있다. 첫째, 일반적으로 사용하는 동제 철판이 아니라 철제 철판을 사용한다. 철제 철판에서 굽는 것은 상당한 기술을 요하는데, 겉은 바삭하고 속은 부드럽게 구워진다. 둘째, 중국산 냉동 문어는 노! 매일 중앙시장(中央市場)에서 들어온 일본산 신선한 문어를 사용한다. 셋째, 가쓰오부시(鰹節)와 밀가루를 절묘하게 배합하고 특제 오리지널 소스를 사용한다.

맵북 P.8-B2 🔊 고오카이타치스시 주소 中央区日本橋2-5-20 전화 06-3509-5522
운영 월~금요일 11:30~14:00, 17:00~23:00 토·일요일 11:30~23:00
가는 방법 지하철 센니치마에(千日前) 선, 사카이스지(堺筋) 선 닛폰바시(日本橋) 역
5번 출구에서 도보 2분 키워드 gokaitachizushi

고카이다치스시 豪快立ち寿司

해산물덮밥과 초밥이 일품

'다치(たち)'는 '서 있다'는 뜻의 일본어로, 그야말로 서서 초밥을 먹는 식당이다. 그렇다고
앉아서 먹는 테이블석이 없는 것은 아니다. 가게는 초밥과 해산물덮밥(海鮮丼)을 먹으러
온 손님으로 문전성시를 이룬다. 특히 점심 메뉴로 판매하는 해산물덮밥은 마구로(まぐろ),
연어(サーモン), 장어(うなぎ), 성게(うに) 등 종류가 다양해 인기가 높다. 초밥과 회가 듬
뿍 담긴 해산물 샐러드(海鮮サラダ)도 훌륭하니 잊지 말고 맛보자.

지넨 じねん

맵북 P.8-B1 🔊 지넨 주소 中央区難波3-6-17 B1F
전화 06-6244-4111 홈페이지 jinen.org 운영 11:00~15:00,
17:00~23:30 휴무 월요일(공휴일이면 다음 날) 가는 방법 지하철
사카이스지(堺筋) 선, 나가호리츠루미료쿠치(長堀鶴見緑地) 선
나가호리바시(長堀橋) 역 5A출구에서 도보 2분 키워드 지넨

장어버터초밥이 간판 메뉴

초밥을 합리적인 가격에 맛볼 수 있어 현지인 추천 맛집으로 유명한 식당. 매일
직송해오는 제철 식재료와 1등급 품종 고시히카리로 지은 쌀을 장인이 정성
껏 빚어 제공한다. 여타 초밥집과 비교해 가격도 합리적이다. 특히 점심 시
간에 제공하는 회덮밥과 초밥 세트가 매우 저렴하다. 1층과 2층에 카운터와
테이블 좌석이 80석이나 있지만 인기 맛집이라 금방 자리가 차는 편이다.

다이코쿠 かやく御飯 大黒

맵북 P.8-A2 🔊 다이코쿠 주소 中央区道頓堀2-2-7
전화 06-6211-1101 운영 11:30~15:00 휴무 월·일요일
가는 방법 지하철 센니치마에(千日前) 선, 요쓰바시(四つ橋) 선,
미도스지(御堂筋) 선 난바(なんば) 역 25번 출구에서 도보 1분
키워드 다이코쿠 가정식

식욕을 돋우는 밥맛이 최고야

1902년 문을 열어 121년의 역사를 자랑하는 노포 가정식 정식집. 쌀과 고기나 생선, 채소를
섞어 지은 밥인 가야쿠고항(かやくごはん)을 고안해 선보였고, 이는 오사카의 명물 음식으
로 자리 잡았다. 다시마와 가다랑어포 육수로 지어낸 밥은 반찬과 곁들여 더욱 맛있게 먹을
수 있도록 삼삼한 맛을 내는 것이 특징이다. 30종류가 넘는 반찬을 골라 주문하면 된다.

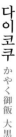

이마이

道頓堀今井

맵북 P.9-B1 ◀)) 도오톤보리이마이
주소 中央区道頓堀1-7-22 전화 06-6211-0319
홈페이지 www.d-imai.com 운영 11:30~21:00 휴무 수요일
가는 방법 에비스바시스지 상점가(戎橋筋商店街) 입구
쓰타야(ツタヤ) 건물에서 오른쪽으로 걸어가면 오른편에 위치
키워드 이마이

도톤보리 역사의 산증인

도톤보리 거리에서 어렵지 않게 찾을 수 있는 곳으로 오사카를 대표하는 기쓰네 우동(きつねうどん)을 맛볼 수 있다. 참고로 '기쓰네'는 '여우'를 뜻하며, 여우가 좋아하는 음식이 유부여서 붙여진 이름이라는 설과 유부와 여우 털색이 비슷해서 붙여진 이름이라는 설이 있다. 신선함이 생명이라는 육수는 당일 만든 것만 사용한다. 홋카이도(北海道)산 천연 다시마와 규슈(九州)산 고등어, 눈퉁멸로 만든 진한 국물에 부드러운 면발과 납작한 유부 2장이 들어간 것이 전부이지만 깊고 깔끔한 맛에 품격이 느껴진다. 기쓰네 우동으로 유명한 곳이지만 소바(そば), 덮밥(丼), 일본식 튀김(天ぷら) 같은 전통 음식 메뉴도 다양하게 갖춰져 있다.

멘야유

麺や佑

맵북 P.8-A1 ◀)) 멘야유우 주소 中央区南久宝寺町4-5-15 ニューライフ御堂筋本町101
전화 06-7182-7849 운영 10:00~15:00, 17:00~21:30 가는 방법 지하철 미도스지(御堂筋) 선,
나가호리츠루미료쿠치(長堀鶴見緑地) 선 신사이바시(心斎橋) 역 북12번 출구에서 도보 5분
키워드 menyayuu

천연 식재료로 만든 육수가 일품

엄선한 멸치, 가다랑어, 표고버섯, 다시마를 해산물과 함께 끓인 다음 닭뼈와 돼지뼈를 균형 있게 배합하여 장시간 푹 삶아 완성한 육수가 자랑인 라멘집. 화학 조미료는 일절 사용하지 않고 닭으로 만든 발효 조미료를 사용해 맛을 낸 것이 특징이다. 라멘, 쓰케멘(면을 육수에 찍어 먹는 라멘), 마제소바(국물 없이 비벼 먹는 면) 등 메뉴 구성이 단순하다.

맵북 P.9-B1 🔊 카무쿠라 주소 中央区道頓堀1-7-3
전화 06-6213-1238 홈페이지 www.kamukura.co.jp
운영 월~금요일 10:00~07:30, 토요일 09:00~08:30, 일요일
09:00~07:30 가는 방법 지하철 센니치마에(千日前) 선,
요쓰바시(四つ橋) 선, 미도스지(御堂筋) 선 또는 난바(なんば) 역
B20번 출구에서 도보 2분 키워드 카무쿠라

남녀노소 누구나 즐길 수 있는 맛

도톤보리에서 시작된 라멘집

호텔 주방장 출신의 주인장이 1976년 4평의 작은 가게로 시
작하여 현재는 전국적으로 지점을 운영할 만큼 성장한 라
멘 전문점. 어디에서도 흉내 낼 수 없는 맛을 만들고자 오
랜 연구를 거듭한 끝에 사람들의 입맛을 돋우는 독자적
인 육수를 개발하였다. 현지인에게는 얇은 차슈와 삶은
달걀 하나가 통째로 들어간 '미니 차슈와 삶은 달걀 라멘
(小チャーシュー煮玉子ラーメン)'이, 한국인 여행자에
게는 부추와 숙주 등의 토핑을 듬뿍 추가한 '오이시이 라멘
(おいしいラーメン)'이 인기가 높다. 세 번 맛보면 멈출 수
없을 만큼 자꾸 먹고 싶어진다고 하니 궁금하다면 도전해보자.
테이블에 비치된 부추무침과 함께 먹으면 더욱 맛있다.

가
무
쿠
라
神
座

맵북 P.9-B1 🔊 이치란 주소 中央区宗右衛門町7-18
전화 06-6212-1805 홈페이지 www.ichiran.co.jp
운영 10:00~22:00(마지막 주문 21:45)
가는 방법 돈키호테 도톤보리 바로 옆에 위치
키워드 이치란

이
치
란
一
蘭

한국인의 필수 코스

후쿠오카의 명물 라멘으로 손꼽히며 세계 최고의 돈코쓰
라멘(とんこつラーメン)을 꿈꾸는 라멘 전문점.
제대로 된 라멘을 제공하기 위해 메뉴를 다양화하지
않고 돈코쓰 라멘 하나로 통일시켰다. 고춧가루를
베이스로 약 30개 종류의 재료를 조합한 이곳의 비밀
소스는 돼지 뼈 육수와 환상적인 궁합을 이룬다. 미각에
집중하라는 이유에서 독서실형 카운터를 배치한 점, 손님의
취향을 반영하기 위해 주문 용지에 원하는 맛과 토핑을 체크할
수 있도록 한 점 등 이치란만의 특징이 돋보인다.

메이지켄
明治軒

맵북 **P.8-B1** ◀》 메이지켄 **주소** 中央区心斎橋筋1-5-32 **전화** 06-6271-6761
운영 11:00~15:00, 17:00~20:00 **휴무** 수요일 **가는 방법** 지하철 미도스지(御堂筋) 선, 나가호리츠루미료쿠치
(長堀鶴見緑地) 선 신사이바시(心斎橋) 역 6번 출구에서 도보 5분 **키워드** 메이지켄

일본식 양식만 삼대째 가업

95년이 넘는 세월 동안 묵묵히 신사이바시를 지킨 일본 양식집. 오므라이스
는 창업 당시부터 있던 메뉴다. 구시카쓰, 새우튀김, 커틀릿, 비프스튜 등 우
리가 흔히 아는 양식 메뉴에 충실한 편이라 어떤 걸 골라 먹어도 만족스럽다.
점심에만 선보이는 오늘의 메뉴는 세 종류의 양식을 함께 제공하는 모둠 정
식으로 콩소메 수프와 밥을 포함해 ¥1,000 이하에 맛볼 수 있다.

지유켄
自由軒

맵북 **P.8-B2** ◀》 지유우켄
주소 中央区難波3-1-34 **전화** 06-6631-5564
홈페이지 www.jiyuken.co.jp
운영 11:00~20:00(마지막 주문 19:45) **휴무** 월요일
가는 방법 지하철 센니치마에(千日前) 선,
요쓰바시(四つ橋) 선, 미도스지(御堂筋) 선 난바(なんば)
역 B17 출구에서 도보 1분 **키워드** 지유켄

오사카가 사랑하는 명물 카레

1968년 문을 연, 오사카 최초의 서양 요리점이라는 타이틀을 거머쥔
식당이다. 꼭 먹어봐야 할 메뉴는 명물 카레(名物カレー). 요란한
이름이지만 이 카레의 탄생 일화를 듣는 순간 고개가 절로 끄덕
여진다. 보온밥솥이 없던 시절 매번 손님에게 따끈한 밥을 제공
할 수 없었던 주인장은 고심 끝에 방법을 고안해냈는데, 바로
갓 만든 카레를 섞어 밥을 따뜻하게 데우는 것이었다. 또한 당
시 고급 재료였던 날달걀을 얹어 영양까지 고려했다.

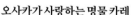
일본에서 처음으로 카레 위에
달걀을 얹은 곳이 바로 지유켄이다.

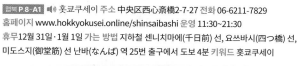

맵북 **P.8-A1** 🔊 홋쿄쿠세이 주소 中央区西心斎橋2-7-27 전화 06-6211-7829
홈페이지 www.hokkyokusei.online/shinsaibashi 운영 11:30~21:30
휴무12월 31일·1월 1일 가는 방법 지하철 센니치마에(千日前) 선, 요쓰바시(四つ橋) 선,
미도스지(御堂筋) 선 난바(なんば) 역 25번 출구에서 도보 4분 키워드 홋쿄쿠세이

훗쿄쿠세이
北極星

오므라이스 탄생의 시작

1922년 창업한 홋쿄쿠세이는 오므라이스
(オムライス)의 발상지다. 오므라이스란
서양 달걀 요리인 오믈렛과 라이스의
합성어로 밥을 달걀로 감싼 요리다. 치킨, 햄,
버섯 등 10여 가지의 오므라이스 메뉴를 비롯해
하야시라이스(ハヤシライス), 비프스튜, 크로켓 등
일본식 양식 위주의 메뉴로 구성되어 있다. 오므라이스는
이탈리아산 토마토로 만든 소스와 숙련된 기술로 만든 폭신폭신한 달걀이
특징이다. 도톤보리 본점은 1950년에 세워진 다실풍의 건물이라 지극히
일본다운 분위기를 자아내고 있어 관광객들에게 특히 인기가 높다.

맵북 **P.8-B2** 🔊 규우카츠모토무라
주소 中央区難波3-6-17 B1F 전화 06-6643-3313
홈페이지 www.gyukatsu-motomura.com
운영 11:00~22:00(마지막 21:00)
가는 방법 지하철 센니치마에(千日前) 선, 요쓰바시(四つ橋) 선,
미도스지(御堂筋) 선 난바(なんば) 역 B17 출구에서 도보 1분
키워드 규카츠 모토무라

규카츠 모토무라
牛かつもと村

미디엄 레어로 구운 소고기 커틀릿

도쿄의 인기 규카쓰(牛かつ) 전문점으로 난바에만 세 지점을 운영하고 있다. 돼지고기로
만든 기존의 돈카츠와 달리 소고기를 사용하였다 하여 규카츠라 불린다. 고기에 튀김옷을
입혀 레어로 살짝 익히는데, 겉은 바삭하고 속은 부드러워 색다른 식감을 느낄 수 있다. 레
어로 먹어도 충분히 맛있지만 손님 취향을 고려해 직접 구워 먹을 수 있도록 돌판이 함께
제공된다. 고추냉이, 일본식 간장인 쇼유(醬油), 홋카이도식 고추냉이인 야마 와사비(山わ
さび), 소금 등의 소스가 구비되어 있고 쇼유와 고추냉이를 함께 찍어 먹는 것이 일반적이
다. 밥은 1회 무료 리필이 가능하다.

덴푸라 다이키치 天ぷら大吉

맵북 P 8-B2 📢 텐푸라다이키치 주소 浪速区難波中2-10-25 なんばCITY
전화 06-6644-2958 운영 11:00~23:00 휴무 월요일 가는 방법 난카이(南海) 전철
난바(なんば) 역 중앙 또는 남쪽 출구에서 바로 연결 키워드 덴뿌라 다이키치

60종류 이상의 튀김이 가득

일본식 튀김 덴뿌라를 전문으로 하는 식당. 인근 해안에서 잡은 신선
한 해산물을 비롯해 채소, 육류 등 60종류의 메뉴를 선보인다. 먹고
싶은 메뉴를 하나씩 골라서 먹거나 주방장이 권하는 모둠 메뉴를 주
문해도 좋다. 점심 시간에는 리필이 가능한 밥과 바지락국 또는 달걀
국을 포함한 세트 메뉴를 ¥1,000 이내 가격에 판매한다. 튀김덮밥도
판매하여 다양한 선택지를 즐길 수 있다.

크레이프리 알씨옹 クレープリー・アルション

프랑스 브루타뉴 지방에서 탄생한 갈레트

맵북 P 9-A2 📢 크레에프리이아르송
주소 中央区難波1-4-18 전화 06-6212-2270
홈페이지 www. anjou.co.jp/shop/crepe
운영 월~금요일 11:30~22:00, 토·일요일 11:00~22:00
가는 방법 지하철 센니치마에(千日前) 선, 요쓰바시(四ッ橋) 선,
미도스지(御堂筋) 선 난바(なんば) 역 B16번 출구에서 왼편 골목
입구에 위치 키워드 크레프리 알시온

프랑스의 정통 디저트 체험

프랑스의 정통 크레이프를 합리적인 가격에 맛볼 수 있는 곳이다. 본고장에 가까운
맛을 내기 위해 밀가루, 버터, 소금 등 주요 재료를 프랑스에서 직접 공수해온다. 재
료 면면을 살펴보면 에시레, 게랑드 등 최고급 브랜드 일색이다. 크레이프와 함께
간판 메뉴로 꼽히는 갈레트(galette)는 프랑스 브루타뉴 지방의 전통 과자로 밀가
루로 만든 크레이프와 달리 메밀가루로 만든다. 햄, 연어, 채소 등을 얹어 디저트보
다는 식사 대용으로 즐기는 편이다.

리쿠로 오지상

りくろーおじさんの店

맵북 **P 8-B2** 🔊 리쿠로오오지상노미세
주소 **中央区難波3-2-28** 전화 0120-57-2132
홈페이지 www.rikuro.co.jp 운영 [1층] 09:00~ 20:00
[2층] 11:30~17:30(마지막 주문 16:30) 가는 방법 지하철
센니치마에(千日前) 선, 요쓰바시(四つ橋) 선, 미도스지(御堂筋) 선
난바(なんば) 역 11번 출구에서 도보 2분 키워드 리쿠로 오지상

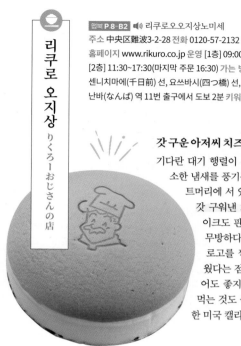

갓 구운 아저씨 치즈 케이크

기다란 대기 행렬이 무심코 지나치던 사람들의 눈길까지 사로잡는다. 고소한 냄새를 풍기는 먹음직스러운 케이크를 보는 순간 어느새 행렬 끄트머리에 서 있는 자신을 발견할 수 있을 것이다. 리쿠로 오지상은 갓 구워낸 치즈케이크를 판매한다. 롤케이크, 애플파이, 쇼트케이크도 판매하지만 대부분 이 치즈케이크를 구매한다고 봐도 무방하다. 점원은 종을 울리고 동그란 케이크 가운데 아저씨 로고를 찍으면서 치즈케이크가 완성되었음을 알린다. 갓 구웠다는 점을 강조하기 위한 일종의 퍼포먼스. 구입 후 바로 먹어도 좋지만 식힌 후에 먹거나 냉동실에 넣어 차가운 상태로 먹는 것도 좋다. 덴마크에서 직수입한 진한 풍미의 치즈와 달콤한 미국 캘리포니아산 건포도가 어우러져 환상의 맛을 낸다.

파블로

PABLO

맵북 **P 8-A1** 🔊 파브로 주소 **中央区心斎橋筋2-8-1**
心斎橋ゼロワンビル1F 전화 06-6211-8260
홈페이지 www.pablo3.com 운영 월~금요일 11:00~21:00,
토·일요일·공휴일 10:00~21:00 가는 방법 지하철
미도스지(御堂筋) 선, 나가호리츠루미료쿠치(長堀鶴見緑地) 선
신사이바시(心斎橋) 역 6번 출구에서 도보 3분
키워드 파블로

입안에 사르르 녹는 폭신한 타르트

굽기에 따라 맛이 달라지는 스테이크에 착안하여 만든 치즈타르트로 선풍적인 인기를 끌고 있는 디저트 전문점. 독특하고 개성 있는 작품 세계로 미술계에 큰 혁명을 일으킨 화가 '파블로 피카소'의 이름을 딴 점포명에서 치즈케이크의 혁명이 되고자 하는 그들의 야심이 엿보인다. 대표 메뉴인 치즈타르트(パブロとろけるチーズタルト)는 살살 녹는 식감의 치즈크림을 얹은 바삭한 시트 위에 새콤달콤한 살구잼을 바른 절묘함이 돋보인다.

신
사
이
바
시
스
지
상
점
가

心
斎
橋
筋
商
店
街

맵북 **P.8-A1·B1. 9-A1** 🔊 신사이바시스지쇼오텐가이 주소 **中央区心斎橋筋2-2-22**
홈페이지 www.shinsaibashi.or.jp 가는 방법 지하철 미도스지(御堂筋) 선, 나가호리츠루미료쿠치
(長堀鶴見緑地) 선 신사이바시(心斎橋) 역 남쪽 10번 출구로 나오면 정면에 바로 위치
키워드 신사이바시스지 상점가

없는 게 없는 쇼핑 천국

오사카를 대표하는 쇼핑 거리로 하루 약 12만 명이 방문할 정도로 신사이
바시를 찾은 관광객이라면 반드시 들르는 쇼핑 명소다. 약 580m 거리에
다이마루(大丸) 백화점과 신사이바시 파르코(心斎橋PARCO)를 비롯해
최신 유행 패션 브랜드 매장 및 식당 150여 점포가 빽빽이 들어서 있다. 이
곳의 역사는 에도(江戸) 시대로 거슬러 올라갈 만큼 오래되었는데, 당시
책, 기모노, 전통 악기 등을 파는 가게가 주를 이루었다고 한다.
유니클로, H&M, ZARA 등 패스트패션 브랜드 매장은 물론 아디다스, 아
식스, GAP, 토미힐피거, 폴로 랠프로렌, 게스 등 유명 글로벌 브랜드의 점
포도 자리하고 있어 최신 유행의 의류를 구입하기 좋다. 한국인 방문객이
즐겨 찾는 마쓰모토키요시, 산드러그, 코쿠민, 다이코쿠 등 대형 드러그스
토어와 균일가 생활용품점 다이소도 이곳에 위치한다.

신사이바시스지 상점가
주요 점포

❶ **인기 브랜드** 오니츠카 타이거, 아식스, 미즈노, 나이키, 챔피온, 아디다스

❷ **패스트패션** 유니클로, H&M, GAP, 위고, 센스오브플레이스, 자라, GU

❸ **패션잡화** 케이스티파이(폰케이스), ABC마트(신발), 아트모스(신발), 에머필(속옷)

❹ **세컨핸드** 니시카이간앵커(빈티지), 세컨드스트리트(빈티지), 다이코쿠야(명품), ALLU(명품)

❺ **저가형 균일가숍** 다이소, 에비스마켓

❻ **드러그스토어** OS, 스기약국, 다이코쿠, 선드러그, 코쿠민, 마쓰모토키요시, 쓰루하드러그, 코스모스

❼ **화장품** 러쉬(영국), 시로(일본)

❽ **시계** 토키아(셀렉트숍), 세븐아워즈(셀렉트숍), 티쏘, 스와치, 태그호이어

❾ **안경** 파리미키, 오운데이즈, 메가네이치바

❿ **음식** 쿠쿠루(다코야키), 파블로(치즈케이크), 구시카쓰 다루마(구시카쓰)

⓫ **기타** 에디온(가전양판점), LAOX(면세점), #C-Pla(가차), 캡슐토이즈(가차) 종합 할인 매장 '돈키호테(ドン・キホーテ)'의 캐릭터인 돈펭군과 상업 번창의 신 에벳상이 마치 함께 사진을 찍는 듯 귀여운 포즈를 취하고 있다. 에벳상이 돈키호테의 노란 비닐봉지를 들고 있는 것이 재미있다.

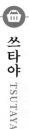

에비스바시스지 상점가 戎橋筋商店街

맵북 P.9-A1·A2 🔊 에비스바시스지쇼오텐가이 주소 中央区難波3-5-17
홈페이지 www.ebisubashi.or.jp 가는 방법 난카이 전철 난바(なんば) 역에서 다카시마야
백화점으로 나와 1층 정문에서 횡단보도를 건너면 상점가 입구 위치
키워드 Ebisu Bashi-Suji Shopping Street

미나미 지역 쇼핑의 첫걸음

신사이바시스지 상점가에 이은 오사카 대표 쇼핑 거리이며 이곳 역시 에도 시대에 형성되어 현재까지도 그 역사를 이어나가고 있다. 에비스바시(戎橋)를 시작으로 다카시마야 백화점(大阪タカシマヤ)까지 약 370m 거리에 오니츠카 타이거, ABC마트, 드러그스토어 등 100여 점포가 손님들을 맞이하고 있다. 오사카의 심벌을 기념품으로 만나볼 수 있는 이치비리앙(いちびり庵), 산리오의 캐릭터 상품을 한데 모은 산리오 기프트 게이트(Sanrio Gift Gate), 한국인 여행자에게 인기가 높은 맛집 551호라이(551蓬莱), 리쿠로오지상(りくろーおじさんの店)도 상점가 내에 자리하고 있다. 노후화된 시설을 개선하고자 상점가 근대화 100주년을 맞이하여 천장 아케이드를 포함한 전면적인 보수 공사를 완료하였다.

쓰타야 TSUTAYA

맵북 P.9-A1 🔊 츠타야 주소 中央区道頓堀1-8-19 전화 06-6214-6262
홈페이지 tsutaya.tsite.jp 운영 책·CD 10:00~22:00, 화장품 11:00~22:00, 스타벅스 08:00~22:00
가는 방법 에비스바시(戎橋) 앞 에비스바시스지 상점가 입구 오른편에 위치 키워드 츠타야

문화 발신지에서 잠시 휴식을

오사카의 평범한 서점에서 시작하여 일본 최대 문화 공간으로 발돋움하였다. 에비스바시(戎橋) 지점은 간사이(関西) 지역에서도 손꼽히는 규모를 자랑하며, 도톤보리(道頓堀)를 상징하는 랜드마크로 자리매김해 외국인 관광객의 발길이 끊이지 않는다. 2층에 '스타벅스'가 입점하여 북 카페의 기능도 함께 하고 있으며 3층은 독특하게도 화장품 전문점 '앳코스메(アットコスメ)'가 입점하여 여심을 사로잡고 있다. 그 외에도 지하 1층과 4층에서 음반, DVD, 만화책을 판매하고 있다.

신사이바시 파르코 心斎橋PARCO

맵북 **P.8-A1** 🔊 신사이바시파르코 주소 中央区心斎橋筋1丁目8-3
전화 06-7711-7400 홈페이지 shinsaibashi.parco.jp 운영 10:00~20:00(매장마다 상이)
가는 방법 지하철 미도스지(御堂筋) 선, 나가호리츠루미료쿠치(長堀鶴見緑地) 선
신사이바시(心斎橋) 역 4, 5번 출구에서 바로 연결 키워드 신사이바시 파르코

패션과 캐릭터 두 마리 토끼를 동시에

일본의 대표적인 패션 빌딩으로 젊은 층이 선호
하는 브랜드가 대거 포진해 있다. 언더커버, 사카
이, 휴먼메이드 등 한국인 여행자가 좋아하는 일
본 브랜드는 물론이고 메종 마르지엘라, 스톤아일
랜드, 노스페이스, 버버리 등이 입점해 있어 많은
이들의 필수 방문 코스로 자리 잡고 있다. 또한 미
피, 커비, 오판추우사기, 스누피, 리락쿠마 등 다양
한 캐릭터를 모아놓은 키디 랜드, 스누피 타운, 리
락쿠마 스토어가 6층에 집결되어 있으며, 한국에
서는 '먼작귀(먼가 작고 귀여운 녀석)'라 불리는
인기 캐릭터 치이카와의 캐릭터 매장 '나가노마
켓'도 지하 1층에 있는 등 캐릭터 상품을 좋아하
는 이들이라면 반드시 방문할 가치가 있다. 일부
점포에 한해 면세가 적용된다.

다이마루 신사이바시 大丸心斎橋店

맵북 **P.8-A1** 🔊 다이마루신사이바시 주소 中央区心斎橋筋1-7-1 전화 06-6271-1231
홈페이지 www.daimaru.co.jp/shinsaibashi-store/k 운영 10:00~20:00(점포마다 상이)
가는 방법 지하철 미도스지(御堂筋) 선, 나가호리츠루미료쿠치(長堀鶴見緑地) 선
신사이바시(心斎橋) 역 남쪽 개찰구와 바로 연결 키워드 다이마루 백화점 신사이바시점

명품 쇼핑에 제격인 백화점

교토 후시미(伏見)의 기모노 전문점으로 출발해
오늘날 간사이 지방을 대표하는 상업 시설로 성
장한 백화점. 로에베, 미우미우, 프라다, 로로피
아나, 보테가베네타, 톰브라운, 몽클레어 등 유
명 명품 브랜드의 부티크가 본관 2, 3층에 모여
있다(2024년 현재 남관은 일부 리뉴얼 진행 중).
본관 1층 안내소에서 여권을 제시하면 5% 할인
쿠폰을 제공하고 있으며, 일정액 이상 구매할 경
우 면세 수속도 가능하다. 면세 수속 카운터는 본
관 9층에 있다.

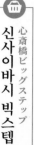

돈키호테 ドン・キホーテ

맵북 **P 8-B2** 돈키호오테 주소 中央区宗右衛門町7-13 전화 0570-026-511
홈페이지 www.donki.com 운영 상점 11:00~03:00(연중무휴), 대관람차
16:00~22:00(마지막 승차 21:30, 화·금요일 휴무) 가는 방법 신사이바시스지 상점가를
바라보고 에비스바시(戎橋) 오른쪽 계단으로 내려가면 왼편에 바로 위치 키워드 돈키호테

면세 쇼핑의 만물 백화점

다양한 상품 구성과 합리적인 가격으로 인기인 대형 종합 할인
매장. 도톤보리강변(道頓堀川)에 위치하고 있어 접근성이 좋아
전 세계 관광객들로 항상 문전성시를 이루고 있다. 일정액을 초
과하면 면세가 적용되며, 외국인 관광객 전용 5% 쿠폰도 있어
보다 저렴하게 구매할 수 있다. 이 지점만의 특이점은 신사이바
시 대표 랜드마크인 타원형의 대관람차 '에비스 타워(えびすタ
ワー)'가 건물 벽면에 있다는 것이다.

신사이바시 오파 心斎橋オーパ

맵북 **P 8-A1** 신사이바시오오파 주소 中央区西心斎橋1-4-3 전화 06-6244-2121
홈페이지 www.opa-club.com/shinsaibashi 운영 11:00~21:00 가는 방법 지하철 미도스지(御堂筋) 선,
나가호리츠루미료쿠치(長堀鶴見緑地) 선 신사이바시(心斎橋) 역 7번 출구에서 바로 연결 키워드신사이바시 오파

젊은 감성을 타깃으로 한

10~30대 여성에게 인기인 패션 브랜드가 주를 이루
고 있는 쇼핑센터. 신사이바시스지 상점가에서 아메
리카무라(アメリカ村)로 향하는 길목에 자리하고 있
으며 파랑, 노랑, 빨강색 'OPA' 간판이 눈에 띈다. 패
션 브랜드 매장과 레스토랑이 입점한 본관 건물 바로
옆에 쌍둥이처럼 붙어 있는 별관 '키레이(きれい)관'
엔 네일숍, 에스테틱 등 주로 미용 관리를 위한 점포
가 들어서 있다.

신사이바시 빅스텝 心斎橋ビッグステップ

맵북 **P 8-A1** 신사이바시빅쿠스텝푸 주소 中央区西心斎橋1-6-14 전화 06-6258-5000
홈페이지 www.big-step.co.jp 운영 상점 11:00~20:00, 레스토랑 11:00~23:00
가는 방법 지하철 미도스지(御堂筋) 선, 나가호리츠루미료쿠치(長堀鶴見緑地) 선
신사이바시(心斎橋) 역 7번 출구에서 도보 3분 키워드 빅스텝

아메리카무라의 상징

1993년에 오픈한 아메리카무라(アメリカ村)의 대표적인 랜드
마크. 패션 브랜드 매장, 식당, 영화관, 라이브 하우스, 피트니스
클럽 등이 입점한 복합 문화 시설이다. 남성 브랜드의 비율이 높
은 편이며 개성 강하고 참신한 브랜드가 많은 점도 독특하다. 벼
룩시장이나 사진·일러스트 전시회 등 다양한 문화 이벤트를 열
기도 한다. 오사카를 대표하는 스포츠용품점 '스포타카(スポタ
カ)' 본점이 지하 1, 2층에 위치한다.

난바 파크스
なんば パークス

맵북 **P.8-B2** 🔊 난바파아크스 주소 浪速区難波中2-10-70 전화 06-6631-1101
홈페이지 www.nambaparks.com 운영 상점 11:00~21:00, 레스토랑 11:00~23:00
가는 방법 난카이 (南海) 전철 난바(なんば) 역 중앙 출구, 남쪽 출구와 바로 연결 키워드 난바 파크스

공원과 쇼핑센터의 결합

과거에 존재했던 일본 프로야구팀 홈구장 부지를 재
개발하여 탄생한 복합 문화 시설. 콤데가르송, A.P.C.,
FITH, 스투시, 디젤, 비비안 웨스트우드 레드라벨 등 한
국인 여행자에게 인기가 높은 패션 브랜드와 빔즈, 유
나이티드 애로즈, 쉽스, 비숍 등 일본의 유명 편집숍 등
100여 개의 점포가 들어서 있다. 또한 아웃도어, 인테리
어, 뷰티 계열의 브랜드도 충실한 편이며, 일부 품목에
한해 면세도 적용되므로 쇼핑을 즐기고 싶은 이들에게
제격이다. 면세 카운터는 7층에 자리하므로 참고하자.
쇼핑과 더불어 볼거리로 손꼽히는 곳이 3층부터 9층까
지 이어진 '파크스 가든(파크스가든)'이다. 뉴욕
의 센트럴 파크와 런던의 하이드 파크 같은 도심 속 공
원을 표방한다. 이름에 '파크스'가 들어간 것도 바로 이
공원이 있기 때문이다.

맵북 **P.8-A1** 🔊 브란도숍뿌스토리이토 주소 中央区難波5-1-60
가는 방법 지하철 미도스지(御堂筋) 선, 나가호리츠루미료쿠치(長堀鶴見緑地) 선
신사이바시(心斎橋) 역 7번 출구인 신사이바시오파(心斎橋OPA) 건물에서 나와 왼쪽
방향으로 걸어가면 나오는 일대가 브랜드숍 스트리트 키워드 샤넬 신사이바시점

브랜드 숍 스트리트
ブランドショップストリート

오사카의 명품 거리

최고급 명품 브랜드의 직영점이 밀집되어
있는 거리로 도쿄 긴자와 서울 청담동의
명품 거리를 연상케 한다. 오사카 시내 중
심부인 미도스지(御堂筋) 거리와 나가호
리(長堀) 거리의 교차로 일대가 화려하고
감각 있는 쇼윈도 디스플레이로 가득하다.
1996년 샤넬이 일본 최대 규모의 점포를
선보이기 시작하면서 루이비통, 카르티에,

에르메스 등이 연이어 문을 열었다. 오사카를 대표하는 쇼핑 거리 신사이바시스지 상점가
와 젊은이들의 쇼핑 명소 아메리카무라(アメリカ村) 사이에 위치하고 있어 많은 브랜드가
점포 오픈을 결정한 계기가 되기도 하였다.

난바 워크 なんばウォーク

맵북 **P.9-A2·B2** 🔊 난바워크 주소 中央区難波5-1-60 전화 06-6644-2960
홈페이지 walk.osaka-chikagai.jp 운영 상점 10:00~21:00, 레스토랑 10:00~22:00
가는 방법 난카이(南海) 전철 난바(なんば) 역에서 하차하면 바로 위치 키워드 난바 워크

오사카의 대표 지하상가

JR 전철 난바(難波) 역부터 지하철 센니치마에
(千日前) 선 닛폰바시(日本橋) 역까지 이어지는
715m 거리의 지하상가. 기타(北)와 미나미(南) 2
개의 통로가 각각 1, 2, 3번가로 나누어져 있으며
레스토랑, 의류·잡화 매장 등 총 243개 점포가
자리하고 있다. 이용객의 쉼터인 '포레스트
파크(フォレストパーク)'와 고래 조형물이
설치된 '쿠지라 파크(クジラパーク)'는 만남
의 장소로도 유명하다.

현지인의 약속 장소 하면 이곳!

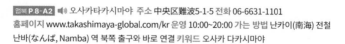

오사카 다카시마야 大阪タカシマヤ

맵북 **P.8-A2** 🔊 오사카타카시마야 주소 中央区難波5-1-5 전화 06-6631-1101
홈페이지 www.takashimaya-global.com/kr 운영 10:00~20:00 가는 방법 난카이(南海) 전철
난바(なんば, Namba) 역 북쪽 출구와 바로 연결 키워드 오사카 다카시마야

신사이바시의 터줏대감

일본을 대표하는 백화점 중 한 곳으로 오
사카 지점이 본점이기도 하다. 1831년 기
모노 전문점으로 시작하여 1932년 지금
의 자리에 아시아 최대 규모를 자랑하는
백화점으로 탄생하였다. 오랜 역사를 자
랑하는 곳인 만큼 샤넬, 에르메스, 카르
티에, 루이비통, 셀린느, 디올, 생로랑, 구
찌 등 명품 브랜드 부티크가 입점해 있다.
이 외에도 MM6 메종 마르지엘라, 마가

렛 호웰 등 최신 트렌드에 맞춰 신규 매장이 꾸준히 들어오는 등 다양한 변화를 시도하고
있다. 7층 면세 카운터에서 여권을 제시하면 ¥3,000 이상 구매 시 5% 할인을 적용 받을 수
있는 키티가 그려진 쇼핑 카드 'Takashimaya Shopper's Card'를 제공한다.

난바난난 NAMBAなんなん

맵북 **P.8-A2** 🔊 난바난난 **주소** 中央区難波5-1-60 **전화** 06-6644-2960 **홈페이지** nannan.osaka-chikagai.jp **운영** 상점 10:00~21:00, 레스토랑 10:00~22:00 **가는 방법** 지하철 미도스지(御堂筋) 선, 센니치마에(千日前) 선 난바(なんば) 역 남남(南南) 개찰구로 나오면 바로 **위치 키워드** 난난타운

오사카 최초의 지하상가

1957년에 오픈한 오사카 최초의 지하상가로, 지하철 난바(なんば) 역을 이용하는 사람들이 쉽게 드나들 수 있도록 편리함을 우선으로 설계하였다. 균일가 매장 캔두와 3COINS를 비롯해 패션 브랜드 점포, 식당 등 다양한 편의 시설을 제공하고 있다. 일부 카페는 08:00~09:00부터 영업을 시작하므로 아침 식사를 제공하지 않는 숙소에 머문다면 이곳에서 간단히 끼니를 때우고 쇼핑을 시작해도 좋다.

난바 마루이 なんばマルイ

맵북 **P.8-A2** 🔊 난바마루이 **주소** 中央区難波3-8-9 **전화** 06-6634-0101 **홈페이지** www.0101.co.jp/085 **운영** 11:00~20:00 **가는 방법** 지하철 미도스지(御堂筋) 선 난바(なんば) 역 개찰구를 나오면 바로 연결 **키워드** 난바 마루이

2030을 위한 쇼핑 공간

20~30대 젊은 층을 타깃으로 한 브랜드가 다수 입점해 있는 쇼핑센터. 동그라미를 뜻하는 '마루(丸)'에서 따서 만들어진 독특한 로고로 인해 멀리서도 이곳이 마루이라는 것을 단번에 알 수 있다. 여타 상업 시설에 비해 여행자가 선호하는 브랜드는 적은 편이다. 7층 유니클로, 6층 유니클로의 자매 브랜드인 GU, 4층 균일가 매장 세리아, 지하 1층 손수건 코너가 볼 만하다.

난바 시티 なんばCITY

맵북 **P.8-B2** 🔊 난바시티 **주소** 中央区難波5-1-60 **전화** 06-6644-2960 **홈페이지** www.nambacity.com **운영** 상점 11:00~21:00, 레스토랑 10:00~22:00 **가는 방법** 난카이(南海) 전철 난바(なんば) 역에서 하차하면 바로 **위치 키워드** 난바시티

난카이난바 역과 직결된

난카이(南海) 전철 그룹이 운영하고 있는 대형 쇼핑센터로, 난카이난바(南海なんば) 역과 바로 연결된다. 지상 2층, 지하 2층으로 구성된 본관과 지상 2층, 지하 1층으로 구성된 남관으로 나누어져 있으며 의류, 잡화, 레스토랑, 카페 등 총 300여 점포가 자리하고 있다. 일부 점포에서는 면세 쇼핑도 가능하

니 쇼핑하기 전 구비되어 있는 안내서를 꼭 확인하도록 하자. 다카시마야 백화점과도 가까워 더불어 방문하면 좋다. 면세 카운터는 본관 지하 2층에 있다.

핸즈 Hands

맵북 P.8-A1 📢 한즈 주소 中央区心斎橋筋1-8-3 心斎橋パルコ9~11F 전화 06-6243-3111 홈페이지 SHINSAIBASHI.HANDS.NET 운영 10:00~20:00 가는 방법 신사이바시 파르코 9~11층에 위치 키워드 핸즈

즐거운 취미생활을 위한 곳

12만여 종에 이르는 상품 수를 자랑하는 일본의 대표적인 대형 생활용품 쇼핑센터. 여행, 주방, 욕실, 문구 등 층마다 각기 다른 콘셉트로 구성되어 있어 쉽고 편리하게 쇼핑을 즐길 수 있다. 일정액 이상 구매하면 면세 수속도 가능하며, 계산 후 1층 안내소에서 영수증과 여권을 제시하면 된다.

빌리지 뱅가드 ヴィレッジヴァンガード

맵북 P.8-B2 📢 비렛지방가아도 주소 浪速区難波中2-10-70 なんばパークス5F 전화 06-6636-8258 홈페이지 www.village-v.co.jp 운영 11:00~21:00 가는 방법 난바 파크스 5층에 위치 키워드 빌리지 뱅가드

참신하고 독특한 잡화점

'즐길 수 있는 서점'이란 콘셉트의 독창적인 상업 공간으로 알려진 서점 겸 잡화점. 색다르고 독특한 잡화와 더불어 관련 서적과 음반이 한자리에 모여 있으며 다양한 요소를 조화롭게 매치하는 상품 진열 방식도 참신하다. 특히 점원들의 손 글씨로 꾸며진 상품 POP카드가 인상적이다. 현재 유행 중인 아이디어 상품과 인기를 끌 만한 히트 예감 신상품을 소개한 점이 눈길을 끈다. 가게 안 구석구석을 구경하기만 해도 시간이 후딱 지나갈 만큼 볼거리가 넘친다.

무인양품
無印良品

맵북 **P 8-A2** 🔊 무지루시료오힝 주소 中央区難波5-1-60 なんばスカイオ5F 전화 06-6684-9491
홈페이지 www.muji.com 운영 11:00~21:00 가는 방법 난카이(南海) 전철 난바(なんば) 역 중앙 출구 또는
남쪽 출구에서 바로 연결 키워드 무인양품

단순하지만 멋스러운

저렴하지만 좋은 품질, 브랜드 로고가 없고 단순하면서도 세련된 디자인으로 우리나라에서도 많은 사랑을 받고 있는 무인양품 전문점. 의류, 인테리어, 문구, 화장품, 식품 등 폭넓은 제품군을 갖추고 있다. 한국보다 가격이 저렴하며, 일정액 이상 구매 시 면세 혜택을 받을 수 있는 점이 장점으로 꼽힌다. 누구나 물을 담아갈 수 있는 급수기가 점포 내에 설치되어 있다.

프랑프랑
フランフラン

맵북 **P 8-B2** 🔊 후랑후랑 주소 浪速区難波中2-10-70 なんばパークス5F 전화 03-4216-4021
홈페이지 www.francfranc.com 운영 11:00~21:00 가는 방법 난바파크스 5층에 위치 키워드 프랑프랑

스타일리시한 인테리어점

도시에서 생활하는 20, 30대 여성을 타깃으로 한 인테리어 잡화점으로 한국인 관광객에게도 인기인 쇼핑 명소. 평범한 일상을 색다르게 바꿔줄 스타일리시한 아이템이 여심을 자극한다. 세련된 디자인과 실용성, 거기에 합리적인 가격까지 안 사고는 못 배길 요소가 넘쳐난다. 계절마다 주기적으로 새로운 상품을 선보이고 있으며 여름과 겨울 두 차례 정기 세일도 진행한다. 인기 상품은 매장마다 재고 수의 차이가 있으므로 품절되었다고 해서 포기하지 말고 다른 지점을 방문해보는 것이 좋다.

기타
キタ

<u>**must do.**</u>

01.

쇼퍼홀릭을 위한 모든 것이 모였다! 기타
지역에서 쇼핑 삼매경!

02.

우메다 스카이 빌딩에 오르거나 헵 파이브
관람차를 타고 오사카의 야경을 감상하자.

Chapter 02.

기타는 JR 전철 오사카(大阪) 역, 한신(阪神), 한큐(阪急) 전철과 지하철 우메다(梅田) 역이
자리하는 교통의 요지다. 오사카시 북구에 위치하고 있다 하여 기타(キタ) 지역으로 불린다.
미나미(ミナミ) 지역과 함께 오사카를 대표하는 번화가이자 도시 개발이 끊임없이 이어지고
있는 오사카 발전의 심장부이기도 하다. 우메다 스카이 빌딩을 중심으로 한 신우메다(新梅田)
지역과 세련되고 감각적인 쇼핑가 자야마치(茶屋町), 밤이 되면 조용했던 거리가 환락가로
변신하는 기타신치(北新地) 일대를 포함한다.

03.

일본에서 가장 긴 덴진바시스지 상점가를
구경하며 길거리 음식 즐기기!

04.

오사카 시립 주택 박물관에서 시간여행을
떠나자! 기모노 체험은 덤~

기타
map

기타 찾아가기

❶ 지하철 미도스지(御堂筋) 선, 한큐(阪急), 한신(阪神) 전철 오사카우메다(大阪梅田) 역 또는 JR 전철 간조(環状) 선 오사카(大阪) 역에서 하차한다.

❷ 덴진바시스지 상점가와 오사카 시립 주택 박물관의 경우 지하철 사카이스지(堺筋), 다니마치(谷町) 선, 한큐(阪急) 전철 덴리(千里) 선 덴진바시스지6초메(天神橋筋六丁目) 역에서 하차한다.

기타 하루여행

이 지역의 명소는 우메다 역을 기준으로 서쪽 신우메다와 남쪽 기타신치, 동쪽 덴진바시로 넓게 분포되어 있다. 덴진바시는 우메다 역에서 조금 떨어진 곳에 위치하므로 지하철로 이동할 것을 추천한다. 신우메다에는 야경 스폿으로 유명한 우메다 스카이 빌딩의 공중정원 전망대가 있어 일정의 마지막 코스로 두는 것이 좋다.

기타 추천코스

관광객이 덜 붐비는 시간대에 방문하여 기모노 체험을 순조롭게 경험할 수 있도록 개장 시간에 맞춰 오사카 시립 주택 박물관을 방문한다. 바로 옆에 위치한 일본에서 가장 긴 덴진바시스지 상점가를 구경하고 인근에 위치한 오사카텐만구도 둘러본다. 미나미모리마치 역에서 지하철을 타고 히가시우메다 역으로 이동하여 쓰유노텐 신사를 들른 후 오사카 스테이션 시티를 시작으로 기타 지역의 쇼핑 명소를 돌아본다. 마지막으로 우메다 스카이 빌딩을 방문하여 다키미코지에서 저녁 식사를, 옥상 공중정원 전망대에서 야경을 즐긴다.

course

오사카 시립 주택 박물관 ─ 도보 1분 ─ **덴진바시스지 상점가** ─ 도보 5분 ─

오사카텐만구 ─ 전철 5분 ─ **쓰유노텐 신사** ─ 도보 15분 ─ **오사카 스테이션 시티** ─ 도보 5분 ─

우메다 ─ 도보 5분 ─ **링크스 우메다** ─ 도보 5분 ─ **그랜드 프런트 오사카** ─ 도보 10분 ─

다키미코 ─ 도보 1분 ─ **우메다 스카이 공중정원**

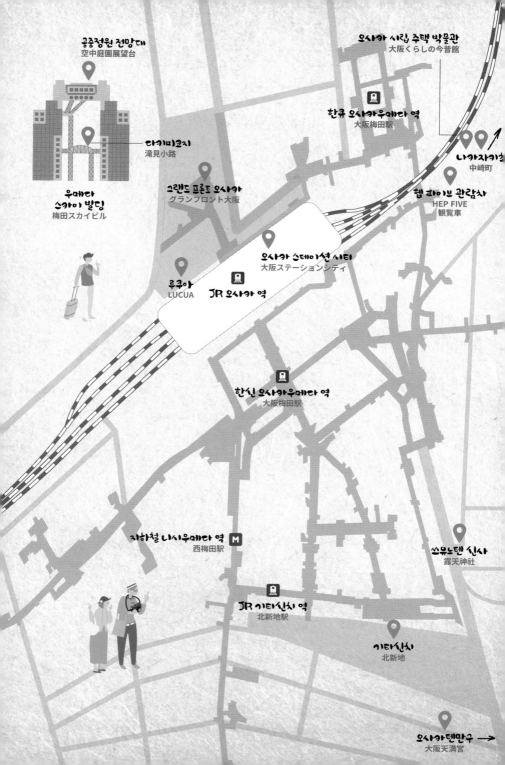

공중정원 전망대
空中庭園展望台

우메다 스카이 빌딩
梅田スカイビル

다키미코지
滝見小路

그랜드 프론트 오사카
グランフロント大阪

루쿠아
LUCUA

JR 오사카 역

오사카 스테이션 시티
大阪ステーションシティ

오사카 시립 주택 박물관
大阪くらしの今昔館

한큐 오사카우메다 역
大阪梅田駅

나카자키초
中崎町

헵 파이브 관람차
HEP FIVE
観覧車

한신 오사카우메다 역
大阪梅田駅

지하철 니시우메다 역
西梅田駅

쓰유노텐 신사
露天神社

JR 기타신치 역
北新地駅

기타신치
北新地

오사카텐만구 →
大阪天満宮

우메다 역 해부하기

기타 지역의 오사카 우메다 역 주변 지하상가는 '우메다던전(지하감옥)'이라는
별명이 붙을 정도로 거대하고 복잡한 미로처럼 얽히고설킨 구조로 되어 있다.
지하도를 통해 목적지로 이동하기보다는 우선은 지상으로 나와서
눈에 보이는 건물로 위치를 파악하는 것이 더욱 빠르다는 점을 명심하자.

❶ JR 전철 오사카 역大阪

- 오사카에서 가장 큰 역사
- 오사카 스테이션, 루쿠아, 그랜드 프런트 오사카와 바로 연결
- USJ(유니버설 시티 역), 오사카 성(오사카조코엔 역)으로 환승 없이 이동 가능
- 도자이(東西) 선을 제외한 모든 노선을 운행
- 교토, 고베, 나라 이동에 용이

❷ 한큐 전철阪急 오사카우메다 역大阪梅田

- 한큐 삼번가, 한큐 우메다 본점과 바로 연결
- 1층에 기지, 하나다코 등 먹거리가 밀집한 신우메다 식도가(新梅田食道街)가 있다.
- 지상 출구로 나와서 빨간 관람차가 보이면 헵 파이브다.
- 교토 본선, 다카라즈카 본선, 고베 본선 운행
- 교토, 고베 이동에 용이

❸ 한신 전철阪神 오사카우메다 역大阪梅田

- 한신 우메다 본점, 디아모르 오사카와 바로 연결
- 동쪽 출구 개찰구 부근에 명물 믹스주스가 영업 중이다.
- 한신난바(阪神なんば) 선 운행   • 고베 이동에 용이

❹ 오사카 메트로大阪メトロ 미도스지御堂筋 선 우메다 역梅田

- JR 전철 오사카 역에서 가장 가까운 지하철 역
- 신사이바시, 난바, 신세카이(도부쓰엔마에 역), 덴노지까지 환승 없이 이동 가능

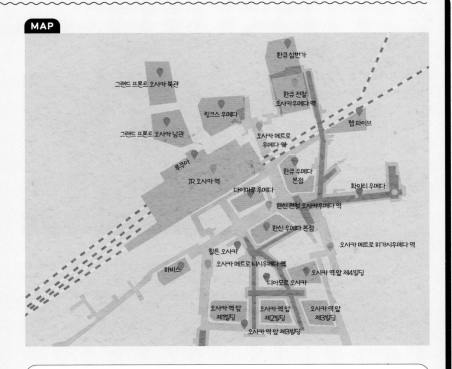

MAP

한큐 삼반가

그랜드 프론트 오사카 북관

링크스 우메다

한큐 전철
오사카우메다 역

웹 파이브

그랜드 프론트 오사카 남관

오사카 메트로
우메다 역

루쿠아

JR 오사카 역

한큐 우메다
본점

화잇티 우메다

다이마루 우메다

한신 전철 오사카우메다 역

한신 우메다 본점

오사카 메트로 히가시우메다 역

힐튼 오사카

오사카 메트로 니시우메다 역

오사카 역 앞 제4빌딩

하비스

디아모르 오사카

오사카 역 앞
제1빌딩

오사카 역 앞
제2빌딩

오사카 역 앞
제3빌딩

오사카 역 앞 제3빌딩

---

❺ 오사카 메트로大阪メトロ 다니마치谷町 선 히가시우메다 역東梅田

- 북동(北東) 또는 북서(北西) 개찰구에서 화이티우메다로 바로 연결
- 덴진바시스지 상점가, 오사카 시립 주택 박물관(덴진바시스지로쿠초메 역)까지
  환승 없이 이동 가능

---

❻ 오사카 메트로大阪メトロ 요쓰바시四つ橋 선 니시우메다 역西梅田

- 힐튼 오사카, 하비스에서 가깝다.
- 난바, 아메리카무라(요쓰바시 역)까지 환승 없이 이동 가능

---

❼ JR 전철 기타신치 역北新地

- 먹거리와 이자카야가 밀집한 오사카 역 앞 제1~3빌딩에서 가깝다.
- 도자이(東西) 선 운행

맵북 P.10-A1 🔊 우메다스카이비루 주소 北区大淀中1-1-88 전화 06-6440-3899
홈페이지 www.skybldg.co.jp/ko 가는 방법 지하철 미도스지(御堂筋) 선 우메다(梅田) 역,
한큐(阪急) 전철 오사카우메다(大阪梅田) 역 5번 출구에서 도보 10분 키워드 우메다 스카이 빌딩

우메다 스카이 빌딩
梅田スカイビル

개선문을 연상시키는 고층빌딩

일본의 유명 건축가 하라 히로시
(原広司)가 설계한 이 고층 건물은
오사카를 대표하는 랜드마크일 뿐
만 아니라 독특한 형태로 인해 전
세계 건축업계에서도 명성이 높다.
지상 40층 규모의 2개 동 트윈 타
워로 구성되어 있으며 높이만 해도
약 173m에 달한다. 22층에 두 타워
를 오고 갈 수 있는 구름다리가 있
고, 건물 최상위층은 서로 연결되
어 있어 전망대로 활용되고 있다.
강도 높은 지진과 강풍에 충분히 견딜 수 있도록 내진 설계를 강화한 점도 지진이 자주 발
생하는 나라다운 부분이다. 옥상 전망대 '공중정원(空中庭園)'과 지하 1층 식당가 '다키미
코지(滝見小路)'와 같은 인기 관광 명소가 위치하고 있어 방문객의 30%가 외국인이다.

맵북 P.10-A1 🔊 다키미코오지 주소 北区大淀中1-1-88
전화 06-6440-3899 홈페이지 www.takimikoji.jp
운영 점포마다 다름 가는 방법 우메다 스카이 빌딩
(梅田スカイビル) 지하 1층에 위치 키워드 takimikoji

다키미코지
滝見小路

복고풍 거리에서 식사를

스카이 빌딩 지하 1층에 자리한 식당가. 쇼와(昭和) 시대
초기의 거리 풍경을 그대로 재현하여 구형 삼륜 트럭,
우체통 등 레트로 느낌 충만한 소품들이 식당가 곳곳에
서 눈에 띈다. 오사카의 대표 먹거리 오코노미야키(お好
み焼き)와 구시카쓰(串かつ)는 물론이고 라멘, 초밥, 돈
카츠 등 다양한 일본 음식점이 포진해 있다.

공중정원 전망대
空中庭園展望台

맵북 **P.10-A1** 🔊 쿠우추우테에엔텐보오다이 주소 北区大淀中1-1-88 전화 06-6440-3901
홈페이지 www.kuchu-teien.com 운영 09:30~22:30(최종 입장 시간 22:00) 요금 성인 ¥1,500,
4세~초등학생 ¥700, 3세 이하 무료(오사카e-PASS 제시로 09:30~15:00 무료입장, 15:00~22:00 20%
할인) 가는 방법 우메다 스카이 빌딩(梅田スカイビル) 39, 40층에 위치 키워드 우메다 공중정원

오사카 e-PASS

우메다 마천루의 빛나는 야경

스카이 빌딩 39층부터 옥상까지 총 3층으로 이루어진 이곳은 일본에서 유
일한 개방형 옥상 전망대로 약 170m 높이에서 오사카의 전경을 360도 파
노라마로 즐길 수 있다. 이 전망대에서 바라보는 노을 지는 풍경은 '일본 석
양 100선(日本の夕陽百選)'에 선정되었으며 야경 또한 데이트 코스로 인
기를 끌고 있다. 39층에서 옥상의 공중정원 전망대로 향하는 에스컬레이
터는 세계에서 가장 높은 곳에 위치하며 투명한 유리 사이로 오사카 시내
가 드문드문 보여 스릴감을 더한다. 공중정원에는 오사카에서만 구입할
수 있는 기념품이 가득한 '우메다 스카이 갤러리숍(UMEDA SKYBLDG
GALLERY SHOP)', 따뜻한 차 한 잔과 함께 오사카 전경을 감상할 수 있는
'카페 스카이40(cafe SKY 40)'이 있어 전망대 이용을 더욱 즐겁게 한다. 참
고로 오사카 e-PASS 소지자는 09:30~15:00엔 무료입장, 15:00~22:00에는
패스 제시로 20% 할인 혜택을 받을 수 있다.

 맵북 P.10-B1 🔊 헵뿌화이브칸란샤 주소 北区角田町5-15 전화 06-6366-3634 홈페이지 hepfive.jp/
ferriswheel 운영 11:00~23:00(마지막 탑승 22:45), 홈페이지에서 운행 상황을 확인할 것 요금 ￥600, 5세
이하 무료 가는 방법 헵 파이브(ヘップファイブ) 7층에 위치 키워드 헵파이브 관람차

헵 파 이 브 관 람 차 HEP FIVE 観覧車

오사카 주유패스

붉은 빛 낭만의 대관람차

오사카 젊은이들의 대표적인 쇼핑 메카인 헵 파이브가 문을 연
이래 줄곧 오사카의 랜드마크로 자리매김할 수 있었던 이유는
바로 옥상에 자리한 세계 최초 건물 일체형의 빨간색 관람차 때
문일 것이다. 오사카 시내 전체를 360도 파노라마로 조망하기
에 더할 나위 없는 위치인 데다가 비교적 합리적인 가격에 즐길
수 있다는 점이 이 관람차의 큰 매력이다. 또 하나의 매력 포인
트는 곤돌라 내에 스마트폰, 태블릿 PC, 휴대용 음향 기기와 연
결할 수 있는 스피커 잭이 설치되어 있어 듣고 싶은 음악을 들
으며 오사카 시내 풍경을 감상할 수 있다는 점이다. 관람 시간은
약 15분 정도로 한 곤돌라에 최대 4명까지 탑승 가능하다.

 Tip 관람차 탑승권으로 혜택 받기

헵 파이브 시설 내 일부 점포에서 관람차 티켓을 제시하면 할인 또는 특전 서비스를 받을 수
있다. 관람차 예약권 역시 동일한 혜택이 제공되므로 참고하자. 자세한 혜택 사항은 홈페이지
에서 확인할 수 있다.

오사카 스테이션 시티 大阪ステーションシティ

맵북 **P.10-B2** 🔊 오오사카스테에숀시티 주소 北区梅田3-1-3
전화 06-6458-0212 홈페이지 www.osakastationcity.com
가는 방법 JR 전철 간조(環状) 선 오사카(大阪) 역 건물 내에 위치 키워드 오사카 스테이션 시티

랜드마크가 된 거대 전철 역사

JR 전철 오사카 역을 이용하면서 쇼핑과 맛집을 즐길 수 있는 복합 시설. 국
제도시로서의 변모를 꾀하며 야심차게 시도한 재개발의 결과물로, 새로운
감동과 발견을 안겨다 주는 것을 지향한다. 건물은 크게 노스 게이트 빌딩,
사우스 게이트 빌딩, 오사카 역으로 나뉘는데 노스 게이트에는 복합 쇼핑몰
이자 이세탄(伊勢丹) 백화점이 입점한 루쿠아(Lucua)가 들어서 있고, 사우
스 게이트는 다이마루(大丸) 백화점과 그랑비아 오사카 호텔이 영업 중이
다. 역 내에는 오사카의 특산품을 판매하는 전문점과 초밥, 라멘, 오차즈케
등 일본 음식을 맛볼 수 있는 레스토랑이 밀집한 에키 마르셰(エキマルシ
ェ)가 있다. 오사카 역 상부에 위치한 시공 광장(時空の広場), 오사카의 전
경을 감상할 수 있는 천공 농원(天空の農園) 등 8개의 광장도 마련되어 있
어 휴식 공간으로도 이용되고 있다.

Tip 알아두세요!
오사카 스테이션 시티는 오사카 역과 동일한 공간에 위치하지만 전철 플
랫폼에서는 이동할 수 없으므로 역 개찰구를 반드시 빠져나가야 한다.

맵북 P.11-C2 🔊 쓰유노텐진자 **주소** 北区曽根崎2-5-4 **전화** 06-6311-0895
홈페이지 www.tuyutenjin.com **운영** 06:00~24:00 **가는 방법** 지하철 다니마치(谷町) 선
히가시우메다(東梅田) 역 6번 출구에서 도보 5분 **키워드** 쓰유노텐 신사

쓰유노텐 신사
露天神社

운명적인 인연을 만나고 싶어요

1,300년의 역사를 간직한 신사로 연애운을 기원하고자 많은 사람들이 방문하는 곳으로 유명하다. 현지에서는 정식 명칭보다는 '오하쓰 텐진(お初天神)'이란 이름으로 익숙한데, 1703년 이곳에서 실제로 일어난 한 동반자살 사건이 계기가 되었다. 도쿠베이(德兵衛)와 오하쓰(お初)는 서로 사랑하는 사이였지만 이루어질 수 없는 상황을 비관하여 결국 함께 생을 마감하였다.

이들의 슬픈 사랑 이야기를 극작가 지카마치 몬자에몬(近松門左衛門)이 전통 인형극 '소네자키 신주(曽根崎心中)'로 재탄생시키면서 큰 화제를 불러일으켰고, 이 신사도 덩달아 유명해지면서 신사 참배 또한 활기를 띠게 되었다. 신사 내에는 이들의 기념 동상이 세워져 있으며 사랑을 성취하기 위해 소원을 적어 놓은 에마(絵馬, 이루어진 소원에 대한 답례로 사원에 봉납하는 그림 현판)가 곳곳에 달려 있다. 제2차 세계대전 이후 신사 주변에 식당이 하나둘 생기기 시작하면서 상점가를 형성하게 되었고 현재는 오하쓰 텐진 도오리 상점가로 그 형태를 유지해 나가고 있다. 매년 입춘 전날인 2월 3일에는 환절기에 걸리기 쉬운 각종 질병과 재해를 쫓아내는 행사인 세쓰분(節分)이 열리며, 매년 7월 셋째 주 금·토요일에는 여름 축제 레이타이사이(例大祭)를 개최한다.

덴진바시스지 상점가
天神橋筋商店街

맵북 **P.11-D1·D2** ◀》 덴진바시스지쇼오텐가이 **주소** 北区天神橋1~7丁目
홈페이지 www.tenjin123.com **운영** 점포마다 다름 **가는 방법** 지하철 사카이스지(堺筋),
다니마치(谷町) 선, 한큐(阪急) 전철 센리(千里) 선 덴진바시스지6초메(天神橋筋六丁目) 역
3번 또는 8번 출구로 나오면 바로 **위치 키워드** tenjinbashisuji shopping street

끝없이 이어지는 먹거리 행렬

일본에서 가장 긴 상점가다. 덴진바시스지 1초메에서 시작하여 오사카
텐만구(大阪天満宮)가 있는 2초메를 거쳐 6초메까지 남북으로 이어지
는, 장장 2.6km에 달하는 거리에 약 600여 개 점포가 들어서 있다. 덴
진바시스지의 약자인 '덴(天)'에 각 구역의 숫자를 붙여 거리 이름을
부르기도 하는데, 예를 들면 덴진바시스지 3초메를 '덴산(天三)'이라
고 일컫는 식이다. 상점가를 빛내는 길거리 음식과 유명 식당이 대거
몰려 있어 먹거리 탐방을 하기에 안성맞춤이다.

 Tip **덴진바시스지 상점가에서 길거리 음식 즐기기**

① 마루이치카호 マルイチ菓舗
학문의 신을 모시는 오사카텐만구(大阪天満
宮)가 근처에 있어서일까. 합격을 기원하는 이
들을 위해 합격(合格)이라는 단어가 크게 적힌
'합격 빵(合格パン)'을 판매한다.

② 나카무라야 中村屋
갓 튀긴 따끈따끈한 크로켓이 일품이다. 기다
란 대기 행렬이 눈에 띈다.

③ 와나카 わなか
다코야키를 센베 사이에 끼워서 먹는 '다코센
(たこせん)'이 이 집의 인기 메뉴. 파와 치즈를
듬뿍 넣어서 먹으면 더욱 맛있다.

④ 가베츠야키 キャベツ焼き
밀가루 반죽을 구워 양배추와 특제 소스를 버
무린 '가베츠야키(キャベツ焼き)'를 판매한다.

맵북 P.11-D1 🔊 오오사카쿠라시노콘쟈쿠칸 **주소** 北区天神橋6-4-20
住まい情報センタービル8F **전화** 06-6242-1170 **홈페이지** www.konjyakukan.com
운영 10:00~17:00(마지막 입장 16:30) **휴무** 화요일·12/29~1/2 **요금** 성인 ¥600, 고등·대학생
¥300, 중학생 이하·당일 유효 오사카 e-PASS 소지자 무료 **가는 방법** 지하철 사카이스지(堺筋),
다니마치(谷町) 선, 한큐(阪急) 전철 센리(千里) 선 덴진바시스지6초메(天神橋筋六丁目) 역
3번 출구로 연결되는 건물 8층에 위치 **키워드** 오사카 시립 주택 박물관

오사카 시립 주택 박물관 大阪くらしの今昔館

오사카 E-PASS

기모노 입고 과거로의 여행

에도(江戸)부터 쇼와(昭和) 시대까지 오사카의 주거 역사와 문화를 소개하고 있는 박물관으로 오사카 시립 주거 정보 센터(大阪市立住まい情報センター) 건물 8~10층에 위치하고 있다. 각 시대별로 관련 영상과 자료가 전시되어 있는데, 특히 9층 전시실은 전문가의 고증을 바탕으로 에도 시대 오사카의 마을 풍경을 마치 과거로 시간 여행을 떠난 듯 사실적으로 재현하고 있다. 장식도 계절에 맞게 달라지며 시간대에 따라 소리와 조명을 연출하여 아침부터 저녁까지 하루가 변화하는 모습을 체험할 수 있다. 10층은 전망대 형태로 9층 전시실을 내려다보며 복원된 에도 시대의 오사카를 감상할 수 있다. 9층 기모노 코너에서 ¥1,000을 지불하면 30분간 기모노를 체험할 수 있다. 입고 있는 옷을 탈의하는 것이 아닌 위에 착용하는 방식이며, 노출이 많은 옷으로는 체험할 수 없으니 참고하자. 110cm 이하 어린이는 보호자가 동반하더라도 체험할 수 없다.

오사카텐만구 大阪天満宮

맵북 **P.11-D2** ◄)) 오오사카텐만구 주소 北区天神橋2-1-8 전화 06-6353-0025
홈페이지 osakatemmangu.or.jp 가는 방법 지하철 사카이스지(堺筋) 선, 다니마치(谷町) 선
미나미모리마치(南森町) 역 4-B번 출구에서 도보 2분 키워드 오사카텐만구

학문의 신에게 받는 합격의 힘

학자이자 정치가인 스가와라노 미치자네(菅原道眞)를 신으로
모시고 있는 신사. 그는 정치적으로 적대시한 후지와라노 도키
히라(藤原時平)의 계략에 의해 좌천된 후 대장군사(大将軍社)
를 참배하였고 그로부터 2년 뒤 숨을 거두고 만다. 50년 후인
949년 그가 참배한 대장군사 앞에 7그루의 소나무가 자라나 밤
마다 금빛 광선을 뿜어냈다고 한다. 이 신비로운 현상을 듣게 된
당시 무라카미(村上) 일왕은 신사를 건립하도록 지시하였고 이
로 인해 탄생하게 되었다. 현지에서는 정식 명칭보다 '덴마노 덴
진상(天満の天神さん)'이라는 이름이 친숙하며 매해 7월 24일,
25일 일본 3대 축제 중 하나인 덴진 마쓰리(天神祭)가 열리는
곳으로도 널리 알려져 있다. 합격을 기원하고 공부운을 부르기
위해 일본식 부적인 오마모리(御守り)를 구입하거나 에마(絵馬)
에 소원을 적는 방문객들이 끊이질 않는다.

기지 · きじ

맵북 **P.10-B1** 🔊 키지 주소 北区角田町9-20 新梅田食道街 전화 06-6361-5804
운영 11:30~21:30 휴무 일요일 가는 방법 한큐(阪急) 전철 우메다(梅田) 역 남쪽 개찰구 신우메다
식도가(新梅田食道街) 내에 위치 키워드 키지 본점

우메다의 오코노미야키 하면 이곳

우메다에서 1, 2위를 다투는 인기 오코노미야키(お好
み焼き) 전문점. 20여 명이 겨우 들어갈 정도로 가게
가 좁아 점심과 저녁 시간에는 기본 30분은 기다려야 한
다. 돼지고기와 달걀, 새우와 돼지고기 등 2가지 토핑을 혼
합한 메뉴부터 문어, 오징어, 곤약 등을 섞은 믹스(ミックス)와
원통형 어묵인 지쿠와(ちくわ), 일본식 떡 모찌가 들어간 지카라(ちから)
등 다양한 토핑을 한 번에 맛볼 수 있는 메뉴까지 다양하다. 특히 야키소바
(焼きそば)를 폭신폭신한 달걀로 감싼 모던야키(モダン焼き)는 이 집의
간판 메뉴. 진하고 강한 소스 맛이 맥주 한잔을 절로 생각나게 한다.

하루코마 春駒

맵북 **P.11-D1** 🔊 하루코마 주소 北区天神橋5-5-2 전화 06-6351-4319 운영 11:00~21:30
휴무 화요일 가는 방법 지하철 사카이스지(堺筋), 다니마치(谷町) 선, 한큐(阪急) 전철
센리(千里) 선 덴진바시스지6초메(天神橋筋六丁目) 역 12번 출구에서 도보 3분
키워드 하루코마

초밥집 앞 끝없는 대기행렬

초밥 전문점이 몰려 있는 덴진바시스지 상점가
(天神橋筋商店街)에서 가장 오래된 곳으로, 평
일 한산한 시간대에도 손님이 끊임없이 이어지
는 인기 초밥 전문점이다. 가격이 합리적이고 신
선한 재료를 사용하여 우리나라 관광객 사이에
서도 인지도가 높다. 보통은 자리에 앉아 먹고
싶은 메뉴를 메모장에 적어 내는 방식으로 주문
하지만 바쁠 땐 줄을 선 상태에서 주문을 받기도
한다. 한국어 메뉴판도 있지만 메모장에는 번호
나 일본어로 적도록 한다. 멀지 않은 거리에 분
점도 운영한다.

맵북 **P 10-B2** 🔊 하나다코 주소 北区角田町9-16
大阪新梅田食道街1F 전화 050-6361-7518
운영 10:00~22:00 가는 방법 한큐(阪急) 전철 우메다(梅田) 역
남쪽 개찰구 신우메다 식도가(新梅田食道街) 내에 위치
키워드 하나다코

하
나
다
코
はなだこ

다코야키의 감칠맛을
더욱 살려주는 파와 마요네즈

줄 서서 먹는 다코야키

우메다의 맛집이 집결한 신우메다 식도가(新梅田食道街)에
위치한 다코야키(たこ焼き) 전문점. 운영
내내 긴 대기 행렬이 늘어설 정도로 인기가
높으며, 특히 저녁 시간대에는 넥타이
차림의 인근 직장인들이 대거 방문해
문전성시를 이룬다. 대표 메뉴 네기마요
다코야키(ネギマヨたこ焼き)는 쫀득한 다코야키
위에 자잘한 파를 듬뿍 올려 느끼함을 잡아준다.

네
기
야
키
야
마
모
토
ねぎ焼やまもと

맵북 **P.11-C1** 🔊 네기야키야마모토
주소 北区角田町3-25 エスト1F 전화 06-6131-0118
홈페이지 negiyaki-yamamoto-umeda.gorp.jp
운영 11:30~22:00 가는 방법 쇼핑센터 에스트(EST) 내에 위치
키워드 야마모토 네기야키

간장과 레몬으로 간을 한
네기야키

일본식 파전의 원조

오사카 명물 음식이 된 네기야키(ねぎ焼き)를 처음으로 만
든 곳이다. 1965년 창업 당시 '오코노미야키 야마모토'라
는 이름으로 시작했지만 우연한 기회에 선보인 네기야키
가 좋은 반응을 불러일으키면서 정식 메뉴로 등극한다.
오코노미야키(お好み焼き)를 뛰어넘는 인기로 찾는 이
가 늘어나자 3년 후 지금의 이름으로 상호를 변경하기에
이른다. 오징어, 돼지고기, 새우 등 다양한 재료와 파가 만
나 절묘한 하모니를 이루는 네기야키는 간장 소스와 레몬 소
스를 뿌려 먹으면 더 맛있다.

가메스시 亀すし

맵북 P.11-C2 🔊 카메스시 주소 北区曽根崎2-14-2
전화 06-6312-3862 홈페이지 kamesushi.jp
운영 화~토요일 11:30~22:30, 일요일 11:30~21:30
휴무 월요일·둘째 주 화요일·12/31~1/3
가는 방법 지하철 다니마치(谷町) 선
히가시우메다(東梅田) 역 4번 출구에서 도보 2분
키워드 카메스시 총본점

오래 자리를 지켜온 노포 초밥집

1954년 창업한 오랜 전통의 초밥 전문점. 매일 중앙시장(中央市場)과 구로몬 시장(黒門市場) 등지에서 엄선한 재료로 만든 신선한 초밥을 내어놓는데, 제철을 맞은 해산물은 산지 직송을 받아 사용한다. 때문에 이 집의 자랑인 참치회(マグロ)를 비롯하여 계절에 특화된 식재료를 위주로 메뉴를 꾸리고 있다. 주문 즉시 즉석에서 조리하기 시작하므로 부드러운 식감의 초밥을 바로 맛볼 수 있다. 합리적인 가격 또한 이곳의 빼놓을 수 없는 특징 중 하나다.

제철생선만을 사용한 메뉴도
준비되어 있다.

이즈모 うな串 いづも

맵북 P.10-A2 🔊 이즈모
주소 北区梅田3-1-3 ルクアバルチカB2
전화 06-6151-2531 운영 11:00~23:00
가는 방법 루쿠아 바르치카 지하 2층에 위치
키워드 이즈모 루쿠아

비주얼만으로 배부른 장어덮밥

고급 식재료로 비싸고 엄격한 분위기에서 먹어야 할 것 같은 이미지를 가진 장어를 먹기 쉽게 저렴한 가격으로 제공하는 식당. 활기찬 이자카야를 콘셉트로 하여 캐주얼하면서도 부담 없는 메뉴에 충실한 편이다. 장어 750g을 거대한 달걀말이와 함께 얹은 볼륨 만점의 덮밥(そびえる鰻玉丼)과 장어와 소고기를 듬뿍 얹은 덮밥(鰻牛丼)이 인기 메뉴. 이 외에도 장어를 꼬치에 꽂아 구운 '장어꼬치(鰻串)', 장어구이 소스로 구워서 만든 '구운 삼각김밥(焼きおにぎり)' 등 다양한 장어 요리를 선보인다. 긴 대기 행렬을 감수해야 하니 참고하자.

맵북 **P.10-B2** 🔊 하마지마 주소 北区堂島浜1-1-8
전화 06-6343-0001 운영 월~금요일 11:30~14:00,
17:00~22:30, 토요일 17:00~21:00 휴무 일요일
가는 방법 게이한(京阪) 전철 나카노시마(中之島) 선
오에바시(大江橋) 역 5번 출구에서 도보 3분
키워드 hamajima

하
마
지
마
はまじま

어부가 건져올린 해산물 향연

미에현(三重県) 이세시마(伊勢志摩)의 작은 마을
하마지마(浜島)에서 직송된 싱싱한 해산물을 맛볼 수
있는 식당. 각종 어패류를 불에 구워 먹는 이세시마의
향토 요리 '히바야키(火場焼き)'가 메인 메뉴지만
점심 한정 메뉴인 생선 숯불구이와 일본식
회덮밥도 인기를 끌고 있다. 특히 일본식 회덮밥 중
참치와 도미, 연어 알, 문어 등 다양한 해산물이 듬뿍
들어있는 '어부의 폭탄덮밥(魚師の爆弾丼)'과 새우,
조개관자, 붕장어 등이 깔끔하게 얹어 나오는 '해녀의
해산물덮밥(海女の海鮮丼)'을 많이 찾는다.

맛있는 해산물이 한가득!

맵북 **P.10-B1** 🔊 하마구리앙
주소 北区芝田1-1-3 阪急三番街南館B2F
전화 06-6373-3456 홈페이지 daiwa-kigyo.jp/shop/hamaguri2
운영 11:00~23:00 가는 방법 한큐 삼번가 지하 2층에 위치
키워드 hamagurian

하
마
구
리
앙
はまぐり庵

시원한 대합 라멘

대합을 주재료로 한 대합 라멘, 대합을 삶은 육수로 만든 달걀말이 등 다양한 음식
을 선보이는 식당. 특히 이곳이 자신 있게 내세우는 대합 라멘(ハマグリラーメン)
은 알이 통통한 대합을 비롯해 대합의 깊은 맛이 잔뜩 밴 특제 육수와 교토의 라멘
집에서 엄선하여 공수한 면발을 사용해 깊은 맛을 자아낸다. 면은 매끈하고 목넘
김이 좋은 면과 쫄깃한 전립분 면 중에서 선택할 수 있다.

인디안 카레 インディアンカレー

맵북 P.10-B1 ◀) 인디안카레에 주소 北区芝田1-1-3 전화 06-6372-8813
홈페이지 www.indiancurry.jp 운영 월~금요일 11:00~22:00, 토·일요일·공휴일 10:00~22:00
가는 방법 한큐 삼번가(阪急三番街) 남관 지하 2층에 위치 키워드 인디안 카레

단맛과 매운맛이 조화로운 일본식 카레

1947년 오픈한 카레 전문점. 인도의 전문가를 초빙하여 배운 정통 스타일을 77년이 지난 지금도 고수하고 있다. 대표 메뉴인 인디안 카레는 일본인에게 익숙하지 않은 매운맛이 강조되면서도 동시에 달콤함이 살아있는 오묘함이 특징이다. 카레와 함께 제공하는 새콤달콤한 양배추 피클은 식욕을 돋우는 김치와 같은 역할을 한다. 카레 위에 날달걀을 얹어 먹고 싶다면 주문 시 '다마고이리(玉子入り)'라는 단어를, 양을 곱빼기로 먹고 싶다면 '라이스오오모리(ライス大盛り)'라는 단어를 덧붙이도록 하자.

하브스 ハーブス

맵북 P.10-B1 ◀) 하아부스 주소 北区芝田1-1-3 阪急三番街 南館 B1F 전화 06-6636-0198
홈페이지 www.harbs.co.jp 운영 11:00~21:00 가는 방법 한큐 삼번가 남관 지하 1층에 위치
키워드 하브스

겹겹이 쌓은 크레이프 케이크의 정수

나고야(名古屋)에 본점을 둔 케이크 전문점. 신선한 홈메이드 케이크를 맛볼 수 있는 곳으로 이름나 있다. 재료 본연의 맛을 그대로 살린 50여 가지의 오리지널 레시피 가운데 13~14 종류를 매달 계절에 맞춰 선보이고 있다. 메뉴가 바뀔 때마다 빠지지 않고 등장하는 밀크레이프(ミルクレープ)는 하브스를 대표하는 인기 메뉴. 겹겹이 쌓은 얇은 크레이프 사이에 과일과 믹스크림을 듬뿍 넣었다.

맵북 P.10-B2 🔊 마즈라깃사텐 주소 北区梅田1-3-1 大阪駅前第1ビルB1 전화 06-6345-3400
운영 월~금요일 09:00~20:30, 토요일 09:00~18:00 휴무 일요일·공휴일 가는 방법 지하철 다니마치(谷町) 선
히가시우메다(東梅田) 역 11-4번 출구에서 도보 1분 키워드 마즈라 깃사텐

마즈라 깃사텐 マヅラ喫茶店

레트로 분위기의 소우주

1947년 문을 열고 큰 인기를 누렸던 일본식 다방 깃사텐이 재개발로 1970년
대 현재의 위치에 정착했지만 늘 변함 없는 사랑을 받고 있다. 차를 마시러 온
손님이 꿈속에서 즐기고 있는 느낌을 주기 위해 가게 내부 인테
리어 콘셉트를 우주선으로 하였다고. 천장은 달의 분화구
를 형상화했으며, 곳곳에 매달린 전구는 별과 행성처
럼 보이게 배치했다고 한다. 많은 이들이 즐길 수
있도록 직접 로스팅한 커피를 저렴하게 제공한다.

맵북 P.10-B2 🔊 키이훼르 주소 大阪市北区角田町梅田地下街5-1 전화 06-6361-4571
홈페이지 www.kiefel-coffee.co.jp 운영 07:30~23:00 가는 방법 화이티 우메다 지하 1층에 위치
키워드 KIEFEL

키펠 KIEFEL

오사카의 로컬 체인 카페

1963년에 문을 연 오랜 전통의 오사카 로컬 프랜차이즈 카페. 직접 로스팅
한 커피를 제공하는 곳으로 아라비카 품종의 생원두만 사용한다. 신선함
을 매우 중요시하여 변질하지 않은 고품질 원두만 골라 매일 필요한 양만
로스팅하는 것을 원칙으로 한다. 커피 외에 케이크와 파르페도 맛있기로
유명하다. 케이크와 커피를 함께 주문하면 할인이 된다.

루쿠아
LUCUA

맵북 **P.10-B2** 루쿠아 주소 大阪市北区梅田3-1-3 전화 06-6151-1111
홈페이지 www.lucua.jp 운영 쇼핑 10:30~20:30, 음식 11:00~23:00
가는 방법 JR 전철 간조(環状) 선 오사카(大阪) 역 중앙 출구로 나오면 바로 위치 키워드 루쿠아

백화점과 전문점이 하나된 상업시설

JR 전철 오사카(大阪) 역으로 연결되는 대형 종합 쇼핑몰. 서관인 루쿠아 이레(ルクア1100)와 동관인 루쿠아(ルクア)로 나뉘어 운영하며, 편리함과 편안함을 추구하는 쇼핑 공간을 지향한다. 서관 루쿠아이레는 전문점과 백화점을 융합한 형태로 기존에 있던 이세탄(伊勢丹) 백화점을 새롭게 편성하여 만들었다. 이세탄 백화점의 고급 브랜드는 그대로 두되 디즈니스토어, 스노피크, 킨 등을 추가해 현재 트렌드를 최대한 반영한 부분이 흥미롭다. 9층 전체에 오사카 최대 규모인 쓰타야 서점(蔦屋書店)이 들어서 있는 점도 눈길을 끈다.

동관 루쿠아는 패션과 유행에 민감한, 일하는 여성을 타깃으로 한 브랜드가 다수 입점해 있다. 의류, 잡화, 화장품 등이 각 층마다 스타일별로 모여 있어 쇼핑하기 편리하다. 지하 2층은 루쿠아이레와 루쿠아를 합쳐 넓은 공간을 전부 푸드홀과 바로 꾸몄다. 오사카와 일본 전국 각지의 유명 식당의 분점이 모여 있어 기다란 대기 행렬을 이룰 만큼 인기가 높다.

그랜드 프런트 오사카 グランフロント大阪

맵북 **P.10-A1** 🔊 그랑후론토오오사카 **주소** [우메기타광장] 北区大深町4-1
[남관] 北区大深町4-20 [북관] 北区大深町3-1 **전화** 06-6372-6300
홈페이지 www.grandfront-osaka.jp **운영** 쇼핑 10:00~21:00, 음식 11:00~23:00
가는 방법 JR 전철 간조(環状) 선 오사카(大阪) 역 중앙 출구에서 바로 연결 **키워드** 그랜드 프런트 오사카

오사카 관문에 펼쳐지는 쇼핑의 세계

오사카의 관문을 자처하는 거대 쇼핑센터. 2013년 오픈 당시 오사카에 처음으로 진출하는 브랜드가 다수 입점해 있어 많은 화제를 불러 일으켰다. JR 전철 오사카 역 바로 앞에 있는 남관(南館), 계절별로 다양한 이벤트를 진행하는 우메기타 광장(うめきた広場), 그리고 남관 후문에 위치한 북관(北館)으로 이루어져 있다. 의류·잡화, 생활용품, 화장품, 카페, 레스토랑 등 오사카 최대 규모인 총 311개 점포가 들어서 있다.

이곳의 차별점 중 하나는 북관 6층 '우메기타 플로어(ウメキタフロア)'다. 레스토랑과 바 16개 점포가 자리한 이곳은 쉽게 말하면 23:00까지 즐길 수 있는 식당가 겸 푸드코트로, 마치 클럽이나 라운지 바에 온 듯한 화려한 인테리어와 조명이 인상적이다. 늦은 시간대까지 우메다의 밤을 만끽하고 싶다면 추천하는 곳이다. 또 하나의 차별점은 기타 지역 일대를 순환하는 '우메구루 버스(うめぐるバス)'를 운행한다는 점이다. 우메구루 버스는 1회 승차 시 ¥100이며, 1일 승차권은 ¥200이다. 간사이 스루패스 소지자는 무료로 탑승 가능하다. JR 전철 오사카 역부터 자야마치(茶屋町), 니시우메다(西梅田), 기타신치(北新地), 히가시우메다(東梅田)까지 도보로는 조금 버거운 기타 지역을 보다 편리하게 둘러볼 수 있다.

Tip **그랜드 프런트 오사카 ¥500 할인 쿠폰**

그랜드 프런트 오사카, 한큐 삼번가, 헵 파이브, 하비스, NU자야마치, 디아모르 오사카 등 여섯 군데 시설에서 외국인 관광객 한정 ¥3,000 이상 구매 시 ¥500 할인이 적용되는 쿠폰을 배포 중이다. 단, 그랜드 프런트 오사카, 한큐 삼번가, 헵 파이브, 하비스의 안내데스크에서만 받을 수 있다는 점을 명심하자.

다
이
마
루
우
메
다

大
丸
梅
田
店

맵북 **P.10-B2** 🔊 다이마루우메다텐 주소 北区梅田3-1-1 전화 06-6343-1231
홈페이지 www.daimaru.co.jp/umedamise 운영 상점 10:00~20:00, 14층 식당가 11:00~23:00
가는 방법 JR 전철 간조(環状) 선 오사카(大阪) 역 중앙 출구로 나와 오른쪽으로 직진하면 백화점 입구 위치
키워드 다이마루 백화점 우메다점

취미 분야를 특화한 백화점

한큐(阪急), 한신(阪神)과 함께 오사카의 3대 백화점 중 하나다. 타 백화점
과의 차별화를 위해 다양한 시도를 펼치고 있는데, 13층에 포켓몬 센터, 닌
텐도 오사카, 원피스 무기와라 스토어, 캡콘 스토어 등 현재 젊은 연령층에
게 큰 인기를 누리고 있는 게임과 캐릭터 관련 점포를 한데 모아 났다. 또
한 10층부터 12층은 생활용품 전문점 핸즈(HANDS)가 자리하며, 15층에
는 다이마루 뮤지엄(大丸ミュージアム)을 설치하여 다양한 기획 전시회
를 열고 있다. 백화점 지하 1층과 지하 2층 무려 두 개 층을 할애하여 디저
트 제품과 먹거리를 선보이고 있다. 1층 안내소에서는 외국인 관광객 전용
5% 할인 쿠폰을 증정하며, 5층 면세 카운터에서 면세 수속을 진행한다.

Tip 백화점 내 추천 상점

닌텐도 오사카 ニンテンドーオオサカ

일본의 대표적인 콘솔 게임기 전문업체인 닌텐도의
공식 스토어. 닌텐도 스위치 본체와 소프트웨어는
물론이고 게임 캐릭터의 다양한 상품을 총망라했
다. 닌텐도 게임 마니아라면 눈이 즐거워질 스토어
디스플레이는 그 자체만으로 기념촬영 장소와 놀
이터가 되고 있다. 주말과 공휴일 등 혼잡이 예상되
는 날은 입장을 위한 정리권을 배포하는 경우가 있
다. 개점 전은 1층 물의 시계(水の時計) 앞에서, 개
점 후는 13층 점포 앞에서 이루어진다.

맵북 **P.10-B2** 🔊 닌텐도 오오오사카 주소 北区梅
田3-1-1 大丸梅田店13F 전화 0570-088-210 홈페이지
www.nintendo.co.jp/officialstore 운영 10:00~20:00
가는 방법 다이마루 우메다 13층에 위치

포켓몬 센터 오사카 ポケモンセンターオーサカ

유명 게임 시리즈이자 우리에겐 TV 애니메이션으
로 친숙한 '포켓몬스터'의 공식 스토어. 포켓몬에 등
장하는 다채로운 캐릭터가 그려진 인형, 키링, 의류
등 오리지널 상품을 만나볼 수 있다. 워낙 많은 사
랑을 받고 있는 시리즈라 늦은 시간대에 방문하면
품절된 상품이 속출하여 원하는 것을 얻지 못할 수
있으므로 가급적 이른 시간에 가는 것을 권한다.

맵북 **P.10-B2** 🔊 포켓몬센타아오오사카
주소 北区梅田3-1-1 大丸梅田店13F 전화 06-6346-
6002 홈페이지 www.pokemon.co.jp/shop/pokecen/
osaka 운영 상점 10:00~20:00, 카페 10:00~21:30
가는 방법 다이마루 우메다 13층에 위치

🛍 **한큐 우메다 본점**
阪急うめだ本店

맵북 **P.10-B2** 🔊 한큐우메다혼텐 **주소** 北区角田町8-7 **전화** 06-6361-1381
홈페이지 www.hankyu-dept.co.jp **운영** 상점 10:00~20:00, 레스토랑 11:00~22:00
가는 방법 한큐(阪急) 전철 오사카우메다(大阪梅田) 역 남쪽 출구로 나오면 바로 위치
키워드 한큐백화점 우메다 본점

최신 패션과 라이프스타일 총망라

'우메한(うめ阪)'이라는 별칭을 가진 오사카를 대표하는 백화
점. 최신 유행의 발신지로 간토(関東) 지방은 이세탄(伊勢丹),
간사이(関西) 지방은 한큐 백화점을 꼽을 만큼 패션 분야에서
두각을 나타낸다. 그랜드 프런트 오사카, 루쿠아 등 최신 쇼핑
센터의 오픈과 라이벌 다이마루 우메다의 확장 등 쇼핑센터
간의 날로 치열해지는 경쟁을 의식한 듯 한큐 역시 확장과 증
축으로 신점포를 늘려가고 있다. 그 사업의 일환으로 탄생한
것이 남성복 전문관 한큐멘즈(阪急メンズ)다. 이세탄에 비견
되는 또 하나의 자랑거리는 지하 1층에서 판매하는 각종 디저
트 제품이다. 프리미엄 빼빼로라 불리는 바통도르(バトンド
ール), 한국에도 알려진 도지마롤(堂島ロール), 고급 버터 에
시레(エシレ) 등 보는 것만으로도 행복해지는 디저트 천국이
펼쳐진다. 지하 1층 해외 고객 전용 카운터에서 여권을 제시하
면 5% 할인 쿠폰과 면세 혜택을 받을 수 있다.

맵북 **P.10-B2** 🔊 한신우메다혼텐 **주소** 北区梅田1-13-13 **전화** 06-6345-1201
홈페이지 www.hanshin-dept.jp **운영** 상점 10:00~20:00, 레스토랑 11:00~22:00
가는 방법 한신(阪神) 전철 오사카우메다(大阪梅田) 역 백화점(百貨店) 출구로 나오면 정면에 위치
키워드 한신백화점 우메다 본점

🛍 **한신 우메다 본점**
阪神梅田本店

음식 분야에 정평한 백화점

한큐 우메다(阪急うめだ)의 라이벌로 꼽혔
던 곳이지만 현재는 합병되어 자매점 형태로
운영 중인 백화점. 한큐 우메다보다 비교적
캐주얼하고 최신 트렌드를 적극 반영하는 브
랜드가 많은 편이다. '스낵파크(スナックパ
ーク)'란 이름으로 운영되는 지하 1층은 여느
백화점과 마찬가지로 맛있는 먹거리가 모여
있기로 유명하다. 저렴하고 맛있는 오사카의
명물 음식을 한데 모아놨다. 2층 면세 카운터
에서 여권을 제시하면 5% 할인 쿠폰과 면세
혜택을 받을 수 있다.

링크스 우메다 リンクス梅田

맵북 P.10-B1 📢 링크스우메다 주소 北区大深町1-1 전화 06-6486-2225
홈페이지 links-umeda.jp 운영 상점 10:00~21:00, 음식점/레스토랑마다 상이
가는 방법 지하철 미도스지(御堂筋) 선 우메다(梅田) 역 북쪽 개찰구에서 도보 1분 키워드 LINKS UMEDA

가전 양판점 속 쇼핑 페스티벌

일본의 유명 가전 양판점 요도바시카메라(ヨドバシカメラ)가 운영하는 종합 상업 시설. 지하 2층, 지상 12층의 부지 면적이 5,000여 평에 달하는 엄청난 크기의 건물로, 고층 빌딩이 많은 우메다에서 묵직한 존재감을 뽐내고 있다. 최적의 접근성과 입지 조건을 갖춘 덕분에 연매출이 상당한 것으로 알려져 있다. 9~12층 주차장을 제외하고 지하 2층부터 지상 5층까지는 요도바시카메라, 5층부터 7층까지는 브랜드 매장, 8층은 식당가로 구성되어 있다. 이 중 핵심 매장은 오사카 최대 규모의 슈퍼마켓 하브스(Harves), 1층 유니클로, 6층 아웃도어 전문매장인 이시이스포츠(石井スポーツ), 7층 인테리어 가구점인 니토리다.

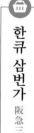

한큐 삼번가 阪急三番街

맵북 P.10-B1 📢 한큐우산방가이 주소 北区芝田1-1-3 전화 06-6371-3303
홈페이지 www.h-sanbangai.com 운영 상점 10:00~21:00, 레스토랑 10:00~23:00
가는 방법 한큐(阪急) 전철 오사카우메다(大阪梅田) 역 중앙 또는 자야마치(茶屋町) 출구로 나오면 바로 위치
키워드 한큐 3번가

캐릭터 마니아라면 반드시 가야 해

오랜 전통을 자랑하는 오사카의 대표 쇼핑센터로 남관과 북관으로 나뉘어 운영 중이다. 남관과 북관을 서로 오갈 수 있는 연결 통로는 유일하게 지하 2층에만 있으며, 다른 층에서는 이동이 불가능하다는 점을 염두에 두자. 유명 맛집이 즐비한 남관 지하 2층과 캐릭터 잡화 매장 키디랜드가 있는 북관 지하 1층이 추천할 만하다. 더불어 북관 1층에는 '이웃집의 리락쿠마', 레고, 지하 1층에는 '치이카와'의 공식 캐릭터 매장이 있어 캐릭터 상품을 좋아한다면 저절로 지갑이 열릴지도 모른다.

헵 파이브 HEP FIVE

맵북 **P.10-B1** ◀◙ 헵뿌화이브 주소 北区角田町5-15 전화 06-6313-0501
홈페이지 www.hepfive.jp ※일부 브랜드에 한해 면세 수속을 실시하고 있다.
운영 상점 11:00~21:00, 음식점 11:00~22:30, 기타 시설 11:00~23:00
가는 방법 한큐(阪急) 전철 오사카우메다(大阪梅田) 역 남쪽 출구에서 도보 3분 키워드 헵 파이브

Z세대가 열광하는 쇼핑센터

지상 9층, 지하 2층 건물에 패션 브랜
드, 잡화, 식당 등 약 150여 점포가 입점
한 이곳은 젊은 연령층을 타깃으로 한
쇼핑센터로 25년 이상 우메다를 지키고
있는 붙박이다. 옥상에 있는 빨간색 관
람차가 눈에 띄어 우메다 근방을 헤매
더라도 이곳만큼은 바로 발견할 수 있
다. 한국인 여행자의 필수코스가 된 디
즈니 스토어를 비롯해 '짱구는 못말려'
와 '산리오'의 공식 스토어, 스투시, 아
디다스, 빔즈 등 패션 브랜드 매장을 만
나볼 수 있다.

빨간 대형 고래 오브제는
일본의 유명 뮤지션이 기획한 작품이다.

한큐 멘즈 오사카 阪急メンズ大阪

맵북 **P.10-B2** ◀◙ 한큐우멘즈오오사카 주소 北区角田町7-10 전화 06-6361-1381
홈페이지 web.hh-online.jp/hankyu-mens 운영 월~금요일 11:00~20:00,
토·일·공휴일 10:00~20:00 가는 방법 한큐(阪急) 전철 오사카우메다(大阪梅田) 역 3층
개찰구 또는 2층 중앙 개찰구에서 도보 2분 키워드 한큐멘즈 오사카

최신 유행 남성복 총집결

지하 1층부터 지상 5층까지 모든 브랜드
가 남성복을 전문으로 한 쇼핑 시설이라
남성들이 쇼핑하기 최적의 장소다. 지하
1층은 속옷과 화장품, 1층은 가방, 벨트,
열쇠고리, 넥타이 등의 액세서리, 2층부
터 5층까지는 각 층마다 스타일별로 브
랜드를 구성했다. 오라리, 코모리, 와코
마리아, 콤데가르송 등 한국의 젊은 세
대가 환호하는 일본의 최신 유행 브랜드
부터 아크네스튜디오, A.P.C., MSGM,
몽클레어까지 패션에 관심 있다면 눈이 휘둥그렇게 되는 브랜드가 총망라되어 있다.
5층 면세 카운터에서 여권을 제시하면 5% 할인 쿠폰과 면세 혜택을 받을 수 있다.

누 자야마치 ＮＵ茶屋町

맵북 P.10-B1 ◀)) 누우차야마치 주소 北区茶屋町10-12 전화 06-6373-7371
홈페이지 nu-chayamachi.com 운영 상점 11:00~21:00, 타워레코드 11:00~23:00, 레스토랑 11:00~23:00
가는 방법 한큐(阪急) 전철 오사카우메다(大阪梅田) 역 자야마치(茶屋町) 출구에서 도보 3분
키워드 누 차야마치

세련된 감각의 패션 빌딩

자야마치 지역의 랜드마크 격 쇼핑센터로 세련된 건물 외관이 돋보인다. 누자야마치의 누(NU)는 'North Umeda'의 약자다. 본관과 바로 옆 건물인 별관 누자야마치 플러스(NU茶屋町プラス)로 구성되어 브랜드 매장과 레스토랑 등 약 80점포가 들어서 있다. 최근 한국인에게 인기인 스포츠 브랜드 오니츠카타이거 외에는 다소 생소한 브랜드가 모여 있다. 외국인 관광객을 대상으로 한 할인 쿠폰을 받을 수 있으므로 홈페이지에서 확인해볼 것. 일부 점포는 면세 혜택도 주어진다.

화이티 우메다 ホワイティうめだ

맵북 P.10-B2 ◀)) 호와이티우메다 주소 北区小松原町梅田地下街4-2 전화 06-6312-5511
홈페이지 whity.osaka-chikagai.jp 운영 상점 10:00~21:00, 레스토랑 10:00~22:00
가는 방법 지하철 미도스지(御堂筋) 선 우메다(梅田) 역 개찰구에서 바로 연결 키워드 화이티우메다

일본 최대의 지하상가

새하얀 거리를 테마로 하여 1963년 문을 연 하루 약 40만 명이 이용하는 일본 최대의 지하상가. JR 전철 오사카(大阪) 역부터 지하철 우메다(梅田) 역을 거쳐 히가시우메다(東梅田) 역까지 뻗어 있으며 구역별로 노스, 이스트, 사우스, 센터 등으로 구성되어 있다. 이 중 이스트몰은 튀김덮밥, 돈카츠 덮밥, 소바 등 일본 요리 식당이 대거 입점해 있어 한 끼를 해결할 선택지가 다양하다. 만남의 장소로 이용되는 분수대 이즈미노 히로바(泉の広場)는 이곳의 상징이다.

우메다 에스토 梅田エスト

맵북 P.10-B1 ◀)) 우메다에스토 주소 北区角田町3-25 전화 06-6371-8001
홈페이지 www.est-sc.com 운영 상점 11:00~21:00, 레스토랑 11:00~23:00 가는 방법 한큐(阪急) 전철 오사카우메다(大阪梅田) 역 3층 남쪽 개찰구에서 도보 3분 키워드 Umeda EST

빈 공간을 활용한 쇼핑센터

JR 전철 간조(環状) 선의 고가 철도 아래 빈 공간을 활용하여 만들어진 쇼핑센터. 10, 20대 여성을 메인 고객으로 겨냥한 중저가 패션 브랜드가 주를 이루고 있고 레스토랑, 카페도 입점해 있어 쇼핑 중간에 차와 커피를 마시며 휴식을 취할 수 있다. 쇼핑 공간 곳곳에 출입구를 설치하여 드나들기 쉽고 쇼핑하기 편리하게 설계한 점이 특징이다.

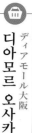

디아모르 오사카
ディアモール大阪

맵북 **P.10-B2** 🔊 디아모오르오오사카 **주소** 北区梅田1 大阪駅前ダイヤモンド地下街1号
전화 06-6348-8931 **홈페이지** www.diamor.jp **운영** 쇼핑 10:00~21:00, 음식 10:00~22:00
가는 방법 한신(阪神) 전철 오사카우메다(大阪梅田) 역 서쪽 개찰구에서 도보 3분
키워드 Diamor 오사카

밝고 개방적인 지하상가

한신 전철 오사카우메다 역에서 연결되는 지하 쇼핑센터. 드러그스토어, 편의점으로 구성된 '마켓 스트리트', 데일리 캐주얼 패션 브랜드를 중심으로 한 '캐주얼 스트리트', 인테리어 잡화 매장이 즐비한 '버라이어티 스트리트', 깔끔한 기본 스타일의 패션 브랜드가 모인 '패셔너블 스트리트'로 나뉘어 있다. 의류, 잡화 브랜드 외에도 레스토랑, 카페 등 먹거리도 충실한 편이다.

하비스
ハービス

맵북 **P.10-A2** 🔊 하아비스 **주소** [하비스플라자] 北区梅田2-5-25 [하비스플라자엔트]
北区梅田2-2-2 **전화** 06-6343-7500 **홈페이지** www.herbis.jp **운영** [하비스플라자] 상점 11:00~
20:00, 레스토랑 11:00~22:30 [하비스플라자엔트] 상점 11:00~20:00, 레스토랑 11:00~23:00
가는 방법 한신(阪神) 전철 오사카우메다(大阪梅田) 역 서쪽 개찰구에서 도보 1분 **키워드** 하비스 오사카

명품 쇼핑을 즐긴다면

힐튼 플라자 웨스트(ヒルトンプラザ) 바로 옆에 위치한 쇼핑몰로, 비교적 고가의 브랜드를 취급한다. 힐튼 플라자와 마찬가지로 두 건물을 사용하여 왼쪽 하비스 플라자, 오른쪽 하비스 플라자 엔트로 구분된다. 구찌, 티파니앤코, 멀버리, 막스마라 등 우리에게 익숙한 명품 브랜드가 입점해 있어 힐튼 플라자와 함께 명품 쇼핑을 즐기기 좋은 곳이다.

맵북 **P.10-B2** 🔊 히루톤프라자오오사카 **주소** [이스트] 北区梅田1-8-16 [웨스트] 北区梅田2-2-2
전화 06-6342-0002 **홈페이지** www.hiltonplaza.com **운영** 상점 11:00~20:00,
레스토랑 11:00~23:00 **휴무** 1/1·6월 첫째 주 월요일 **가는 방법** 지하철 요쓰바시(四つ橋) 선
니시우메다(西梅田) 역 4A 또는 4B번 출구로 나오면 바로 위치 **키워드** 힐튼 플라자

힐튼 플라자 오사카
ヒルトンプラザ大阪

호텔 속에서 즐기는 명품 쇼핑

유명 브랜드 호텔 힐튼 오사카(ヒルトン大阪)에서 운영하는 고급 쇼핑센터. 힐튼 호텔이 있는 건물 내에는 힐튼 플라자 이스트가 있으며 에르메스, 미키모토, 로로피아나가 대표 입점 브랜드다. 호텔 서쪽으로 건널목을 건너면 보이는 힐튼 플라자 웨스트에는 루이비통, 불가리, 페라가모, 파텍필립 등 이스트보다 브랜드가 다양한 편이다. 면세가 가능한 브랜드 리스트는 홈페이지에서 확인할 수 있다.

오사카 성 大阪城

must do.

01.

천수각을 중심으로 오사카 성을
둘러보자.

02.

수상버스 아쿠아라이너를 타고 오사카 성
일대를 유유히 산책하자.

Chapter 03.

과거로 떠나는 시간여행이 테마라면 단연 오사카 성 지역이
정답이다. 도요토미 히데요시가 축성한 오사카 성부터
시작하여 오사카의 역사를 알 수 있는 나니와노미야 유적
공원과 오사카 역사박물관을 관람한다면 오사카라는 도시에
한 발짝 다가가 있음을 느낄 수 있을 것이다.

03.

오사카 역사박물관에서 고고학자가 된 듯
발굴 현장을 답사해보자.

04.

시내 한가운데 자리한 자그마한 섬
나카노시마에서 문화생활 즐기기!

오사카 성
map

오사카성 찾아가기

❶ 오사카 성, 나니와노미야 유적 공원, 오사카 역사박물관은 지하철 주오 (中央) 선 다니마치4초메(谷町4丁目) 역에서 하차한다.

❷ 아쿠아라이너의 승선장은 JR 전철 간조(環状) 선 오사카조코엔(大阪城 公園) 역, 케마사쿠라노미야 공원은 JR 전철 도자이(東西) 선 오사카조기타 즈메(大阪城北詰) 역에서 하차한다.

오사카성 하루여행

오사카 성만으로도 이 지역을 방문해야 할 이유는 충분하다. 오사카 성 공 원을 중심으로 모든 명소가 모여 있으나 어마어마한 규모를 자랑하기 때문 에 한나절은 투자해야 할 것이다. 가까운 교통편을 기준으로 동선만 잘 짠 다면 효율적으로 둘러볼 수 있다.

오사카성 추천코스

이동 간격을 고려하여 효율적으로 일정을 소화할 수 있도록 동선을 줄였다. 나니와노미야 유적 공원과 오사카 역사박물관을 둘러본 다음 점심 식사를 끝내고 이 지역에서 가장 많은 시간을 할애할 오사카 성에 방문하도록 한 다. 천수각을 비롯한 오사카 성을 둘러본 후 아오야몬(青屋門) 게이트로 빠 져나와 오사카 성홀(大阪城ホール)을 지나 수상버스 아쿠아라이너 승선장 으로 이동한다.

course

나니와노미야 유적 공원 ── 도보 5분 ── 오사카 역사박물관 ── 도보 5분 ── 오사카 성

── 도보 5분 ── 수상버스 아쿠아라이너

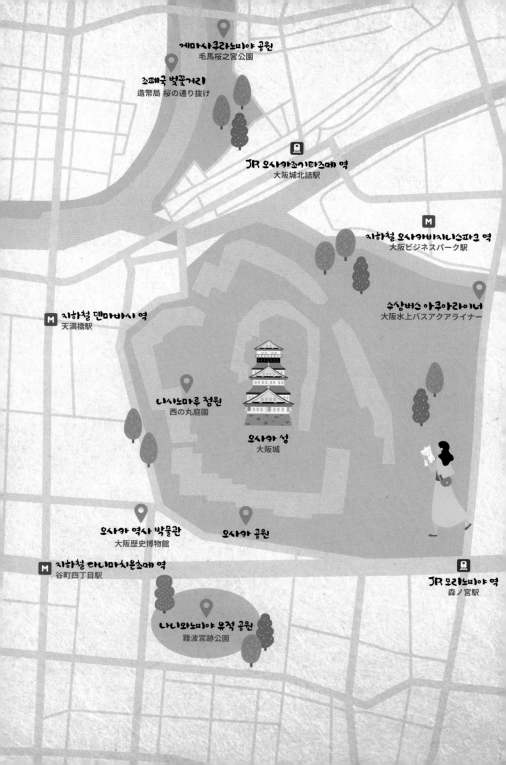

맵북 P.12상단-A2 🔊 나니와노미야코오엔 주소 中央区法円坂1 전화 06-6943-6836
운영 24시간 요금 무료 가는 방법 지하철 주오(中央) 선, 다니마치(鉄谷町) 선
다니마치4초메(谷町4丁目) 역 10번 출구에서 도보 1분 키워드 나니와궁터 공원

공원으로 탈바꿈한 옛 궁전의 터

1953년 오사카시립대학 야마네 도쿠타로(山根德太郎) 교수가 이끄는 발굴 조사에 의해 발견된 유적지를 공원으로 조성한 곳이다. 아스카(飛鳥)와 나라(奈良) 시대의 궁전이었던 나니와노미야(難波宮)는 흔적이 발견되기 전까지 오로지 역사 기록으로만 남아 있었고 정확한 소재지는 불분명했던 곳이었다.

중앙에는 일왕이 공식행사 시 사용했던 대극전(大極殿)이 복원되어 있다. 자유롭게 단상에 올라갈 수 있어 오사카 성(大阪城)을 바라보기에 안성맞춤이다. 이곳에서 발굴된 문화재는 인근 오사카 역사박물관(大阪歷史博物館)에 전시되어 있으니 함께 방문해보자.

맵북 P.12상단-A2 🔊 오오사카레키시하쿠부츠칸
주소 中央区大手前4-1-32 전화 06-6946-5728
홈페이지 www.osakamushis.jp 운영 09:30~17:00(마지막 입장
16:30) 휴무 화요일·12/28~1/4 요금 성인 ¥600, 고등·대학생 ¥400,
중학생 이하 무료 가는 방법 지하철 주오(中央) 선, 다니마치(鉄谷町) 선
다니마치4초메(谷町4丁目) 역 9번 출구로 나오면 바로 왼편에 위치
키워드 오사카 역사박물관

오사카를 깊이 알고 싶어요

1,000년이 넘는 오랜 세월을 간직한 도시, 오사카의 역사를 재조명한 박물관. 오사카 성과 나니와노미야 유적 공원을 함께 둘러보라는 의미에서 두 곳 사이에 위치한다. 7층부터가 본격적인 전시실이라고 할 수 있다. 7층은 다이쇼(大正) 시대부터 쇼와(昭和) 시대까지 근현대의 오사카를, 9층은 무로마치(室町) 시대부터 에도(江戸) 시대까지의 오사카를 다룬 곳으로 당시의 모습을 리얼하게 재현했다. 8층은 유물 발굴의 현장을 실물 크기로 재현하여 고고학을 체험할 수 있다. 10층은 나니와노미야(難波宮)의 대극전(大極殿)을 실물 크기로 복원하여 궁정 행사를 알기 쉽게 소개하고 있다. 지하 2층은 아스카(飛鳥) 시대의 궁전이었던 나니와노나가라노토요사키노미야(難波長柄豊碕宮)의 발굴 유적을 그대로 보존하고 있어 그 모습을 견학을 통해 살펴볼 수 있다. 매일 15:00에 선착순 20명까지 참여 가능한 견학이 시작된다.

맵북 **P.12상단-B2** ▪◁》 오오사카조오 주소 中央区大阪城1-1 전화 06-6941-3044
홈페이지 [오사카 성 공원] www.osakacastlepark.jp [천수각] www.osakacastle.net
운영 [천수각] 09:00~17:00(마지막 입장 16:30), 12월 28일~1월 1일 휴관 [니시노마루 정원]
3~10월 09:00~17:00, 11~2월 09:00~16:30 휴무 월요일 요금 [천수각] 성인 ¥600, 중학생 이하 무료
[니시노마루 정원] 성인 ¥200, 중학생 이하 무료 가는 방법 지하철 주오(中央) 선, 다니마치(谷町) 선
다니마치4초메(谷町4丁目) 역 9번 출구에서 도보 10분 키워드 오사카 성

오
사
카
성

大
阪
城

오사카를 대표하는 랜드마크

구마모토 성(熊本城), 나고야 성(名古屋城)과 함께 일본의 3대 성으로 꼽히
는 오사카의 대표적인 관광 명소. 임진왜란을 일으켰던 일본의 무장 도요
토미 히데요시(豊臣秀吉)의 부귀영화를 상징하는 곳이기도 하다. 무로마
치(室町) 시대에 그가 천하 통일의 거점을 마련하기 위해 지었고, 농민 반
란의 총괄 기관 역할을 했던 이시야마 혼간지(石山本願寺) 자리에 세워졌
다. 오사카 성의 중심인 '천수각(天守閣)'은 1583년 건축을 시작하여 2년 만
에 완성되었으나 1615년 오사카 여름 전투(大阪夏の陣)로 인해 소실되었
다. 그 후 도쿠가와 이에야스(德川家康)에 의해 재건되었지만 1665년 벼락
에 맞아 또다시 소실되면서 역사 속으로 사라지는 듯했다. 이후 1931년 오
사카 시민들의 기부에 의해 이전의 형식들을 한데 섞은 모습으로 복원되어
지금의 형태가 되었다. 천수각을 중심으로 펼쳐지는 '오사카 성 공원(大阪
城公園)'은 벚꽃 명소로도 유명한 '니시노마루 정원(西の丸庭園)'과 도요
토미 히데요시의 동상이 있는 '호코쿠 신사(豊国神社)' 등 다양한 볼거리를
제공한다. 총 면적 약 32만 평에 달하는 대규모 공원이므로 반나절 정도를
투자하고 둘러보는 것을 추천한다.

오사카 성의 볼거리

❶ 천수각 天守閣

오사카 성의 핵심 명소다. 내부는 오사카 성의 역사를 소개하는 박물관으로서의 역할을 충실히 하고 있는데, 2층은 오사카 성의 기초 지식을 전시하고 3층부터 4층에 걸쳐 도요토미 히데요시가 활약했던 시대상에 관한 내용을 소개하며, 도요토미 히데요시의 생애를 다루는 7층까지 전시가 이어진다. 자료 중에는 유형 문화재로 지정되어 있는 작품도 다수 전시되어 있다. 마지막 8층에는 오사카 성의 전경을 감상할 수 있는 전망대가 마련되어 있다.

❷ 니시노마루 정원 西の丸庭園

1965년 2만여 평에 이르는 잔디 정원으로 개원하였다. 약 300그루의 벚꽃나무가 만발하는 봄에는 벚꽃놀이를 즐기는 이들로 인산인해를 이룬다. 초여름은 진달래, 가을은 단풍, 겨울에는 산다화로 물들어 사계절 언제 방문해도 자연의 아름다움을 느낄 수 있다. 천수각이 잘 보이는 곳이기도 하여 포토 스폿으로도 인기가 높다.

❸ 호코쿠 신사 豊国神社

도요토미 히데요시를 비롯해 그의 셋째 아들 도요토미 히데요리(豊臣秀頼)와 이복동생 도요토미 히데나가(豊臣秀長)를 신으로 모시는 신사다. 신사 입구에는 그의 동상이 세워져 있다. 가난한 농민의 아들로 태어났지만 오다 노부나가(織田信長)의 부하가 되면서 승승장구하여 결국 일본 천하를 평정하기에 이른다. 그의 화려한 자수성가 스토리 때문인지 이곳을 방문하면 출세운이 트이고 좋은 기운을 받을 수 있다는 오사카의 주요 명소 중에서도 압도적인 인기를 누리고 있다.

Tip 로드 트레인

공원 내부를 한 바퀴 도는 로드 트레인을 운영하고 있다. 탑승장은 지도를 참고하자. 성인 ¥400, 초등학생 이하·65세 이상 ¥200

❹ 일본 중요 문화재로 지정된 볼거리

오사카 성 공원 서쪽에 위치한 정문 오테몬(大手門), 오테몬에 이은 두 번째 문으로 현존하는 것 중 가장 큰 크기를 자랑하는 다몬야구라(多聞櫓), 도쿠가와(徳川) 시대에 금고로 사용된 긴조(金蔵), 문 근처에 벚꽃이 있다고 하여 이름 붙여진 사쿠라몬(桜門) 등 오사카 성 공원 내에는 총 13군데의 중요 문화재가 있다.

❺ 관광도 즐기고 휴식도 즐기고

천수각 부근에 있던 구 육군 청사를 개조해 먹거리와 기념품 판매점이 들어선 '미라이자 오사카 성(ミライザ大阪城)'과 JR 전철 오사카 역에서 바로 연결되며 식당과 카페, 관광 안내소가 입점한 '조 테라스 오사카(JO TERRACE OSAKA)'가 새롭게 탄생하였다. 관광뿐만 아니라 휴식도 겸할 수 있는 공간을 갖추고 있다.

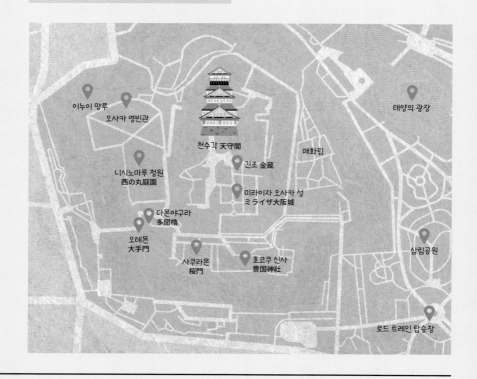

맵북 P.12상단-A1 🔊 케마사쿠라노미야코오엔 주소 北区天満1-1-79 전화 06-6312-8121
가는 방법 JR 전철 도자이(東西) 선 오사카조기타즈메(大阪城北詰) 역 3번 출구로 나오면 바로 위치
키워드 게마사쿠라노미야 공원

毛馬桜之宮公園
게마사쿠라노미야 공원

현지인의 벚꽃 나들이 명소

오카와(大川) 강변의 게마 둑(毛馬洗堰)부터 덴마 다리(天満橋)까지 이어지는 약 4.2km 거리의 하천 부지를 공원으로 조성한 곳이다. 오사카 성 공원(大阪城公園)과 더불어 오사카의 대표적인 벚꽃 명소 중 하나로 오카와 강변을 따라 벚꽃나무 약 4,800그루가 심어져 있다. 봄에는 벚꽃이 화려하게 만발하여 이 일대가 온통 분홍색으로 물들고 벚꽃놀이를 온 방문객들은 산책로를 걸으며 기념 촬영을 즐긴다. 벚꽃 시즌에는 다코야키(たこ焼き), 야키소바(焼きそば) 등 길거리 음식을 파는 포장마차가 들어선다. 공원 곳곳에 조명이 설치되어 있어 해가 저문 저녁 시간에도 벚꽃을 감상할 수 있다.

맵북 P.12상단-A1 🔊 조오헤에쿄쿠사쿠라노토오리누케 주소 北区天満1-1-79 전화 050-5548-8686
홈페이지 www.mint.go.jp/enjoy/toorinuke 운영 월~금요일 10:00~19:30, 토·일요일 09:00~19:30
가는 방법 JR 전철 도자이(東西) 선 오사카조기타즈메(大阪城北詰) 역 3번 출구에서 도보 15분
키워드 조폐국 본국

조폐국 벚꽃거리
造幣局 桜の通り抜け

일년에 단 일주일만 만나는 벚꽃

오사카 성과 더불어 일본 벚꽃 명소 100선에 선정된 곳이다. 조폐국 남문에서 북문으로 이어지는 560m 길이, 132종 총 350그루의 벚꽃나무를 감상할 수 있는 이 벚꽃 거리는 1년 중 4월 상순부터 중순 사이 단 일주일만 공개된다. 입구는 남문 하나뿐이지만 출구는 중간 지점인 서문과 끝 지점인 북문, 사쿠라문 등 총 세 곳에 위치해 있다. 1883년부터 오사카 시민 모두가 이곳에서 벚꽃놀이를 즐기자는 취지 아래 개방되었으나 매우 혼잡한 관계로 오로지 일방 통행으로만 다닐 수 있도록 되어 있다. 약 한 달 전부터 공식 사이트에서 온라인 사전 신청을 선착순으로 받는다.

수
상
버
스
·
아
쿠
아
라
이
너
大阪水上バスアクアライナー

맵북 **P.12상단-B1** 🔊 스이조오바스아쿠아라이나아 주소 中央区大阪城2番地先
전화 0570-03-5551 홈페이지 suijo-bus.osaka/intro/aqualiner 운영 10:15~16:15
요금 성인 ¥1,800, 초등학생 ¥900, 미취학 아동 동반자 1인당 무료 가는 방법 JR 전철 간조(環状) 선
오사카 성 공원(大阪城公園) 역 출구로 나와 오른편 승선장으로 가는 골목으로 들어서서 직진하면
나오는 오사카 성 항(大阪城港)에 위치 키워드 아쿠아라이너

오사카 e-PASS

수상도시 오사카를 만끽해요

오사카 성(大阪城)부터 나카노시마(中之島) 사이를 운항하는 관광 유람선. 사계절 내내 다
양한 모습으로 변신하는 오카와강(大川)을 가로질러 60분간 수상 산책을 즐길 수 있다. 오
사카의 랜드마크인 '오사카 성', 벚꽃 풍경이 아름답기로 유명한 '게마사쿠라노미야 공원
(毛馬桜之宮公園)', 그리고 레트로 느낌 물씬 나는 나카노시마의 상징 '오사카시 중앙 공회
당(大阪市中央公会堂)'을 찬찬히 감상하며 오사카의 자연을 만끽할 수 있다. 음식물 반입
이 금지되어 있지만 선내에 매점이 있어 음료수 등 간단한 요깃거리를 구입할 수 있다. 오
사카 성, 하치켄야하마(八軒家浜), 요도야바시(淀屋橋), OAP에서 출항한다.

Tip 덕 투어로 오사카 한 바퀴

신선한 체험을 하고 싶다면 수상과 육상을 모두 주행할 수 있는 수륙
양용버스를 타고 오사카 성과 나카노시마 주변을 도는 '덕 투어(Duck
Tour)'를 추천한다. 지하철 덴마바시(天満橋) 역 주변 정거장에서 출
발하는 투어는 약 60~75분 실시된다. 육로를 달리던 버스는 오카와
(大川) 강변에 도착하는 순간 선박으로 변신해 수상 산책을 시작한다.
인근 관광 명소를 바라보며 유유자적 물 위를 떠도는 크루즈도 함께 즐
길 수 있어 일석이조의 재미를 느낄 수 있다.

주소 中央区北浜東1-2 川の駅はちけんやB1F 전화 06-6941-0008 홈페이지 www.japan-ducktour.com/osaka
운영 3/20~11/30 09:10~16:20, 12/1~3/19 10:00~14:40 요금 [성인] 3/20~11/30 ¥3,800, 12/1~3/19 ¥3,000
[3세~초등학생] 3/20~11/30 ¥2,200, 12/1~3/19 ¥1,800 [2세 이하] 3/20~11/30 ¥600, 12/1~3/19 ¥500(예약 필수)

수상 도시 오사카에서 크루즈 타기

오사카에는 시내를 가로지르는 크고 작은 강이 많아 이를 이용한
각종 크루즈가 운항 중이다. 오사카의 도시 풍경과 함께 유명 명소를 선상에서 바라보는
체험은 도보여행과는 또다른 즐거움을 선사할 것이다.

❶ 아쿠아라이너 アクアライナー P243

승선장 오사카성항 운항 시간 40분 요금 성인 ¥1,800, 초등학생 ¥900, 미취학 아동 동반자 1인당 무료

❷ 물의 수도호 아쿠아 미니 水都号 アクア mini

오사카 성과 난바의 미나토마치 리버 플레이스 간을 운항하는 크루즈

승선장 오사카성항, 다자에몬바시 선착장 운항 시간 40분 요금 성인 ¥1,200, 어린이 ¥600

MAP

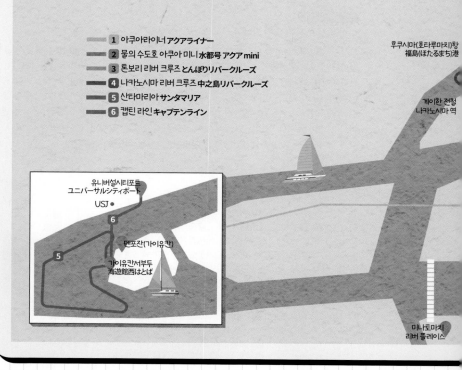

- 1 아쿠아라이너 アクアライナー
- 2 물의 수도호 아쿠아 미니 水都号 アクア mini
- 3 톤보리 리버 크루즈 とんぼりリバークルーズ
- 4 나카노시마 리버 크루즈 中之島リバークルーズ
- 5 산타마리아 サンタマリア
- 6 캡틴 라인 キャプテンライン

후쿠시마(호타루마치)항
福島(ほたるまち)港

게이한 전철
나카노시마 역

유니버설시티포트
ユニバーサルシティポート
USJ ●

6

덴포잔(가이유칸)

5

가이유칸서부두
海遊館西はとば

미나토마치
리버 플레이스

❸ 톤보리 리버 크루즈 とんぼりリバークルーズ `P.180`
승선장 다자에몬바시 선착장 운항 시간 20분 요금 성인 ￥1,500, 고등학생 ￥1,000, 초등학생 ￥400

❹ 나카노시마 리버 크루즈 中之島リバークルーズ
나카노시마 서쪽을 한 바퀴 도는 럭셔리 크루즈

승선장 후쿠시마(호타루마치)항 운항 시간 20분 요금 성인 1,500, 학생 ￥1,000, 초등학생 이하 무료

❺ 산타마리아 サンタマリア `P.276`
승선장 가이유칸 서부두 운항 시간 45분 요금 성인 ￥1,800, 초등학생 ￥900

❻ 캡틴 라인 キャプテンライン
USJ가 있는 유니버설시티 포트와 가이유칸이 있는 가이유칸 서부두 사이를 운행하는 크루즈

승선장 가이유칸 서부두, 유니버설시티 포트 운항 시간 10분 요금 성인 ￥900, 초등학생 ￥500, 미취학 아동 ￥400, 2세 이하 동반인 1인당 한 명 무료

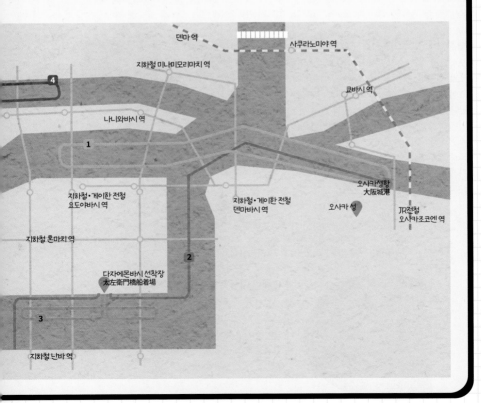

도쿠마사
得正

맵북 P.12상단-B2 🔊 토쿠마사 주소 中央区森ノ宮中央1-16-22 전화 06-6942-1903
홈페이지 www.tokumasa.net 운영 11:00~14:45 휴무 월요일
가는 방법 지하철 나가호리츠루미료쿠치(長堀鶴見緑地) 선, 주오(中央) 선
모리노미야(森ノ宮) 역 7B번 출구로 나와 직진하면 왼편에 위치 키워드 도쿠마사

성 구경 후 즐기는 카레우동

먹을 곳 없기로 유명한 오사카 성 부근의 맛집으로 떠오른 카레우
동집. 특히 오사카 성을 보러 온 우리나라 관광객들에게 절대적인
지지를 얻고 있다. 기본 메뉴인 카레우동에 새우튀김, 숙주나물,
치즈, 돈카츠 등을 얹은 메뉴를 선보이며, 미니튀김덮밥(ミニ天
丼)과 작은 반찬이 포함된 도쿠마사 정식(得正定食)도 인기가 높
다. 이곳 카레는 첫맛과 끝맛이 다른데, 처음에 한 입을 먹을 때 단
맛을 느끼고 씹을수록 매운맛이 느껴지도록 의도한 것이라 한다.
카레의 깊은 풍미와 부드럽고 쫄깃한 면발이 특징이다.

맵북 P.12상단-A1 🔊 이치후지쇼쿠도오 주소 北区天満2-13-16 전화 06-6351-1259 운영 월~금요일
11:00~14:30, 17:30~19:00, 토요일 11:30~14:30 휴무 수·일요일·공휴일 가는 방법 JR 전철 도자이(東西) 선
오사카텐만구(大阪天満宮) 역 8번 출구에서 도보 7분 키워드 이치후지 식당

이치후지 식당
二富士食堂

현지인 즐겨찾기에 저장

오사카의 명물 음식 중 하나인 니쿠스이(肉吸い) 맛집
으로 현지인 사이에서 입소문이 자자한 정식집. 니쿠
스이란 우동 육수에 소고기와 두부, 쪽파만을 넣어
만든 음식으로, 우동 면 없이 밥과 함께 먹는다. 이
외에 오므라이스(オムライス), 치킨카츠(チキン
カツ)도 가게가 자랑하는 추천 메뉴. 인기 맛집이
므로 개점 시간에 맞춰 방문하지 않으면 기나긴 대
기 행렬을 감당해야 할 수도 있다.

슈하리
手打蕎麦
守破離

맵북 P.12상단-A2 🔊 슈하리 주소 中央区常盤町1-3-20 安藤ビル1F 전화 06-6944-8808
홈페이지 shuhari.site 운영 11:30~14:30, 17:30~21:00 가는 방법 지하철 주오(中央) 선, 다니마치(谷町) 선
다니마치욘초메(谷町四丁目) 역 6번 출구에서 도보 1분 키워드 슈하리

자가 제면 메밀국수를 맛보다

품종과 산지를 엄선해 뽑은 자가 제면으로 소바를 만드는 곳
으로 최근 현지인과 관광객에게 큰 인기를 끌고 있다. 밀가루
나 참마를 사용하지 않고 오로지 메밀가루로만 만든 메밀국수
를 일컫는 주와리 소바(十割蕎麦)를 맛볼 수 있다. 매일 직접
반죽해 뽑아내는 면발 위에 튀김이나 오리고기, 청어조림 등
을 얹어 제공한다.

맵북 P.12상단-B1 ◀)) 톤타 주소 **都島区片町**1-9-28 전화 06-6357-9614 운영 11:00~21:00
가는 방법 JR 전철 도자이(東西) 선 오사카조기타즈메(大阪城北詰) 역 2번 출구에서 도보 2분 키워드 톤타

 돈타 とん太

소박한 돈카츠 정식

푸짐한 양과 독특한 메뉴명으로 눈길을 끄는 돈카츠 전문점.
겉은 바삭하고 속은 알찬 돈카츠와 비프스테이크만으로도
배가 부른데 여기에 크로켓이나 새우튀김까지 덤으로
얹어준다. 점심 메뉴 이름은 일본의 프로야구 팀명에
서 따오는데, 등심살과 새우튀김 세트를 오사카 명문
구단인 한신 타이거즈(阪神タイガーズ)의 이름을 따
타이거즈 정식(タイガーズ定食)이라 부르는 식이다.

코바토빵 공장 コバトパン工場

맵북 P.12상단-A1 ◀)) 코바토팡코오죠오 주소 北区天満3-4-22 전화 06-6354-5810
홈페이지 batongroup.shop-pro.jp 운영 월·화·목·금요일 08:00~19:00, 수·토·일요일·공휴일 08:00~18:00
가는 방법 지하철 또는 게이한(京阪) 전철 덴마바시(天満橋) 역 13번 출구에서 도보 6분 키워드 코바토빵 공장

깜찍하고 귀여운 쿠페빵

그림책 삽화에 등장할 법한 동화 같은 느낌의 가게 외관이 인상적인
빵집. 귀여운 표정을 한 쿠페빵과 깜찍한 일러스트가 새겨진 철제
케이스 속 쿠키 세트가 간판 상품이다. 바로 옆에 자리한 커피 스탠
드에서 커피를 구매해 가게 앞 공간에 앉아 먹는 이들도 많다. 도보
1분 거리에 빵집이 운영하는 샌드위치 전문점 'COBATO836'과 양
과자만을 판매하는 'COBATO STORE OSAKA'가 있으니 함께 들
러 보자.

쿠페빵 하나하나 재료와
표정이 다른 점이 재미있다.

맵북 P.12상단-A2 ◀)) 카누레도오 주소 中央区谷町3-6-4 전화 070-6508-8880
홈페이지 canele.jp 운영 11:00~19:00 휴무 수요일 가는 방법 지하철 다니마치(谷町) 선, 주오(中央)
선 다니마치욘초메(谷町四丁目) 역 1A번 출구에서 도보 1분 키워드 canele du japon

일본의 맛을 가미한 카눌레

소셜 미디어에서 폭발적인 인기를 자랑하는 곳.
최근 문을 연 오사카 성 부근을 비롯해 4개 지점
을 운영 중인 카눌레 전문점. 카눌레는 겉은 바삭바
삭한 식감에 속은 촉촉하고 탄력 있는 커스터드빵으
로 된 프랑스 전통 구움 과자다. 여기에 말차, 밤, 호지
차, 흑당 호두 등 일본 특유의 재료를 더해 일본식 카눌레
를 완성시켰다. 매달 두 종류의 계절 메뉴를 선보이니 참고
해 고르도록 하자.

 카눌레도 カヌレ堂

PLUS AREA
中之島
나카노시마

나카노시마는 기타 지역과 미나미 지역 사이에 위치하며 도지마강(堂島川)과 도사보리강(土佐堀川) 가운데에 있는 1.5km 길이의 작은 섬이다. 오사카 시청을 비롯한 주요 관공서가 모여 있는 대표적인 비즈니스 구역이기도 하다. 나카노시마 공원 일대는 복고풍 건축물이 한데 모여 있어 산책 코스로도 인기가 높으며, 분위기 좋은 카페와 레스토랑도 점점 늘어나는 추세다. 나카노시마를 관광하면서 반드시 방문해야 할 여섯 명소를 모아보았다.

나카노시마 공원 中之島公園

맵북 P 12하단 ◀)) 나카노시마코오엔 주소 北区中之島1 전화 06-6312-8121 가는 방법 게이한(京阪) 전철 나카노시마(中之島) 선 나니와바시(なにわ橋) 역에서 1번 출구로 나오면 바로 위치 키워드 나카노시마 공원

1891년 오사카시에서 첫 번째로 개원한 공원이며, 나카노시마의 동쪽 끝자락에 위치한다. 공원 내 게이한 전철 '나니와바시(難波橋) 역'을 기준으로 서쪽에 있는 오사카시 중앙 공회당, 오사카 시립 동양 도자기 미술관, 나카노시마 도서관, 나카노시마 미술관이 자리한 구역을 '문화존'으로 칭한다. 동쪽에는 '자연존'이라 하여 공원을 더욱 아름답게 빛내주는 장미 정원(バラ園)과 시바후 광장(芝生広場)이 있다.

오사카 시립 동양 도자기 미술관 大阪市立東洋陶磁美術館

앱북 P.12하단 🔊 오오사카시리츠토오요오토오지비주츠칸 주소 北区中之島1-1-26
전화 06-6223-0055 홈페이지 www.moco.or.jp 운영 09:30~17:00(마지막 입장 16:30),
휴무 월요일(공휴일인 경우 다음 날)·연말연시 요금 성인 ¥500, 고등·대학생 ¥300,
중학생 이하 무료 가는 방법 게이한(京阪) 전철 나카노시마(中之島) 선 나니와바시(なにわ橋) 역
1번 출구로 나오면 오른편에 위치 키워드 오사카시립동양도자미술관

한국, 중국, 일본의 도자기를 전문으로 한 미술관. 지금은 사라진 종합 상사 '아타카 산업(安宅産業)'의 회장이자 미술 애호가로 유명했던 아타카 에이치(安宅英一)의 수집품 '아타카 컬렉션(安宅コレクション)'을 중심으로 국보 2점과 중요 문화재 13점을 포함한 약 6,000점을 소장하고 있다. 재일 교포 이병창(李秉昌) 씨가 기증한 작품은 3층 전시실에서 관람할 수 있다.

모토 커피 MOTO COFFEE

앱북 P.12하단 🔊 모토코오히이 주소 北中央区北浜2-1-1 ライオンビル
전화 06-4706-3788 홈페이지 shelf-keybridge.com/jp/moto 운영 11:00~18:00
가는 방법 지하철 사카이스지(堺筋), 게이한(京阪) 전철 기타하마(北浜) 역 26번 출구로 나와
건널목을 건너면 바로 위치 키워드 모토커피

나카노시마의 상징이기도 한 나니와바시(難波橋)의 사자상 오른쪽에 세워진 하얀색 건물에는 직접 로스팅한 커피와 간단한 디저트를 맛볼 수 있는 카페가 있다. 오사카시 중앙 공회당, 오사카 시립 동양 도자기 미술관 등 나카노시마의 주요 명소와 도사보리강이 시원하게 펼쳐지는 테라스석과 2층 테이블석에서 바라보는 나카노시마는 그야말로 절경이다.

기타하마 레트로 빌딩
北浜レトロビルヂング

맵북 P.12하단 🔊 기타하마레토로비르징구 주소 中央区北浜1-1-26 전화 06-6223-5858 운영 월~금요일 11:00~19:00, 토·일요일·공휴일 10:30~19:00 휴무 일본 명절 오봉(お盆) 기간·연말연시 가는 방법 지하철 사카이스지(堺筋), 게이한(京阪) 전철 기타하마(北浜) 역 26번 출구에서 도보 1분 키워드 기타하마 레트로

1912년 한 증권 중개 회사의 사옥으로 준공된 건물로 국가 유형 문화재로 지정되어 있다. 영국 글래스고파의 영향을 받아 건물 전체적으로 영국 분위기를 띤다. 현재는 영국식 티타임을 즐길 수 있는 홍차 전문점 '기타하마 레트로(北浜レトロ)'가 운영 중이다. 1층에서는 홍차 관련 제품과 디저트를 판매하고 있으며, 2층에는 나카노시마 공원의 전경을 감상하면서 홍차를 마실 수 있는 공간이 마련되어 있다.

오사카시 중앙 공회당
大阪市中央公会堂

맵북 P.12하단 🔊 오오사카시추우오오코오카이도오 주소 北区中之島1-1-27 전화 06-6208-2002 홈페이지 osaka-chuokokaido.jp 운영 09:30~21:30 휴무 넷째 주 화요일·12/28~1/4 요금 무료 가는 방법 게이한(京阪) 전철 나카노시마(中之島) 선 나니와바시(なにわ橋) 역에서 1번 출구로 나오면 정면에 위치 키워드 오사카시 중앙공회당

1918년 준공된 유서 깊은 건축물로, 역사적인 보존 가치를 인정받아 일본의 중요 문화재로 지정되어 있다. 네오르네상스 양식에 붉은 벽돌로 지어진 외관과 청동 돔 형태의 지붕은 바라만 봐도 위엄과 품격이 느껴진다. 도쿄 역과 서울 명동에 위치한 한국은행 화폐 박물관을 설계한 다쓰노 긴고(辰野金吾)가 설계에 참여한 까닭일까. 두 건물과 흡사한 형태를 띠고 있다. 유명 인사의 강연회와 세계적인 아티스트의 콘서트 등 문화·예술 관련 행사가 주로 열린다.

맵북 P.12하단 🔊 오오사카나카노시마비주츠칸 주소 北区中之島4-3-1 전화 06-6479-0550
홈페이지 nakka-art.jp 운영 10:00~17:00(마지막 입장 16:30) 휴무 월요일(공휴일인 경우 다음 날)
요금 전시회마다 다름 가는 방법 게이한(京阪) 전철 나카노시마(中之島) 선
나니와바시(なにわ橋) 역 2번 출구에서 도보 5분 키워드 오사카 나카노시마 미술관

오사카 나카노시마 미술관 大阪中之島美術館

2022년 2월 2일에 탄생한 오사카의 새로운 미술관. 19세기 후반부터 오늘날 현대까지의 근대 미술, 현대 미술을 수집·전시한다. 일본과 해외 미술, 디자인 작품을 중심으로 오사카 현지에서 예술 활동을 펼치는 예술가에게도 눈을 돌려 약 5,700점 이상의 컬렉션을 소장하고 있다. 서양화, 일본화, 근대 회화, 판화, 사진, 영상, 조각, 디자인 등 폭넓은 영역에 걸쳐 있다. 미술관 앞을 지키는 커다란 고양이는 일본의 현대 미술가 야노베 겐지(ヤノベケンジ)의 인기 시리즈 작품 중 하나다.

노스쇼어 NORTH SHORE

맵북 P.12하단 🔊 노오스쇼아 주소 中央区北浜1-1-28 ビルマビル1/2F
전화 06-4707-6668 홈페이지 northshore.jp 운영 07:00~18:00
가는 방법 지하철 사카이스지(堺筋), 게이한(京阪) 전철 기타하마(北浜) 역 26번 출구에서 도보 1분
키워드 노스쇼어 기타하마

신선한 과일과 채소로 만든 건강식 메뉴를 선보이는 카페 겸 다이닝 바. 커피, 와인 등 다양한 음료 메뉴를 제공하지만 독특하게도 이곳의 추천 메뉴는 아침, 점심, 저녁마다 달라지는 식사 메뉴다. 아침은 아사이보울, 팬케이크 등 브런치에 어울릴 만한 간단한 음식 위주로, 점심은 햄버그스테이크, 그릴 치킨, 스팀 포크 등 요일마다 색다른 요리를 맛볼 수 있다. 저녁은 샐러드, 파스타 등 와인과 어울리는 메뉴로 구성되어 있다.

덴노지·신세카이
天王寺·新世界

Chapter 04.

2014년 아베노 하루카스가 등장하면서부터 무서운 성장세를 보이는
덴노지(天王寺)와 전통적인 서민들의 생활 터전 신세카이(新世界)는
주요 관광 지역인 기타와 미나미 지역에 비해 비교적 덜 붐비는
오사카시 남쪽에 위치한다. 새것과 옛것의 조화가 어우러진 거리
분위기 덕분에 최근 들어 더욱 많은 관광객이 찾는다.

must do.

01.

쓰텐카쿠가 정면으로 보이는
신세카이에서 포토타임!

02.

오사카에서 가장 높은 아베노 하루카스 빌딩
전망대에서 오사카 전경을 감상하자.

03.

신세카이의 명물 구시카쓰를 맛보며
맥주 한잔!

04.

덴시바에서 공원과 동물원 등 자연과
어우러진 문화 생활을 즐기자.

덴노지 · 신세카이
map

덴	노	지	·		
신	세	카	이		
		찾	아	가	기

❶ **덴노지** 지하철 미도스지(御堂筋) 선, 다니마치(谷町) 선, JR 전철 간조(環状) 선 덴노지(天王寺) 역 또는 긴테쓰(近鉄) 전철 아베노바시(阿部野橋) 역에서 하차한다.

❷ **신세카이** 지하철 사카이스지(堺筋) 선 에비스초(恵美須町) 역 또는 지하철 미도스지(御堂筋) 선, 다니마치(谷町) 선 도오부츠엔마에(動物園前) 역에서 하차한다.

덴	노	지	·		
신	세	카	이		
		찾	아	가	기

오사카의 다른 지역을 둘러볼 때보다는 시간이 적게 걸리지만 찬찬히 둘러보면 볼거리가 많은 알찬 곳이다. 2014년 탄생한 차세대 랜드마크 아베노 하루카스부터 개장 100년이 넘은 덴노지 동물원, 대대적인 리뉴얼로 새로운 이름을 얻은 덴시바, 오사카의 서민 정서를 느낄 수 있는 신세카이, 일본의 대표적인 불교 사찰인 시텐노지까지 다양한 볼거리가 있다.

덴	노	지	·		
신	세	카	이		
		추	천	코	스

8:30에 개방하는 시텐노지로 첫 일정을 시작하자. 시텐노지에서 도보로 이동 가능한 명소 중 가장 가까운 덴시바를 다음 일정으로 잡고 공원 내에 위치한 덴노지 동물원을 더불어 방문하도록 한다. 동물원의 신세카이 게이트로 빠져나가면 바로 장장요코초가 나오는데, 이곳에 위치한 구시카쓰 전문점에서 점심을 해결하자. 쓰텐카쿠를 배경으로 신세카이에서 기념 촬영을 한 후 지하철로 하루카스 전망대로 이동하여 오사카 전경을 즐기며 일정을 마무리한다.

course

시텐노지 ─ 도보 10분 ─ **덴시바** ─ 도보 10분 ─ **덴노지 동물원** ─ 도보 5분 ─

장장요코초 ─ 도보 5분 ─ **쓰텐카쿠** ─ 전철 3분 ─ **하루카스 전망대**

이마미야에비스 신사
今宮戎神社

M 지하철 에비스초 역
恵美須町駅

JR 오사카조키타즈메 역
大阪城北詰駅

신세카이 시장
新世界市場

한카이전차
에비스초 역
恵美須町駅

쓰텐카쿠
通天閣

신세카이
新世界

덴노지 동물원
天王寺動物園

오사카 시립미술관
大阪市立美術館

장장요코초
ジャンジャン横丁

M 지하철 도부쓰엔마에 역
動物園前駅

덴시바
てんしば

JR 덴노지 역
天王寺駅

하루카스 300 전망대
ハルカス300展望台

아베노 역
阿倍野駅

시텐노지
四天王寺

쓰텐카쿠
通天閣

앱북 P 14-B1 🔊 츠으텐카쿠 주소 浪速区恵美須東1-18-6 전화 06-6641-9555
홈페이지 www.tsutenkaku.co.jp 운영 10:00~20:00(마지막 입장 19:30), 연중무휴
요금 고등학생 이상 ￥1,000, 5세~중학생 ￥500, 4세 이하 무료
가는 방법 지하철 사카이스지(堺筋) 선 에비스초(恵美須町) 역 3번 출구에서 도보 3분
키워드 쓰텐카쿠

오사카 e-PASS

하늘로 통하는 전망 타워

신세카이(新世界) 지역 중심부에 우뚝 솟아오른 이 전망탑은 '하늘로 통하는 높은 건물'이라는 의미에서 '쓰텐카쿠'란 이름이 붙여졌다. 103m 높이로 비교적 아담한 크기의 탑이지만 건설을 완료한 1912년 당시에는 동양에서 가장 높은 건물이었다. 일본 유형 문화재로도 지정되어 있으며 오사카를 상징하는 대표적인 랜드마크로 손꼽힌다. 1912년에 지어진 첫 번째 전망탑은 프랑스 파리 개선문에 에펠탑을 얹은 듯한 모양이었지만 1956년 재건축되면서 지금의 모습으로 정착하였다.

4, 5층, 옥상에 자리한 전망대를 포함하여 지하 1층부터 지상 5층까지 각 층마다 볼거리가 풍성하다. 2층 '근육맨 프로젝트(キン肉マンプロジェクト)'에는 쓰텐카쿠 100주년 기념 캐릭터로 활약 중인 추억의 만화 <근육맨>의 원화와 자료가 전시되어 있고, 3층 '카페 드 루나파크(カフェ・ド・ルナパーク)'에서는 100년 전 쓰텐카쿠와 더불어 신세카이의 상징이었지만 지금은 사라지고 없는 루나파크의 모습을 그대로 재현하고 있어 당시 테마파크의 모습을 엿볼 수 있다. 5층에 위치한 전망대에는 이곳의 지킴이이자 발바닥을 만지면 행운이 찾아온다는 빌리켄(ビリケン)상이 방문객을 반겨주고 있다.

Tip 쓰텐카쿠 불빛으로 내일 날씨를 예측해보자!

전망탑 꼭대기 부분의 불빛 색깔로 다음 날의 날씨를 알 수 있는데, 전체가 주황색이면 흐림, 파란색이면 비, 하얀색이면 맑음을 나타낸다.

쓰텐카쿠의
볼거리

BILLIKEN
THINGS AS THEY

쓰텐카쿠의 새로운 즐길 거리

쓰텐카쿠의 94.5m 지점 최상부에 설치된 특별 야외 전망대 '덴보 파라다이스(天望パラダイス)'는 주변 경관을 가로막는 건물이 없어 시원한 바람을 느끼며 오사카의 경치를 마음껏 조망할 수 있는 공간이다. 바닥이 투명한 돌출 전망대 '팁 더 쓰텐카쿠(TIP THE TSUTENKAKU)'는 공중에 떠 있는 듯한 스릴을 즐길 수 있어 인기가 높다. 건물 3층에서 2층까지 지상 22m 에서 10초 만에 단숨에 내려갈 수 있는 체험형 미끄럼틀 '타워 슬라이더(タワースライダー)'도 탄생했다.

[덴보 파라다이스] 운영 10:00~19:50(마지막 입장 19:30)
요금 고등학생 이상 ¥300 추가, 5세~중학생 ¥200 추가
판매처 지하 티켓 카운터, 5층 인포메이션 센터
[타워 슬라이더] 오사카 e-PASS 운영 10:00~19:30
요금 고등학생~65세 ¥1,000, 7세~중학생 ¥500(6세 이하, 66세 이상은 이용 불가, 오사카 주유패스 소지 시 평일에 한해 입장 무료) 판매처 지하 티켓 카운터

쓰텐카쿠의 수호신, 빌리켄

1908년 미국인 예술가 플로렌스 프리츠(Florence Pretz)가 꿈속에서 독특하고 신비로운 신의 모습을 보고 만든 것이 빌리켄(ビリケン, BILLIKEN)이다. 이름은 당시 미국 대통령 윌리엄 태프트(William Taft)의 애칭에서 유래되었다는 설이 있으나 확실치는 않다. 머리 부분이 뾰족하고 표정도 다소 우스꽝스럽지만 행복을 가져다 주는 신이라 하여 전 세계적으로 선풍적인 인기를 얻었다. 그 유행이 일본까지 퍼져나가 1911년 오사카의 섬유 회사 '간다야 다무라 상점(神田屋田村商店)'이 상표 등록을 진행, 신세카이에 루나파크가 문을 열면서 첫 빌리켄상이 등장하게 되었다. 이후 일본에서도 길조의 상징으로 자리 잡아 현재는 쓰텐카쿠 전망대 5층을 비롯하여 신세카이 지역 곳곳에서 다양한 모습의 빌리켄을 만나볼 수 있다.

하루카스 300 전망대
ハルカス300展望台

맵북 **P 17-C2** 하루카스상마루마루텐보오다이 **주소** 天王寺区四天王寺1-11-18 **전화** 06-6621-0300
홈페이지 www.abenoharukas-300.jp/observatory **운영** 09:00~22:00, 연중무휴 **요금** 성인 ￥2,000, 중고생 ￥1,200,
초등학생 ￥700, 4세 이상 ￥500, 4세 미만 무료 **가는 방법** 지하철 미도스지(御堂筋) 선, 다니마치(谷町) 선, JR 전철 간조(環状)
선 덴노지(天王寺) 역 또는 긴테쓰(近鉄) 전철 아베노바시(阿部野橋) 역 개찰구에서 바로 연결 **키워드** 하루카스 300

오사카인의 자부심

도쿄 스카이 트리, 도쿄 타워에 이어 일본에서 세 번째로 높은 구조물이
며 고층 건물로는 일본 최고의 높이를 자랑하는 아베노 하루카스(あべの
ハルカス)에 위치한 전망대. 지상 300m 높이에서 58층부터 60층까지 에
스컬레이터로 자유롭게 드나들며 층마다 각기 다른 전망과 서비스를 즐길
수 있다. 메인 전망 공간인 60층 천상회랑(天上回廊)에서는 천장부터 발
끝까지 360도 전면 유리창을 통해 오사카 전경을 한눈에 내려다볼 수 있
다. 58층에는 옥외 정원 '천공 정원(天空庭園)'과 카페 겸 레스토랑 '스카
이 가든 300(SKY GARDEN 300)'이 있어 햇빛과 바람을 느끼며 커피나
맥주 한 잔을 마시기에 좋다. 59층 출구 엘리베이터 옆에 위치한 숍 하루
카스 300(SHOP HARUKAS 300)에서는 깜찍한 캐릭터 아베노 베어(あ
べのべあ)의 오리지널 상품과 관련 기념품을 구입할 수 있다.

Tip 알아두세요!
티켓 카운터는 아베노 하루카스 16층에 위치한다.

신세카이 新世界

맵북 P.14-B1 🔊 신세카이 주소 浪速区恵美須東 홈페이지 shinsekai.net
가는 방법 지하철 사카이스지(堺筋) 선 에비스초(恵美須町) 역 3번 출구 또는 지하철
미도스지(御堂筋) 선, 다니마치(谷町) 선 도부쓰엔마에(動物園前) 역 5번 출구로 나오면 바로 위치
키워드 신세카이

옛 모습 간직한 변두리의 번화가

오사카 특유의 풍경과 옛 향수가 고스란히 남아 있는 지역이다. 쓰텐카쿠(通天閣)를 중심
으로 주로 서민들이 즐겨 찾을 법한 식당과 술집 등 상가가 형성되어 있다. 1912년 쓰텐카
쿠와 미국식 놀이공원 루나파크(ルナパーク, 1925년 폐장)가 들어서면서 이제껏 본 적 없
는 새로운 세계와도 같다고 하여 '신세카이'라는 이름이 붙여졌다. 오사카 명물 복어 전문
점 즈보라야(づぼらや)와 빌리켄(ビリケン)상 사이로 알록달록 화려한 간판들이 어우러진
쓰텐카쿠를 배경으로 인증샷을 남겨보자.

신세카이 시장 新世界市場

맵북 P.14-B1 🔊 신세카이이치바 주소 浪速区恵美須東1丁目
홈페이지 www.shinsekai-ichiba.com 운영 점포마다 다름 가는 방법 지하철 사카이스지(堺筋) 선
에비스초(恵美須町) 역 3번 출구로 나와 오른편 첫 번째 골목에 위치 키워드 신세카이 시장

지역 활성화의 롤모델

오사카 어디에서나 볼 수 있는 풍경의 평범한 시장이지만
2012년 지역 활성화를 위해 마련된 한 프로젝트로 인해 일
약 스타로 떠올랐다. 조그마한 시장을 알리기 위해 일본의
유명 광고 회사 덴츠(電通)의 사원 40여 명이 무보수로 포
스터 제작에 참여했다. 단순하지만 센스가 돋보이는 포스터
140장을 제작하여 시장 곳곳에 걸었는데, 사진은 모두 신세
카이 시장의 풍경들, 정확히 말하면 시장 사람들의 모습이
담겨 있었다. 사진 옆 짤막하게 덧붙인 유머러스한 문구가
포스터의 화룡점정을 찍으면서 화제를 모았고, 시장에 관심
이 없던 이들을 불러들이는 데 성공한다. 현재도 포스터 구
경(?) 겸 시장을 즐기러 온 사람들로 북적인다.

덴시바
てんしば

맵북 P15-C2 🔊 덴시바 주소 天王寺区茶臼山町1-108 전화 06-6771-8401
홈페이지 www.tennoji-park.jp 운영 07:00~22:00, 연중무휴 가는 방법 지하철 미도스지(御堂筋) 선,
다니마치(谷町) 선 덴노지(天王寺) 역 4번 출구로 나오면 바로 위치 키워드 덴시바

초록빛 휴식공간에서 잠시 쉬어가요

100년이 넘는 세월 동안 덴노지(天王寺)를 지키고
있는 휴식 공간. 공원 내에는 개원 100주년이 넘는
오랜 역사를 지닌 '덴노지 동물원'과 일본과 중국의
주요 회화 작품을 전시하는 '오사카 시립 미술관(大
阪市立美術館)', 일본식 정원 '게이타쿠엔(慶沢園)'
이 있다. 공원 입구를 대대적으로 리뉴얼하였는데, 라이프스타일 매장, 카페, 식당, 스포츠
공간 등이 문을 열어 공원을 한층 더 즐길 수 있게 되었다.

한카이 전차
阪堺電車

맵북 P15-C2 🔊 한카이덴샤 주소 阿倍野区阿倍野筋1 전화 06-6671-3080
홈페이지 www.hankai.co.jp 운영 덴노지에키마에(天王寺駅前) 역 기준 05:38~23:35
요금 [1회권] 성인 ¥230, 어린이 ¥120 [1일권] 성인 ¥600, 어린이 ¥300
가는 방법 JR 전철 간조(環状) 선 덴노지(天王寺) 역 중앙 개찰구에서 도보 1분 키워드 덴노지에키마에

노면 전차 타고 신세카이 산책

신세카이(新世界) 도로 위를 느릿느릿 유유히 달리
는 이 전차는 1911년부터 약 110년 동안 시민들의
발과 다리가 되어 준 오사카의 유일한 노면 전차다.
달릴 때 전차에 달린 종이 '칭칭' 소리를 낸다고 하
여 '칭칭 전차(ちんちん電車)'라고도 불리나 지금
은 종소리가 나지 않는다. 덴노지(天王寺) 역부터
스미요시(住吉) 역까지 약 4km의 거리를 운행하고 있는 우에마치(上町) 선은 비교적 짧은
거리로 신세카이 지역을 둘러보기에 더할 나위 없이 좋다.

맵북 P.14-B1 🔊 장장요코초오 주소 浪速区恵美須東3丁目南陽通商店街 가는 방법 지하철 미도스지(御堂筋)
선, 다니마치(谷町) 선 도부쓰엔마에(動物園前) 역 1번 출구에서 도보 3분 키워드 잔잔요코초

장장요코초
ジャンジャン横丁

서민의 삶 간접 체험하기

1950~1960년대 복고 분위기와 옛 정서를 느낄 수 있는 이
곳은 180m 길이 아케이드 형태의 쇼핑 거리로, 신세카이
명물 구시카쓰 전문점과 라멘과 우동 등 서민 음식점이 줄
지어 들어서 있다. 손님을 불러 모으기 위한 호객 행위로 일
본의 전통 악기 샤미센(三味線)을 연주하는 이들이 많았는
데, 그 소리가 '장장' 울린다고 하여 '장장요코초'로 불리게
되었다. 구시카쓰를 맛보고자 신세카이를 찾은 사람들로
연일 인산인해를 이루고 있으며 특히 인기 식당 앞에는 대
기 행렬이 이어진다.

맵북 **P.14-A1** 🔊 이마미야에비스진자 주소 浪速区恵美須西1-6-10 전화 06-6643-0150 홈페이지 www.imamiya-ebisu.jp 운영 24시간 가는 방법 난카이 전철 고야(南海高野) 선 이마미야에비스(今宮戎) 역 출구 바로 왼편에 위치 키워드 이마미야에비스 신사

이마미야에비스 신사 今宮戎神社

사업 번창을 기원합니다

매해 1월 9일부터 11일까지 열리는 축제 '도카에비스(十日戎)'로 유명한 신사. 축제의 목적은 상업 도시 오사카답게 사업 번창을 기원하기 위함이며, 단 3일 동안 무려 100만 명이 참배하는 대규모 행사이기도 하다. 이 신사는 에벳상(えべっさん)이라고 불리는 신을 숭배하는데, 에벳상은 오사카식 표현이며 전국적으로는 에비스사마(えびす様)라고 부른다. 에비스사마는 일본 칠복신(七福神) 중 하나로 농업과 상업의 신이며, 유일한 일본의 토종신이다. 신사를 방문한 사람들은 길조를 부르는 장식물을 부착한 '후쿠자사(福笹)'라는 복조리를 반드시 구입하여 가게나 회사에 장식한다.

맵북 **P.14-B1** 🔊 텐노오지도오부츠엔 주소 天王寺区茶臼山町1-108 전화 06-6771-8401 홈페이지 www.tennojizoo.jp 운영 09:30~17:00(마지막 입장 16:00), 5·9월 09:30~18:00 휴무 월요일(공휴일인 경우 다음 날)·12/29~1/1 요금 성인 ¥500, 중학생 이하 ¥200, 미취학 아동 무료(엔조이 에코 카드 당일 티켓 제시 성인 요금 ¥450) 가는 방법 지하철 미도스지(御堂筋) 선, 다니마치(谷町) 선 덴노지(天王寺) 역 5번 출구에서 도보 5분 키워드 덴노지동물원

덴노지 동물원 天王寺動物園

오랜 시간 덴노지를 지켜오다

지금으로부터 약 110년 전인 1915년 1월 1일에 개원한 일본에서 세 번째로 오래된 동물원이다. 3만 3,000여 평 규모에 230종 약 900마리의 동물들이 살고 있다. 일본 동물원 중 이곳에서밖에 볼 수 없다는 뉴질랜드 국조 키위의 인기는 단연 최고이며 코알라와 북극곰 가족도 많은 사랑을 받고 있다. 동물 우리는 자연 생태계에 최대한 가깝게 재현하고자 아프리카 사바나 지역이나 아시아 산림 지대 등을 본떠 만들었다고 한다.

시텐노지
四天王寺

맵북 **P 15-D1** 🔊 시텐노오지 주소 天王寺区四天王寺1-11-18 전화 06-6771-0066
홈페이지 www.shitennoji.or.jp 운영 4~9월 08:30~16:30, 10~3월 08:30~16:00
요금 [중심가람] 성인 ￥300, 고등·대학생 ￥200, 중학생 이하 무료 [본방정원] 성인 ￥300, 대학생 이하 ￥200,
6세 이하 무료 [보물관] 성인 ￥500, 고등·대학생 ￥300, 중학생 이하 무료 가는 방법 지하철 다니마치(谷町) 선
시텐노지마에유히가오카(四天王寺前夕陽ヶ丘駅) 역 4번 출구에서 5분 키워드 시텐노지

오사카 e-PASS

사천왕, 구원의 손길 내밀다

지금으로부터 약 1,400년 전인 593년 쇼토쿠 태자(聖徳太子)에 의해
건립된 불교 사원. 그는 고구려 승려 혜자와 백제 승려 혜총으로부터
불교를 전수받아 보급시킨, 일본 불교 발전에 절대적인 공헌을 한 인
물로 평가 받는다. 불교 수용을 놓고 숭불파(崇仏派)와 반대 세력인
배불파(排仏派)가 대립하였고 이로 인해 전쟁이 일어났다. 쇼토쿠 태
자는 사천왕상을 만들어 승리하게 되면 반드시 불탑을 만들어 이 세
상 모든 이들을 구제하겠노라 다짐하며 전승을 기원했다. 결국 숭불
파가 승리하자 사천왕상을 안치하기 위해 절을 건립하기에 이르렀
고, 이것이 아스카(飛鳥)의 부흥사(法興寺)와 더불어 일본에서 제일
오래된 불교 사찰인 시텐노지다. 전체 면적 3만 3,000평, 간사이를
대표하는 야구장 '고시엔(甲子園)'의 3배 넓이로 쇼토쿠 태자를 모시
는 다이시텐(太子殿), 중심가람(中心伽藍), 본방(本坊) 등의 건축물
과 약 500점의 일본 국보, 중요 문화재 등 볼거리가 풍성하다.

\ ZOOM iN /

시텐노지의 볼거리

❶ 중심가람 中心伽藍

우리나라와 중국의 영향을 받은 건축 양식 '시텐노지식 가람배치(四天王寺式伽藍配置)'를 취하고 있는 중심 가람은 남쪽에서 북쪽을 향해 중문(中門), 오층탑(五重塔), 금당(金堂), 강당(講堂)을 일직선으로 배치하고 네 건물을 회랑으로 감싸는 등 일본 사찰로는 다소 독특한 형식을 띠고 있다. 이것은 아스카(飛鳥) 시대의 대표적인 가람 배치로 일본에서 오래된 건축 양식 중 하나다. 제2차 세계대전 당시 대부분 소실되었으나 전통 사찰 공법과 철근콘크리트 공법을 조화시켜 1963년에 재건 공사를 완료하여 성공적으로 복원하였다. 금당

내부에는 쇼토쿠 태자의 모습을 한 본존구세관음보살상(本尊救世観音菩薩像)을 중심으로 사천왕상이 사방에 안치되어 있으니 챙겨보도록 하자.

❷ 본방정원 本坊庭園

본방 동쪽에 위치한 일본 전통 정원으로 '극락정토정원(極楽浄土の庭)'으로도 불린다. 연못을 중심으로 산책로가 조성되어 있고 작은 다리와 팔각정, 그리고 두 개의 하천이 아름답고 조화롭게 자리하고 있다.

오사카 시내에서 즐기는 온천

오사카 근교에는 고베의 아리마 온천, 와카야마의 시라하마 온천 등 전국구적 인지도를 가진 유명 온천 마을이 있지만 시간적 여유가 부족하거나 오사카를 벗어나고 싶지 않다면 오사카 시내에 있는 온천 시설을 이용하는 것도 좋은 방법이다. 관광명소에서 그리 멀지 않은 위치, 비교적 합리적인 요금, 만족할 만한 시설 등 좋은 요건을 갖춘 온천이 있어 편리하다.

01

당일치기 온천 이용 방법

입장 후 보관함에 신발을 넣고 프런트에 열쇠를 맡기면 리스트밴드를 준다. 1층 탈의실에서 옷을 갈아입고 사우나나 온천장으로 입장하면 되는데, 식사나 각종 서비스 비용은 리스트밴드 바코드로 계산하고 마지막에 나가기 전 정산을 하는 방식이 일반적이다(일부 자동 판매기 제외).입장 후 보관함에 신발을 넣고 프런트에 열쇠를 맡기면 리스트밴드를 준다. 1층 탈의실에서 옷을 갈아입고 사우나나 온천장으로 입장하면 되는데, 식사나 각종 서비스 비용은 리스트밴드 바코드로 계산하고 마지막에 나가기 전 정산을 하는 방식이 일반적이다(일부 자동 판매기 제외).

02

온천과 스파의 차이

온천은 원천에서 솟아나 법률에 지정된 성분이 포함된 것, 스파는 수돗물이나 우물의 물을 인공적으로 끓인 것이 가장 큰 차이점이다. 자연 샘물을 이용한 입욕 시설을 갖추고 있는 것이 온천, 목욕 외에도 피로를 풀고 편안한 분위기를 즐기고자 만든 것이 스파다.

03
추천 온천과 스파

1 천연 온천 노베하노유
天然温泉 延羽の湯

위치 쓰루하시(鶴橋) 홈페이지 www.nobuta123.co.jp/nobehatsuruhashi 운영 09:00~02:00(마지막 입장 01:00) 휴무 연중무휴 요금 중학생 이상 월~금요일 ￥900, 토·일·공휴일 ￥1,000, 초등학생 이하 월~금요일 ￥500, 토·일·공휴일 ￥560 키워드 노베하노유

2 천연 온천 나니와노유
天然温泉 なにわの湯

위치 덴진바시스지로쿠초메(天神橋筋六丁目) 홈페이지 www.naniwanoyu.com 운영 월~금요일 10:00~01:00, 토·일·공휴일 08:00~01:00 요금 중학생 이상 월~금요일 ￥850, 토·일·공휴일 ￥950, 초등학생 ￥400, 미취학 아동 ￥150 키워드 나니와노유

3 소라니와 온천 오사카 베이 타워
空庭温泉 OSAKA BAY TOWER

위치 벤텐초(弁天町) 운영 11:00~23:00(마지막 입장 22:00) 요금 중학생 이상 ￥2,310~3,630(날짜마다 다름), 초등학생 이하 ￥1,320, 70세 이상 ￥1,800, 암반욕 ￥1,100~1,320 키워드 소라니와온천

4 다이헤이노유 온천
湯源郷 太平のゆ なんば店

위치 다이코쿠초(大国町) 홈페이지 www.taiheinoyu.jp 운영 입욕 08:00~01:00(마지막 입장 24:00), 암반욕 08:00~24:00(마지막 입장 23:00) 요금 [입욕] 중학생 이상 ￥850, 초등학생 이하 ￥400, 3세 이하 무료, [암반욕] 중학생 이상 ￥750, 초등학생 이하 ￥400, 3세 이하 이용 불가 키워드 타이헤이노유

5 스파월드
スパワールド

위치 신이마미야(新今宮)
홈페이지 www.spaworld.co.jp 운영 [온천] 10:00~08:45 [암반욕] 10:00~05:00 [수영장] 월~금요일 10:00~19:00, 토·일·공휴일 10:00~22:00 요금 중학생 이상 ￥2,000, 초등학생 이하 ￥1,200 키워드 스파월드

다루마
大阪新世界元祖串かつだるま

맵북 P.14-B1 🔊 다루마 주소 浪速区恵美須東2-3-9
전화 06-6645-7056 홈페이지 www.kushikatu-daruma.com
운영 11:00~22:30(마지막 주문 21:30) 가는 방법 지하철
사카이스지(堺筋) 선 에비스초(恵美須町) 역 3번 출구에서 도보 3분
키워드 쿠시카츠 다루마

오사카 서민의 소울푸드

오사카에서 꼭 먹어봐야 하는 음식은 단연 구시카쓰(串かつ)다. 구시카쓰는 나무 꼬치에 고기, 해산물 등 각종 음식을 꽂아 튀긴 것을 말하는데, 이것을 만든 원조가 바로 다루마다. 이곳의 구시카쓰는 돼지고기, 새우, 베이컨, 아스파라거스 등 총 32개로 종류가 매우 풍부한 편이다. 특히 소고기로 만든 원조 구시카쓰(元祖串カツ)와 방울토마토 2개를 꽂은 프티 토마토(プチトマト)가 유명하다. 두둑한 튀김옷에 빵가루를 입혀 더 바삭하고 소스는 달콤하며 뒷맛이 깔끔하다. 구시카쓰 전문점이 밀집한 신세카이에 본점을 두고 오사카 주요 관광지에도 지점을 운영할 정도로 큰 인기를 누리고 있다.

야에카츠
八重勝

맵북 P.14-B1 🔊 야에카츠 주소 浪速区恵美須東3-4-13
전화 06-6643-6332 운영 10:30~20:30 휴무 목요일·셋째 주 수요일
가는 방법 지하철 미도스지(御堂筋) 선, 다니마치(谷町) 선
도부츠엔마에(動物園前) 역 1번 출구에서 도보 2분 키워드 야에카츠

장장요코초의 대표 음식점

구시카쓰 맛집을 이야기할 때 다루마와 함께 거론되는 곳이다. 전체 좌석이 카운터석이고 각 담당 직원이 주문 받는 즉시 눈앞에서 구시카쓰를 튀겨주는 형식이다. 조리하는 직원의 모습을 관찰하는 것도 하나의 재미가 될 수 있다. 돼지고기 경단, 굴, 조개관자 등 30개 종류의 구시카쓰를 선보이며 튀김옷에 산마를 갈아 넣어 바삭한 식감을 자랑한다. 이곳 외에는 지점이 없어 다른 식당보다 붐비는 편이다.

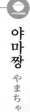

야마짱
やまちゃん

맵북 P.15-C2 🔊 야마짱 주소 阿倍野区阿倍野筋1-2-34 전화 06-6622-5307
홈페이지 takoyaki-yamachan.net 운영 11:00~22:00 휴무 1/1, 셋째 주 목요일
가는 방법 지하철 미도스지(御堂筋) 선, 다니마치(谷町) 선, JR 전철 간조(環状) 선 덴노지(天王寺) 역
11번 출구에서 도보 4분 키워드 아베노다코야키 야마짱

겉은 바삭, 속은 걸쭉한 다코야키

덴노지에서 다코야키(たこ焼き) 맛집으로 알려진 곳. 닭 뼈와 양파, 양배추, 당근 등 10가지 채소를 넣어 4시간 동안 푹 삶은 수프에 다시마와 가다랑어로 만든 육수를 혼합하여 반죽을 만든다. 재료 본연의 맛을 느끼기 위해 되도록 별도의 소스를 뿌리지 않고 먹는 것을 추천한다. 매콤한 맛을 즐긴다면 소스가 뿌려진 메뉴를 고르자.

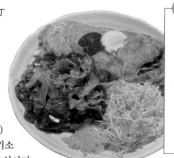

아
베
톤
あ
べ
と
ん

`맵북 P.15-C2` 🔊 아베톤 주소 天王寺区堀越町13-13 あべの横丁
전화 06-6779-5204 홈페이지 www.avetika-abeton.com
운영 11:00~21:15 가는 방법 지하철 미도스지(御堂筋) 선,
다니마치(谷町) 선 15, 16, 17, 18, 19, 20번 출구에서 바로 연결된
아베치카(アベちか) 지하상가에 위치 키워드 아베톤

모던야키 원조의 맛

50년이 넘는 세월 동안 모던야키(モダン焼き)와 네기
야키(ねぎ焼き)를 메인으로 오코노미야키(お好み焼き)
를 제공하는 노포. 모던야키는 그냥 먹어도 맛있는 야키소
바(볶음 메밀면)를 오코노미야키에 얹어 함께 먹는 음식이며,
네기야키는 잘게 썬 대파를 듬뿍 넣어 만든 오코노미야키를 말한다. 음
식 위에 마요네즈, 케첩, 겨자를 뿌려 더욱 다양한 맛을 즐길 수 있도록 하였다.

센
나
리
야
커
피
千
成
屋
珈
琲

`맵북 P.14-B1` 🔊 센나리야코오히 주소 浪速区恵美須東3-4-15
전화 06-6645-1303 홈페이지 sennariya-coffee.jp 운영 월~금요일 11:30~
19:00, 토·일요일·공휴일 09:00~19:00 가는 방법 지하철 미도스지(御堂筋)선,
다니마치(谷町) 선 도부츠엔마에(動物園前) 역 5번 출구에서 도보 1분
키워드 센나리야 커피

믹스주스의 발상지

오랜 역사를 간직한 레트로 분위기의 카페. 1948년 과일가게로 문
을 연 당시 주인장이 고안한 메뉴이자 지금은 오사카의 명물로 자
리 잡은 믹스주스(ミックスジュース)가 유명해지면서 카페로 업
종을 변경했다. 원조 믹스주스를 맛볼 수 있음은 물론, 푸딩과 각
종 과일을 예쁘게 담아 제공하는 푸딩 아라모드(プリンアラモ
ード), 과일 샌드위치, 파르페 등 구미가 당기는 메뉴가 가득하다.

`맵북 P.15-C2` 🔊 그리루마루요시 주소 阿倍野区阿倍野筋1-6-1
あべのキューズモール 전화 06-6649-3566 운영 11:00~14:30, 17:00~22:00
휴무 화·수요일 가는 방법 아베노 큐즈 몰 1층에 위치 키워드 그릴 마루요시

오사카가 자랑하는 서양 음식점

1946년에 문을 연 오사카의 대표 양식집. 변함없는 맛
과 정성으로 손님을 맞이하는 것이 이곳의 모토다. 오
랜 기간 많은 사랑을 받고 있는 양식 메뉴는 양배추
롤(特製ロールキャベツ定食), 오므라이스(昔なが
らのオムライス), 하야시라이스(たまハヤシ), 햄버그
정식(ハンバーグ定食) 등이다. 평일에는 모든 메뉴에
밥과 수프가 무료로 제공되며, 밥은 리필할 수 있다.

그
릴
마
루
요
시
グリル
マルヨシ

맵북 P.15-C2 📢 아베노하루카스긴테쓰혼텐 주소 阿倍野区阿倍野筋1-1-43 전화 06-6624-1111
홈페이지 abenoharukas.d-kintetsu.co.jp 운영 지하2~ 지상 3.5층 10:00~20:30, 4~11층 10:00~20:00,
12~14층 11:00~23:00 가는 방법 지하철 미도스지(御堂筋) 선, 다니마치(谷町) 선, JR 전철 간조(環状) 선
덴노지(天王寺) 역 또는 긴테쓰(近鉄) 전철 아베노바시(阿部野橋) 역 개찰구에서 바로 연결
키워드 긴테쓰백화점 아베노 하루카스

일본 최대 규모의 백화점

일본에서 두 번째로 높은 고층 빌딩 아베노 하루
카스에 위치한 긴테쓰(近鉄) 백화점의 본점. 타
워(タワー)관과 윙(ウイング)관으로 나누어져
있으며 총 3만여 평의 면적으로 단독 건물로는
일본 최대 백화점이다. 강점은 12층부터 14층을
차지하는 식당가로, 프렌치, 이탈리안, 일본 전통
요리 등 총 44개 점포 2,800석 규모를 자랑한다.
윙관 3.5층 외국인 고객 살롱에서 관광객을 위한
5% 쿠폰을 제공하며, 국내외 배송 접수 및 면세
수속도 함께 진행한다.

아베노 하루카스 긴테쓰 백화점 본점 あべのハルカス近鉄本店

맵북 P.15-C2 📢 텐노오지미오 주소 天王寺区悲田院町10-39 전화 [본관] 06-6770-1000
[플라자관] 06-6779-1551 홈페이지 www.tennoji-mio.co.jp 운영 상점 10:30~20:30,
레스토랑은 점포마다 다름 가는 방법 JR 전철 덴노지(天王寺) 역 개찰구를 나오면 왼편에 본관이,
오른편에 플라자관이 위치 키워드 덴노지 미오

덴노지 미오 天王寺ミオ

개찰구를 나오면 시작되는 쇼핑의 장

이탈리아어로 '나의'를 뜻하는 '미오(Mio)'를 따서 '나의 덴노
지'라는 의미로 이름 지은 쇼핑센터. 본관과 별관 '플라자(プラ
ザ)관'은 JR 전철 덴노지(天王寺) 역 개찰구를 나오면 각각 입
구와 바로 연결된다. 폭 넓은 고객층을 타깃으로 한 브랜드 약
380점포가 입점해 있다. 면세 혜택이 적용되는 매장이 많은 편으로, 빔즈와 어반리서치 등
의 편집숍을 비롯해 무인양품, ABC마트, 드러그스토어, 저가 균일가 매장이 있다.

맵북 P.15-C2 📢 후우프 주소 阿倍野区阿倍野筋1-2-30 전화 06-6626-2500
홈페이지 www.d-kintetsu.co.jp/hoop 운영 상점 11:00~21:00, 레스토랑 11:00~23:00
가는 방법 긴테쓰(近鉄) 전철 아베노바시(阿部野橋) 역 서쪽 개찰구에서 도보 1분 키워드 hoop

후프 Hoop

편집숍과 브랜드 쇼핑

긴테쓰(近鉄) 백화점 별관이었던 곳이 본관의 리뉴얼 공사로
인해 독립적인 쇼핑센터가 되었다. 투모로우랜드, 쉽스, 프릭
스스토어 등 일본의 유명 편집숍과 아디다스 오리지널, 오니
츠카타이거, 리복 등 인기 스포츠 브랜드, ABC마트와 닥터
마틴과 같은 신발 전문점 등 쇼핑의 즐거움을 더해 줄 쇼핑
명소임이 분명하다.

맵북 **P.15-C2** 🔊 아베노안도 주소 阿倍野区阿倍野筋2-1-40 전화 06-6625-2800
홈페이지 www.d-kintetsu.co.jp/and 운영 11:00~21:00 가는 방법 지하철 다니마치(谷町) 선 아베노(阿部野)
역 1번 출구에서 도보 2분 ※후프(Hoop) 후문으로 나오면 앤드 정문이 바로 나온다. 키워드 abeno and

라이프스타일 쇼핑놀이

'Abeno Natural Days'의 약자를 딴 것으로, 윤택하고 세련된
도시 생활을 콘셉트로 한 쇼핑센터. 편하게 쉬고 있는 사
람을 '&' 기호로 형상화한 로고도 깜찍하다. 한국인 방문객
이라면 반드시 방문하는 생활용품점 로프트(Loft)를 비롯하
여 현지인에게 큰 인기를 얻고 있는 가죽 잡화 브랜드 일비존
테(IL BISONTE)와 핀란드 라이프스타일 브랜드 마리메코
(marimekko), 고급 슈퍼마켓 세이조이시이(成城石井)가 입
점해 있어 작은 규모에 비해 속은 알차다.

아
베
노
앤
드
あべのand

맵북 **P.15-C2** 🔊 아베노큐우즈모오르 주소 阿倍野区阿倍野筋1-6-1 전화 06-6556-7000
홈페이지 www.qs-mall.jp/abeno 운영 상점 10:00~21:00, 3층 푸드코트 10:00~22:00, 4층 레스토랑
11:00~23:00 가는 방법 지하철 다니마치(谷町) 선 아베노(阿倍野) 역 2번 출구에서 바로 연결
키워드 아베노 큐즈몰

대형 쇼핑 전문점이 총집합

오사카 매장 중 최대 면적을 자랑하는 종합 쇼핑센터. 10, 20
대 여성에게 인기인 시부야의 쇼핑 메카 시부야109, 일본의
대표적인 대형 슈퍼마켓 이토요카도, 외국인 관광객에게도 인
기 만점인 대형 생활용품 쇼핑센터 핸즈, 그리고 친숙한 중저
가 의류 브랜드 유니클로까지 이 모든 게 한 건물 안에 다 들어
가 있어 그 크기가 짐작조차 안 될 정도다. 이 외에도 유아용품
전문점 아카짱혼포와 가전제품 전문 매장인 빅카메라 등 둘러봐야 할 매장이 넘친다.

아
베
노
큐
즈
몰
あべのキューズモール

맵북 **P.14-B1** 🔊 우마이보오숍뿌 주소 浪速区恵美須東1-17-9
전화 06-6641-9556 홈페이지 umaiboshop.base.shop 운영 10:00~19:30
가는 방법 쓰텐카쿠에서 도보 1분 키워드 Umaibo Shop

일본의 국민과자 전문점

1979년 출시 이후 일본인의 국민 과자로 널리 사랑 받고 있
는 '우마이보'의 유일한 공식 전문 판매점. 우마이보 패키지
에 새겨진 로고와 캐릭터를 테마로 한 문구, 의류, 생활 잡화
등 오리지널 상품을 판매하고 있다. 매장 안쪽에는 우마이보
의 캐릭터인 '우마에몽(うまえもん)'을 행복의 신으로 모시
고 있는 자그마한 신사가 마련되어 있다. 귀여운 신사 앞에서
기념 촬영을 즐겨보자.

우
마
이
보
숍
うまい棒ショップ

베이 에어리어 大阪ベイエリア

Chapter 05.

다양한 해양 생물이 살고 있는 수족관 가이유칸, 수상 산책을 즐길 수 있는
유람선 산타마리아, 오사카항의 낮과 밤을 감상할 수 있는 덴포잔 대관람차와
사키시마 코스모 타워 전망대 등 바다와 인접한 항만 지역 답게 물을 테마로
한 관광 명소가 많은 지역이다. 이곳을 설명할 때 반드시 언급되는 테마파크
유니버설 스튜디오 재팬 역시 빼놓을 수 없는 관광지다.

must do.

01.

꿈과 환상이 가득한 테마파크 유니버설
스튜디오 재팬을 즐기자!

02.

디자인상을 수상한 덴포잔 대관람차의
일루미네이션에 빠져보자!

03.

물고기 세상! 아쿠아리움 가이유칸에서
힐링하기!

04.

산타마리아 타고 오사카항 수상 산책!

베이 에어리어
map

베	이	에	어	리	어
		찾	아	가	기

❶ 덴포잔 지역 명소는 지하철 주오(中央) 선 오사카코(大阪港) 역에서 하차.
❷ 난코 지역 명소는 뉴트램 난코포트타운(ニュートラム南港ポートタウン) 선 트레이드센터마에 (トレードセンター前) 역에서 하차한다.

베	이	에	어	리	어
		하	루	여	행

항만 지역의 관광 명소는 덴포잔과 난코에 몰려 있다. 하루 온종일을 투자해야 하는 유니버설 스튜디오 재팬을 제외하고 다른 모든 관광지는 하루 만에 둘러볼 수 있다. 덴포잔 지역의 명소는 지하철 오사카코 역, 난코 지역은 뉴트램 난코포트타운 트레이드센터마에 역에서 도보 이동이 가능하다.

베	이	에	어	리	어
		추	천	코	스

관광 명소가 적은 난코 지역에서 일정을 시작하자. 사키시마 코스모 타워 전망대에서 항만 지역의 풍경을 감상한 후 숍과 레스토랑이 밀집한 아시아 태평양 무역센터에서 점심 식사를 한다. 전철을 타고 덴포잔 지역으로 이동하여 이 지역의 주요 명소를 돌아본다. 산타마리아 유람선을 타고 오사카항의 경치를 즐긴 다음 가이유칸, 덴포잔 마켓 플레이스, 덴포잔 대관람차 순으로 둘러보자.

course

사키시마 코스모 타워 전망대 ― 도보 1분 ― 아시아 태평양 무역센터 ― 도보 1분 ― 산타마리아 유람선 ―

도보 1분 ― 가이유칸 ― 도보 1분 ― 덴포잔 마켓 플레이스 ― 도보 1분 ― 덴포잔 대관람차

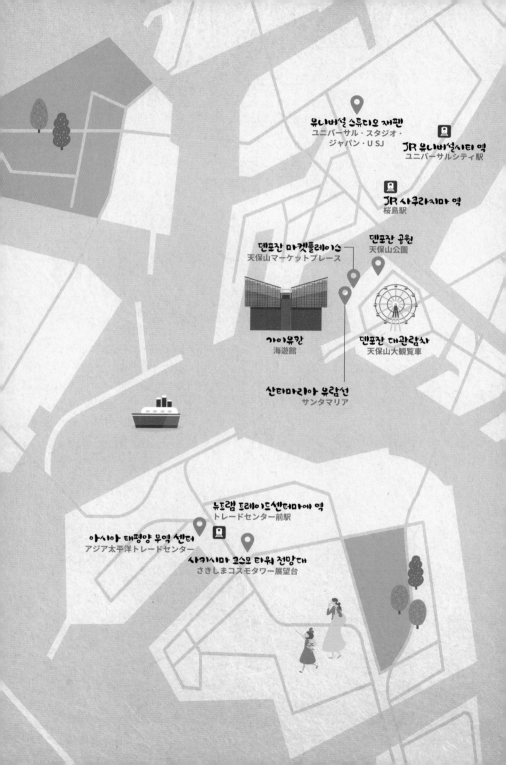

유니버설 스튜디오 재팬
ユニバーサル・スタジオ・
ジャパン・USJ

JR 유니버설시티 역
ユニバーサルシティ駅

JR 사쿠라지마 역
桜島駅

덴포잔 마켓플레이스
天保山マーケットプレース

덴포잔 공원
天保山公園

가이유칸
海遊館

덴포잔 대관람차
天保山大観覧車

산타마리아 유람선
サンタマリア

뉴트램 트레이드센터마에 역
トレードセンター前駅

아시아 태평양 무역 센터
アジア太平洋トレードセンター

사키시마 코스모 타워 전망대
さきしまコスモタワー展望台

맵북 P.13-B1 텐포오잔다이칸란샤 주소 北港区海岸通1-1-10 전화 06-6576-6222
홈페이지 tempozan-kanransya.com/tempozan-kanransya.com 운영 10:00~22:00(티켓 판매는
21:30까지) 요금 3세 이상 ¥900, 초등학생 이하 어린이는 16세 이상의 보호자 동반 탑승 필수
가는 방법 지하철 주오(中央)선 오사카코(大阪港)역 1번 출구 도보 5분 키워드 덴포잔 대관람차

덴포잔 대관람차
天保山大観覧車

오사카의 시원시원한 바다 조망

1997년에 운행을 시작한 높이 112.5m, 직경 100m의 거대 관람차로 덴포잔 마켓플레이스(天保山マーケットプレース) 옆을 굳건히 지키고 있다. 한 바퀴 도는 데 걸리는 시간은 약 15분이며 맑은 날에는 간사이국제공항, 아카시 해협 대교(明石海峡大橋), 롯코산(六甲山)까지 내다볼 수 있다. 60대의 곤돌라 중 8대는 전면이 투명 유리로 이루어진 시스루 곤돌라(シースルーゴンドラ)로 발밑에 펼쳐지는 시원시원한 오사카 전경이 아찔하기까지 하다. 이곳은 야경 명소로도 인기인데, LED 조명을 이용한 애니메이션형 일루미네이션이 일반 관람차에서는 볼 수 없는 진풍경을 자아낸다. '빛의 아트'로 명명한 이 일루미네이션은 독특함과 참신함을 인정받아 2015년 일본 굿디자인상을 수상하였다.

덴포잔 마켓 플레이스
天保山マーケットプレース

맵북 P.13-B1 🔊 텐포오잔마아켓또프레에스 주소 港区海岸通1-1-10 전화 06-6576-5501 홈페이지 www.kaiyukan.com/thv/marketplace 운영 상점·푸드코트 10:30~20:00, 레스토랑·나니와 구이신보 요코초 11:00~20:00 가는 방법 덴포잔 대관람차(天保山大観覧車) 왼편에 위치 키워드 덴포잔 마켓 플레이스

쇼핑과 맛집 전부 갖추고 있어요

가이유칸(海遊館)과 덴포잔 대관람차(天保山大観覧車) 사이에 위치한 오사카 항만 지역의 대표적인 복합 상업 시설. 가볍게 끼니를 때울 수 있는 푸드코트, 시원한 바닷가가 한눈에 보이는 레스토랑, 다양한 쇼핑 매장 등 100여 점포가 영업 중이다. 1960년대 일본의 거리 풍경을 재현해놓은 오사카 길거리 음식 테마파크 '나니와 구이신보 요코초(なにわ食いしんぼ横丁)'와 1,000평 크기의 공식 레고 놀이터인 '레고랜드 디스커버리 센터 오사카(レゴランド·ディスカバリー·センター大阪)'가 인기다.

덴포잔 공원
天保山公園

맵북 P.13-B1 🔊 텐포오잔코오엔 주소 港区築港3-2 가는 방법 덴포잔 대관람차(天保山大観覧車) 오른편에 위치 키워드 덴포잔 공원

낮은 산에 자리하는 작은 공원

인공적으로 흙을 쌓아 만든 산인 덴포잔(天保山) 일대를 공원으로 조성한 곳이다. 덴포잔의 높이는 고작 4.53m로 센다이시(仙台市)의 히요리야마(日和山)에 이어 일본에서 두 번째로 낮은 산이다. 메이지(明治) 일왕이 일본 첫 관함식을 개최한 것을 기념하여 세운 석탑 옆에 덴포잔의 정상이 있다. 아이러니하게도 공원 내의 전망대가 덴포잔보다 더 높은 곳에 위치하고 있다. 숨은 벚꽃 명소로도 유명하다.

가이유칸 海遊館

맵북 P.13-B1 🔊 카이유우칸 주소 港区海岸通1-1-10 전화 06-6576-5501
홈페이지 www.kaiyukan.com 운영 09:00~20:00(시기마다 다르므로 홈페이지 확인)
요금 고등학생 이상 ¥2700, 초등·중학생 ¥1400, 3세 이상 ¥700, 2세 이하 무료
가는 방법 지하철 주오(中央) 선 오사카코(大阪港) 역 1번 출구 도보 5분 키워드 해유관

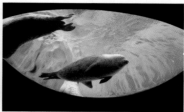

아름다운 해양생물이 춤추는

세계 최대 규모의 수족관 중 하나로 오사카 항만 지역뿐만 아니라 오사카에서도 손꼽히는 인기 명소다. 친구와 연인, 가족 단위의 나들이객이 즐겨 찾으며 방문객의 60%가 단골손님인 점도 독특하다. 바닷속 풍경을 나타낸 건물 외관의 벽화는 세계적인 그래픽 디자이너 이반 체르마예프의 작품이다. 터널형 수조 아쿠아 게이트(アクアゲート)를 지나면 태평양을 모티브로 한 5,400톤의 거대 수조를 중심으로 파나마만, 몬터레이만, 타스만해, 남극 대륙 등 전 세계 다양한 지역을 테마로 한 수조 13개가 배치되어 있다. 태평양 수조에 살고 있는 고래상어와 만타가오리를 비롯한 620여 종 약 3만 마리의 해양 생물을 만나볼 수 있으며, 물개, 펭귄, 상어, 가오리 등을 가까이에서 관찰할 수 있다.

산타마리아 유람선 サンタマリア

맵북 P.13-B1 🔊 산타마리아 주소 港区海岸通1-1-10 전화 0570-04-5551
홈페이지 suijo-bus.osaka/intro/santamaria 운영 11:00~16:00(매일 다르므로 홈페이지 확인 필수)
요금 성인 ¥1,800, 초등학생 ¥900 가는 방법 가이유칸(海遊館) 뒤편에 승선장 위치
키워드 산타마리아 데이 크루즈

오사카 e-PASS

콜럼버스가 된 기분으로 수상산책

덴포잔 하버 빌리지에서 출항하여 오사카항(大阪港)을 주유하는 관광 유람선으로, 신대륙을 발견할 당시 콜럼버스가 타고 있던 산타마리아호의 모습을 그대로 본떠 두 배의 크기로 복원하였다. 매 정시에 출발하여 45분의 승선 시간 동안 덴포잔 대교(天保山大橋), 대관람차를 비롯하여 오사카와 고베를 연결하는 미나토 대교(港大橋) 등을 바라볼 수 있다. 콜럼버스의 대항해 시대에 관한 자료들을 전시한 콜럼버스의 방(コロンブスの部屋)도 배 안의 볼거리 중 하나이며 2층에는 레스토랑 시설도 갖추고 있다. 승선일 전날까지 공식 홈페이지에서 사전 예매하면 할인을 받을 수 있다.

아시아 태평양 무역 센터

アジア太平洋トレードセンター

맵북 P.13-A2 🔊 아지아타이헤에요오토레에도센타아 **주소** 住之江区南港北2-1-10
전화 06-6615-5230 **홈페이지** www.atc-co.com **운영** 상점 11:00~20:00, 레스토랑 11:00~22:00
가는 방법 뉴트램 난코포트타운(ニュートラム南港ポートタウン) 선 트레이드센터마에
(トレードセンター前) 역 2번 출구로 나오면 정면에 위치 **키워드** 아시아태평양 트레이드센터

아웃렛 구경하고 바다 감상하고

오사카항의 남쪽 지역인 난코(南港)에 위치하는 한
해 800만 명이 방문하는 대규모 종합 상업 시설이
다. 패션 매장, 레스토랑 등 70여 개 점포가 영업 중
인 오즈(O's) 건물, 아웃렛과 수입 상품을 도매가에
판매하는 마트가 입점한 ITM 건물로 구성되어 있
다. 오즈 건물 앞에 자리한 우미에르 광장(ウミエー
ル広場)에서는 바다 풍경을 바라보며 휴식을 취하
기에 좋다.

사키시마 코스모 타워 전망대

さきしまコスモタワー展望台

맵북 P.13-A2 🔊 사키시마코스모타와아텐보오다이 **주소** 住之江区南港北1-14-16
전화 06-6615-6055 **홈페이지** sakishima-observatory.com **운영** 평일 13:00~22:00, 토·일요일·공휴일
11:00~22:00(마지막 입장 21:30) **휴무** 월요일(공휴일인 경우 다음 날) **요금** 고등학생 이상 ￥1,000,
초등·중학생 ￥600 **가는 방법** 뉴트램 난코포트타운(ニュートラム南港ポートタウン) 선
트레이드센터마에(トレードセンター前) 역 1번 출구에서 도보 3분 **키워드** 오사카 부 사키시마청사 전망대

오사카 e-PASS

오사카항의 파노라마 풍경

지상 252m 높이, 360도 파노라마로 오사카 시내와 바다가 어우러진 풍경을 눈으로 담아
낼 수 있는 전망대다. 전면 투명 유리로 된 엘리베이터를 타고 1층부터 52층까지 80초 만에
도달한 후, 42m 길이의 긴 에스컬레이터를 타고 올라가면 전망대에 도착한다. 야경 명소로
유명하며 연인들을 위한 커플 벤치도 마련되어 있어 데이트 코스로도 딱 좋은 곳이다. 아와
지시마(淡路島), 아카시 해협 대교(明石海峡大橋), 간사이국제공항까지 내다볼 수 있다고
하니 눈을 크게 뜨고 찾아보자.

FEATURE

유니버설 스튜디오 재팬
제대로 즐기기

유니버설 스튜디오 재팬
ユニバーサル・スタジオ・ジャパン·USJ

'슈퍼 마리오' '해리포터' '미니언즈' '스파이더맨' '죠스' '쥬라기 공원' 등 할리우드의 메가 히트급 영화와 일본의 인기 게임을 테마로 한 어트랙션을 즐길 수 있는 테마파크. 미국 올랜도에 이어 세계에서 두 번째로 탄생한 유니버설 스튜디오로 오사카 항만 지역에 위치한다. 2001년 문을 연 이래 오사카의 대표 관광지로 많은 사랑을 받아온 이곳은 2013년부터 연간 방문자 수 1,000만 명을 넘기고 있으며, 2022년에는 도쿄 디즈니랜드를 제치고 연간 방문자 수 세계 3위에 오르는 등 세계적으로 폭발적인 인기를 구가한다. 슈퍼마리오로 대표되는 일본의 인기 게임과의 협업으로 탄생한 슈퍼 닌텐도 월드가 최근에 개장하여 큰 화제를 불러일으켰으며, 일본의 유명 애니메이션을 테마로 한 기간 한정 어트랙션을 선보이고 있어 한층 더 뜨겁게 달아오른 재미를 선사한다.

맵북 **P.4-A2, 13-B1** 🔊 유니바아사루스타지오자판 주소 住之江区南港北2-1-10 전화 [일본 현지] 0570-20-0606 [국제 전화] 06-6465-4005 홈페이지 www.usj.co.jp 운영 08:00~21:00(매일 다르므로 홈페이지 확인 필수) 가는 방법 JR 전철 사쿠라지마(桜島) 선 유니버설시티(ユニバーサルシティ) 역 출구로 나오면 정면에 위치 키워드 유니버설 스튜디오 재팬

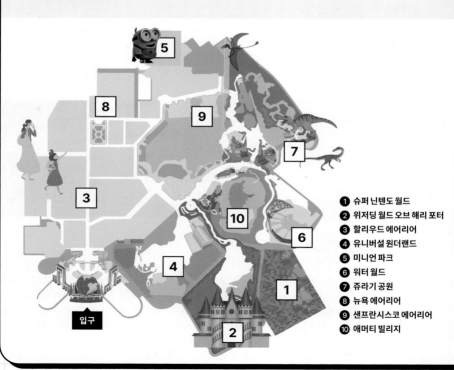

입구

❶ 슈퍼 닌텐도 월드
❷ 위저딩 월드 오브 해리 포터
❸ 할리우드 에어리어
❹ 유니버설 원더랜드
❺ 미니언 파크
❻ 워터 월드
❼ 쥬라기 공원
❽ 뉴욕 에어리어
❾ 샌프란시스코 에어리어
❿ 애머티 빌리지

01
유니버설 스튜디오 재팬에는 무엇이 있을까?

유니버설 스튜디오 재팬은 실제 영화 속 세트장에 가까운 디자인을 만들어 내기 위해 'E.T.' '죠스' '쥬라기 공원'을 탄생시킨 세계적인 감독 스티븐 스필버그를 총감독으로 기용하였고, 현재도 어트랙션의 기획 및 감수를 담당하고 있다. 전체 면적 약 11만 평에 달하는 넓은 부지는 슈퍼 닌텐도 월드, 위저딩 월드 오브 해리 포터, 할리우드, 뉴욕, 샌프란시스코, 쥬라기 공원, 워터 월드, 애머티 빌리지, 유니버설 원더랜드 등 총 8개의 테마 구역으로 나뉘어 있다. 아침부터 해가 저물 때까지 하루 일정 전체를 할애해야 할 만큼 볼거리와 즐길 거리가 풍성하며, 재미난 요소가 가미된 먹거리와 구매 욕구를 자극하는 독특한 기념품도 가득하다.

02
입장권 종류

유니버설 스튜디오의 입장권은 오사카에 도착하기 전 온라인으로 미리 예매권을 구입하거나 도착 후 당일 매표소에서 직접 구입하는 방법이 있다. 여행사나 온라인 쇼핑몰, 여행 전문 플랫폼에서 구매한 예매권은 티켓 부스에서 교환할 필요 없이 QR코드로 바로 입장할 수 있다는 장점이 있다. 참고로 미리 입장권을 준비하지 않은 경우라도 입장 당일 티켓 부스에서 구매 가능하다. 티켓 부스는 영업 시작 1시간 전부터 영업 종료 2시간 전까지 이용 가능하다.

❶ **조기 입장권** 일반 입장객보다 개장 시간 15분 전에 입장할 수 있는 우선권과 1DAY 스튜디오 패스가 결합한 티켓. 남들보다 한 발 앞서 원하는 놀이기구에 탑승할 수 있다. '얼리 파크인'이라 불리기도 한다. 미리 준비하지 못하더라도 여행 플랫폼에서 당일 발권으로 발급 받을 수 있어 편리하다. USJ는 매일 개장 시간이 다르므로 미리 확인하고 방문하자.

❷ **일반 입장권** 입장권은 날짜에 따라 가격이 달라지는 요금 변동제를 실시하고 있다. 주말, 공휴일, 연휴 등 많은 인파가 모여들 가능성이 높은 날짜는 가격이 올라가는 방식이다.

종류	입장 가능 시간	요금		
		12세 이상	4~11세	65세 이상
1 DAY 스튜디오 패스	하루 풀타임	¥8,600~ 10,400	¥4,600~ 6,800	¥7,700~ 9,400
트와일라이트 패스	15:00부터 폐장까지	¥6,000~ 7,300	¥3,900~ 4,800	–
1.5 DAY 스튜디오 패스	1일 차 15:00부터 폐장까지 2일 차 풀타임	¥13,100~ 16,800	¥8,600~ 11,000	–
2 DAY 스튜디오 패스	이틀 풀타임	¥16,300~ 19,800	¥10,600~ 12,900	–

❸ **대기 시간을 줄일 수 있는 패스** 타고 싶은 인기 어트랙션의 대기 시간을 단축할 수 있는 티켓이다. 놀이공원 내 모든 어트랙션의 대기 시간을 줄일 수 있는 프리미엄 패스를 비롯해 4가지나 7가지 어트랙션을 골라서 즐길 수 있는 티켓이 있다. 4가지 또는 7가지 어트랙션은 구성이 다양하므로 원하는 어트랙션이 포함된 패스를 구매하면 된다.

종류	요금
유니버설 익스프레스 패스~프리미엄	￥20,000~
유니버설 익스프레스 패스7	￥10,800~
유니버설 익스프레스 패스4	￥6,800~

❹ **입장 확약권** 현재 유니버설 스튜디오 재팬에서 가장 인기가 높은 어트랙션인 '슈퍼 닌텐도 월드'를 지정된 시간에 반드시 입장할 수 있도록 확정시키는 예매권이다. 입장 확약권은 '슈퍼 닌텐도 월드'를 포함한 유니버설 익스프레스 패스에 포함되어 있다.

❺ **입장 정리권** 유니버설 익스프레스 패스를 소지하고 있지 않은 경우 방문 당일 일부 어트랙션에 한해 발부되는 입장 정리권을 반드시 입수해야 한다. 정리권은 유니버설 스튜디오 재팬 공식 애플리케이션을 통해서 무료로 배부하므로 방문 전 다운로드해 두는 것이 좋다. 선착순으로 배부되며 개수가 한정되어 있기 때문에 되도록 빨리 발급받는 것이 좋다. 정리권에 나와 있는 시간에 맞춰 어트랙션을 방문하면 바로 입장이 가능하다.

❻ **추첨권** 입장 확약권과 입장 정리권을 모두 구하지 못했다면 최후의 수단으로 추첨권이 남아 있다. 확약권과 정리권의 배부가 끝난 시점에 발행되는 추첨권은 USJ 공식 애플리케이션 또는 정리권 발권소에서 입수 가능하며, 무료다. 추첨권 신청 시 발행된 추첨 번호와 당선 번호가 일치하면 지정된 시간에 어트랙션을 방문하면 된다.

입장권 한국 공식 판매처

하나투어, 투어비스, 마이리얼트립, 클룩 (klook), 케이케이데이(kkday), 큐 재팬(Q JAPAN)

 Tip 생일인 사람 주목! 생일로 입장권 할인받는 법

본인과 등록된 가족(동반) 5인까지 생일이 있는 달 또는 그다음 달에 방문 예정인 경우, 일본 공식 홈페이지에서 '버스데이 1데이 패스' 또는 '버스데이 2데이 패스'를 구매하면 일반 입장권보다 할인된 가격을 적용받을 수 있다. 단, 언어 설정을 일본어로 해야만 적용되므로 참고하자.

03

방문 전 알아두면 좋은 꿀팁!

① 날씨와 요일을 고려하여 방문 계획을!

놀이공원을 방문할 때 중요한 것은 역시 날씨다. 우천 시에도 개장하지만 이동이 불편하고 퍼레이드가 열리지 않는다는 치명적인 단점이 있다. 간혹 롤러코스터의 운행을 중단하는 경우도 있다. 그나마 내세울 수 있는 장점은 맑은 날보다 방문객이 적어 대기 시간이 짧다는 점이다. 또한 놀이공원은 주말 방문객이 압도적으로 많기 때문에 되도록 평일에 방문하는 것을 권장한다. 워낙 규모가 크기 때문에 방문 전 가고 싶은 곳을 확인하고 계획을 세우는 편이 좋다.

② '싱글 라이더'로 빠르게 입장하기

일행 중 한 사람만 어트랙션을 이용할 경우 '싱글 라이더'를 기억할 것. 어트랙션에 빈 공간이 생길 경우 혼자 타는 사람을 우선으로 입장시키는 것인데, 싱글 라이더를 위한 줄이 따로 있으므로 구분하여 서야 한다. 대기 시간을 최대한 줄이고자 한다면 싱글 라이더를 이용해 보자.

③ 아이를 동반할 때는 '차일드 스위치'

'차일드 스위치'는 일행 중 한 사람이 신장 제한 등으로 어트랙션을 이용할 수 없는 경우, 1회분 대기 시간으로 동반자가 교대로 어트랙션을 이용할 수 있는 시스템이다. 신장 제한이 있는 아이를 동반한 경우라면 직원에게 전화하여 이용하는 것이 좋다. 차일드 스위치 역시 줄이 따로 있다.

④ 미리 예약할 수 있는 원더랜드 어트랙션

스누피, 헬로키티, 세서미 스트리트 등 인기 캐릭터가 사는 마을을 테마로 한 '유니버설 원더랜드'는 주로 어린이와 함께 온 가족 단위의 방문객이 선호하는 어트랙션이다. 총 3구역으로 나뉘어 각 캐릭터와 관련된 놀이기구, 상점, 레스토랑 30여 개가 들어서 있다. 원더랜드 내에 있는 5개의 놀이기구는 미리 예약을 받아 대기 시간을 줄일 수 있도록 하고 있는데, 반드시 USJ의 입장권을 소지해야만 예약이 가능하다. '엘모의 고 고 스케이트보드' '몹피의 벌룬 여행' '엘모의 버블 버블' '날아라 스누피' '스누피 그레이드 레이스' 등 각 놀이기구 입구에 예약 발권기가 있다.

⑤ 애플리케이션을 활용하자

방문 전 유니버설 스튜디오 재팬의 공식 애플리케이션을 다운로드 받아두자. 정리권 발권, 각 놀이기구의 대기시간 확인, 공원 내 시설 간편 검색 등이 가능하다.

04
각 구역별 추천 어트랙션

1 슈퍼 닌텐도 월드
スーパー・ニンテンドー・ワールド

일본 게임 회사 닌텐도의 최고 히트작 '슈퍼 마리오'의 세계관을 반영한 구역. 자신이 마리오가 된 것처럼 게임의 세계 속으로 들어가 어트랙션을 즐길 수 있다.

✿ 마리오 카트 속 무대를 그대로 재현해 코스를 달리는 '마리오 카트', 요시 등에 올라타 키노피오 대장을 따라 보물찾기를 떠나는 '요시 어드벤처', 쿠파에게 빼앗긴 골든 버섯을 되찾는 게임 '파워 업 밴드 키 챌린지'

2 위저딩 월드 오브 해리 포터
イザーディング・ワールド・オブ・
ハリー・ポッター

말이 필요 없는 USJ 최고의 흥행 어트랙션. 우뚝 솟은 호그와트 성과 마법사가 사는 호그스미드 마을을 그대로 재현하였다. 해리 포터를 테마로 한 기념품과 음식 등 해리 포터의 세계가 그대로 펼쳐진다.

✿ 세계적인 어트랙션 시상식에서 각종 상을 휩쓴 최고의 화제작이자 세계 최초 3D 놀이기구 '해리 포터 앤드 더 포비든 저니'와 해리 포터 스타일 롤러코스터 '플라이트 오브 더 히포그리프'

3 할리우드 에어리어
ハリウッド・エリア

미국 로스앤젤레스에 위치한 할리우드의 과거와 현재를 나타내는 구역이다. 1930~1940년대 아카데미 시상식이 열렸던 펜티지 극장부터 영화 '프리티 우먼'에 등장했던 호텔, 스타의 거리까지 사실적으로 재현했다. USJ 최대 규모의 기념품점 '유니버설 스튜디오 스토어'도 이곳에 위치한다.

✿ 최첨단 기술이 집결된 롤러코스터 '할리우드 드림 더 라이드', 역방향으로 떨어지는 '할리우드 드림 더 라이드~백드롭~', 장대한 우주 공간을 질주하는 우주선 '스페이스 판타지 더 라이드'

4 유니버설 원더랜드
ユニバーサル・ワンダーランド

어린이와 어른 모두 동심을 즐길 수 있는 구역. 스누피, 헬로키티, 세서미 스트리트의 캐릭터를 테마로 하였다. 아기자기하고 깜찍한 마을이 사랑스럽다. 어린이가 즐길 만한 놀이 시설 20여 개를 갖추고 있다.

✿ 스누피를 타고 하늘을 나는 놀이기구 '날아라 스누피', 컬러풀한 컵이 빙글빙글 회전하는 '헬로키티 컵케이크 드림', 어린이를 위한 롤러코스터 '엘모의 고 고 스케이트보드'

5 미니언 파크
ミニオン・パーク

한국에도 다수의 팬을 보유하고 있는 귀여운 노랑색 캐릭터 '미니언즈'를 테마로 한 구역. 미니언즈가 사는 세상 속으로 들어온 듯한 착각이 들 만큼 식당과 기념품점 곳곳에서 미니언즈가 반기고 있다.

✿ 제빙차를 타고 미끄러지듯 달리는 빙상 레이스 '프리즈 레이 슬라이더'와 거대한 돔 스크린에 빨려 들어갈 것만 같은 리얼한 놀이기구 '미니언 메이헴'

6 워터 월드
ウォーターワールド

케빈 코스트너 주연의 1995년작 '워터월드'를 재현한 구역이다. 3,000명 수용 가능한 넓은 아레나에서 수상 스턴트쇼가 펼쳐진다. 이름 그대로 물을 테마로 한 만큼 물벼락을 각오해야 한다.

✿ 스릴 만점의 수상 스턴트쇼 '워터 월드'

7 쥬라기 공원
ジュラシック・パーク

영화 '쥬라기 공원'의 촬영지라고 봐도 무방할 정도로 리얼하게 재현했다. 열대 우림 정글 속에서 스릴 만점의 놀이기구를 즐길 수 있다.

✿ 공룡이 등장하는 USJ판 후룸라이드 '쥬라기 공원 더 라이드'와 360도 회전하며 빠른 속도로 달리는 롤러코스터 '더 플라잉 다이너소어'

8 뉴욕 에어리어
ニューヨーク・エリア

USJ의 사실적인 재현은 할리우드에서 그치지 않는다. 세계적인 대도시 뉴욕의 다운타운과 5번가는 물론 센트럴 파크까지 모두 가지고 온 듯한 구역이다. 영화 '나 홀로 집에' '사랑과 영혼' '티파니에서 아침을' 등에서 등장하는 건물 또한 그대로 재현되어 있어 즐거움을 선사한다. 주로 식당이 모여 있다.

✿ 영화 〈스파이더맨〉을 4D로 체험하는 '어메이징 어드벤처 오브 스파이더맨 더 라이드 4K3D'

9 샌프란시스코 에어리어
サンフランシスコ・エリア

할리우드와 뉴욕도 모자라 샌프란시스코까지 재현했다. 해안가 부근 피셔맨즈 와프와 차이나타운을 그대로 옮겨온 듯하다. 식당, 카페, 캔디 매장이 있다.

10 애머티 빌리지
アミティ・ビレッジ

식인 상어의 공포를 다룬 명작 '죠스'의 배경이 된 마을 애머티 빌리지를 그대로 재현한 구역. 샌드위치와 감자튀김을 판매하는 식당, 간단한 식사를 맛볼 수 있는 스낵 코너, 아이스크림 전문점 등이 있다.

✿ 죠스의 공격을 받아라! 그가 사는 바다를 탐험하는 보트 투어 '죠스'

05

USJ의 시즈널 이벤트

봄 유니버설 이스트 셀러브레이션
ユニバーサル・イースター・セレブレーション

부활절 시즌인 봄에 맞춰서 개최하는 이벤트. 미니언 파크와 유니버설 원더랜드 주변이 온통 귀여운 이스터 에그 관련 장식으로 꾸며지고 달걀 찾기 이벤트 등이 열린다.

봄·여름 유니버설 쿨 재팬
ユニバーサル・クールジャパン

일본 오리지널 애니메이션과 게임이 협업하여 놀이기구, 음식점, 퍼레이드, 한정 기념품을 선보인다. 2024년에는 명탐정 코난, 나의 히어로 아카데미아, 몬스터 헌터가 등장했다.

여름 서머 이벤트
サマーイベント

여름에 열리는 만큼 물놀이 관련 어트랙션과 각종 쇼 행사를 다수 개최한다. 무더위를 씻겨주는 시원한 퍼포먼스가 눈길을 끈다.

가을 할로윈 이벤트
ハロウィーンイベント

매년 10월 31일에 어김없이 찾아오는 할로윈에 맞춰 개최하는 이벤트. 할로윈 의상을 입은 캐릭터와 직원들은 물론이고 테마파크 곳곳에 장식이 눈에 띈다.

겨울 크리스마스 이벤트
クリスマスイベント

뉴욕 에어리어에 기네스 세계기록을 보유한 초대형 크리스마스트리가 등장하고 각 어트랙션 구역은 성탄절 느낌이 물씬 나는 장식과 조명으로 교체된다.

겨울 카운트다운 파티
カウントダウン・パーティ

연말연시에 열리는 이벤트. 해가 바뀌기 직전인 12월 31일부터 1월 1일이 되는 심야에는 스페셜 쇼를 개최하며, 1월 1일이 되는 순간 불꽃 축제가 펼쳐진다.

오사카 근교
大阪近郊

린쿠 타운 りんくうタウン

맵북 P.5-B2 🔊 링쿠우타운 주소 泉佐野市りんくう往来北1番 홈페이지 rinkutown1.jimdofree.com
가는 방법 JR 전철, 난카이(南海) 전철 린쿠타운(りんくうタウン) 역 2번 출구에서 바로 연결
키워드 린쿠 프리미엄 아울렛

출국 전 여행의 아쉬움을 달래줄 곳

간사이국제공항에서 전철로 한 정거장이면 도착하는 상업 시설로 출국 전 애매한 시간을 활용하기에 좋은 곳이다. 인기 브랜드의 이월상품을 저렴하게 구매할 수 있는 프리미엄 아웃렛, 의류나 생활용품 전문점과 식당 160개 점포가 입점한 이온 몰, 해수욕을 즐길 수 있는 비치와 휴식 공간이 마련된 센난 린쿠 공원 등 즐길 거리가 곳곳에 흩어져 있다.

아사히 맥주 박물관 스이타 공장 アサヒビールミュージアム吹田工場

맵북 P.5-B1 🔊 아사히비이루스이타고오조오 주소 吹田市西の庄町1-45 전화 06-6388-1943
홈페이지 www.asahibeer.co.jp/brewery/suita 운영 09:30~16:50, 온라인 사전 예약 필수
요금 20세 이상 ￥1,000, 초등~고등학생 ￥300 가는 방법 JR 전철 도카이도본(東海道本) 선 스이타(吹田) 역 동쪽 개찰구 북쪽 출구에서 도보 10분 키워드 아사히맥주 뮤지엄 스이타 공장

오사카가 자랑하는 일본 대표 맥주

뚜껑째 열어 마시는 캔맥주로 한국에서 폭발적인 인기를 구가하고 있는 아사히 맥주의 시작이 바로 오사카라는 점. 이러한 아사히 맥주의 역사와 제조 공정을 체험하며 시음도 할 수 있는 프로그램을 오사카 역에서 전철로 단 10분이면 도착하는 스이타시 공장에서 실시하고 있다. 비디오를 통해 설명도 들을 수 있고 직접 공장 내부를 살펴보며 리얼하게 체험도 할 수 있다. 공장에서 갓 생산한 신선한 맥주를 두 잔 시음하

컵누들 박물관
カップヌードルミュージアム大阪池田

맵북 **P.4-A1** 🔊 캅뿌누우도루하쿠부츠칸 주소 池田市満寿美町8-25 전화 072-752-3484
홈페이지 www.cupnoodles-museum.jp/ja/osaka_ikeda 운영 09:30~16:30(마지막
입장 15:30), 화요일 휴관 요금 무료(마이 컵누들 ￥500) 가는 방법 한큐(阪急) 전철
다카라즈카(宝塚) 선 이케다(池田) 역에서 도보 5분 키워드 컵누들 박물관 오사카 이케다

직접 만드는 나만의 컵라면

인스턴트 라면을 세계 최초로 고안한 사람
이자 일본의 유명 식품 회사 닛신식품(日清
食品)의 창업자인 안도 모모후쿠(安藤百福)
가 라면을 연구했던 그 자리에 세운 컵라면
박물관이다. 컵라면을 발명하기까지 거쳤던
온갖 시행착오와 역사를 재미난 방식으로
소개하고 있다. 옛 연구 공간을 그대로 재현
한 공간과 800종류의 상품 패키지로 만든
라면 터널 등을 보는 재미가 있다. 컵라면
디자인부터 수프와 건더기를 직접 골라 자
신만의 컵라면을 만들 수 있는 체험도 진행
된다. 전 세계 관광객이 방문하여 즐길 만큼
인기가 높다.

오사카 시립 나가이 식물원
大阪市立長居植物園

맵북 **P.5-B2** 🔊 오오사카시리츠나가이쇼쿠부츠엔 주소 東住吉区長居公園1-23 전화 06-6696-7117
홈페이지 botanical-garden.nagai-park.jp 운영 [식물원] 3~10월 09:30~17:00(마지막 입장 16:30), 11~2월
09:30~16:30(마지막 입장 16:00) [팀랩 보타니컬 가든] 19:30~21:30(시기마다 다르므로 홈페이지 확인)
휴무 월요일 · 12/28~1/4 요금 [식물원] 성인 ￥300, 고등학생 · 대학생 ￥200, 중학생 이하 무료 [팀랩 보타니컬
가든] 고등학생 이상 ￥1,800, 초등 · 중학생 ￥500 (오사카 주유패스를 제시하면 식물원은 무료 입장할 수 있지만
팀랩 보타니컬 가든은 해당되지 않는다) 가는 방법 지하철 미도스지(御堂筋) 선 나가이(長居) 역 3번 출구에서
도보 10분 키워드 오사카시립 나가이식물원

빛과 식물의 만남

개원 50주년을 맞이한 도심 속 오아시스. 계절마다
다채로운 경관을 연출하는 1,200종의 꽃과 나무가
방문객을 반긴다. 모란, 장미, 동백, 매그놀리아, 수
국 등 11개 꽃을 각각 전문으로 한 정원이 식물원
곳곳에 조성되어 있다. 밤이 되면 세계적인 미디어
아트 그룹 팀랩(teamLab)이 식물원 일부를 활용
하여 만든 예술 작품 전시회 '팀랩 보타니컬 가든'
으로 변신한다. 빛과 영상이 투영된 식물을 통해
생명의 존재감을 느끼는 시간을 가질 수 있다.

교토

교토는 어떤 여행지인가요?

도쿄가 일본의 정식 수도가 되기 전까지 1,100년간 일본의 수도로 기능해왔던 천년 고도의 도시. 정치의 중심으로 화려한 시기를 보냈던 시절의 역사 유적과 문화재, 풍습이 고스란히 남아 여전히 일본 전통 문화의 중심지 역할을 하며 큰 영향력을 행사하고 있다. 이러한 옛 예술문화는 시내를 가르는 강들과 푸르른 자연 풍경과도 어우러져 일본의 아름다움을 더욱 뽐내고 있다. 자연과 인간의 합작품을 맘껏 즐기기에 교토만큼 뛰어난 곳도 없을 듯하다.

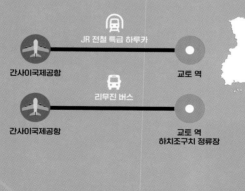

JR 전철 특급 하루카

간사이국제공항   교토 역

리무진 버스

간사이국제공항   교토 역
하치조구치 정류장

교토 한눈에 보기

아라시야마 嵐山

교토시 서쪽에 자리한 교토의 대표적인 경승지로 헤이안 시대 귀족들의 별장지로 이용되었던 지역이다. 빼어난 풍광 덕분에 일본 현지인 사이에서도 인기가 높아 1년 내내 방문객이 끊이질 않는다. 벚꽃과 단풍 명소로도 유명해 사계절 어느 시기에 방문해도 색다른 아름다움을 느낄 수 있다.

아라시야마

금각사 · 니조조

금각사·니조조 金閣寺 · 二条城

교토 서부를 대표하는 관광 명소 금각사 그리고 중부를 대표하는 니조조는 '호화'라는 단어로 정의할 수 있다. 불교의 극락정토를 재현한 금각사는 건물 전체를 금박으로 장식하였고, 도쿠가와 가문의 권력 과시 결과물인 니조조는 1,000여 평의 대규모 건축물이다. 가장 화려한 교토의 모습을 보고 싶다면 이 지역을 빠뜨릴 수 없다.

교토 근교 京都近郊

교토 여행은 교토 시내 중심가가 끝이 아니다. 발을 조금만 더 넓히면 깜짝 놀랄 만한 풍경을 만날 수 있다. 교통편이 불편하고 시간이 다소 소요되는 등 조금은 수고스럽지만 그곳을 마주하는 순간 피로가 싹 풀리고 에너지가 고조되는 기분을 체험하게 될 것이다.

은각사 銀閣寺

기요미즈데라가 있는 히가시야마 지역과 마찬가지로 교토 동부에 속한 지역으로, 은각사를 중심으로 남북 곳곳에 유명 관광 명소가 흩어져 있다. 화려함의 상징인 서부와 반대로 수수하고 호젓한 분위기를 풍기는데, 봄과 가을이 되면 벚꽃과 단풍으로 물들면서 오색찬란한 모습으로 탈바꿈한다.

교토 역 京都駅

교토 여행의 시작점, 교토 역은 그야말로 교토의 과거와 현재를 동시에 담아낸 지역이다. 유네스코 세계문화유산으로 지정된 역사적 가치를 인정받은 유적지가 있는가 하면, 지을 당시 많은 논란을 낳았지만 현재는 교토를 대표하는 곳으로 거듭난 명소도 있다. 옛것을 보존하고 새것도 과감히 만들어내는 도시 정책은 다른 지역에서는 느낄 수 없는 신선함이다.

은각사

기요미즈데라 · 기온

교토 역

기요미즈데라 · 기온 清水寺 · 祇園

기요미즈데라를 중심으로 한 교토 여행의 핵심 지역으로 히가시야마라 부르기도 한다. 일본 옛 도읍의 정취를 느낄 수 있는 사찰과 거리가 모여 있어 가장 교토다운 지역으로 꼽는다. 볼거리를 비롯해 맛집과 쇼핑 등 여행자가 원하는 즐길 거리를 모두 충족할 수 있는 몇 안 되는 번화가도 기요미즈데라를 중심으로 자리한다.

Chapter 01.

기요미즈데라를 중심으로 한 교토 여행의 핵심 지역으로, 히가시야마(東山)라 부르기도 한다. 일본 옛 도읍의 정취를 느낄 수 있는 사찰과 거리가 모여 있어 가장 교토다운 지역으로 꼽힌다. 볼거리를 비롯해 맛집과 기념품점 등 여행자가 원하는 즐길 거리를 모두 충족할 수 있는 몇 안 되는 번화가는 기온과 가와라마치를 중심으로 자리한다.

기요미즈데라 · 기온

清水寺 · 祇園

must do.

01.

교토 관광의 필수 명소,
기요미즈데라에서 교토 시내를 감상하자.

02.

기모노를 입고 기온 거리에서 카메라를
향해 한껏 포즈를 취해보자!

03.

산네자카와 니넨자카 기념품숍에서
아기자기한 기념품 쇼핑!

04.

가와라마치 맛집에서 교토 전통 음식을
즐기자!

기요미즈데라·기온 map

기	요	미	즈	데	라
·	기	온			
		하	루	여	행

기요미즈데라, 산네자카, 니넨자카, 기온, 니시키 시장 등 교토에 가면 반드시 방문하는 명소가 모두 모여 있어 시간 여유가 없는 여행자의 경우 이 지역만 둘러보기도 한다. 명소 간 거리도 가까워 대부분 도보로 이동할 수 있다. 네네의 길, 이시베코지, 하나미코지 거리, 시라카와미나미 거리 등 일본 색이 짙은 기온 거리를 걸어볼 것을 추천한다.

기	요	미	즈	데	라
·	기	온			
		찾	아	가	기

❶ **기요미즈데라** 교토 역에서 출발할 경우 100, 206번 버스, 가와라마치 상점가에서 출발할 때는 207번 버스에 승차하여 기요미즈미치(清水道) 정류장에서 하차한다. 기요미즈데라 부근 관광 명소는 대부분 걸어서 이동할 수 있다.

❷ **기온** 전철과 버스 노선이 있어 이동이 용이하다. 게이한(京阪) 전철 게이한본(京阪本) 선 기온시조(祇園四条) 역에서 하차하거나 한큐(阪急) 전철 교토본(京都本) 선 가와라마치(河原町) 역에서 하차한다. 버스는 12, 46, 100, 201, 202, 203, 206, 207번을 타고 기온(祇園) 정류장에서 하차한다. 리츠루미료쿠치(長堀鶴見緑地) 선 신사이바시(心斎橋) 역에서 하차한다.

기	요	미	즈	데	라
·	기	온			
		추	천	코	스

우선 핵심 명소인 기요미즈데라에서 일정을 시작하자. 절을 둘러보고 나오면 이어지는 산네자카와 니넨자카에서 쇼핑을 즐기거나 끼니를 해결한 다음, 인근에 위치한 고다이지와 걷기 좋은 거리를 산책하면 자연스레 기온 지역으로 이어진다. 겐닌지, 하나미코지, 가와라마치 상점가 등 관광지를 순서대로 둘러보다 보면 어느새 저녁이 되어 있을 것이다.

course

기요미즈데라 ─ 도보 1분 ─ 산네자카·니넨자카 ─ 도보 5분 ─ 고다이지 ─ 도보 1분 ─

네네의길·이시베코지 ─ 도보 10분 ─ 호칸지 ─ 도보 10분 ─ 하나미코지 거리 ─ 도보 10분 ─

니시키 시장 ─ 도보 1분 ─ 가와라마치 상점가

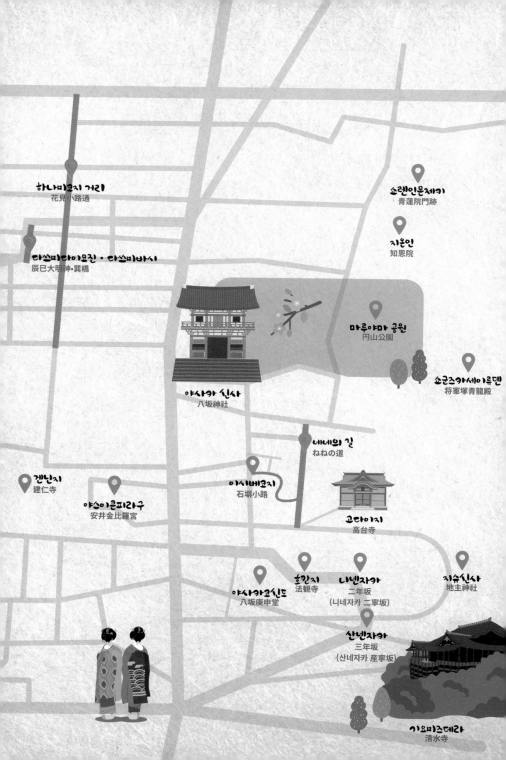

하나미코지 거리
花見小路通

쇼렌인몬제키
青蓮院門跡

지온인
知恩院

다쓰미다이묘진·다쓰미바시
辰巳大明神·巽橋

마루야마 공원
円山公園

쇼군즈카세이류덴
将軍塚青龍殿

야사카 신사
八坂神社

네네의 길
ねねの道

겐닌지
建仁寺

야스이콘피라구
安井金比羅宮

이시베코지
石塀小路

고다이지
高台寺

지슈신사
地主神社

야사카코신도
八坂庚申堂

호칸지
法観寺

니넨자카
二年坂
(니네자카 二寧坂)

산넨자카
三年坂
(산네자카 産寧坂)

가요미즈데라
清水寺

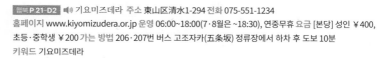

맵북 P 21-D2 🔊) 기요미즈데라 주소 東山区清水1-294 전화 075-551-1234
홈페이지 www.kiyomizudera.or.jp 운영 06:00~18:00(7·8월은 ~18:30), 연중무휴 요금 [본당] 성인 ¥400,
초등·중학생 ¥200 가는 방법 206·207번 버스 고조자카(五条坂) 정류장에서 하차 후 도보 10분
키워드 기요미즈데라

기
요
미
즈
데
라
清
水
寺

교토를 대표하는 관광명소

명실상부한 교토 최고의 관광 명소다. 교토시 동쪽에 있는 오토와산(音羽山)
중턱에 자리한 사찰로, 778년 헤이안 시대의 승려 엔친(延鎮)이 오토와 폭
포(音羽の滝) 위에 암자를 세워 십일면천수관음입상(十一面千手観音立像)
을 안치한 것을 시작으로 세워졌다. 798년 일본의 초대 쇼군(将軍, 일본 막부
의 수장) 사카노우에 다타무라마로(坂上田村麻呂)가 대규모 불전을 건립하
였고, 810년 사가 일왕의 명을 받아 국가 사원으로 거듭났다. 처음에는 기타
칸노지(北観音寺)로 불렸으나 경내로 흐르는 오토와 폭포의 3개의 물줄기로
인해 '성스러운 물'이라는 뜻의 기요미즈데라로 불리게 되었다. 지금도 학업
성취, 장수, 연애운을 기원하는 이들이 폭포를 찾는다.
1km 남짓의 기요미즈자카 언덕을 오르면 빨간색 문 니오몬(仁王門)이 방
문객을 반긴다. 일본의 중요 문화재인 서문과 삼중탑을 지나면 이곳의 하이
라이트 본당(本堂)이 모습을 드러낸다. 본당은 몇 차례의 화재로 소실된 후
1633년 도쿠가와 이에미쓰(德川家光)에 의해 재건되었다. 앞에 설치된 넓은
마루 부타이(清水の舞台)는 못을 사용하지 않고 오로지 139개의 나무 기둥
만으로 지탱하고 있는 목조 건축물로 교토 시내를 한눈에 조망할 수 있다. 과
감한 결단을 내릴 때 '기요미즈 부타이에서 뛰어내릴 각오로(清水の舞台か
ら飛んだつもりで)'라고 한다. 이 말은 에도 시대 4층 건물 높이에 해당하는
부타이에서 소원 성취를 기원하며 뛰어내린 사람들 때문에 생겨났다고 한다.

\ ZOOM iN /

기요미즈데라 볼거리
하이라이트

❶ 니오몬 仁王門

사찰 입구에 기요미즈데라를 수호하는 정문. 화려하고 선명한 주홍색에 높이 14m, 너비 10m에 달하는 거대한 크기가 특징이다. 교토를 상징하는 풍경으로 꼽히기도 해 기념촬영 명소로 인기가 높다.

❷ 삼층탑 三重塔

니오몬 우측에 위치하는 기요미즈데라의 심벌. 31m 높이로 일본에 있는 삼층탑들 가운데 최대 규모를 자랑한다. 탑 내부 중앙에는 대일여래상을 모시고 있으며, 만다라의 세계가 표현되어 있다.

❸ 즈이구도 随求堂

소원을 이루어 준다는 대공덕을 지닌 대수구보살(大随求菩薩)을 모시는 곳으로, 순산과 육아의 신도 모시고 있다. 엄마의 배 속을 의미하는 암흑 속을 이정표 대신 염주에 의지해 걸으면 소원이 이루어진다는 '태내 순례(胎内めぐり)'가 유명하다. 입장료 ¥100.

❹ 본당 本堂

4층 건물에 해당하는 높이 13m에 걸터앉은 듯이 자리하는 마루 '부타이(舞台)'가 있는 사찰의 상징 같은 장소. 못을 사용하지 않고 목재끼리 교묘하게 조합한 일본 전통

공법으로 지어졌다. 410장 이상의 편백나무 판자를 깐 넓은 부타이에서 바라보는 교토 시내의 사계절 경치가 무척 아름다운 풍경 맛집이다.

❺ 오토와노타키 音羽の瀧

기요미즈데라 건립의 계기이자 명칭의 유래가 된 세 줄기의 작은 폭포. 세 개는 각각 학업 성취, 연애 성취, 건강 장수를 의미하며, 셋 중 하나를 골라 한 모금 마시면 염원이 이루어진다고 한다. 단, 두 모금을 마시면 반대로 이루어진다고 하니 주의할 것.

지슈신사
地主神社
임시休業

맵북 P.21-D2 🔊 지슈진자 주소 東山区清水1-317 전화 075-541-2097 홈페이지 www.jishujinja.or.jp
운영 09:00~17:00 가는 방법 기요미즈데라(清水寺) 본당 바로 뒤편에 위치 키워드 지슈신사

애정운을 높이고 싶어요

기요미즈데라의 본당 바로 뒤편에 위치한 교토에서 가장 오래된 신사로 연애운을 기원하는 관광객으로 북적거린다. 에도 시대부터 연애운을 점치러 방문하는 이들이 끊이지 않았는데 경내에 있는 연애점의 돌(恋占いの石)이라는 커다란 돌 2개도 그때부터 이미 존재하던 것이라 한다.

10m 정도 떨어진 2개의 돌 중 1개의 돌에서 눈을 감고 출발하여 소원을 빌면서 맞은편 돌에 도달하면 사랑이 이루어진다고 한다. 또 한쪽에 마련된 행복의 징(しあわせのドラ)을 손으로 3번 치면서 소원을 빌면 징소리가 신에게 전달된다고 한다. 사랑에 목말라 있다면 한번 도전해 보는 것도 좋겠지만 아쉽게도 현재 공사로 인해 임시 휴관 중이다.

호칸지
法観寺

맵북 P.21-D2 🔊 호오칸지 주소 東山区清水八坂上町388 전화 075-551-2417
운영 10:00~16:00 요금 중학생 이상 ¥400 가는 방법 206번 버스 기요미즈미치(清水道) 정류장에서 하차 후 도보 4분 키워드 야사카의 탑

기온 어디서나 보이는 오층탑

정식 명칭보다는 야사카탑(八坂の塔)이라는 이름으로 더욱 알려진 히가시야마(東山) 지역의 대표적인 랜드마크다. 야사카 신사와 기요미즈데라 사이에 위치하며 교토에서 가장 오래된 목탑인 46m 높이의 거대 오층탑이 우뚝 서 있는 것이 특징이다. 일본에서는 592년 쇼토쿠 태자(聖徳太子)가 육관음 중 하나인 여의륜관음(如意輪観音)의 계시를 받아 건립했다고 알려졌으나 고구려에서 건너온 도래인들이 씨사(氏寺, 자신의 조상을 받드는 절)로 창건했다는 이야기가 옛 문헌에 기록되어 있다.

본래는 7채가 있었다고 전해지나 현재는 오층탑을 비롯해 다이시도(太子堂), 야쿠시도(薬師堂)의 3채만 남아있다. 5척의 본존오지여래상(本尊五智如来像)과 호칸잡기(法観雑記) 등의 문화재, 심주가 있는 탑 내부 견학을 할 수 있다. 계단의 경사가 심해 초등학생 이하 어린이는 관람이 불가능하며 궂은 날씨에는 관람 자체를 금지한다.

산넨자카·니넨자카 (산네자카·니네자카) 三年坂·二年坂(産寧坂·二寧坂)

맵북 **P 21-D2** ◀» 산넨자카, 니넨자카 주소 東山区清水2
가는 방법 206번 버스 기요미즈미치(清水道) 정류장에서 하차 후 도보 5분 키워드 산넨자카, 니넨자카

절에서 이어지는 번화가

기요미즈데라와 야사카 신사, 고다이지 등의 히가시야마(東山)의 주요 명소를 잇는 거리로, 국가가 지정한 중요 전통 건축물 보존지구(重要伝統的建造物群保存地区)에 속한다. 산네자카는 기요미즈자카(清水坂)에서 기요미즈데라로 향하는 길 왼쪽 골목에 길게 뻗은 급격한 경사의 언덕길이다. 히가시야마 최대의 번화가로 각종 기념품 가게와 음식점이 즐비하여 전 세계에서 모인 관광객으로 들끓는다. 기요미즈데라 경내에 자리한 고야스탑(子安の塔, 순산을 기원하는 탑)으로 가면서 지나는 길이라 하여 이름 붙여졌으며 산넨자카(三年坂)라고도 불린다.

산네자카를 지나 이어지는 니넨자카(二年坂) 역시 기념품 가게와 음식점이 빼곡히 들어서 있는 거리다. 여기서 발이 걸려 넘어지면 2년 이내에, 산네자카에서 넘어지면 3년 이내에 죽는다는 무시무시한 이야기가 전해진다. 돌계단으로 된 언덕길을 조심해서 걸으라는 의미에서 만들어진 이야기이니 넘어지지 않도록 주의해서 걷자.

Tip 교토에서 냉오이를?
거리를 걷는 현지인들이 하나씩 들고 있는 막대기의 정체는 바로 소금에 절인 오이를 얼음물에 차갑게 식힌 냉오이(冷やしきゅうり). 짭조름하면서 시원한 맛을 느낄 수 있어 인기가 높은 길거리 음식이다.

고다이지 高台寺

맵북 P 21-D1 🔊 코오다이지 **주소** 東山区高台寺下河原町526 **전화** 075-561-9966
홈페이지 www.kodaiji.com **운영** 09:00~17:00 **요금** 성인 ¥400, 중·고등학생 ¥250, 초등학생 이하 무료
가는 방법 206번 버스 히가시야마야스이(東山安井) 정류장에서 하차 후 도보 7분 **키워드** 고다이지

회유식 정원의 아름다움

도요토미 히데요시(豊臣秀吉)의 정실부인 기타노만
도코로(北政所, 일반적으로는 네네(ねね)라 불린다)
가 세운 사찰이다. 도요토미 히데요시가 죽은 후 그의
명복을 빌기 위해 1606년 건립하였다. 화재로 인해
일부는 소실되고 현재는 국가중요문화재로 지정된
가이산도(開山堂), 오타마야(霊屋), 간게쓰다이(観月
台) 등만이 남아 있다. 눈여겨볼 곳은 가이산도를 사
이에 둔 엔게쓰치(偃月池) 연못과 가료우치(臥龍池)
연못을 중심으로 한 정원이다. 건축가이자 조경가인
고보리 엔슈(小堀遠州)가 만든 모모야마 시대의 대표
적인 지천회유식 정원이다. 지천회유식 정원이란 연
못 주변에 산책길이 있는 정원을 뜻한다. 엔게쓰치 연
못에 비친 달을 감상할 수 있도록 마련된 작은 정자
간게쓰다이도 반드시 살펴보자. 매년 봄, 여름, 가을
에는 21:30까지 특별 개방한다.

네네의 길 ねねの道

맵북 P 21-D1 🔊 네네노미치 **주소** 東山区下河原町 **가는 방법** 고다이지에서 도보 1분
키워드 nene-no-michi

교토의 옛 모습을 간직한 거리

도요토미 히데요시의 아내 네네(ねね)가 그가 죽은 후
이곳에서 19년간 남은 생을 보냈다 하여 이름 지어진
길이다. 원래는 고다이지를 잇는 단순한 길이었으나
1998년 전선을 모두 땅에 매장하고 전신주를 철거한
후 바닥에 2,500여 장의 사각 석판을 깔아 교토다운 거
리 풍경을 조성하였다. 주변 전통가옥과 관광객을 맞이
하는 인력거는 이 길의 전통적인 분위기를 한층 고조
시킨다. 고다이지를 비롯하여 이시베코지, 마루야마 공
원 등 주변 관광 명소로 통하는 길목이므로 이 길을 거
쳐 가는 관광객이 많다.

겐닌지
建仁寺

맵북 **P.21-C2** ◀)) 겐닌지 주소 東山区大和大路四条下ル小松町584 전화 075-561-6363
홈페이지 www.kenninji.jp 운영 10:00~17:00 휴무 4/19·4/20·6/4·6/5
요금 성인 ￥600, 중·고등학생 ￥300, 초등학생 ￥200, 미취학 아동 무료
가는 방법 206번 버스 히가시야마야스이(東山安井) 정류장에서 하차 후 도보 5분 키워드 겐닌지

사찰에서 감상하는 예술작품

교토 최초의 선종 사찰이다. 1202년 선종의 개조인 승려 에이사이(栄西)가 건립하였으며 사찰명은 당시 일본의 연호인 겐닌(建仁)에서 따왔다. 일본의 국보로 지정된 화가 다와라야 소타쓰(俵屋宗達)의 최고 걸작인 풍신뇌신도(風神雷神図)를 소장한 곳으로 유명한데 본방(本坊)에서 복제본을 감상할 수 있다.

우리나라의 고려 팔만대장경과 일본의 중요문화재인 죽림칠현도(竹林七賢図), 화조도(花鳥図), 산수도(山水図) 등 역사적으로 중요한 문화재를 다수 소장 중이다. 이 외에 주목해야 할 작품으로 법당 천장에 위용을 뽐내고 있는 쌍룡도(双龍図)를 꼽을 수 있다. 창건 800주년을 맞이해 2002년 화가 고이즈미 준사쿠(小泉淳作)가 그린 대작으로, 다다미 108장(약 178.84㎡)분의 크기를 자랑한다.

이시베코지
石塀小路

맵북 **P.21-D2** ◀)) 이시베에코오지 주소 東山区下河原町463-34
가는 방법 206번 버스 히가시야마야스이(東山安井) 정류장에서 하차 후 도보 4분 키워드 Ishibe koji road

운치 있는 좁은 골목길 산책

야사카 신사로 향하는 네네의 길(P.298) 길목에는 현지인보다 관광객에게 더 인기인 운치 있는 좁은 골목길이 자리한다. 중요 전통 건축물 보존지구(重要伝統的建造物群保存地区)로 선정된 곳으로 사각 석판이 깔린 모던하고 깔끔한 길에 교토 느낌이 물씬 풍기는 옛 건물이 옹기종기 모여 골목을 이루고 있다. 참고로 이시베(石塀)란 돌담을 뜻하는데, 길바닥 석판이 마치 돌담처럼 보인다 하여 붙여진 이름이다.

야사카코오신도오 주소 東山区金園町390 전화 075-541-2565
홈페이지 www.yasakakousinndou.sakura.ne.jp 운영 09:00~17:00
요금 무료(오마모리 ¥500) 가는 방법 호칸지(P.296) 바로 건너편에 위치 키워드 야사카 경신당

포토제닉한 작은 신사

중국에서 전해져 내려온 경신신앙을 모시는 절. 액땜과 인연 맺기 등에 효험
이 있는 것으로 알려져 있다. 본당에는 보지 않고 말하지 않고 듣지도 않는 세
원숭이상이 놓여 있는데, 눈과 귀와 입을 막아 액운을 피한다는 가르침이 담
겨 있다고. 인간의 욕망을 억제하는 모습을 손발을 묶여 움직일 수 없는 원숭
이에 빗댄 색색의 부적(お守り)이 경내에 주렁주렁 달려있는 풍경이 포토제
닉해 젊은 층의 큰 인기를 얻고 있다.

야스이콘피라구우 주소 東山区下弁天町70 전화 075-561-5127
홈페이지 www.yasui-konpiragu.or.jp 운영 09:00~17:30 요금 무료(부적 ¥100 이상)
가는 방법 206번 버스 히가시야마야스이(東山安井) 정류장에서 도보 1분 키워드 야스이 곤피라 궁

나쁜 악연 끊어내기

7세기 아스카(飛鳥) 시대에
창건한 절에서 기원한 신사.
악연은 끊고 새로운 만남을
가지면서 좋은 인연은 맺어주
는 연애운은 물론이고 질병,
담배, 도박 등 나쁜 버릇과도
연을 끊을 수 있도록 빌어주
는 곳으로 알려져 있다. 경내

에 있는 높이 1.5m, 너비 3m의 '절연결연비(縁切り縁結び碑)'에는 신사를 방문
한 이들의 염원이 적힌 흰 부적이 대량으로 붙여져 있다. 소원을 비는 방법은 다
음과 같다. ① 연을 끊거나 맺고 싶은 인연을 적은 부적을 손에 들고 소원을 마음
속으로 빌면서 비석 밑에 있는 구멍을 앞에서 들어간다. 이로써 악연은 끊어졌
다. ② 그런 다음 다시 뒤에서 앞으로 나오면서 좋은 인연을 맺을 수 있게 되었다.
③ 부적을 비석에 붙이면서 마무리한다.

쇼렌인몬제키
青蓮院門跡

 맵북 P 21-D1 ◄» 쇼오렌인몬제키 주소 東山区粟田口三条坊町69-1
전화 075-561-2345 홈페이지 www.shorenin.com 운영 09:00~17:00(마지막 입장 16:30)
요금 성인 ￥600, 중·고등학생 ￥400, 초등학생 ￥200, 미취학 아동 무료
가는 방법 5·46·100번 버스 진구미치(神宮道) 정류장에서 도보 3분 키워드 청련원

화려한 맹장지 내벽에 주목

천태종 총본산인 엔랴쿠지(延暦寺)의 삼문터
(三門跡) 중 하나로, 예부터 왕실과 깊은 관련
이 있는 격식 높은 사찰이다. 무로마치(室町) 시
대 조경가이자 화가인 소아미(相阿弥)의 작품
인 지천회유식 정원과 화가 기무라 히데키(木村
英輝)가 그린 화려한 연꽃의 맹장지(襖絵) 그림
으로 꾸며진 건물 내벽, 입구에 우뚝 솟은 수령
800년의 녹나무 5그루가 유명하다.

쇼군즈카세이류덴
将軍塚青龍殿

맵북 P 21-D1 ◄» 쇼오군즈카세에류우인 주소 山科区厨子奥花鳥町28 전화 075-771-0390
홈페이지 www.shogunzuka.com 운영 09:00~17:00(마지막 입장 16:30)
요금 성인 ￥600, 중·고등학생 ￥400, 초등학생 ￥200, 미취학 아동 무료
가는 방법 70번 게이한(京阪) 버스 쇼군즈카세류인(将軍塚青龍殿) 정류장에서 바로 키워드 쇼군즈카

사원 속 작은 전망대

쇼렌인몬제키의 월경지로 교토 시내보다 200m 높은 위치에 있다. 기요미즈
데라 부타이(舞台)의 4.6배에 달하는 넓은 다이부타이(大舞台)는 교토 시내를
파노라마로 조망할 수 있는 전망대 역할을 톡톡히 하고 있다. 간혹 예술작품
이 전시되기도 해 다양한 공간으로 활용되고 있다. 경내 정원에는 벚꽃과 단
풍 등 사계절의 경치를 감상할 수 있다.

맵북 P 21-C1 🔊 타츠미다이묘오진, 타츠미바시

주소 東山区新橋通大和大路東入元吉町59
가는 방법 206번 버스 기온(祇園) 정류장에서 하차 후 도보 5분 **키워드** tatsumi bridge

다쓰미다이묘진·다쓰미바시 辰巳大明神·巽橋

잔잔한 강가 사이에 있는 작은 다리

게이샤가 소원을 기원하는 신사 다쓰미다이묘진과 바로 옆에 위치한 작은 다리 다쓰미바시는 이름난 봄철 벚꽃 명소다. 영화나 드라마 촬영지로 자주 미디어에 노출되면서 현지인들에게는 익숙한 명소다. 신사가 남동쪽에 위치한 까닭에 다쓰미(辰巳)로 불리는 이곳은 게이샤와 마이코(舞妓, 예비 게이샤)의 예능 향상과 사업 번창을 비는 곳이다. 모시는 신은 독특하게도 너구리. 다쓰미바시 부근에 서식하던 너구리에 의해 피해를 입자 해결책으로 신으로 모셨다. 신기하게도 그 이후부터 피해가 줄어들었다고 한다.

맵북 P 21-C1 🔊 야사카진자 **주소** 東山区祇園町北側625 **전화** 075-561-6155
홈페이지 www.yasaka-jinja.or.jp **요금** 무료 **가는 방법** 206번 버스 기온(祇園) 정류장에서 하차 후 도보 5분
키워드 다츠미 신사

야사카 신사 八坂神社

기온마쓰리가 시작되는 곳

고구려에서 건너간 사신(調進副使) 이리지(伊利之)가 정착하면서 창건한 신사로, 매년 7월 한 달간 열리는 일본 3대 축제 '기온마쓰리(祇園祭)'의 주요 무대로 유명한 관광명소다. 석가모니의 탄생지 기온쇼자(祇園精舍)의 수호신인 우두천왕(牛頭天王)을 신으로 받들어 기온상(祇園さん)이라 불렸으나 메이지 시대에 신도(神道)와 불교를 나누는 신불분리(神仏分離) 정책을 시행하면서 지금의 이름으로 변경하였다. 정월이 되면 100만 명에 달하는 사람이 이곳을 방문하는데 교토 내에서 후시미이나리타이샤(P.372)에 이어 두 번째로 많은 참배객 수를 자랑한다. 야간 참배도 가능하며 마루야마 공원(P.305)과 이어져 있어 같이 둘러보기에 좋다.

맵북 P.21-C1 🔊 하나미코오지도오리 주소 東山区花見小路通
가는 방법 206번 버스 기온(祇園) 정류장에서 하차 후 도보 3분 키워드 hanamikoji-dori

하나미코지 거리
花見小路通

교토스러운 전통 거리

산조 거리(三条通)부터 겐닌지 앞까지 약 1.4km 길이의 짧은 길이지만, 역사 경관 보존지구(歷史的景観保全修景地区)로 지정된 곳이자 교토만의 거리 풍경과 전통적인 분위기를 만끽할 수 있는 기온의 대표 중심가다. 2001년 전선과 전신주를 지하에 매설하고 거리 바닥을 사각 석판으로 교체하는 등 대대적으로 정비하여 더 정갈하고 깔끔하게 변모하였다. 거리 중심의 시조 거리(四条通)를 경계로 북쪽과 남쪽의 분위기는 사뭇 대조적이다. 북쪽은 이자카야, 바 등 주로 술집이 들어서 있지만 남쪽은 게이샤와 예비 게이샤인 마이코(舞妓)가 접대하는 오차야(お茶屋)와 음식점이 즐비하다. 저녁 무렵에는 출근길의 게이샤, 마이코와 마주칠 수도 있으니 설레는 마음으로 밤산책을 나서 보자.

맵북 P.21-C1 🔊 시라카와미나미도오리 주소 東山区末吉町
가는 방법 205번 버스 시조가와라마치(四条河原町) 정류장에서 도보 5분 키워드 Shirakawa Lane

시라카와미나미 거리
白川南通

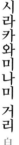

돌담길 걸으며 벚꽃 산책

교토의 볼거리 가운데 단풍놀이와 함께 빠지지 않는 것이 하나미(花見), 이른바 벚꽃놀이다. 3월 하순에서 4월 상순 사이 교토의 벚꽃을 감상할 수 있는 곳은 관광명소 주변에서도 쉽게 찾아볼 수 있다. 그중 추천하는 곳이 가모강을 향해 흐르는 작은 하천 시라강(白川)을 따라 늘어선 시라카와미나미 거리다.
전통가옥이 옹기종기 모인 거리 사이사이에 자리한 벚나무가 만발할 즈음이면 좁은 거리가 터져나갈 정도로 관광객이 몰려드는데, 거리를 오가는 게이샤와 마이코의 모습이 한데 어우러지면서 일본의 정취를 느낄 수 있다. 일본의 시인 요시이 이사무(吉井勇)가 이곳 경치에 감탄하여 쓴 시 '어찌 됐든 간에(かにかくに)'가 새겨진 비석도 세워져 있다. 거리 어귀에 있는 작은 신사 다쓰미다이묘진을 끼고 돌면 전통 건축물 보존지구로 지정된 정갈한 골목길 기온신바시거리(祇園新橋通り)가 나오니 함께 둘러보자.

미나미자
南座

맵북 P.21-C1 미나미자 주소 東山区四条大橋東詰 전화 075-561-1155
홈페이지 www.shochiku.co.jp/play/theater/minamiza 가는 방법 게이한(京阪) 전철
게이한본(京阪本) 선 기온시조(祇園四条) 역 6번 출구에서 바로 키워드 교토시조 미나미좌

가부키의 발상지

가모 강변 시조 거리(四条通)에 자리한 이 멋스러운 전통 건물은 일본의 전통연극 가부키가 시작된 일본에서 가장 오래된 극장이다. 에도 시대 초기 이 부근에는 총 7개의 국가 공인 가부키 극장이 존재하고 있었으나 문을 닫거나 화재로 인해 소실되어 남아있는 곳은 미나미자가 유일하다. 1906년 일본의 유명 영화사 쇼치쿠(松竹)가 사들여 운영하면서 외관은 옛 모습 그대로 간직하되 내부 시설을 최신식으로 교체하는 등 여러 차례 보수공사를 시행하였고 1996년 일본 유형문화재로 지정되었다. 약 400년 동안 같은 자리를 지켜온 미나미자에서는 가부키를 중심으로 현대극, 콘서트 등 다채로운 공연을 관람할 수 있다.

폰토초
先斗町

맵북 P.20-B1 폰토쵸 주소 中京区先斗町 홈페이지 www. ponto-chou.com
가는 방법 한큐(阪急) 전철 게이한교토(阪急京都) 선 교토가와라마치(京都河原町) 역
1A번 출구에서 도보 1분 키워드 폰토초

밤에 더욱 반짝이는 골목길

가모강과 기야마치(木屋町) 거리 사이에 위치한 좁고 기다란 골목길로, 게이샤가 활동하는 요정이 모여 있는 지역을 뜻하는 하나마치(花町) 가운데 한 곳이다. 1712년경 유흥가로서 번성하기 시작하였고 1859년 유곽으로 허가를 받으면서 이곳의 역사가 시작되었다.
낮에 방문하면 보통의 평범한 골목길과 다름없어 보이지만 밤이 되면 분위기가 반전되면서 제 모습을 드러낸다. 가모 강변 위로 설치된 평상에서 식사나 술을 마시는 것을 가와도코(川床)라고 하는데 이를 즐길 수 있는 곳이 바로 폰토초의 음식점과 이자카야다.

지온인
知恩院

맵북 **P.21-C2** 🔊) 지온인 주소 東山区林下町400 전화 075-531-2111 홈페이지 www.chion-in.or.jp
운영 06:00~16:00(시기마다 다름) 요금 [유젠엔(友禅苑)] 고등학생 이상 ¥300, 초등·중학생 ¥150,
미취학 아동 무료 [호조정원(方丈庭園)] 고등학생 이상 ¥400, 초등·중학생 ¥200, 미취학 아동 무료
[정원 공통권] 고등학생 이상 ¥500, 초등·중학생 ¥250 가는 방법 206번 버스 지온인마에(知恩院前)
정류장에서 하차 후 도보 5분 키워드 지온인

거대한 삼문이 우뚝 솟은 사찰

정토종의 총본산으로 승려 호넨(法
然)이 세운 사찰이다. 맨 처음 방문
객을 반기는 삼문은 1621년 도쿠가
와 히데타다(徳川秀忠) 장군에 의해
건립된 일본의 국보다. 높이 24m, 폭
50m로 일본 삼문 가운데 가장 큰 규
모를 자랑하는 목조 이중문이다. 경
내에는 또 하나의 국보인 미에이도(御影堂)를 비롯해 세시도(勢至堂), 교조(経蔵) 등 중요
문화재로 지정된 건축물이 들어서 있다.
호넨의 초상이 모셔져 있다 하여 이름 붙여진 미에이도는 삼문과 마찬가지로 장대한 규모
다. 화재로 인해 한 번 소실되었다가 6년에 걸쳐 재건되었다. 미에이도에서 호조(方丈)에
이르는 마룻바닥을 걸으면 꾀꼬리의 울음소리가 들린다는 꾀꼬리 소리 복도(鶯張りの廊
下) 등 예부터 전해져 내려오는 지온인의 7대 불가사의가 존재한다.

마루야마 공원
円山公園

맵북 **P.21-D1** 🔊) 마루야마코오엔 주소 東山区円山町 전화 075-561-1350
홈페이지 kyoto-maruyama-park.jp 가는 방법 206번 버스 기온(祇園) 정류장에서 하차 후 도보 2분
키워드 마루야마 공원

연분홍빛 벚꽃 나들이

1886년에 개장한 교토에서 가
장 오래된 공원으로 야사카 신
사 바로 옆에 위치한다. 공원
중앙에 연못을 배치하고 주변
산책로를 따라 경관을 감상할
수 있는 일본 전통 양식인 회
유식 정원(回遊式庭園)으로 조
성되었다. 이곳의 방문 최적 시
기는 봄으로, 여러 종의 벚나무 680그루가 식재되어 있어 교토에서도 손꼽히는 벚꽃 명소
로 유명하다. 공원 중앙에는 1959년에 심은 12m 길이의 거대한 수양벚나무 시다레자쿠라
(枝垂桜)가 자리한다. 벚꽃 시즌에는 방문객이 밤에도 꽃구경을 즐길 수 있도록 조명을 켜
'기온노요자쿠라(祇園の夜桜, 밤에 즐기는 벚꽃놀이)'란 애칭으로 불리기도 한다. 수양벚
나무 부근에는 일본 근대화를 이끈 사카모토 료마(坂本龍馬)와 그의 친구 나카오카 신타
로(中岡慎太郎)의 동상이 세워져 있다.

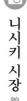

니시키 시장
錦市場

맵북 **P.20-A1** ◀》 니시키이치바 **주소** 中京区西大文字町609 **전화** 075-211-3882
홈페이지 www.kyoto-nishiki.or.jp **운영** 점포마다 상이 **가는 방법** 한큐(阪急) 전철 게이한교토(阪急京都) 선 가라스마(烏丸) 역 12번 출구에서 도보 3분 **키워드** 니시키 시장

활기 넘치는 교토의 재래시장

생선, 교야사이(京野菜) 등 농수산품을 비롯해 건어물, 반찬, 전통과자 등 가공식품까지 다양한 식재료를 판매하는 교토의 대표적인 재래시장. 인구가 집중된 도심에 위치한 점과 지하수가 흘러 생선을 차갑게 보관하여 판매하기에 적합한 지리적 특성 덕에 어시장이 들어선 것이 기원이다.

현지인에게 니시키(にしき)란 애칭으로 불리며 400년이라는 오랜 운영 동안 교토의 부엌(京の台所)으로서 그 기능을 잘 유지하고 있다. 최근에는 외국인 관광객의 필수 관광명소로 알려지면서 많은 방문객으로 늘 활기가 넘친다. 중앙도매시장(中央卸売市場)과 대형 슈퍼마켓이 등장하고 지하수 고갈로 인해 한 차례 위기를 맞이하였으나 시중 슈퍼마켓이나 백화점보다 더 신선하고 품질 좋은 식재료를 제공하여 이를 극복할 수 있었다.

니시키코지 거리부터 다카쿠라 거리까지 약 390m 길이의 아케이드형 상점가에 130여 개 점포가 빽빽이 들어서 있다. 제철 과일, 채소, 생선은 물론이고 두부 껍질 유바(湯葉), 교토식 야채 절임 교쓰케모노(京漬物), 전통 조림요리 쓰쿠다니(佃煮) 등 교토만의 독특한 식재료도 손쉽게 구입할 수 있다. 영업 시간은 점포마다 다르나 대체로 09:00부터 17:00까지이며 수요일과 일요일에 쉬는 가게가 많다.

니시키 시장에서 길거리 음식 즐기기

니시키 시장이 최근 들어 여행자에게 더욱더 큰 인기를 얻고 있는 이유는 바로 길거리 음식 때문이다. 간단한 요기를 하기에 좋고 이색 먹거리도 즐길 수 있어 시간이 금인 이들에겐 안성맞춤이다. 참새가 방앗간을 그냥 못 지나치듯이 싱싱한 재료로 만든 먹음직스러운 음식들을 보고 있노라면 절로 지갑이 열린다.

❶ 가이 櫂
메추리알과 문어의 탱글탱글한 식감, 간장쇼유의 달달하면서 짭짤한 맛이 찰떡궁합을 자랑하는 다코타마고(たこたまご).

❹ 하모히데 鱧秀
큼지막한 새우 세 개를 통째로 삶아 소금과 레몬즙으로 간을 한 에비쿠시(えび串).

❷ 호큐안 汸臼庵
버터로 익힌 감자나 치즈가 섞인 따끈따끈한 일본식 어묵, 보뎀뿌라(棒天麩羅).

❺ 가리카리하카세
カリカリ博士
합리적인 가격에 즐기는 교토풍 다코야키(たこ焼き). 오리지널, 파, 치즈 세 종류가 있다.

❸ 고후쿠도 幸福堂
오랜 역사를 간직한 노포. 일본 최고급 단팥으로 만든 모나카(最中)가 간판 상품.

❻ 곤나몬자 こんなもんじゃ
갓 튀긴 따끈한 두유 도넛과 두부 아이스크림을 맛볼 수 있는 디저트점.

가모강
鴨川

맵북 P.20-B1·B2, 21-C1 ◀» 카모가와 가는 방법 한큐(阪急) 전철 교토(京都)
선 시조가와라마치(京都河原町) 역 1A, 1B번 출구 또는 게이한(京阪) 전철
게이한본(京阪本) 선 기온시조(祇園四条) 역 3, 4번 출구에서 바로 키워드 가모 강

교토 시민 영혼의 쉼터

교토 시내 동쪽에 흐르는 23km 길이의 일급 하천으로, 교토시 서쪽에 흐르는 가쓰
라강(桂川)과 함께 교토의 대표적인 강으로 꼽힌다. 유구한 역사 속에서 천년의 도
읍지와 함께 교토 고유의 문화를 키워온 곳이며, 지금도 변함없는 교토 사람들의
맑고 깨끗한 휴식처로 많은 사랑을 받고 있다.
시모가모 신사, 교토고쇼, 교토대학, 야사카 신사, 미나미자, 교토 국립 박물관, 산
주산겐도 등 북쪽에서 남쪽으로 내려오는 강 부근에 유명 관광 명소가 위치하고
있어 잠시라도 스쳐 지나갈 뿐만 아니라 가모가와 델타를 기점으로 가와라마치 상
점가까지 이어지는 강변은 산책로와 쉼터로 많은 이들이 이용하고 있다. 벚꽃이 피
는 봄과 단풍이 물드는 가을이 되면 강변도 옷을 갈아입어 아름다움을 뽐낸다. 이
럴 때 자전거를 대여하여 강을 따라 달리거나 가만히 걸으며 계절을 느껴보는 시
간을 보낸다면 좋은 추억을 만들 수 있을 것이다.

ZOOM iN

가모강의 풍경을 보며 즐기는 군것질

❶ 데마치후타바 出町ふたば

1899년 가게 문을 연 이래 교토의 명물로 자리 잡은 콩떡 '마메다이후쿠(豆大福)'를 판매하는 노포로, 기나긴 대기행렬을 이룰 만큼 큰 인기를 누리고 있다. 가모가와 델타 부근에 위치하고 있어 이곳에서 떡을 구입한 다음 가모 강변에 앉아 먹는 이들도 자주 목격된다. 간판 상품인 묘오다이 마메모찌(名代 豆餠)는 큼지막한 콩을 송송 심은 탄력감이 느껴지는 쌀떡 속에 붉은 완두콩을 섞은 팥소가 인상적이다. 시즌마다 다른 소를 넣은 종류를 선보이기도 하므로 이왕이면 다양한 떡을 골라서 먹어보자.

맵북 P 24-B1 ◀ 데마치후타바 주소 上京区青龍町236
운영 08:30~17:30 휴무 화요일 전화 075-231-1658
가는 방법 1·37·205번 버스 아오이바시니시즈메(葵橋西詰) 정류장에서 도보 1분 키워드 데마치 후타바

❷ 런던야 ロンドンヤ

1950년대 세련된 먹거리를 만들고 싶다고 생각한 창업자는 하얀 앙금이 든 카스텔라 만주 '런던야키(ロンドン焼き)'를 고안하게 된다. 담백한 단맛에 부드러운 빵의 식감 덕분에 남녀노소 불문하고 누구나 즐기는 교토의 명물이 되었다. '카창카창~' 소리가 들리는 곳으로 고개를 돌려보면 만주를 찍어내는 기계의 분주한 움직임도 재미난 구경거리다. 종이에 감싼 것(へぎ包み)보다 상자에 넣는 것(箱入り)이 조금 더 비싸다. 여름은 3일, 겨울은 4일 정도까지 두고 먹을 수 있다.

맵북 P 20-B1 ◀ 론돈야 주소 中京区中之町565
운영 09:30~20:30 전화 075-221-3248
가는 방법 11·12·201·203·207번 버스
시조가와라마치(四条河原町) 정류장에서 도보 1분
키워드 London-ya

이즈우
いづう

맵북 P.21-C1 🔊 이즈우 주소 東山区清本町367 전화 075-561-0751 홈페이지 www.izuu.jp
운영 월~토요일 11:00~22:00(마지막 제공 21:30) 일요일·공휴일 11:00~21:00 휴무 화요일(공휴일이면 영업)
가는 방법 게이한(京阪) 전철 교토본(京都本) 선 기온시조(祇園四条) 역 9번 출구에서 도보 3분
키워드 이즈우

교토의 명물 고등어 초밥

1781년에 문을 연 초밥 전문점으로 교토의 명물 음식인 고등어 초밥(鯖姿寿司)으로 유명한 곳이다. 인근 해안에서 잡은 고등어 중 가장 좋은 것을 들여와 등줄기를 따라 칼집을 넣고 갈라 식초에 절인 다음 홋카이도산 다시마로 감싸 맛이 오래 유지되도록 다시 대나무 껍질에 감쌌다. 보통 관광객은 가게에서 먹으나 현지인은 포장해 가 집에서 먹는다.

맵북 P.21-C1 🔊 니신소바마츠바 주소 東山区四条大橋東入ル川端町192 전화 075-561-1451
홈페이지 www.sobamatsuba.co.jp 운영 10:30~21:00(마지막 주문 20:40), 휴무 수요일(공휴일이면 영업)
가는 방법 게이한(京阪) 전철 교토본(京都本) 선 기온시조(祇園四条) 역 6번 출구에서 바로 키워드 마츠바 본점

니신소바 마쓰바
総本家にしんそば 松葉 本店

백년 전통의 청어국수

교토의 명물 음식 중 하나인 청어 메밀국수 '니신소바(にしんそば)'를 고안한 원조 소바집. 니신소바란 말린 청어를 다시마와 묽은 간장을 사용해 매콤하게 간을 하여 조린 것을 따뜻한 소바 위에 얹어 함께 먹는 음식으로, 잘게 썬 파를 취향껏 적당히 올려 먹는다. 약 140년 전인 1882년 2대째 가게를 꾸려가고 있던 주인장이 영양분을 균형 있게 골고루 섭취할 수 있는 음식을 고민하다 만들어낸 것이라 한다. 청어 외에도 돼지고기, 튀김, 유부 등을 얹은 다양한 소바가 준비되어 있다.

교고쿠카네요
京極かねよ

맵북 P.20-B1 🔊 쿄오고쿠카네요 주소 中京区松ケ枝町456 전화 075-221-0669
홈페이지 www.kyogokukaneyo.co.jp 운영 11:30~16:00(마지막 주문 15:30),
17:00~20:30(마지막 주문 20:00) 휴무 수요일 가는 방법 게이한(京阪) 전철 교토본(京都本) 선
산조게이한(三条京阪) 역 6번 출구에서 도보 5분 키워드 카네요

달걀지단 속에 감춰진 장어구이

교토의 명물 음식인 '긴시동(きんし丼)'을 맛볼 수 있는 장어 전문점. 긴시동은 양념을 발라 숯불에 구워 낸 장어를 흰쌀밥 위에 얹고 두꺼운 달걀지단으로 덮어 제공하는 음식이다. 밥, 장어, 달걀지단 삼위일체에 100년 된 이곳만의 비법 소스를 뿌려 더욱 깊은 맛을 낸다. 장어를 구울 때 사용하는 양념을 그대로 닭고기에 사용해 구워 낸 닭고기 숯불 정식(鶏炭火焼き定食)도 일품이니 함께 즐겨보자.

아코야자야 阿古屋茶屋

맵북 P.20-D2 🔊) 아코야자야 주소 東山区清水3-343 전화 075-525-1519
홈페이지 www.kashogama.com/akoya 운영 월~금요일 11:00~16:00, 토 · 일요일 11:00~17:00
가는 방법 니넨자카(二年坂)에서 산넨자카(三年坂)로 가는 계단 왼편에 위치 키워드 akoya-chaya

교토식 정갈한 가정식을 체험할 수 있어요!

절임반찬 무제한으로 즐겨요

가지, 오이, 연근 등의 채소를 절여 일종의 김
치 역할을 하는 일본의 대표 반찬 쓰케모노(漬
物)를 비롯해 흰쌀밥, 잡곡밥, 죽, 미소된장국 등을 시간제한 없이 무제한 먹을 수 있는 뷔페.
녹차에 밥을 말아먹는 일본 전통음식 오차즈케(お茶漬け)를 마음껏 즐길 수 있도록 녹차와
호지차도 제공한다. 첫술은 20가지의 쓰케모노와 함께, 두 번째는 오차즈케로, 마지막은 죽
으로 마무리하라고 점원은 말한다. 기요미즈데라(清水寺)에서 가까운 니넨자카(二年坂)에
위치하여 주변 관광을 끝내고 방문하기에도 좋다.

맵북 P.21-C1 · D1 🔊) 히사고 주소 東山区下河原町484
전화 050-5485-8128 홈페이지 kyotohisago.gorp.jp
운영 11:30~16:00(마지막 주문 15:30) 휴무 월 · 금요일
가는 방법 100 · 202 · 206 · 207번 버스
히가시야마야스이(東山安井) 정류장에서 도보 4분
키워드 히사고

히사고 祇園下河原 ひさご

닭고기 계란덮밥 대표 맛집

소바 전문점이긴 하나 오야코동(親子丼)으로 더 유명하다. 오야코동이란
닭고기에 달걀을 풀어 반숙으로 익혀 밥 위에 얹은 것을 말한다. 여기
서 '오야'는 부모, '코'는 자식을 가리키는데 닭고기와 달걀이 음
식에 함께 들어있어 이와 같은 이름이 붙여졌다. 오야코동은
가다랑어와 다시마를 우린 육수에 닭고기를 삶아 그 풍미
가 진하게 배어 있다. 전체적으로 단맛이 나지만 교토에
서는 산초 가루를 넣어 톡 쏘는 맛도 함께 느낄 수 있다.
일본식 어묵인 가마보코(蒲鉾)와 잎새버섯을 얹은 덮밥
기노하동(木の葉丼)은 현지인에게 인기가 높은 메뉴다.

쇼쿠도엔도

食堂エンドウ

맵북 **P.21-D2** 🔊 쇼쿠도오엔도오 주소 東山区清水2-241-4 전화 075-525-5752 운영 11:30~15:00
가는 방법 100·202·206·207번 버스 기요미즈미치(清水道) 정류장에서 도보 4분 키워드 엔도

한국인 입맛에도 딱 맞는 참치덮밥

진한 빨간색 외관이 인상적인 음식점이다. 간판 메뉴인 참치회덮밥(マグロ丼)은 외관만큼 빨갛고 먹음직스럽다. 깨소금과 한국풍의 매콤달콤 소스를 무친 두툼한 참치를 밥 위에 얹고 김과 파, 온천 달걀도 함께 담았다. 토핑까지 더하면 그야말로 맛이 없을 수가 없는 조합이다. 기본 참치덮밥에 아보카도나 두부, 고춧가루 등을 추가한 메뉴가 주를 이루며 채소 절임과 미소된장국이 기본으로 포함되어 있다. 늦은 시간에 방문하면 다 팔리고 없는 경우가 있으므로 가급적 13:00 이전에 방문하는 것을 추천한다.

야오사다

ごはん処 矢尾定

맵북 **P.20-A1** 🔊 야오사다
주소 下京区新町通綾小路上る四条町361
전화 075-351-3518 홈페이지 www.yaosada.com
운영 11:00~14:00, 17:30~20:00 휴무 수요일
가는 방법 지하철 가라스마(烏丸) 선 시조(四条) 역
4번 출구에서 도보 5분 키워드 Yaosada

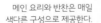

메인 요리와 반찬은 매일
색다른 구성으로 제공한다.

정갈한 교토식 정식

교토의 운치 있는 분위기가 고스란히 남아 있는 신마치 거리의 아담한 정식집. 100년이 넘는 전통 가옥을 정성스럽게 가꾸어 밥집으로 문을 열었다. 대대로 계승되어 온 교토 전통 방식대로 간을 하고 제철 식재료를 듬뿍 사용해 선보인다. 초밥 위에 새우, 붕장어, 표고버섯, 연근 등을 흩뿌리듯 얹은 지라시즈시(ちらし寿司)를 비롯해 꽁치, 고등어, 연어, 삼치 등 생선구이와 덮밥류 등 여행자가 좋아할 만한 메뉴다.

맵북 P.20-A1 ◀》 순사이이마리 주소 中京区西六角町108 전화 075-231-1354
홈페이지 www.kyoto-imari.com 운영 07:30~09:30, 17:30~22:30 휴무 화요일
가는 방법 지하철 가라스마(烏丸) 선, 도자이(東西) 선 가라스마오이케(烏丸御池) 역 6번 출구에서 도보 6분
키워드 순사이 이마리

아침 식사로 즐기는 전통 가정식

제철 식재료를 살린 교토의 전통 가정식 반찬 '오반자이(おばんざい)'로 차린
한상 차림을 사전 예약을 통해 아침 한정으로만 제공하는 음식점. 오반자이는
교토의 궁중이나 사찰에서 만들었던 요리가 시간
이 흐르면서 서민의 가정요리로 정착한 일종의
백반이다. 이마리에선 뚝배기밥과 생선구이, 달
걀말이, 채소절임, 미소된장국 등 교토의 오반자
이를 제대로 맛볼 수 있다. 예약 시간에 맞추어
지은 밥과 반찬을 정성껏 차려 제공한다. 시기마
다 반찬 종류가 달라지므로 언제 방문해도 만족
스러운 식사를 즐길 수 있다.

순사이 이마리
旬菜いまり

d 식당 교토
d 食堂 京都

맵북 P 20-A2 ◀》 디이쇼쿠도오쿄오토
주소 下京区新開町397 本山佛光寺内 전화 075-343-3215
홈페이지 www.d-department.com/ext/shop/kyoto.html
운영 11:00~18:00 휴무 수요일 가는 방법 지하철
가라스마(烏丸) 선 시조(四条) 역 5번 출구에서 도보 5분
키워드 d Shokudo Kyoto

편집숍이 선보이는 점심 식사

생활디자인 전문 편집 매장인 '디앤디파트먼트
(D&DEPARTMENT)'가 운영하는 음식점. 교토의 식재
료를 사용한 교토만의 메뉴를 맛볼 수 있으며,
멋스러운 사찰 내에 자리하고 있어 아름다운
풍경을 바라보며 음식을 즐길 수 있는 점도
매력으로 꼽힌다. 시즌마다 메뉴가 달라지
는데, 교토의 전통음식을 현대화한 메뉴나
인근 지역의 명물 요리를 선보이기도 한다.
창업 초기부터 제공한 매콤한 맛의 드라이 카
레(ドライカレー)도 인기다.

八代目儀兵衛
하
치
다
이
메
기
헤
이

맵북 **P 21-C1** 🔊 하치다이메기헤에 주소 東山区祇園町北側296 전화 075-708-8173
홈페이지 www.okomeya-ryotei.net 운영 11:00~14:30, 18:30~21:30(마지막 주문 19:30) 휴무 부정기
가는 방법 201·202·203·206번 버스 기온(祇園) 정류장에서 도보 1분 키워드 Hachidaime Gihey

은빛 백미밥이 맛있어

은빛으로 빛나는 백미로 지은 밥을 부르는 호칭인 '긴샤리(銀しゃり)'를 궁극적인 목표로 한 음식점. 우수한 쌀, 밥을 짓는 기술, 밥을 짓는 가마솥 등 3개 요소가 어우러져 최고의 밥맛을 내는 것을 가치관으로 삼는다. 점심 메뉴는 생선, 튀김, 회, 덮밥 등을 메인으로 하여 맛있는 밥에 잘 어울리는 각종 반찬을 갖추고 있다. 밥은 무한리필 서비스를 실시하며, 10분을 넘기지 않은 갓 지은 밥만 제공하는 것을 원칙으로 한다.

맵북 **P 21-B1** 🔊 마사요시 주소 中京区大黒町45 1F 전화 075-252-0344
홈페이지 dining-masayoshi.com 운영 11:00~15:30, 17:00~22:00 가는 방법 게이한(京阪) 전철
교토본(京都本) 선 산조게이한(三条京阪) 역 6번 출구에서 도보 3분 키워드 Masayoshi

마
사
요
시
京都ダイニング正義

소고기 본연의 맛

흑우 소고기 브랜드 '파인규(パイン牛)'를 만드는 업체가 직접 운영하는 소고기 전문점. 미야자키(宮崎)현 목장에서 파인애플을 배합한 오리지널 사료로 키워낸 것으로, 부드러운 육질과 풍부한 향을 지녀 소고기 본연의 맛을 느낄 수 있다. 또한 지방이 적당히 자리 잡은 부드러운 살코기가 특징인 세계적 소고기 품종인 앵거스로 만든 소고기 스테이크(アンガス牛ステーキ)를 비롯해 우설, 부챗살, 안창살 등 다양한 메뉴가 준비되어 있다.

구
시
하
치
串八

맵북 **P 20-A1** 🔊 쿠시하치 주소 下京区函谷鉾町101 전화 075-212-3999
홈페이지 www.kushihachi.co.jp 운영 16:30~23:00 휴무 월요일
가는 방법 한큐(阪急) 전철 교토(京都) 선 가라스마(烏丸) 역 24번 출구에서 도보 1분 키워드 쿠시하치

교토에서 구시카쓰 맛보기

'싸고 맛있고 즐겁고 활기차고 성실한 가게'를 모토로 삼은 꼬치 요리 전문점. 교토 시내에만 10개 점포를 운영하는 교토의 로컬 체인점으로, 엄선한 재료를 합리적인 가격에 제공해 현지인의 든든한 지지를 얻고 있다. 꼬치에 소고기, 고구마, 치즈, 바나나 등 60종류의 튀김 꼬치 '구시카쓰(串かつ)'와 닭고기를 다양한 맛으로 구워낸 30종류의 '야키토리(焼とり)'는 물론이고 간단한 식사나 술안주로 제격인 70종류의 일품 요리 등 풍부한 메뉴를 자랑한다.

맵북 **P.20-A1** 🔊 이노다코오히이
주소 中京区堺町通三条下ル道祐町140
전화 075-221-0507 홈페이지 www.inoda-coffee.co.jp
운영 07:00~18:00(마지막 주문 17:30), 연중무휴
가는 방법 지하철 가라스마(烏丸) 선, 도자이(東西) 선
가라스마오이케(烏丸御池) 역 5번 출구에서 도보 5분
키워드 이노다커피

교토를 대표하는 커피

1940년에 창업한 교토의 노포 카페. 로스팅 공장을 따로 운영하며 오리지널 커피를 제공한다. 따뜻한 커피를 마시고 싶다면 모카를 베이스로 한 유러피안 스타일의 아라비아의 진주(アラビアの真珠)를, 아메리카노는 콜롬비아산 커피를 베이스로 한 콜롬비아의 에메랄드(コロンビアのエメラルド)를 추천한다. 두 커피 모두 함께 제공되는 우유와 시럽을 넣어 마시도록 권장하고 있다. 1층은 멋스러운 일본식 정원이 한눈에 보이고 2층은 고급 호텔 레스토랑이 연상되는 차분하고 조용한 분위기를 풍긴다. 가게 입구에는 커피 제품을 판매하는 코너도 마련되어 있다.

커피 장인이 정성스레 로스팅한 원두를 넬드립으로 선보인다.

맵북 **P.21-C1** 🔊 사료오츠지리
주소 東山区四条通祇園町南側573-3 전화 075-561-2257
홈페이지 www.giontsujiri.co.jp 운영 10:30~19:00,
연중무휴 가는 방법 게이한(京阪) 전철 교토본(京都本) 선
기온시조(祇園四条) 역 6번 출구에서 도보 2분
키워드 츠지리

고급 말차로 만든 디저트

교토의 대표 전통 디저트 전문점. 일본차를 마시는 것에만 그치지 않고 먹을 수도 있다는 것을 보여주고자 시작하였다. 교토 우지(宇治) 지방의 고급 말차를 듬뿍 사용한 디저트는 아이스크림, 카스텔라, 젤리 등의 다양한 형태로 만나볼 수 있다. 이 모든 것이 담긴 간판 메뉴 파르페는 다소 비싼 가격이 흠이지만 교토에 왔다면 한 번은 즐길 만하다. 일본식 단팥죽 젠자이(ぜんざい), 말차를 넣어 면을 뽑고 두유를 베이스로 한 소바, 미소된장과 말차를 섞어 만든 우동 등 간단한 식사 메뉴도 갖추고 있다.

니켄차야 二軒茶屋

맵북 P.21-C1 🔊 니켄차야 주소 東山区祇園八坂神社鳥居内
전화 075-561-0016 홈페이지 www.nikenchaya.jp 운영 11:00~18:00
휴무 수요일 가는 방법 야사카 신사(八坂神社) 입구 동쪽에 위치 키워드 nikenchaya

교토 풍경과 함께 힐링타임

기온(祇園)의 명물 식사인 덴가쿠토후(田楽豆腐)의 발상지이자 역사와 전통을 지닌 찻집. 언제부터 시작되었는지는 정확히 알 수 없지만 1787년과 1802년에 간행된 문헌에 기록되어 있을 정도로 오래되었다. 덴가쿠토후는 넓적한 두부에 산초나무 순으로 만든 미소된장을 발라 꼬치에 끼운 것으로 에도(江戸) 시대에 만들어져 500년 가까이 사랑을 받고 있는 음식이다. 옛 창고를 개조한 가게 내부는 일본풍의 깔끔한 분위기로, 교토 풍경이 훤히 내다보이는 2층 테라스석에 앉아만 있어도 절로 힐링이 된다.

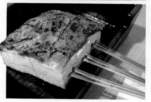

주몬도 十文堂

맵북 P.21-C2 🔊 주우몬도오 주소 東山区東大路松原上る二丁目玉水町76-76
전화 075-525-3733 홈페이지 jumondo.jp 운영 10:45~17:30 휴무 수·목요일
가는 방법 18·58번 버스 기요미즈미치(清水道) 정류장에서 도보 1분 키워드 jumondo

먹기 좋은 사이즈로 만든 경단은 한입에 쏙 들어가요!

귀여운 일본식 경단

일본식 경단 '당고(団子)'를 다양한 맛으로 즐길 수 있는 교토 전통 디저트 전문점. 직경 12mm 자그마한 크기의 당고는 불에 맛있게 구워져 5종류의 양념을 묻혔다. 교토풍 흰 미소된장, 일본식 콩고물, 검은깨 간장쇼유, 구운 떡, 통팥앙금 등의 맛으로 이루어진 '단라쿠(団楽)'가 간판 메뉴. 여기에 말차 프라페, 호지차 프라페, 유즈소다, 멜론소다 등의 음료와 함께 먹는 세트 메뉴도 준비되어 있다. 종 모양의 모나카, 밤 디저트 등 디저트 메뉴도 다채롭다.

스마트커피점 スマート珈琲店

맵북 P.20-B1 스마아토코오히이텐
주소 中京区天性寺前町537 **전화** 075-231-6547
홈페이지 smartcoffee.jp **운영** 08:00~19:00 **가는 방법** 지하철 도자이(東西) 선 교토시야쿠쇼마에(京都市役所前) 역 1번 출구에서 도보 2분 **키워드** 스마트커피

자가배전 커피와 디저트의 조합

1932년부터 오래도록 사랑받고 있는 카페. 가게명에 붙은 영어명 대로 영리하고 재치있는 서비스를 하는 곳이 되고 싶다는 포부가 담겨 있다. 직접 로스팅한 오리지널 블렌드 원두를 사용한 커피와 곁들여 먹는 간식과 디저트 메뉴가 인기다. 한국인 여행자가 좋아하는 팬케이크(ホットケーキ), 달걀 샌드위치(タマゴサンドイッチ), 프렌치 토스트(フレンチトースト)는 현지인들에게도 인기가 높은 메뉴다.

포만감이 느껴질 만큼 양이 제법 된다.

로쿠요샤커피점 六曜社珈琲店

맵북 P.20-B1 로쿠요오샤코오히이텐
주소 中京区大黒町40-1 **전화** 075-241-3026
홈페이지 rokuyosha-coffee.com **운영** 08:30~22:00
휴무 수요일 **가는 방법** 지하철 도자이(東西) 선 교토시야쿠쇼마에(京都市役所前) 역 1번 출구에서 도보 3분
키워드 로쿠요샤

교토식 일본 다방의 정수

프란넬 천을 필터로 사용, 커피를 추출해 부드럽고 깔끔한 맛을 내는 넬드립(ネルドリップ) 커피를 중심으로 다양한 커피를 제공하는 일본식 다방 깃사텐(喫茶店). 1950년부터 거리의 살롱으로 오래도록 사랑을 받고 있다. 가게 분위기도 예전과 변함 없는 복고풍 느낌이 물씬 난다. 엄선한 생두를 정성스럽게 로스팅하여 최고의 커피를 선보이고 있으며, 오리지널 원두를 판매하기도 한다.

가와라마치 상점가 河原町商店街

맵북 **P.20-B1** ◀)) 가와라마치쇼오텐가이 **주소** 京都市中京区河原町通三条~四条間
홈페이지 www.kyoto-kawaramachi.or.jp **가는 방법** 한큐(阪急) 전철 교토본(京都本) 선
가와라마치(河原町) 역 3번 출구에서 바로 **키워드** 쿄토가와라마치

교토 시내 중심부에 있는 번화가

교토 번화가의 중심부인 산조(三条)와 시조(四条) 사이 가와라마치 거리에
위치한 상점가로 평일, 주말 할 것 없이 현지인과 관광객으로 문전성시를
이루는 교토 최대의 쇼핑 명소다. 1926년 노면 전차가 개통하여 교통 인프
라가 정비되면서 상점이 하나둘 생겨나기 시작했고 교토를 대표하는 상점
가로 발전하였다. 건물마다 설치된 차양 처마가 길게 이어진 아케이드 형태
의 인도를 형성하고 있어 비가 내려도 우산 없이 통행할 수 있다. 상점가 곳
곳에는 옛날 과자, 전통 디저트, 전통 의상, 패션 잡화 등 일본 고유의 맛과
멋을 판매하는 가게가 들어서 있어 교토만의 옛 정취가 고스란히 느껴진다.
가와라마치 역 부근에는 굵직한 대형 상업 시설도 자리 잡고 있다. 다이마
루(大丸)와 다카시마야(高島屋) 등 유명 백화점을 비롯해 패션 브랜드 약
100여 점포가 입점한 교토 젊은이의 쇼핑 메카 가와라마치 OPA(河原町オ
ーパ), 유니클로와 자매 브랜드인 지유(GU)가 입점한 미나 교토(ミーナ京
都), 핫한 패션 브랜드를 한데 모은 교토 BAL(京都バル) 등 다른 대도시에
뒤지지 않는 시설들로 가득하다. 돈키호테(ドン・キホーテ), 무지(MUJI) 등
한국인 여행자가 선호하는 쇼핑 명소도 이곳에서 만날 수 있다.

데라마치쿄고쿠 상점가

寺町京極商店街

맵북 **P 20-B1** 🔊 데라마치쿄고쿠쇼텐가이 **주소** 京都市中京区寺町通三条~四条間
홈페이지 www.kyoto-teramachi.or.jp **가는 방법** 한큐(阪急) 전철 교토본(京都本) 선
가와라마치(河原町) 역 9번 출구에서 도보 1분 **키워드** Compasso Teramachi Kyogoku

400년 전통과 역사를 자랑하는

산조(三条)와 시조(四条) 사이를 잇는 데라마치 거리에 위치한 아케이드형 상점가로 의류, 잡화 매장과 음식점을 중심으로 약 180여 점포가 들어서 있다. 1590년 도요토미 히데요시(豊臣秀吉)의 도시 계획으로 교토 각지에 퍼져 있던 절이 한데 모이면서 데라마치(寺町, 절 동네)라는 이름이 붙여졌다. 종이, 염주, 서적, 붓, 약 등 절과 관련된 물품을 파는 상인과 전통 악기인 샤미센(三味線) 등을 만드는 장인이 이 부근에 모여 살기 시작하면서 자연스럽게 상점가가 형성되었다. 현재까지 자리를 지키고 있는 오래된 가게 대부분이 그 시기에 문을 열었다. 이 외에도 일본 국내 패션 브랜드 숍과 드러그 스토어, 생활 잡화점, 기념품점 등이 모여 있다. 산조와 시조 각 입구 바닥에는 상점가의 상징인 나침반이 그려져 있으며 이탈리아어로 나침반을 뜻하는 단어인 '콤파소(Compasso)'에서 따와 이곳을 콤파소 데라마치(コンパッソ寺町)라 부르기도 한다.

신쿄고쿠 상점가

新京極商店街

맵북 **P 20-B1** 🔊 신쿄오고쿠쇼텐가이 **주소** 京都市中京区新京極通三条~四条間
홈페이지 www.shinkyogoku.or.jp **가는 방법** 한큐(阪急) 전철 교토본(京都本) 선
가와라마치(河原町) 역 9번 출구에서 도보 1분 **키워드** 신쿄고쿠상점가

관광객으로 늘 북적거리는

현지 중·고등학생의 수학여행 코스에 꼭 빠지지 않는 쇼핑 명소로 관광객을 위한 기념품 가게가 즐비하다. 젊은 세대를 타깃으로 한 의류매장, 오락실, 음식점 또한 다수 들어서 있는 아케이드형 상점가다. 데라마치(寺町)의 절과 데라마치쿄고쿠 상점가(寺町京極商店街)를 방문하는 사람이 늘어나면서 바로 옆에 새로운 거리를 만든 것이 시초. 일본의 3대 영화 제작사 중 하나인 쇼치쿠(松竹)가 운영했던 교토

쇼치쿠자(京都松竹座, 현 MOVIX교토)를 비롯하여 1970년대까지 10여 개가 넘는 극장과 영화관이 이 거리를 가득 메우고 있었지만 현재는 단 한 곳만 남아있다. 1989년에는 상점가 귀퉁이에 록쿤플라자(ろっくんプラザ)라는 애칭의 공원을 조성하였다. 공원은 방문객들이 쉼터로 이용하고 있으며 라이브 콘서트 등의 이벤트가 열리기도 한다.

다이마루

大丸京都店

맵북 P.20-A1 🔊 다이마루 주소 京都市下京区四条通高倉西入立売西町79 전화 075-211-8111
홈페이지 www.daimaru.co.jp/kyoto 운영 지하 2층~2층 10:00~20:00, 3~7층 10:00~19:00 휴무 1/1
가는 방법 한큐(阪急) 전철 교토(京都) 선 가라스마(烏丸) 역에서 도보 1분 키워드 다이마루 백화점 교토점

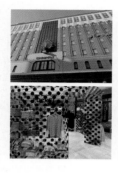

교토를 대표하는 백화점

300년 이상의 역사를 자랑하는 교토의 대표 노포 백화점 브랜드. 1717년 후시미(伏見)의 자그마한 기모노 전문점 다이몬지야(大文字屋)로 출발하였으나 오사카, 나고야, 도쿄로 점점 영역을 확장하며 기반을 다졌고, 1912년 지금의 자리로 옮겨 백화점 형태로 발전시켰다. 꼼데가르송, 메종마르지엘라, 보테가베네타, 생로랑, 몽클레르, 발렌시아가 등 현재 한국인 여행자가 선호하는 인기 브랜드가 2층 매장에 대거 포진해 있어 고급 브랜드를 쇼핑할 예정이라면 편리하다. 1층 서비스 카운터와 8층 면세 카운터에 여권을 제시하면 5% 할인 쿠폰을 받을 수 있다.

교토 다카시마야

京都高島屋

맵북 P.20-B1 🔊 쿄오토타카시마야 주소 京都市下京区四条通河原町西入真町52 전화 075-221-8811
홈페이지 www.takashimaya.co.jp/kyoto 운영 10:00~20:00(7층 11:00~21:30) 휴무 부정기 가는 방법
한큐(阪急) 전철 교토(京都) 선 교토가와라마치(京都河原町) 역 지하에서 바로 연결 키워드 교토 다카시마야

포목점에서 어엿한 백화점으로

다이마루와 함께 교토에서 시작하여 대형 백화점으로 성장한 백화점 브랜드. 1831년 포목점으로 문을 열어 오사카 신사이바시에 백화점을 개업하면서 지금의 형태가 되었다. 루이비통, 샤넬, 구찌 등 굵직한 명품 브랜드의 부티크가 입점해 있어 쇼핑을 즐기기 좋다. 지하 1층 음식 코너에는 교토에서만 맛볼 수 있는 명과와 향토음식을 판매하고 있다. 7층 면세 카운터에 여권을 제시하면 5% 할인 쿠폰을 받을 수 있다.

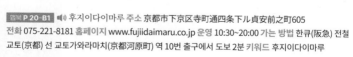

후지이 다이마루

藤井大丸

맵북 P.20-B1 🔊 후지이다이마루 주소 京都市下京区寺町通四条下ル貞安前之町605
전화 075-221-8181 홈페이지 www.fujiidaimaru.co.jp 운영 10:30~20:00 가는 방법 한큐(阪急) 전철
교토(京都) 선 교토가와라마치(京都河原町) 역 10번 출구에서 도보 2분 키워드 후지이다이마루

젊은 청춘의 쇼핑 코스

1870년 기모노 전문점으로 출발해 150년 이상의 역사를 가진 백화점. 세련된 라이프스타일 콘셉트를 바탕으로 인기 셀렉트숍 '유나이티드 애로즈'를 비롯해 메종키츠네, 비비안웨스트우드, 스노피크, MHL 등 비교적 젊은 연령층을 겨냥한 브랜드가 다수 입점해 있다. 5층에는 한국인 여행자의 필수 코스인 인테리어 소품 전문점 프랑프랑(Francfranc)도 있으니 들러 보자. 1층 인포메이션에서 면세를 진행한다.

교토 BAL 京都バル

맵북 **P.20-B1** 🔊 쿄오토바루 주소 京都市中京区河原町三条下ル山崎町251 전화 075-223-0501
홈페이지 www.bal-bldg.com/kyoto 운영 11:00~20:00 가는 방법 한큐(阪急) 전철 교토(京都) 선
교토가와라마치(京都河原町) 역 3번 출구에서 도보 7분 키워드 BAL

교토의 세련된 쇼핑 명소

1970년부터 교토를 지켜온 쇼핑 명소. 지하 2층, 지상 6층 건물에는 캐나다구스, 마르니, 폴로 랄프로렌, 론 허먼 등 패션 브랜드 매장과 투데이즈 스페셜(TODAY'S SPECIAL) 등의 일본 유명 생활용품 브랜드, 딥티크, 바이레도, 닐스야드 레미디스 등의 뷰티 브랜드도 만나볼 수 있다. 일본의 대형 서점 브랜드 마루젠(丸善)과 랄프로렌, 론 허먼 등 패션 브랜드가 운영하는 세련된 분위기의 카페도 입점해 있다.

신푸칸 新風館

맵북 **P.20-A1** 🔊 신푸우칸 주소 京都市中京区烏丸通姉小路下ル場之町586-2 전화 075-585-6611
홈페이지 shinpuhkan.jp 운영 숍 11:00~20:00, 음식점 10:00~22:00 가는 방법 지하철 가라스마(烏丸) 선
가라스마오이케(烏丸御池) 역 남쪽 출구에서 바로 연결 키워드 신푸칸

중앙전화국의 멋진 변신

교토가 등록문화재로 지정한 구 교토 중앙전화국 건물을 리모델링하여 2020년에 리뉴얼 오픈한 상업시설. 아시아에 첫 지점을 낸 고급 숙박시설 '에이스 호텔'과 미국 포틀랜드의 유명 커피숍인 '스텀프타운' 외에도 유명 독립영화관 '업링크', 일본의 대표 문구 브랜드가 선보이는 여행 관련 잡화점 '트래블러스 팩토리', 일상 속의 비일상을 콘셉트로 한 셀렉트숍 '1LDK'

등 도쿄에만 만날 수 있던 곳을 한자리에 모아 놓았다. 건물 중앙과 옥상에 자연 풍경을 보며 쉴 수 있도록 정원을 마련해 두어 휴식 공간으로도 활용할 수 있다.

교토 가와라마치 가든 京都河原町ガーデン

맵북 **P.20-B1** 🔊 쿄오토가와라마치가아덴 주소 京都市下京区四条通河原町東入真町68
전화 075-213-6021 홈페이지 www.kyoto-kawaramachigarden.com
운영 숍 10:00~20:00, 푸드홀 11:00~23:00 가는 방법 한큐(阪急) 전철 교토(京都) 선
교토가와라마치(京都河原町) 역 2번 출구에서 바로 연결 키워드 교토 마루이

가전 쇼핑은 이곳에서

2021년 5월에 새롭게 문을 연 상업시설. 지하 1층부터 지상 6층까지 전체를 가전 양판점인 에디온(EDION)이 차지하고 있다. 각층마다 다루고 있는 카테고리가 명확하게 나뉘어 있는데, 여행자라면 게임기(지하 1층), 시계(1층), 카메라(2층), 오디오(3층) 등이 볼 만하다. 7층과 8층은 까다롭게 엄선한 음식점이 들어서 있어 쇼핑을 즐기다가 들르기에 좋다.

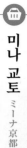

미나 교토
ミーナ京都

맵북 P 20-B1 🔊 미이나쿄오토 **주소** 京都市中京区河原町通三条下ル大黒町58 **전화** 075-222-8470
홈페이지 www.mina-kyoto.com **운영** 11:00~21:00(카페 11:00~23:00) **가는 방법** 지하철 도자이(東西)선
교토시야쿠쇼마에(京都市役所前)역 3번 출구에서 도보 5분 **키워드** mina kyoto

소소한 쇼핑의 즐거움

가격 이상의 행복과 즐거움을 지향하는 상업시설. 한국인이 좋아하는 일본의 의류 브랜드 유니클로는 지하 1층부터 3층까지 전부 사용해 교토 최대 규모를 자랑한다. 1층 일부 공간은 뉴욕 현대미술관의 아트숍인 모마 디자인 스토어(MoMA Design Store)가, 4층부터 6층까지는 살림잡화를 콘셉트로 한 생활용품 전문점 로프트(ロフト)가, 7층은 유니클로의 자매 브랜드인 지유(GU)가 들어서 있다.

맵북 P 20-A1 🔊 다이소 **주소** 京都市下京区四条通柳馬場東入ル立売東町12-1 **전화** 070-8714-2972
홈페이지 www.daiso-sangyo.co.jp **운영** 09:30~21:00 **가는 방법** 한큐(阪急) 전철 교토(京都)선
교토가와라마치(京都河原町)역 13번 출구에서 도보 1분 **키워드** StandardProducts

다이소
DAISO

100엔 쇼핑의 재미

한국인에게도 친숙한 저가형 균일가 숍의 대표 격. 실용적이고 쓰임새가 좋은 상품이 모여 있으며, 깜찍한 모양의 문구류부터 유명 캐릭터와의 협업으로 탄생한 귀여운 캐릭터 상품까지 일본 한정 다양한 디자인을 판매하고 있다. 1층은 다이소가 새롭게 시작한 ¥300 균일가 생활잡화 브랜드인 스탠더드 프로덕츠(Standard Products)가 자리하는데, 주방용품,

세제, 손수건 등 생활에서 자주 쓰이는 물건은 일본 각지의 우수한 업체와 협업하여 특별히 제작한 상품을 선보인다. 다이소는 2층에 매장을 운영하고 있다.

디앤디파트먼트 교토
D&Department Kyoto

맵북 P 20-A2 🔊 디안도데파아토멘토쿄오토 **주소** 京都府京都市下京区高倉通仏光寺下ル
新開町397 本山佛光寺内 **전화** 075-343-3217 **홈페이지** www.d-department.com
운영 11:00~18:00 휴무수요일 **가는 방법** 지하철 가라스마(烏丸)선 시조(四条)역 또는 한큐(阪急) 교토(京都)
선 가라스마(烏丸)역 5번 출구에서 도보 5분 **키워드** 디앤디파트먼트 교토

생활의 센스 있는 힌트를 얻어요

유행에 좌우되지 않고 오랜 기간 지속되는 보편적인 생활 디자인을 표방하는 편집 매장이다. 교토 시내 중심가에 자리한 사찰인 붓코지(佛光寺) 내에 위치한다. 오랜 전통을 자랑하는 교토 공예품과 벼룩시장에서 사들인 골동품, 교토 지역 기업체의 생활용품 등 콘셉트에 걸맞은 아이템을 만나볼 수 있다. 매장 내에 지역 커뮤니티와 연계한 갤러리를 조성하여 소통하며 함께 만들어가는 열린 공간을 지향한다. 카페도 겸하고 있어 간단한 식사와 음료를 즐길 수 있다.

시치미야혼포 七味屋本舗

맵북 **P.21-D2** 🔊 시치미야혼포 주소 京都市東山区清水2-221 전화 0120-540-738
홈페이지 www.shichimiya.co.jp 운영 09:00~18:00, 연중무휴
가는 방법 100·202·206·207번 버스 기요미즈미치(清水道) 정류장에서 도보 5분 키워드 시치미야 본점

일본 전통 향신료를 기념품으로

고춧가루를 비롯한 참깨, 흑깨, 산초, 김, 자소, 삼씨 등 총 7가
지 재료를 혼합한 일본 전통 향신료 시치미토가라시(七味唐
がらし) 전문점으로 350년 전통을 자랑한다. 기요미즈데라
(清水寺)로 향하는 길 문턱에 위치한 좁다란 가게는 명성 답게
항상 수많은 관광객으로 북적거린다. 향신료가 담긴 도자기
용기의 종류만 해도 수십 가지에 달해 취향에 따라 고르는 재
미가 있다. 고춧가루만으로 만든 향신료 이치미토가라시(一味唐辛子)와 한국인에게는 다소
생소하지만 이 지역 사람에게 특히 사랑받는 향신료 산초(山椒) 또한 이곳의 인기 상품이다.

맵북 **P.20-B1** 🔊 카랑코롱쿄오토 주소 京都市下京区四条通小橋西入真町83-1 전화 075-253-5535
홈페이지 kyoto-souvenir.co.jp/brand/kc.php 운영 12:00~20:00 가는 방법 한큐(阪急) 전철 교토(京都) 선
교토가와라마치(京都河原町) 역 3A번 출구에서 도보 1분 키워드 Karan Colon Kyoto

가란코론교토 カランコロン京都

교토스러운 아이템이 가득한

'고전적이면서 새로운, 새로우면서 교토다움'을 콘셉트로 한
교토의 패션잡화 브랜드. 다른 가게에서는 볼 수 없는 이곳
만의 오리지널 상품이 아기자기한 아이템을 사랑하는 모든
이들을 반긴다. 교토 특유의 분위기가 물씬 풍기는 가게 안
에는 꽃, 격자, 물방울 등 일본 특유의 무늬와 교토타워, 야
사카탑 등 교토의 명소가 디자인된 독특하고 깜찍한 아이템
이 깔끔하게 진열되어 있다. 동전 지갑, 부채, 손수건, 액세서리 등 실생활에서 자주 애용할
수 있는 패션잡화를 다루고 있으며 계절마다 새로운 상품을 선보인다.

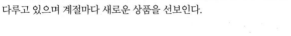

요지야 よーじや

맵북 **P.21-D2** 🔊 요오지야 주소 京都市東山区祇園町北側270-11
전화 075-541-0177 홈페이지 www.yojiya.co.jp 운영 11:00~19:00(시기마다 다름)
가는 방법 게이한(京阪) 전철 기온시조(祇園四条) 역 7번 출구에서 도보 3분 키워드 요지야 기온점

교토의 전통 미용 브랜드

1904년 창업한 미용제품 전문점. 창업 당시 이곳의 주력 상
품이었던 칫솔 요지(楊枝)로 인해 많은 사람에게 요지야상
(楊枝屋さん)이라 불리면서 가게 이름으로 정착하였다. 이
곳의 대표 상품인 기름종이(あぶらとり紙)를 비롯하여 손거
울, 빗, 손수건, 화장품 등 여심을 겨냥한 300여 점의 제품이
손님을 기다리고 있다. 대부분 검은색, 흰색, 붉은색을 중심으로 디자인되어 있는데 특히 이
곳을 상징하는 색인 빨강을 기조로 한 상품이 많다. 오리지널 기초 화장품을 제조, 판매하고
있으며 그중 천연 보습 성분이 함유된 마유고모리(まゆごもり) 시리즈가 인기 높다.

은각사 銀閣寺

Chapter 02.

기요미즈데라가 있는 히가시야마 지역과 마찬가지로 교토 동부에
속해 있으며, 은각사를 중심으로 남북 곳곳에 유명 관광 명소가 흩어져
있다. 화려함의 상징인 서부와 반대로 수수하고 호젓한 분위기를
풍기는데, 봄과 가을이 되면 벚꽃과 단풍으로 물들면서 오색찬란한
모습으로 탈바꿈한다.

must do.

01.

소박하지만 단아한 매력이 가득한
은각사를 감상하자!

02.

철학의 길을 걸으며 교토의 사계절을
느끼자!

03.
벚꽃 하면 오카자키 공원, 단풍 하면 에이칸도!
방문 시기에 따라 교토 명소를 즐겨보자!

04.
일본 정원을 품은 교토시 교세라 미술관
탐방하기.

은각사
map

은각사 찾아가기

❶ 32, 100번 버스를 타고 긴카쿠지마에(銀閣寺前) 정류장에서 하차한다. 또는 5, 17, 32, 100, 102, 203, 204번 버스를 타고 긴카쿠지미치(銀閣寺道) 정류장에서 하차한다.

❷ 은각사에서 일정을 시작할 경우 철학의 길과 호넨인은 도보로, 나머지 명소는 버스로 이동할 수 있다.

❸ 신뇨도, 에이칸도, 난젠지는 긴카쿠지미치(銀閣寺道) 기타오지버스터미널(北大路バスターミナル)행 정류장에서, 시센도와 엔코지는 이와쿠라 소샤조마에(岩倉操車場前)행 정류장에서 5, 32, 204번 버스를 타고 이동한다.

은각사 하루여행

교토 동부와 북부의 대표 관광지를 둘러보기에 하루가 적당하다. 은각사는 유독 계절에 따라 특출한 아름다움을 뽐내는 곳이 많다. 사계절 내내 옷을 갈아입고 손님맞이를 하는 철학의 길은 긴카쿠지와 함께 둘러보자. 또한 벚꽃과 단풍 명소로 명성이 자자한 곳은 방문 시기에 맞춰 일정을 정해 보도록 하자.

은각사 추천코스

시즌마다 추천 명소가 다르므로 방문 시기에 따른 두 가지 루트를 제시한다. 벚꽃이 흩날리는 봄철에는 오카자키 공원과 헤이안진구를, 단풍으로 물드는 가을철에는 에이칸도, 난젠지, 시센도, 엔코지를 반드시 방문하자! 교토의 핵심 명소인 은각사와 사계절 내내 형형색색의 철학의 길을 시작으로 아름다운 풍경에 흠뻑 빠져보자.

course

긴카쿠지 ── 도보 5분 ── 철학의 길 ── 버스 20분 ── 오카자키 공원 ── 도보 1분 ──

헤이안진구 ── 도보 15분 ── 에이칸도젠린지 ── 도보 4분 ── 난젠지

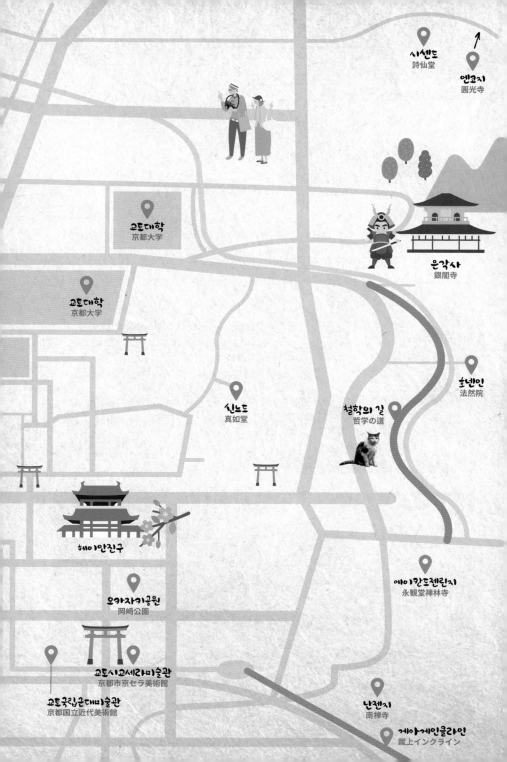

시센도
詩仙堂

엔코지
圓光寺

교토대학
京都大学

은각사
銀閣寺

교토대학
京都大学

호넨인
法然院

신뇨도
真如堂

철학의 길
哲学の道

에이칸도젠린지
永観堂禅林寺

헤이안진구

오카자키공원
岡崎公園

교토시교세라미술관
京都市京セラ美術館

교토국립근대미술관
京都国立近代美術館

난젠지
南禅寺

게아게인클라인
蹴上インクライン

은각사
銀閣寺

맵북 **P.23-B2** 긴카쿠지 주소 左京区銀閣寺町2 전화 075-771-5725
홈페이지 www.shokoku-ji.jp/ginkakuji 운영 3~11월 08:30~17:00, 12~2월 09:00~16:30
요금 고등학생 이상 ¥500, 초등·중학생 ¥300, 미취학 아동 무료
가는 방법 5·17·32·100번 버스 긴카쿠지미치(銀閣寺道) 정류장에서 하차 후 도보 8분
키워드 지쇼지

소박하지만 단아한 사찰

은각사는 금각사(P.344)와 대비되는 명칭 덕분에 교토를 여행
하는 이들에게 인지도가 높은 사찰이다. 쇼코쿠지(相国寺)의 부
속 사원으로 정식 명칭은 히가시야마지쇼지(東山慈照寺)이나
대부분 은각사(긴카쿠지)로 부른다. 무로마치 막부(室町幕府) 8
대 장군이었던 아시카가 요시마사(足利義政)에 의해 별장으로
지어졌지만 그가 세상을 떠난 후 임제종 사찰로 재탄생하였다.

무로마치 시대에 꽃피웠던 무가 문화이자 현재의 일본 문화에
도 많이 나타나는 히가시야마 문화(東山文化)를 대표하는 건축
물로 평가받는데, 은각(銀閣)이라 불리는 간논덴(観音殿)이 그
상징이라 할 수 있다.

잘 정돈된 정원 같은 담장을 지나면 간논덴이 모습을 드러낸다.

금각사의 금각(金閣)과 사이호지(西方寺)의 루리덴(瑠璃殿)의
영향을 받은 형태로, 건물 상층 조온가쿠(潮音閣)는 중국 북송
의 건축 양식, 하층 신쿠덴(心空殿)은 서원 양식을 띤다. 이것을
둘러싼 모래 정원도 매우 독특한데 기하학 모양의 모래탑 고게
쓰다이(向月台)와 강 여울을 보는 듯한 긴샤단(銀沙灘)은 간논
덴을 한층 더 신비로운 분위기로 만들어준다. 일본의 전통 건축
양식인 쇼인즈쿠리(書院造)로 지어진 건축물 가운데 가장 오래
된 도구도(東求堂)와 은각사를 비롯한 교토의 전경을 감상할 수
있는 전망대도 은각사만의 볼거리다.

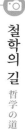

맵북 P 23-B2 🔊 테츠가쿠노미치 주소 [구마노냐쿠오지신사] 京都市左京区若王子町2, [은각사] 京都市左京区浄土寺石橋町58 가는 방법 은각사에서 도보 3분 키워드 Tetsugaku No Michi

철학의 길
哲学の道

운치 있는 사색의 길

에이칸도 부근 구마노냐쿠오지 신사(熊野若王子神社)에서부터 수로를 따라 은각사로 이어지는 약 2km의 오솔길이다. 일본을 대표하는 철학자 니시다 기타로(西田幾多郎), 다나베 하지메(田辺元), 미키 기요시(三木清) 등이 사색의 장소로 즐겨 찾았던 산책로라 하여 '철학의 길'이란 이름이 붙여졌다. 아름답고 특색 있는 길을 선정하는 일본 길 100선(日本の道100選)에 꼽힌 인기 관광 명소다.

산책로를 따라 약 500그루의 벚나무가 일제히 꽃망울을 터뜨려 분홍빛 꽃물결을 이루는 봄과 울긋불긋 화려한 오색 단풍으로 물든 가을이 방문하기에 최적의 시기이긴 하나, 몰려든 수많은 관광객으로 인한 불편함은 어느 정도 감수해야 할 것이다. 비교적 인적이 드문 이른 아침이나 해가 질 무렵에 방문하면 한적하고 고요한 분위기 속에서 유유히 산책을 즐길 수 있다. 부분적으로 정비가 덜 된 길이 있으니 걷기 편한 운동화나 단화를 신는 것을 추천한다. 지친 길손들을 위해 곳곳에 자리한 귀여운 잡화점과 카페에서 잠시 쉬어 가기에도 좋아 지루할 틈이 없다.

 맵북 P.23-B2 에에칸도오젠린지 주소 左京区永観堂町48
전화 075-761-0007 홈페이지 www.eikando.or.jp 운영 09:00~17:00
요금 성인 ¥600, 학생 ¥400, 미취학 아동 무료
가는 방법 5번 버스 난젠지에이칸도미치(南禅寺永観堂道) 정류장에서 하차 후 도보 3분 키워드 에이칸도

에이칸도젠린지

永観堂禅林寺

교토 단풍의 대명사

정식 명칭은 젠린지이지만 에이칸도라는 이름으로
더욱 알려진 정토종의 총본산이다. 일본 최초의 와카
집 <고킨와카슈(古今和歌集)>에 '단풍의 에이칸도
(モミジの永観堂)'라 기록되어 있을 정도로 유명한
단풍 명소다. 산 중턱에 자리한 덕에 경내에서 가장
높은 장소인 다보탑(多宝塔)에서는 교토 시내를 조
망할 수 있는데 단풍과 풍성한 대자연을 느낄 수 있
어 현지인에게 특히 사랑받는다.
단풍과 더불어 이곳이 유명해진 이유는 고개를 돌린
독특한 형태의 목조불상 '돌아보는 아미타(みかえ
り阿弥陀)'에 있다. 승려 에이칸(永観)이 염불수행을
하던 중 갑자기 아미타가 단을 내려와 그를 선도하
여 길을 걷는 모습에 놀라 멍하니 걸음을 멈추자, 아
미타가 고개를 돌려 '에이칸, 걸음이 느리구나'라고
했다는 전설이 내려온다.

**호
넨
인**
法
然
院

맵북 P.23-B2 ◀)) 호오넨인 주소 左京区鹿ヶ谷御所ノ段町30
전화 075-771-2420 홈페이지 www.honen-in.jp 운영 06:00~16:00 요금 무료
가는 방법 32번 버스 미나미타마치(南田町) 정류장에서 도보 5분 키워드 법연원

문인과 학자가 사랑한 절

철학의 길을 걷다가 동쪽의 좁은 언덕길을 오르면 숲길 사이로 일본 정토종의 사찰 호넨인
이 모습을 드러낸다. 가마쿠라 시대 초기 승려 호넨(法然)이 그의 제자들과 함께 불도를 수
행했던 터를 1680년 승려 반무신아(萬無心阿)가 염불소로 건립하면서 지금의 형태로 자
리 잡았다. 이끼가 가득한 지붕이 인상적
인 삼문은 가을철이 되면 단풍나무와 어우
러져 빼어난 풍경을 선사한다. 정문을 지
나 경내에 들어서면 뱌쿠사단(白砂壇)이
라 부르는 새하얀 모래성이 양쪽에 자리한
다. 모래 위에 그려진 그림은 물을 표현한
것으로, 이곳을 지나면서 심신을 정화하기
위함이라 한다. 본당과 정원을 지나면 이
곳의 한적한 분위기를 사랑했던 문인, 학
자 등의 저명인사가 잠든 묘지가 있다.

맵북 P.23-B2 ◀)) 신뇨도오 주소 左京区浄土寺真如町82 전화 075-771-0915
홈페이지 shin-nyo-do.jp 운영 09:00~16:00 요금 고등학생 이상 ¥500, 중학생 ¥400
(특별 개방기간 고등학생 이상 ¥1,000, 중학생 ¥900), 초등학생 이하 무료
가는 방법 5 · 17번 버스 긴린샤코마에(錦林車庫前) 정류장에서 하차 후 도보 8분 키워드 진정극락사

**신
뇨
도**
真
如
堂

극락의 사원

불교 천태종의 사찰로 정식 명칭은 진종극
락사(真正極楽寺)다. 984년 시가현 히에이
산(比叡山)에 있는 사찰 엔랴쿠지(延暦寺)
에 안치된 아미타여래노불(阿弥陀如来露
仏)을 옮겨오면서 992년 창건하였다. 본당
오른편에 자리한 불상이 '왕궁을 벗어나 중
생, 그중에서도 특히 여성을 구제해주오?'
라는 물음에 세 번이나 고개를 끄덕였다는
전설 덕분에 여성 신자들의 신앙이 두텁다
고 한다. 단풍나무 사이로 50m의 삼중탑이
빼꼼히 모습을 드러내는 풍경 하며 본당 앞
에 자연스럽게 만들어진 단풍 터널을 보면
감탄사가 절로 나온다. 이 때문에 가을철에
맞춰 방문하는 이가 많다.

맵북 P.23-B2 케아게인크라인 주소 東山区東小物座町339
가는 방법 지하철 도자이(東西) 선 게아게(蹴上) 역에서 도보 10분
키워드 케아게 인클라인

게아게 인클라인 蹴上インクライン

철로길 위 벚꽃터널

1948년에 역할을 다한 582m의 폐선 터. 현재는 봄이 되면 벚꽃이 만발하는 철로길을 거니는 산책 코스로 인기가 높은 곳이다. 사실 어느 계절에 방문해도 특유의 향수를 자극하는 풍경은 변함없이 아름답지만 철로를 따라 길게 이어지는 벚꽃나무가 90그루나 되어 핑크빛 장관을 이룬다. 철로길은 언제든 자유롭게 둘러볼 수 있도록 24시간 무료로 개방되어 있다.

맵북 P.23-A2 헤에안진구우 주소 左京区岡崎西天王町 전화 075-761-0221
홈페이지 www.heianjingu.or.jp 운영 06:00~18:00 요금 [진엔(神苑)] 성인 ¥600, 어린이 ¥300
가는 방법 5번 버스 오카자키코엔(岡崎公園) 정류장에서 도보 1분 키워드 헤이안 신궁

헤이안진구 平安神宮

초대형 붉은 도리이가 반겨주는

헤이안 천도(平安遷都, 교토로의 수도 이전) 1,100년을 기념하여 1895년에 건립한 신사로 헤이안쿄(平安京)의 궁궐(平安朝大内裏)을 축소·복원하였다. 헤이안진구로 향하는 입구에는 일본 등록 유형문화재(登録有形文化財)로 지정된 24m 높이의 거대한 도리이(大鳥居)가 우뚝 서 있다. 1976년에 방화사건으로 인해 본전을 비롯한 9개의 건물은 소실되었다. 비교적 최근에 지어진 건물이라 문화재로 지정되지 못한 탓에 정부로부터 재건보조금을 받지 못하는 상태였으나, 전국에서 기부금이 모여들어 3년 후 본전과 내배전(内拝殿)은 재건될 수 있었다.

교토시 교세라 미술관

京都市京セラ美術館

맵북 P.23-A2 🔊 쿄오토시쿄오세라비쥬츠칸 **주소** 左京区岡崎円勝寺町124 **전화** 075-771-4334 **홈페이지** kyotocity-kyocera.museum **운영** 10:00~ 18:00(마지막 입장 17:30) **휴무** 월요일(공휴일인 경우 운영), 12/28~1/2 **요금** 전시회마다 다름 **가는 방법** 5·46·86번 버스 오카자키코엔 비주츠칸 헤이안진구마에(岡崎公園 美術館·平安神宮前) 정류장에서 하차 후 바로 **키워드** 교토시교세라미술관

동서양을 융합한 세련된 감성

신구 조화가 어우러진 멋스러운 건축물로 알려진 미술관. 1933년 일본에서 두 번째로 문을 연 역사 깊은 공립 미술관이었으나 재개발을 거쳐 2020년에 재개장하였다. 80년간 사랑받아 온 건물의 옛 모습을 그대로 두되 전면 유리창으로 꾸며진 새로운 현관을 추가했다.

교토 국립 근대 미술관

京都国立近代美術館

맵북 P.23-A2 🔊 쿄오토코쿠리츠킨다이비쥬츠칸 **주소** 左京区岡崎円勝寺町26-1 **전화** 075-761-4111 **홈페이지** www.momak.go.jp **운영** 10:00~18:00(마지막 입장 문 닫기 30분 전, 금요일 ~20:00) **휴무** 월요일 · 12/29~1/3 **요금** 전시회마다 다름 **가는 방법** 5·46·86번 버스 오카자키코엔 비주츠칸 헤이안진구마에(岡崎公園 美術館·平安神宮前) 정류장에서 하차 후 바로 **키워드** 교토국립근대미술관

간사이 예술의 거점

교토가 위치하는 간사이 지방의 예술 작품에 중점을 둔 근대 미술관. 도예, 칠예, 면직 공예를 중심으로 일본화, 유채화, 판화, 조각, 사진 등 폭넓은 분야의 전시회를 개최한다.

오카자키 공원

岡崎公園

맵북 P.23-A2 🔊 오카자키코오엔 **주소** 左京区岡崎最勝寺町 **가는 방법** 5번 버스 오카자키코엔(岡崎公園) 정류장에서 바로 **키워드** 오카자키 공원

문화시설이 한데 모인

헤이안진구를 비롯한 교토시 미술관, 교토 국립 근대 미술관, 호소미 미술관(細見美術館), 교토시 교세라 미술관, 교토시 동물원, 쓰타야 서점 등 개성 넘치는 교토의 주요 문화관광시설이 한데 모인 공원이다. 1895년 일본 내국 관업 박람회가 개최되었던 자리에 헤이안진구를 복원하였고 1904년 여러 문화시설이 들어서면서 더불어 공원을 조성하였다.

난젠지
南禅寺

맵북 P 23-B2 ◀◆ 난젠지 주소 左京区南禅寺福地町 전화 075-771-0365
홈페이지 nanzenji.or.jp 운영 3~11월 08:40~17:00, 12~2월 08:40~16:30
요금 [호조정원·삼문] (각각)성인 ￥600, 고등학생 ￥500, 초등·중학생 ￥400, [난젠인]
성인 ￥400, 고등학생 ￥350, 초등·중학생 ￥250, 미취학 아동 무료 가는 방법 5번 버스
난젠지에이칸도미치(南禅寺永観堂道) 정류장에서 하차 후 도보 10분 키워드 난젠지

사진 명소가 된 아치 다리

가메야마(龜山) 일왕의 행궁을 1291년 사찰로 변경하여 창건한 선종의 대본산이다. 이곳
삼문은 지온인, 닌나지(히가시혼간지를 포함하는 경우도 있다)와 함께 교토 삼대 문으로 꼽
힌다. 가부키 '산문고산노키리(楼門五三桐)'에서 주인공 이시카와 고에몬(石川五右衛門)
이 삼문에 올라 '절경이로다. 절경이로다'라고 말한 것으로 유명한데 이것은 만들어진 이야
기로 사실 삼문은 그가 죽은 후 지어졌다고 한다.
난젠지의 주요 볼거리는 호조(方丈) 앞 정원과 수로각이다. '새끼 호랑이가 물 건너는 정원
(虎の子渡しの庭)'이라는 애칭을 가진 정원은 자갈이나 모래로 산수를 표현한 가레산스이
(枯山水) 양식으로 일본의 대표적인 조경가 고보리 엔슈(小堀遠州)가 만들었다. 법당 옆에
우뚝 서있는 다리는 비와호(琵琶湖)의 물을 끌어들이는 수로 역할을 한다. 건립 당시 주변
경관을 해친다는 이유로 반대의 목소리가 높았으나 현재는 아치의 아름다움으로 난젠지의
상징이 되었다.

시센도 詩仙堂

맵북 P.23-B1 🔊 시센도오 **주소** 左京区一乗寺門口町27 **전화** 075-781-2954
홈페이지 kyoto-shisendo.net **운영** 09:00~17:00 **휴무** 5월 23일 **요금** 성인 ￥700, 고등학생 ￥500,
초등·중학생 ￥300, 미취학 아동 무료 **가는 방법** 5번 버스 이치조지사가리마쓰초(一乗寺下り松町)
정류장에서 하차 후 도보 7분 **키워드** 시센도

한 폭의 그림 같은 액자 정원

도쿠가와(德川) 정권의 무장이자 문인 이시카와 조잔(石川丈山)의 은거지로 그가 59세이던
1641년에 세워져 90세 나이로 세상을 떠나기까지 30년간 중국 문학을 연구하며 여생을 보
냈다고 한다. 과거에는 울퉁불퉁한 토지에 세워진 주거지라는 의미의 오우토츠카(凹凸窠)

라는 이름으로 불리기도 하였다. 현재의 시
센도라는 이름은 중국 시인 36인의 초상화
가 걸린 방 시센노마(詩仙の間)에서 유래하
였다.
시센노마에서 바라본 정원의 경치는 나무
기둥이 액자틀 역할을 하면서 한 폭의 그림
을 보는 듯하다. 정원에는 사슴이나 멧돼지
의 침입을 막기 위해 조잔이 고안한 시시오
도시(ししおどし, 대나무 물레방아)가 있는
데, 대나무 소리가 마치 배경음악처럼 들려
오면서 운치 있는 분위기를 만들어낸다.

맵북 P.23-B1 🔊 엔코오지 **주소** 左京区一乗寺小谷町13 **전화** 075-781-8025 **홈페이지** www.enkouji.jp
운영 09:00~17:00 **요금** 성인 ￥600, 초등·중·고등학생 ￥300, 미취학 아동 무료 **가는 방법** 5번 버스
이치조지사가리마쓰초(一乗寺下り松町) 정류장에서 도보 10분 **키워드** 엔코지

엔코지 圓光寺

한 폭의 그림을 보듯 단풍을 감상하다

작은 사찰이지만 수려한 풍경으로 현지인에게 인기가
높은 숨은 단풍 명소다. 1601년 도쿠가와 이에야스(德
川家康)가 교학의 발전을 위해 후시미(伏見) 지역에 학
교로 세운 것이 시작이며 1667년 지금의 자리로 이전
하였다. 일본 초기의 활자본 중 하나인 후시미판(伏見
版) 또는 엔코지판(圓光寺版)이라 부르는 인쇄사업을
시행하면서 각종 서적을 간행하였다. 당시 출판에 사용
되었던 목제 활자본은 현재도 경내에 보존되어 있으며
일부를 볼 수 있다.

입구를 지나면 보이는 혼류테(奔龍庭)는 천공을 자유
자재로 날아다니는 용을 석조로 표현한 가레산스이(枯
山水) 정원이다. 본당에 앉아 주규노니와(十牛之庭) 정
원을 감상하는 것이 이곳의 놓칠 수 없는 하이라이트. 붉고 노란 단풍이 지기 시작할 무렵
에 방문하면 더욱 아름다운 경치를 감상할 수 있다.

난젠지 준세이
南禅寺 順正

맵북 **P.23-B2** ◀)) 난젠지준세이 **주소** 左京区南禅寺草川町60 **전화** 075-231-2311
홈페이지 www.to-fu.co.jp **운영** 11:00~14:30, 17:00~19:00 **가는 방법** 지하철
도자이(東西) 선 게아게(蹴上) 역 2번 출구에서 도보 5분 **키워드** 준세이

부드럽고 담백한 두부의 맛

교토의 대표적인 전통 음식인 유도후(湯豆腐)를 선보이
는 음식점. 유도후란 다시마를 바닥에 깐 냄비에 깍둑
썰기한 두부와 물을 넣고 끓인 것을 간장과 양념에 찍
어 먹는 요리다. 부드러운 식감과 함께 담백한 두부 본
연의 맛을 즐길 수 있다. 유도후는 본래 스님의 사찰 음
식이었으며, 난젠지 주변에서 시작된 것이라 이 부근에
전문점이 많다. 준세이는 교토 특유의 정원 풍경을 바라보며 음식을 즐길 수 있어 인기가
높다. 유도후, 튀김, 회, 유바 등 다양한 메뉴로 구성된 코스 요리를 선보인다.

교토미
京とみ

맵북 **P.23-A2** ◀)) 쿄오토미 **주소** 京都市東山区石泉院町393-3 **전화** 075-752-8668
운영 11:00~14:00, 17:30~19:00 **휴무** 월·화요일 **가는 방법** 지하철 도자이(東西) 선 히가시야마(東山) 역
1번 출구에서 도보 1분 **키워드** kyotomi

바삭한 일본식 튀김

튀김덮밥(天丼)과 일본식 튀김(天ぷら)을 전문으로 한 음
식점. 고요한 주택가 사이에 자리해 그리 크지 않은 아담
한 가게 안은 차분한 분위기를 풍긴다. 각종 해산물과 채
소를 바삭하게 튀겨낸 튀김은 좋은 식재료를 사용했음이
느껴질 만큼 맛이 좋다. 튀김을 찍어 먹는 달콤한 덴쓰유
소스와도 잘 어울린다. 메인 튀김은 새우, 오징어, 붕장
어 중에서 고를 수 있으며, 일본식 달걀말이, 미소된장
국, 채소 절임으로 구성되어 있다.

야마모토멘조
山元麺蔵

맵북 **P.23-A2·B2** ◀)) 야마모토멘조오 **주소** 左京区岡崎南御所町34 **전화** 075-751-0677 **홈페이지**
yamamotomenzou.com **운영** 월·화·금요일 10:00~16:00, 수요일 10:00~15:30, 토·일요일·공휴일
10:00~17:00 **휴무** 목요일 **가는 방법** 헤이안진구(平安神宮) 입구에서 도보 5분 **키워드** 야마모토 멘조우

교토의 으뜸 우동

현지인과 관광객에게 극찬을 받고 있는 우동집. 간판
메뉴는 우엉튀김우동(土ごぼう天うどん). 다시마와 각
종 생선을 혼합한 육수를 베이스로 한 쫄깃하고 탱탱한
밀가루면이 특징인 사누키우동(讃岐うどん) 스타일이
다. 이에 우엉튀김을 함께 먹는 심플한 구성이지만 결
코 단순한 맛이 아니다. 우동은 따뜻한 국물에 면을 넣
은 기본 우동, 국물과 차가운 면을 따로 제공하는 자루

우동, 진한 육수에 찍어 먹는 쓰케멘 3가지 종류 중 선택할 수 있다. 두반장과 고추장을 첨
가해 매콤한 맛을 더한 우동 빨간 멘조 스페셜(赤い麺蔵スペシャル)도 인기가 높다.

맵북 **P.23-A2·B2** 🔊 그리루코다카라 주소 左京区岡崎北御所町46 전화 075-771-5893
홈페이지 www.grillkodakara.com 운영 11:30~20:30 휴무 화·수요일
가는 방법 헤이안진구(平安神宮) 입구에서 도보 4분 키워드 그릴코다카라

그
릴
코
다
카
라 グリル小宝

65년 전통의 경양식

1961년 오픈한 이래 레시피를 바꾸지 않고 한결
같은 맛을 내는 경양식 전문점. 다양한 메뉴가 있
지만 꼭 먹어봐야 할 음식은 이 집의 자랑거리
드비소스(ドビソース)가 듬뿍 뿌려진 요리. 드비
소스는 소 힘줄, 양파, 당근, 토마토케첩 등을 넣
어 2주일 이상 약한 불에 푹 삶은 것으로 깊고 진
한 데미글라스 맛과 케첩의 달콤한 맛, 각종 채소
의 쓴맛이 동시에 느껴지는 것이 특징이다. 인기
메뉴인 오므라이스(オムライス)와 하야시라이
스(ハイシライス)가 드비소스로 만든 음식이다.

오므라이스는 소, 중, 대 세 가지
사이즈로 선보인다

맵북 **P.23-B2** 🔊 오멘 주소 左京区浄土寺石橋町74 전화 075-771-8994 홈페이지 www.omen.co.jp
운영 점심 월~금요일 10:30~18:00(마지막 주문 17:30), 토·일요일·공휴일 10:30~16:00 (마지막 주문
15:30) 저녁 17:00~20:30(마지막 주문 20:00) 가는 방법 은각사에서 도보 6분 키워드 오멘 긴카쿠지

오
멘 名代おめん

육수에 적셔 먹는 우동

1967년에 창업한 우동 전문점. 매끈하고 쫄깃한 면발과 가다랑어, 다시마를 진하게 우린 육
수 그리고 향신료를 첨가해 매콤달콤하게 조리한 우엉과 깨 등 다양한 재료가 합쳐져 절묘
한 맛을 낸다. 대표 메뉴이자 가게 이
름이기도 한 오멘(おめん)은 육수
에 면을 적셔 먹는 쓰케멘 형태로, 일
본식 튀김 뎀뿌라(てんぷら)나 초밥
등을 함께 곁들여 먹을 수 있도록 계
절마다 다양한 메뉴를 내놓는다. 비
치된 4가지 종류의 특선 고춧가루를
뿌려 먹으면 더욱 맛있다.

히노데우동 日の出うどん

맵북 P.23-B2 ◀)) 히노데우동
주소 左京区南禅寺北ノ坊町36 전화 075-751-9251
운영 11:00~15:00 휴무 첫째 주와 셋째 주 월요일
(7·8·12월 무휴) 가는 방법 에이칸도(永観堂) 입구에서
도보 4분 키워드 히노데우동

단골 택시기사들의 요청으로 탄생한
다양한 카레우동을 맛볼 수 있다.

교토에서 카레우동을

교토의 카레우동 하면 꼽히는 곳. 난젠지(南禅寺), 에이
칸도(永観堂) 등 관광지에 인접하여 여느 음식점과 마찬가
지로 오픈 전부터 줄을 서는 손님들로 북적인다. 메인 메뉴인
카레우동은 가다랑어와 다시마 육수에 인도산 카레 가루를 넣어
하루 종일 우려낸 진한 국물로 좋은 반응을 얻고 있다. 소고기와 유부, 파가 들어간 도쿠카
레(特カレー)는 보통 맛을 비롯해 매운 강도를 선택할 수 있고 면 또한 우동면, 소바면, 중
화면 3가지 종류가 있다.

교토 모던 테라스 京都モダンテラス

맵북 P.23-A2 ◀)) 쿄오토모단테라스 주소 左京区岡崎最勝寺町13 2F
전화 075-754-0234 홈페이지 store.tsite.jp/kyoto-okazaki
운영 11:00~22:00(마지막 주문 20:00) 가는 방법 32·46번 버스 오카자키코오엔
로무시아타코오토(岡崎公園 ロームシアター京都) 정류장에서 바로
키워드 Kyoto Modern Terrace

모던한 분위기에서 식사하기

높은 천장과 개방감이 느껴지는 넓은 공간에 꾸며
진 음식점으로, 오카자키 공원 속 모더니즘 건축물
2층에 자리하고 있다. 1층에 유명한
문화예술 시설인 쓰타야(蔦屋) 서점
이 있어 찾기 쉽다. 교토의 유명 음
식점과의 협업으로 탄생한 음식을
선보이는데, 일본 정식부터 스파
게티, 카레, 스테이크 등 다양한
메뉴로 구성되어 있다.

맵북 **P.23-B2** 🔊 모안 주소 左京区吉田神楽岡町8 전화 075-761-2100
홈페이지 www.mo-an.com 운영 12:00~16:30 휴무 월 · 화요일
가는 방법 5 · 17 · 203번 버스 긴카쿠지미치(銀閣寺道) 정류장에서 도보 15분 키워드 모안

모
안

茂
庵

언덕 위 전통가옥 카페

다이쇼(大正) 시대 때 다도 모임으로 이용할 목적으로 지어진 다실을 그대로 사용하고 있는 산속 카페. 교토대학 옆 작은 언덕 위 전망대에 자리하고 있어 시내와는 사뭇 다른 분위기를 풍긴다. 일상 속 비일상을 누리고자 이곳을 선택했다고 한다. 교토의 등록유형문화재로도 지정된 전통가옥에서 음미하는 차 한잔은 분명 특별한 시간을 선사할 것이다. 작은 과자와 음료가 함께 나오는 단일 메뉴로 운영되고 있다.

우
사
기
노
잇
포

卯
sagi
の
一
歩

맵북 **P 23-A2** 🔊 우사기노잇포 주소 左京区岡崎円勝寺町91-23 전화 075-201-6497
홈페이지 usaginoippo.kyoto 운영 11:00~15:00(마지막 주문 14:30) 휴무 수요일
가는 방법 지하철 도자이(東西)선 히가시야마(東山) 역 1번 출구에서 도보 5분 키워드 Usagi No Ippo

성스러운 교토식 반찬

가게 문 열기 전부터 기다란 대기 행렬을 이루는 인기 오반자이(おばんざい) 정식집. 오반자이란 교토 사람들이 일반적으로 먹는 가정식 반찬이다. 우사기노잇포에서는 곤약, 두부, 가지, 햄 등 메인 요리와 함께 오반자이 5종류와 미소된장국, 채소 절임이 한 상에 나오는 오반자이 정식을 선보인다. 100년 된 전통가옥에서 교토의 맛을 즐겨보자.

100년이 넘은 전통 가옥에서
가정식을 즐기는 특별한 시간!

금각사 · 니조조 金閣寺 · 二条城

Chapter 03.

교토 서부를 대표하는 관광 명소 금각사 그리고 중부를 대표하는 니조조는 '호화'라는 단어로 정의할 수 있다. 불교의 극락정토를 재현한 금각사는 건물 전체를 금박으로 장식하였고, 도쿠가와(德川) 가문의 권력 과시 결과물인 니조조는 1,000여 평의 대규모 건축물이다. 가장 화려한 교토의 모습을 보고 싶다면 이 지역을 빠뜨릴 수 없다.

must do.

01.

화려한 금빛 향연, 금각사에게 빠져보자.

02.

니조조에서 옛 교토를 만나보자!

03.

교토가 자랑하는 정원을 보려면 료안지와
닌나지로!

04.

가모가와 델타에서 교토인처럼 휴식
취하며 재충전하기.

금각사 · 니조조
map

| 금각사 · 니조조 |
| 찾 아 가 기 |

❶ **금각사** 12, 59번 버스 탑승 후 긴카쿠지마에(金閣寺前) 정류장에서 하차, 혹은 10, 102, 204, 205번 버스 탑승 후 긴카쿠지미치(金閣寺道) 정류장에서 하차한다. 금각사 주변 명소는 모두 버스로 이동할 수 있다.

❷ **니조조** 12, 59번 버스 탑승 후 긴카쿠지마에(金閣寺前) 정류장에서 하차, 혹은 10, 102, 204, 205번 버스 탑승 후 긴카쿠지미치(金閣寺道) 정류장에서 하차한다. 금각사 주변 명소는 모두 버스로 이동할 수 있다.

| 금각사 · 니조조 |
| 하 루 여 행 |

유네스코 세계문화유산 3종 세트 금각사, 료안지, 닌나지를 비롯한 교토 서부 지역과 니조조, 교토고쇼 등 교토의 굵직한 역사 유적지가 모여 있는 중부 지역은 다른 지역에 비해 비교적 가까운 곳에 있으므로 함께 묶어서 방문하기에 좋다. 이 외에도 북부로 발을 넓혀 세계유산으로 지정된 가미가모 신사와 시모가모 신사, 국보 1호 목조미륵보살 반가사유상이 안치된 고류지도 가볼 만하다.

| 금각사 · 니조조 |
| 추 천 여 행 |

금각사와 니조조는 다른 지역에 비해서는 서로 가깝지만 버스를 타면 기본 30분이 소요되므로 많은 시간을 필요로 한다. 어느 한쪽을 선택해야만 하는 여행자가 대부분일 것으로 예상되어 두 가지 루트로 나누어 소개한다.

course

금각사 : **겐코암** ─ 도보 30분 ─ **금각사** ─ 버스 10분 ─ **료안지** ─ 버스 10분 ─ **닌나지**

─ 버스 15분 ─ **기타노텐만구**

니조조 : **니조조** ─ 지하철 10분 ─ **교토 만화 박물관** ─ 지하철 10분 ─ **교토고쇼** ─ 도보 15분 ─

시모가모 신사 ─ 도보 10분 ─ **가모가와 델타**

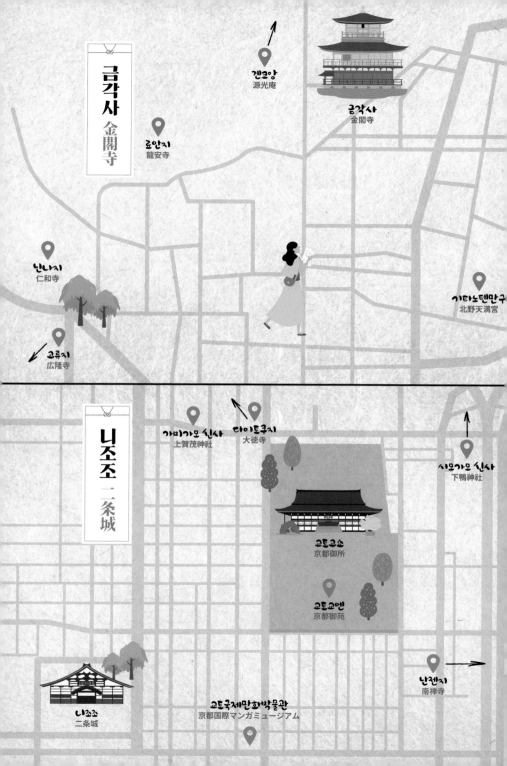

금각사
金閣寺

맵북 **P 25-B** 🔊 킨카쿠지 주소 北区金閣寺町1 전화 075-461-0013
홈페이지 www.shokoku-ji.jp/kinkakuji 운영 09:00~17:00, 연중무휴 요금 고등학생 이상 ￥500,
초등·중학생 ￥300 가는 방법 12·59번 버스 긴카쿠지마에(金閣寺前) 정류장에서 하차 혹은
10·102·204·205번 버스 긴카쿠지미치(金閣寺道) 정류장에서 하차 후 도보 6분 키워드 금각사

화려하고 우아한 자태

기요미즈데라와 함께 교토 관광 명소의 양대 산맥으로 꼽히는 사찰이다. 정
식 명칭은 로쿠온지(鹿苑寺)이지만 금박으로 장식된 3층 누각 샤리덴(舍利
殿)이 유명한 탓에 일반적으로는 '금각사'라 부른다. 은각사(P.328)와 더불
어 쇼코쿠지(相国寺)의 부속 사원으로 무로마치 막부(室町幕府)의 3대 장
군 아시카가 요시미쓰(足利義満)의 저택을 1420년 그의 아들이자 4대 장
군 아시카가 요시모치(足利義持)가 절로 바꾼 것이다. 무로마치 시대 초기
에 번영했던 기타야마(北山) 문화를 상징하는 건축물로 경내 정원과 건축
은 극락정토의 세계를 재현했다.
샤리덴은 3층짜리 목조 건물로 1층은 헤이안 시대 귀족의 주택 양식인 신
덴즈쿠리(寝殿造), 2층은 가마쿠라 시대 무가의 주택 양식 부케즈쿠리(武
家造), 3층은 중국의 건축 양식 젠슈부츠덴즈쿠리(禅宗仏殿造)로 지어 각
각 다른 형태를 띠고 있다. 샤리덴에 사용된 금박은 일반 금박보다 5배 두
꺼운 것을 사용하여 붙이기가 매우 어렵다고 하는데 그만큼 장인의 정성과
노력이 담겨 있다. 1950년 수습 승려가 일으킨 방화로 전체가 불에 타 사라
지는 바람에 지금의 건물은 1955년 복원한 것이다.

료안지 龍安寺

맵북 **P 25-A** 🔊 료오안지 주소 右京区龍安寺御陵下町13
전화 075-463-2216 홈페이지 www.ryoanji.jp 운영 3~11월 08:00~17:00, 12~2월
08:30~16:30, 연중무휴 요금 성인 ￥600, 고등학생 ￥500, 초등·중학생 ￥300
가는 방법 59번 버스 료안지마에(龍安寺前) 정류장에서 하차 후 도보 1분 키워드 료안지

세계로 뻗어간 선종 사찰

1450년 무로마치(室町) 시대의 무장 호소카와 가쓰모토(細川勝元)가 묘신지(妙心寺)의 부속 사원으로 창건한 사찰. 가레산스이(枯山水) 정원의 대표 격으로 물을 사용하지 않고 오로지 돌과 모래로만 산수풍경을 표현한 정원 양식이다. 호조(方丈) 정원은 15개의 돌과 하얀 자갈로 꾸며져 있다.

180m의 낮은 흙담과 어우러진 정원은 불교의 수행법 가운데 하나인 선(禅)을 상징하기도 하여 선의 정원(禅の庭)으로도 부른다. 유명한 엽전 모양의 쓰쿠바이(つくばい)는 호조 뒤편에 있다. 쓰쿠바이란 다실에 들어가기 전 손을 깨끗이 씻기 위해 마련된 그릇을 말하는데, 사방에 오유지족(吾唯知足)이라 적힌 이것은 석가모니가 남긴 '만족을 알면 가난해도 부유하고 만족을 모르면 부유해도 가난하다'는 가르침을 도안화한 것이다.

기타노텐만구 北野天満宮

맵북 **P 25-B** 🔊 기타노텐만구 주소 上京区馬喰町 전화 075-461-0005
홈페이지 www.kitanotenmangu.or.jp 운영 07:00~20:00 요금 무료(2~3월 꽃의 정원 중학생 이상
￥1,200, 초등학생 ￥600, 시기마다 다름) 가는 방법 10·50·203번 버스 기타노텐만구마에(北野天満宮前)
정류장에서 도보 1분 키워드 기타노텐만구

학업 성취와 합격을 기원합니다

일본 전국에 있는 1만 2,000곳의 텐만구(天満宮)의 총본사. 예부터 입시 합격, 학업 성취, 문화 예능, 재난 기원을 비는 곳으로 사랑받고 있다. 계절이 바뀔 때마다 다양한 모습을 보여주어 특별히 소망하는 일이 없더라도 항상 많은 인파로 붐빈다. 특히 1월 하순부터 피는 50종의 매화 1,500여 그루가 일제히 꽃을 피어 아름다움을 뿜낸다. 또한 8월에는 견우와 직녀가 만난 날을 기념해 칠석축제(棚機祭)를 개최해 다양한 이벤트가 열린다.

닌나지 仁和寺

맵북 P.25-A ◀)) 닌나지 주소 右京区御室大内33 전화 075-461-1155 홈페이지 ninnaji.jp
운영 3~11월 09:00~17:00 12~2월 09:00~16:30 요금 [고쇼정원] 성인 ¥800,
[레이호칸] 성인 ¥500, [오무로하나마츠리] 성인 ¥500, 고등학생 이하 무료 가는 방법 란덴(嵐電)
기타노(北野) 선 오무로닌나지(御室仁和寺) 역에서 하차 후 도보 2분 키워드 닌나지

벚꽃으로 물든 사원

886년에 건립을 시작해 888년 완성한 절에 우다(宇多) 일왕이 그해 연호인 닌나를 따 닌나
지라고 이름을 붙였다. 일왕은 897년 아들에게 왕위를 물려준 다음 출가하여 사찰 내에 오
무로고쇼(御室御所)라 불리는 거처를 마련했고, 이를 필두로 왕족과 귀족이 주지를 맡는
특정 사원을 뜻하는 몬제키(門跡) 사원이 생겨나기 시작한다.

1467년 오닌의 난(応仁の乱) 당시 일어난 화재로 대부분이 소실되었으나 1646년에 본래

의 모습을 회복하였다. 교토 삼대 문
중 하나인 니오몬(二王門)을 지나 넓
은 경내로 들어서면 고풍스러운 정원
을 간직한 고덴(御殿), 현존하는 가장
오래된 시신덴(紫宸殿)을 이축한 금
당(金堂), 일본 중요문화재로 지정된
오중탑 등 볼거리가 풍성하다. 특히
벚꽃 명소로 손꼽히는 오무로자쿠라
(御室桜)는 높이가 낮고 교토에서 가
장 늦게 피는 것이 특징이다.

고류지 広隆寺

맵북 P.25-A ◀)) 코오류우지 주소 右京区太秦蜂岡町32 전화 075-861-1461 운영 3~11월 09:00~17:00,
12~2월 09:00~16:30 요금 성인 ¥800, 고등학생 ¥500, 초등·중학생 ¥400, 미취학 아동 무료
가는 방법 게이후쿠(京福) 전철 우즈마사고류지(太秦広隆寺) 역에서 하차 후 도보 1분 키워드 코류지

교토에서 가장 오래된 사찰

교토에서 가장 오래된 사찰로 경내
의 레이호덴(霊宝殿)에 국보 20점
과 중요문화재 48점이 전시된 곳으
로 유명하다. 특히, 아스카(飛鳥), 후
지와라(藤原), 가마쿠라(鎌倉) 등 각
시대를 대표하는 불상이 한자리에
모여 있다. 이곳의 자랑인 일본 국보
제1호 '목조미륵보살반가사유상(木
造弥勒菩薩半跏像)'은 우리나라 국
보 83호 금동미륵보살반가사유상과 매우 흡사하다는 점과 일본에서 목조 불상에 잘 사용
하지 않는 적송으로 만들었다는 점, 이 절을 세운 하타씨(秦氏)가 신라 도래인이라는 점 등
을 들어 신라에서 제작하여 건너왔다는 설에 무게를 싣고 있다.

겐코앙
源光庵

맵북 **P 25-B** 📢 겐코오앙 주소 北区鷹峯北鷹峯町47 전화 075-492-1858 홈페이지 genkouan.or.jp
운영 09:00~17:00(마지막 입장 16:30) 요금 중학생 이상 ¥400, 초등학생 이하 무료(11월 중학생 이상 ¥500,
초등학생 이하 ¥200) 가는 방법 1·6번 버스 다카가미네겐코앙마에(鷹峯源光庵前) 정류장에서 도보 1분
키워드 겐코안

불교의 가르침이 깃든 창

교토의 숨은 단풍 명소로 알려진 조동종 사찰. 본당에 있는 두 개의 창을 통해 살며시 보이
는 붉은 단풍이 아름다워 매년 가을 많은 방문객의 행렬이 줄을 잇는다. 왼쪽에 있는 동그
란 창은 '깨달음의 창(悟りの窓)'으로, 불교의 교리인 '선(禅)'과 원통(円通)'의 마음을 나타
내고 원은 대우주를 표현하기도 한다. 여기서 선은 '깨달음의 경지에 도달하는 수행과 자
세'를, 원통은 '진리를 깨닫는 지혜의 실천'을 의미한다. 바로 옆에 있는 네모난 '방황의 창
(迷いの窓)'은 인간의 생애를 상징하며, 생로병사의 고통과 괴로움을 표현한다.

교토교엔
京都御苑

맵북 **P 24-B2** 📢 쿄오토교엔 주소 上京区京都御苑3 홈페이지 kyotogyoen.go.jp
운영 24시간 가는 방법 지하철 가라스마(烏丸) 선 마루타마치(丸太町) 역 1번 출구에서 하차 후 도보 5분
키워드 교토교엔

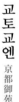

교토 시민의 허파

에도(江戸) 시대 왕족과 귀족, 관리들이 거주하
던 저택이 150여 채 모여 있던 작은 마을 터로,
이후 메이지 시대에 수도가 도쿄로 천도되면서
저택을 전부 없애고 공원으로 재정비하여 시민
들에게 개방되었다. 동서 약 700m, 남북 1.3km
로 쭉 뻗은 드넓은 부지에 교토고쇼와 교토 영빈
관을 품고 있으며, 사계절의 변화를 느낄 수 있는
푸르른 녹지가 펼쳐진다. 특히 벚꽃 피는 봄철이
되면 핑크빛으로 물든 아름다운 풍경을 한눈에
담을 수 있다.

가미가모 신사 上賀茂神社

맵북 P 24-A1 ■》가미가모진자 주소 北区上賀茂本山339 전화 075-781-0011
홈페이지 www.kamigamojinja.jp 운영 05:30~17:00 요금 무료
가는 방법 4·46·67번 버스 가미가모진자마에(上賀茂神社前) 정류장에서 바로
키워드 가모와케이카즈치 신사

강력한 힘을 가진 신사

시모가모 신사(下鴨神社)와 마찬가지로 교토에서 손꼽히는 오래된 신사다. 고대 씨족인 가모씨(賀茂氏)를 신으로 모신다. 정식 명칭은 가모와케이카즈치신사(賀茂別雷神社)로, 유네스코 세계문화유산 '고도 교토의 문화재'로 등록되어 있다.
신사에 들어서면 눈에 띄는 것이 다테즈나(立砂)라고 하는 원뿔형의 모래성이다. 신사 북쪽에 있는 신이 처음 강림했던 고우산(神山)을 형상화한 것이다. 매년 5월에 열리는 아오이마쓰리(葵祭)는 폭풍우와 홍수로 피해를 입지 않도록 성대한 축제를 열었던 것이 기원이다.

가모가와 델타 鴨川デルタ

맵북 P 24-B1 ■》카모가와데루타 주소 左京区下鴨宮河町
가는 방법 게이한(京阪) 전철 본선 데마치야나기(出町柳) 역 5번 출구에서 하차 후 도보 1분
키워드 가모가와 델타

총총총 징검다리 건너기

교토 시내를 유유히 흐르는 가모강(鴨川)과 교토 북부에서 흘러내려오는 다카노강(高野川)이 합류하는 지점에 형성된 장소를 이르는 말. 하천이 운반한 물질이 하구 부근에 퇴적되면서 생긴 삼각주 지형이 그리스 문자 '델타(Δ)'를 닮았다 하여 이름 붙여졌다. 삼각주 양 옆에는 거북이와 새 모양을 한 징검다리가 놓여 있어 이곳을 오갈 수 있다. 가족 단위 나들이객의 소풍 명소나 인근 대학에 재학 중인 대학생들의 쉼터로 사랑받고 있다.

다이토쿠지 大德寺

맵북 **P 25-B** 🔊 다이토쿠지 주소 北区紫野大徳寺町53 운영 10:00~16:30
전화 075-491-0019 요금 무료 가는 방법 1·204·205·206번 버스
다이토쿠지마에(大徳寺前) 정류장에서 하차 후 도보 1분 키워드 다이토쿠지

센노 리큐를 죽음에 이르게 한

임제종 다이토쿠지파의 대본산으로 임제종의 5대 사찰인 교토 오산(京都五山) 중 하나다. 광대한 경내에는 조쿠시몬에서 삼문, 불전, 법당, 방장에 이르기까지 절이 갖추어야 할 7가지 건축물을 일컫는 칠당가람(七堂伽藍)이 남북으로 길게 뻗어 있으며 부속 사원만도 22개에 달한다.
이 중 삼문은 일본 다도 문화를 정립한 다인 센노 리큐(千利休)가 증축한 2층 긴모카쿠(金毛閣) 내부에 자신의 조각상을 안치했다는 이유로 도요토미 히데요시(豊臣秀吉)로부터 할복의 명을 받아 죽음에 이른 일화가 전해진다. 료겐인(龍源院), 고토인(高桐院), 다이센인(大仙院), 즈이호인(瑞峰院) 등 네 군데 부속 사찰을 제외하곤 일반인에게 공개하지 않는다.

 Tip 아부리모찌 전문점

사찰 뒤편에는 헤이안(平安) 시대부터 즐겨 먹던 1,000년 이상의 역사를 가진 떡꼬치 '아부리모찌(あぶり餅)' 전문점이 두 군데 있다. 아부리모찌는 노란 콩가루를 묻힌 한입 크기의 떡을 숯불에 구워 고소함을 내고 마무리로 특제 소스인 흰 미소된장을 곁들인 것이다.
[이치와(一和)] 맵북 **P 25-B**
주소 北区紫野今宮町69 운영 10:00~17:00 휴무 수요일
[가자리야(かざりや)] 맵북 **P 25-B**
주소 北区紫野今宮町96 운영 10:00~17:00 휴무 수요일

시모가모 신사 下鴨神社

맵북 P.24-B1 ◀)) 시모가모진자 주소 左京区下鴨泉川町59 전화 075-781-0010
홈페이지 www.shimogamo-jinja.or.jp 운영 06:00~17:00 가는 방법 4·205번 버스
시모가모진자마에(下鴨神社前) 정류장에서 도보 2분 키워드 시모가모 신사

태고의 자연 속 신비로운 신사

정식 명칭은 가모미오야 신사(賀茂御祖神社)로, 가모강(鴨川)과 다카노강
(高野川) 사이에 있는 삼각지대에 위치한다. 고대 씨족인 가모씨(賀茂氏)를
신으로 모시며, 순산과 육아의 신 다마요리비메(玉依姫)와 액운을 떨치고 행
운을 가져다 주는 신 가모 다케쓰누미(賀茂建角身)가 제신이다. 입구에 들어
서면 3만 6,000평에 이르는 삼림 다다스노모리(紅の森)가 눈앞에 펼쳐져 신
성한 분위기의 산책로로 인기가 높다.
경내에는 두 신을 모신 본전과 함께 크고 작은 신사가 있다. 미인이 되길 기
원하는 가와이 신사(河合神社), 부부 화합과 사랑이 이루어지길 기원하는 아
이오이샤(相生社), 십이지신에 참배를 하면 복이 온다는 고토샤(言社) 등 자
신의 소원에 따라 신사를 선택할 수 있다는 점이 재미있다. <겐지모노가타리
(源氏物語)>, <마쿠라노소시(枕草子)> 등 일본의 고전문학 작품에도 등장하
는 축제 아오이마쓰리(葵祭)가 매해 5월에 개최된다.

Tip 미타라시 당고의 발상지

신사 서쪽에는 연못에 솟아나는 물거품을 형상화해 만든 일본식 경단 미
타라시 당고(みたらし団子)의 발상지인 경단 전문점 '가모미타라시차야
(加茂みたらし茶屋)'가 있으니 한번 체험해보자.
맵북 P.24-B1 주소 左京区下鴨松ノ木町53
운영 월~금요일 09:30~18:30, 토·일요일 09:30~19:00, 수요일 휴무

교토고쇼
京都御所

맵북 **P 24 -B1** 🔊 쿄오토고쇼 **주소** 上京区京都御苑1 **전화** 075-211-1215
홈페이지 sankan.kunaicho.go.jp/guide/kyoto.html **운영** 3·9월 09:00~16:30(마지막 입장 15:50),
4~8월 09:00~17:00(마지막 입장 16:20), 10~2월 09:00~16:00(마지막 입장 15:20)
휴무 월요일(공휴일인 경우 다음 날), 12/28~1/4 **가는 방법** 지하철 가라스마(烏丸) 선
이마데가와(今出川) 역 3번 출구에서 하차 후 도보 5분 **키워드** 교토 어소

옛 수도의 왕궁

고곤(光厳) 일왕이 즉위한 1331년부
터 도쿄로 수도를 이전하기까지 약
500년간 거처로 삼았던 왕궁이다. 교
토시 중심의 거대한 녹지 교토교엔
(京都御苑) 내에 위치하며, 당시 궁궐
의 형태를 보존한 유서 깊은 건축물
이다. 메이지 유신(明治維新) 이후 도
쿄로 수도를 옮기면서 황폐해졌으나

메이지(明治) 일왕의 명령으로 공사를 진행한 후 1855년 재건되어 지금의 형태가 되었다.
일부는 헤이안(平安) 시대의 건축 양식을 띠고 있다.

교토 국제 만화박물관
京都国際マンガミュージアム

맵북 **P 24 -A2** 🔊 쿄오토코쿠사이망가하쿠부츠칸 **주소** 中京区烏丸通御池上ル
전화 075-254-7414 **홈페이지** www.kyotomm.jp **운영** 10:30~ 17:30(마지막 입장 17:00)
휴무 수요일(수요일이 공휴일인 경우 다음 날), 연말연시 **요금** 성인 ￥900, 중·고등학생 ￥400,
초등학생 ￥200, 미취학 아동 무료 **가는 방법** 지하철 가라스마(烏丸) 선, 도자이(東西) 선
가라스마오이케(烏丸御池) 역 2번 출구에서 하차 후 도보 2분 **키워드** 교토국제 만화 박물관

만화 강국의 첫 만화박물관

만화학부가 있는 교토세카대학교(京
都精華大学)와 교토시가 공동으로 운
영하는 일본의 첫 만화종합박물관이
다. 국내외 만화책과 잡지, 관련 역사
자료 등 총 30만 점을 소장하고 있다.
만화와 관련 자료를 수집하여 보관·
전시하며 만화 문화에 관한 조사 및
연구도 활발하게 진행하고 있다.
박물관과 도서관의 기능을 함께하는

문화시설로 일부 자료는 연구열람실
에서 열람할 수 있다. 200m 높이의 서가 '만화의 벽(マンガの壁)'에 배치된 약 5만 권의 만
화책은 박물관 내부나 정원에서 자유롭게 읽을 수 있다.

니 조 조 二 条 城

맵북 P.24-A2 ◀)) 니조오조오 주소 中京区二条通堀川西入二条城町541
전화 075-841-0096 홈페이지 nijo-jocastle.city.kyoto.lg.jp 운영 08:45~17:00(마지막 입장 16:00)
휴무 1·7·8·12월 매주 화요일, 12월 26일~1월 3일 요금 [니조조] 성인 ¥800, 중·고등학생 ¥400,
초등학생 ¥300, 미취학 아동 무료, [니노마루고텐] 성인 ¥500, 고등학생 이하 무료
가는 방법 지하철 도자이(東西) 선 니조조마에(二条城前) 역에서 바로 키워드 니조 성

Tip 니조조 가이드 투어

❶ 프라이빗 투어
원래 니조조에는 영어 가이드 투어가 있었지만 코로나19로 중단되었다. 하지만 개별적으로 신청하면 프라이빗 투어로 즐길 수 있다. 이메일(kyoto-tours@mykjpn.co.jp)이나 전화(075-252-6636)로 문의하면 된다. 투어는 영어로만 진행된다.
운영 월~금요일 09:00~18:00

❷ 음성 가이드기 대여
니조조에 대한 안내를 들으며 둘러볼 수 있는 음성 가이드기를 유료로 대여한다. 요금은 1대당 ¥600. 종합안내소에서 대여할 수 있다. 약 1시간 정도 소요되며, 한국어로도 제공되어 편리하다.

명인의 마스터피스

세키가하라 전투(関ヶ原合戦)에서 승리하여 일본 통일을 이룬 도쿠가와 이에야스(徳川家康)가 1603년 건립한 성이다. 교토에서 지낼 거처로 지었으나 교토고쇼에 사는 일왕을 감시하는 정치적 목적도 있었다. 처음에 니노마루고텐(二の丸御殿)만 있던 성은 1626년 3대 장군 도쿠가와 이에미쓰(徳川家光)에 의해 확장되면서 지금의 모습으로 완성되었다. 1867년 에도 막부의 마지막 장군 도쿠가와 요시노부(徳川慶喜)가 일왕에게 정권을 돌려주면서 니조조는 왕실 소관이 되었고 이후 교토시에 하사되면서 모토리큐니조조(元離宮二条城)로 개칭되었다.

화려한 가라몬(唐門)으로 강렬한 첫인상을 안겨주는 니노마루고텐은 모모야마 시대의 건축 양식 부케후쇼인즈쿠리(武家風書院造)의 대표적인 건축물이다. 장군의 침실, 대면 장소로 쓰였던 6개 건물로 이루어져 있으며 규모는 1,000여 평에 이른다. 복도 마루를 걸을 때마다 나는 소리가 새소리와 흡사하다 하여 우구이스바리(鶯張り)라 불리는데 이는 외부 침입자의 탐지를 목적으로 설계된 것이라 한다.

니조조 건립 때 만든 정원은 일본의 대표적인 조경가 고보리 엔슈(小堀遠州)에 의해 조성된 지천회유식 정원으로 건축물과의 조화가 탁월하다. 1626년 증축 당시 세운 혼마루고텐(本丸御殿)은 니노마루와 비슷한 규모였으나 화재로 인해 소실되었고 현재의 건물은 교토고쇼(京都御所)에 있었던 규카츠라노미야고텐(旧桂宮御殿)을 이축한 것이다. 혼마루고텐은 2023년 5월 기준, 공사 중이다.

니조조 추천 코스

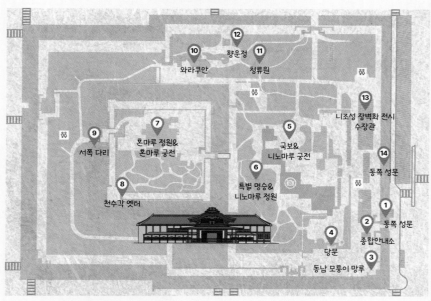

도리이와로 鳥岩楼

맵북 **P.25-B** 📢) 토리이와로오 **주소** 上京区五辻通智恵光院西入ル五辻町75
전화 075-441-4004 **운영** 11:30~15:00 **휴무** 목요일 **가는 방법** 201·203번 버스
이마데가와조후쿠지(今出川浄福寺) 정류장에서 도보 3분 **키워드** 니시진 토리와로

노포에서 맛보는 오야코동

닭 뼈를 장시간 끓인 육수로 삶은 닭고기 위에 달걀
을 풀어 살짝 익힌 것을 밥 위에 얹어 먹는 덮밥
'오야코동(親子丼)'을 점심 한정으로 ¥1,000이라
는 합리적인 가격에 선보이는 닭고기 전골 '미즈
타키(水炊き)' 전문 노포. 교토에서는 밥 위에 산
초 가루를 뿌려 먹는데, 독특한 향과 감칠맛이 느
껴진다. 100년 이상 된 전통가옥에 앉아 음식을 즐
기는 기분도 함께 만끽할 수 있다.

혼케오와리야 本家尾張屋 本店

맵북 **P.24-A2** 혼케오와리야 **주소** 中京区車屋町通二条下る仁王門突抜町322 **전화** 075-231-3446
홈페이지 honke-owariya.co.jp **운영** 11:00~15:30(마지막 주문 15:00) **휴무** 1/1~1/2, 홈페이지 확인
가는 방법 지하철 가라스마오이케(烏丸御池) 역 1번 출구에서 도보 2분 **키워드** 혼케 오와리야 본점

야들한 계란과 파맛의 조합

1465년에 문을 연 550년 이상의 역사를 자랑하는 음식점.
사실 이곳의 간판 메뉴는 소바이나 기누가사동(衣笠丼)
이라는 교토의 전통음식도 맛볼 수 있어 많이들 찾는다.
기누가사동이란 얇은 유부와 파를 올린 밥 위에 부드러
운 반숙 달걀을 얹은 모습이 마치 푸르른 나무 숲 위에 하
얀 비단을 깐 인근에 있는 눈 쌓인 기누가사산(衣笠山)을 떠
올리게 한다 하여 이름이 붙은 덮밥이다.

이타다키 いただき

맵북 **P.25-B** 📢) 이타다키 **주소** 北区衣笠馬場町30-5 **전화** 075-465-9102 **홈페이지** kinkakuzi-itadaki.owst.jp
운영 11:30~15:30, 17:30~20:00 **휴무** 월요일, 넷째 주 화요일(공휴일이면 다음 날)
가는 방법 12·59·204·205번 버스 긴카쿠지미치(金閣寺道) 정류장에서 도보 4분 **키워드** itadaki

금각사의 인기 양식집

금각사 부근에 자리한 음식점 가운데 현지 관광객에게 높은 인
지도와 인기를 누리고 있는 일본식 양식점. 치즈 햄버그 스테이
크, 새우튀김, 게살 크림 크로켓, 닭튀김 등 이곳의 인기 메뉴를
전부 맛볼 수 있는 인기 양식 모둠(人気の洋食盛り合わせ)이나
3주간 끓인 데미글라스 소스를 끼얹은 햄버그스테이크와 매일
바뀌는 메뉴를 함께 제공하는 런치 세트를 주문하면 좋다.

丸太町 十二段家

마루타마치 주니단야

맵북 **P 24-A2** 🔊 마루타마치주우니단야 주소 中京区丸太町通烏丸西入 전화 075-211-5884
홈페이지 www.m-jyunidanya.com 운영 11:30~14:00, 17:00~19:00(재고 소진되면 폐점)
휴무 수요일 가는 방법 지하철 가라스마(烏丸) 선 마루타마치(丸太町) 역 4번 출구에서 도보 1분
키워드 Marutamachi Jyunidanya

오랜 역사를 자랑하는 오차즈케 전문점

1912년에 창업한 오차즈케(お茶漬け) 전문점.
전통 무대예술인 가부키(歌舞伎) 공연을 기념
해 만든 12단 디저트 코스가 큰 인기를 누리면
서 '12단집'을 의미하는 지금의 이름으로 정착
했다. 이후 단골손님에게 제공하던 오차즈케와
미소된장국이 좋은 반응을 얻으면서 본격적으
로 판매하기 시작하였다. 오차즈케 메뉴는 채
소 절임 모듬, 일본식 달걀말이 다시마키, 붉은
된장국, 밥으로 구성된 스즈시로(すずしろ), 스
즈시로에 계절 일품요리가 추가된 미즈나(水菜), 미즈나에 회모둠을 추가한 나노하나(菜の
花)가 있다. 반찬 본연의 맛을 음미하면서 밥을 먹은 다음 마지막에 녹차를 말아서 후루룩
마시는 것이 일반적이다. 점심시간에 한해 밥을 무료로 리필해준다.

맵북 **P 24-A2** 🔊 교오자노오오쇼오 주소 中京区錦大宮町116-2 전화 075-801-7723
홈페이지 www.ohsho.co.jp 운영 10:00~24:30(마지막 주문 24:00) 가는 방법 한큐(阪急) 전철 교토(京都) 선
오미야(大宮) 역 5번 출구에서 도보 1분 키워드 교자노오쇼

교자노오쇼

餃子の王将

중화요리 대표 체인의 본점

일본 전국에 700개 이상의 체인점을 운영하
는 일본식 중화요리 전문점의 본점이 교토
라는 사실을 아는지. 일본 어디서든 볼 수 있
는 밥집은 사실은 교토 현지인의 소울푸드에
서 시작됐다. 교자, 볶음밥, 새우칠리, 마파두
부 등 한국인 입맛에도 맞는 메뉴 외에도
본점에서만 먹을 수 있는 한정 '오미야
세트(大宮セット)'를 제공하는 등 다
양한 음식을 맛볼 수 있다. 참고로 오
미야 세트는 고기 완자와 단 식초 소
스를 끼얹은 달걀로 구성되어 있다.

저렴한 가격에 풍부한 메뉴가 장점!

맵북 P.25-B 🔊 하나마키야 주소 北区衣笠御所ノ内町17-2 전화 075-464-4499
운영 월~금요일 11:30~16:00 토·일요일 11:30~17:00 휴무 목요일
가는 방법 204·205번 버스 긴카쿠지미치(金閣寺道) 정류장에서 도보 1분 키워드 hanamakiya

상큼한 영귤을 머금은 국수

교토의 향토 요리인 다양한 종류의 소바를 제공
하는 소바 전문점. 교토의 명물 중 하나인 청어조
림을 얹은 니신소바(にしんそば), 감귤과 유자를
섞은 듯한 과일인 영귤을 한가득 얹어 상큼한 스
다치소바(すだちそば) 외에도 다양한 온냉 소바
를 선보이며, 장어덮밥과 일본식 튀김덮밥 등 한
국인이 선호하는 메뉴도 판매하고
있다. 덮밥과 소바 세트도 준
비되어 있으니 참고하자.

여름 별미로 사랑받고 있는
스다치 소바

맵북 P.24-B2 🔊 미이미이미이코오히이하우스 주소 京都市上京区上生洲町210
전화 075-211-5880 홈페이지 @mememecoffeehouse(인스타그램)
운영 08:30~15:00 가는 방법 게이한(京阪) 전철 게이한본(京阪本) 선
진구마루타마치(神宮丸太町) 역 3번 출구에서 도보 5분 키워드 Me Me Me Coffee House

깜찍한 플레이팅의 감동

아기자기한 매력이 넘치는 아담한 카페. 커피
와 주스 등의 음료 메뉴 외에 가게 오픈부터
11:00까지만 제공하는 아침 메뉴가 좋은 반응
을 얻고 있다. 토스트, 팬케이크, 샌드위치 등
크게 세 종류로 구성되어 있으며 모든 메뉴에
는 커피 또는 카페라테 중 선택 가능한 음료가
포함되어 있다. 깜찍한 플레이팅으로 한 번 더
감동을 선사한다.

우
메
조
노
사
보
うめぞの茶房

맵북 **P 24-A1** 🔊 우메노조사보오 **주소** 北区紫野東藤ノ森町11-1 **전화** 075-432-5088
홈페이지 umezono-kyoto.com/nishijin **운영** 11:00~18:30(마지막 주문 18:00)
가는 방법 6·46·59·206번 버스 센본구라마구치(千本鞍馬口) 정류장에서 도보 8분 **키워드** 우메조노 사보

예쁘고 맛도 좋은 양갱

먹기 아까울 만큼 아름다운 양갱을 선보
이는 디저트 전문점. 기온과 가와라마치
에서 양과자 전문점을 운영하고 있는 우
메조노(梅園)가 화과자 중 하나인 양갱에
만 특화된 곳을 차린 것. 말차, 벚꽃, 레몬,
홍차, 살구, 단팥 등 계절마다 다른 맛을
선보이는데, 단팥과 말차가 가장 인기가
높다. 2층 카페 공간에서 녹차와 함께 천
천히 음미해보는 것을 추천한다.

탱탱하면서도 부드러운 식감을
자랑하는 양갱

사
라
사
니
시
진
さらさ西陣

맵북 **P 24-A1** 🔊 사라사니시진 **주소** 北区紫野東藤ノ森町11-1
전화 075-432-5075 **홈페이지** www.cafe-sarasa.com
운영 일~목요일 11:30~21:00, 금·토요일 11:30~22:00 **휴무** 수요일
가는 방법 6·46·59·206번 버스 센본구라마구치(千本鞍馬口)
정류장에서 도보 8분 **키워드** 사라사 니시진

옛 목욕탕을 개조한 카페

90여 년 전 목욕탕 건물을 개조한 카페.
지브리 애니메이션 '센과 치히로의 행방
불명'에 나올 것만 같은 외관부터 눈에 띈
다. 가게 내부 곳곳에 목욕탕의 옛 모습이
거의 그대로 남아있어 요즘 유행하는 레
트로 카페에 걸맞은 분위기를 갖추고 있
다. 카레, 덮밥 등 점심 한정 음식을 비롯
해 종일 맛볼 수 있는 디저트와 음료 메
뉴도 충실하다.

Chapter 04.

교토 역 京都駅

교토 여행의 시작점인 교토 역은 그야말로 교토의 과거와 현재를 동시에 담고 있는 곳이다. 역사적 가치를 인정받아 유네스코 세계문화유산으로 지정된 유적지가 있는가 하면, 지을 당시 많은 논란을 낳았지만 현재는 교토를 대표하는 곳으로 거듭난 명소도 있다. 옛것을 보존하고 새것도 과감히 만들어내는 도시 정책은 다른 지역에서는 느낄 수 없는 신선함이다.

must do.

01.

교토 역 하늘 정원과 교토타워에서 즐기는 하늘 산책.

02.

어느 곳을 찍어도 그림이 된다. 후시미이나리에서 감성 사진을 남기자!

03.
교토의 상징, 도오지 오중탑을
방문해보자!

04.
일본 정원의 재미를 느낄 수 있는
도후쿠지 방문하기.

교토 역
map

교토역 찾아가기

❶ JR 전철과 지하철 가라스마(烏丸) 선 교토(京都) 역에서 하차한다.
❷ 후시미이나리와 도후쿠지는 전철을, 나머지 명소는 버스를 이용하는 것이 편리하다.
❸ 교토타워는 교토 역 맞은편에 위치한다.
❹ 교토 역 앞에 위치한 버스정류장은 교토의 주요 지역으로 향하는 버스가 정차한다.

교토역 하루여행

교토의 현관문인 교토 역 부근 또한 볼거리가 풍성하다. 후시미이나리타이샤, 도오지, 산주산겐도 등 역사와 전통을 자랑하는 유적지는 물론이고 교토에서 가장 개발된 지역인 만큼 교토타워, 교토 국립 박물관 등의 현대식 명소도 공존한다. 교통 요지이므로 전철과 버스를 이용하여 편리하게 이동할 수 있다.

교토역 추천코스

교토 역에서 전철로 이동하여 외국인 관광객에게 가장 인기가 높은 교토 명소 1위로 선정된 후시미이나리타이샤와 독특한 정원 스타일을 엿볼 수 있는 도후쿠지를 둘러본다. 버스를 타고 유네스코 세계문화유산인 도오지와 니시혼간지를 차례대로 방문한 다음 교토 역 앞에 위치한 교토타워에서 전경을 감상하는 것으로 일정을 마무리 짓는다.

course

교토 역 ─ 전철 10분 ─ **후시미이나리타이샤** ─ 도보 20분 ─ **도후쿠지** ─ 도보 30분 ─

도오지 ─ 버스 10분 ─ **니시혼간지** ─ 버스 10분 ─ **교토타워**

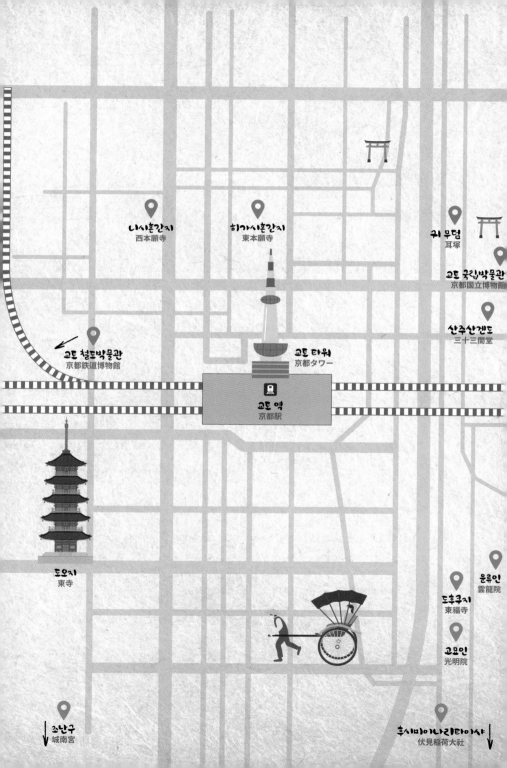

맵북 P.17-A1 B1 ◀》 쿄오토에키 주소 下京区東塩小路町 전화 0570-00-2486
홈페이지 www.kyoto-station-building.co.jp 운영 시설마다 다름
가는 방법 JR 전철 교토(京都) 역에서 바로 키워드 교토 역

교토 역
京都駅

교토의 현관문

교토의 주요 시내를 지나는 JR 전철과 일본의
KTX 격인 신칸센(新幹線)이 정차하는 교통
요지다. 하루 이용객만 67만 명을 넘어 일본에
서도 손에 꼽힐 정도로 혼잡한 편이다. 지하 2
층, 지상 11층 총 13층의 역 건물에는 백화점,
종합 쇼핑몰, 호텔, 식당가, 극장, 미술관 등 다
양한 시설이 갖추어져 있다. 일본을 대표하는
백화점 브랜드 중 하나인 이세탄(伊勢丹)이

지하 2층에서부터 11층까지 자리하며, 홋카이도에서 후쿠오카까지 일본 전국의 유명 라멘
전문점만을 모은 식당가 교토라멘코지(京都拉麵小路)는 10층에, 교토 지역 브랜드가 총출
동한 전문상가 교토 포르타(京都ポルタ)가 지하 2층에서부터 지하 1층까지 자리한다.

Tip 관광객이 갈 만한 교토 역 내 시설

2층 교토 종합 관광 안내소 교나비(京なび)와
역 군데군데 있는 전망 시설도 돌아볼 만하다.
10층 교토라멘코지 입구 옆에 위치한 스카이
웨이(空中経路)는 지상 45m 높이의 철제 다리
로, 전체가 통유리로 되어있어 교토타워를 비롯
한 전경이 내려다보인다. 건물 옥상에 있는 하
늘 정원(大空広場)도 교토 시내가 훤히 내려다
보이는 야경 명소 중 하나.

교토 타워

京都タワー

맵북 **P 22-B** ◀)) 코오토타와아 주소 下京区烏丸通七条下る東塩小路町721-1
전화 075-361-3215 홈페이지 www.kyoto-tower.jp 운영 10:30~21:00(마지막 입장 20:30)
요금 성인 ￥900, 고등학생 ￥700, 초등·중학생 ￥600, 3세 이상 ￥200, 2세 이하 무료
가는 방법 JR 전철 교토(京都) 역에서 하차 후 중앙 출구에서 도보 1분 키워드 교토 타워

천년 고도의 신 랜드마크

JR 교토 역 바로 맞은편 건물 옥상에 솟
아 있는 지상 131m 높이의 전망탑으로,
교토에서 가장 높은 건축물이다. 1953
년 본래 이 자리에 있던 교토 중앙우체
국이 이전하면서 교토의 현관문인 교
토 역과 마주하기에 적합한 건물 설립
을 검토하였고 전망대 건설이 결정되었
다. 교토 타워는 시공 1년 10개월 만인
1964년 12월에 개장하였다. 당시 1,000
년의 역사를 자랑하는 교토의 아름다운
경관을 해친다는 반대 의견이 쇄도하였
으나 건축가 야마다 마모루(山田守)가
교토 경관과 조화롭게 어우러지도록 흰
색 원통의 외형으로 설계하였다. 그는
바다가 없는 교토 시내를 밝힌다는 의
미에서 등대를 모티브로 하였다. 교토
일대를 한눈에 조망할 수 있어 현재는
교토 시민과 관광객에게 사랑받는 랜드
마크로 자리매김하였다.

Tip 교토 타워 200% 즐기기

❶ 교토의 밤을 환하게 비추는 교토 타워는 보통 흰색 조명을
켜지만 간혹 이벤트성으로 초록, 핑크, 레드 등 색다른 조명을 비
출 때가 있다. 공식 홈페이지에서 라이트 업 스케줄을 확인할 수
있으니 방문 전 체크해두자.

홈페이지 www.kyoto-tower.jp/lightup

❷ 교토 타워 건물 지하 1층부터 2층은 교토의 미식, 기념품 쇼
핑, 문화체험을 즐길 수 있는 상업시설 '교토 타워 산도(Kyoto
Tower Sando)'가 들어서 있다. 지하 1층은 교토의 인기 맛집 지
점이, 1층은 교토에서만 만날 수 있는 각종 기념품을 판매하는
마켓이, 2층은 화과자와 초밥 만들기, 기모노 입기 등 문화 체험
워크숍 공간이 자리하고 있으니 전망대 감상 후 들러 보자.

홈페이지 www.kyoto-tower-sando.jp

교토 국립 박물관
京都国立博物館

맵북 P 17-B1 ◄◀◻ 쿄오토코쿠사이하쿠부츠칸 주소 東山区茶屋町527 전화 075-525-2473
홈페이지 www.kyohaku.go.jp 운영 09:00~17:30 휴무 월요일(공휴일인 경우 다음 날),
10/6, 12/25~1/1 요금 전시마다 다름 가는 방법 206·208번 버스 하쿠부츠칸·
산주산겐도마에(博物館·三十三間堂前) 정류장에서 도보 1분 키워드 교토 국립 박물관

교토 문화와 일본 건축의 꽃

1897년에 문화재에 관한 조사·연구를 통해 귀중한 문화재를 보존하고 활용하
기 위한 목적으로 개관한 교토 최대 규모의 국립 박물관. 일본 국보 26점과 중
요문화재 181점을 포함한 약 1만 2,500여 점을 소장하고 있다. 주로 헤이안(平
安) 시대부터 에도(江戸) 시대까지의 교토 문화재를 보관, 전시하고 있다.
교토 국립 박물관의 상징이자 빨간 벽돌의 외관이 인상적인 구 본관 건물 메이
지고도관(明治古都館)은 일본 근대 건축의 거장 가타야마 도쿠마(片山東熊)에
의해 프랑스 르네상스 양식으로 설계되었으며 일본 유형문화재로도 지정되어
있다. 메이지고도관 앞에는 로댕의 대표작 '생각하는 사람'의 복제품이 전시되
어 있다. 2014년 9월에는 세계적인 건축가 다니구치 요시오(谷口吉生)가 설계
한 상설 전시관 헤이세이지신관(平成知新館)을 열었다. 과거와 현재가 조화롭
게 어우러진 일본의 건축미학을 느껴볼 수 있다.

니시혼간지

西本願寺

맵북 **P.17-A1** 🔊 니시혼간지 **주소** 下京区堀川通花屋町下ル **전화** 075-371-5181
홈페이지 www.hongwanji.kyoto **운영** 05:30~17:00 **요금** 무료
가는 방법 9·28·75번 버스 니시혼간지마에(西本願寺前) 정류장에서 도보 1분 **키워드** 니시혼간지

웅장함과 화려함에 압도당하다

정토진종 혼간지파의 대본산으로
정식 명칭은 료코쿠산혼간지(龍谷
山本願寺)이지만 니시혼간지로 불
리는 경우가 대부분이다. 현지인
사이에서는 오니시상(お西さん)
이라는 애칭으로 통한다. 가마쿠라
(鎌倉) 시대의 고승이자 정토진종
창시자인 신란쇼닌(親鸞聖人)이 입적한 후 그의 딸 가쿠신니(覚信尼)가 신란
의 유골을 안치한 사당을 지은 것이 이곳의 시작이다. 이후 도요토미 히데요시
가 기증한 지금의 자리로 이전하였고, 1602년 도쿠가와 이에야스가 교뇨에게
동쪽 사찰을 주면서 동서로 분리되었다. 넓은 경내에는 11개의 일본 국보와 중
요문화재로 지정된 건축물이 있으며, 1994년 '고도 교토의 문화재'로서 유네스
코 세계문화유산으로 등재되어 있다. 한 화면에 동시에 담기 어려울 정도로 웅
장함을 뽐내는 고에이도와 아미다도는 일본 최대 규모의 목조 건물이다. 이 앞
에 우뚝 솟은 은행나무 역시 400년 이상의 역사를 자랑하는 천연기념물이다.
고에이도 왼쪽 뒤편에 자리한 가라몬(唐門)은 모모야마(桃山) 시대의 호화로
운 장식 조각을 새긴 사각 문으로 그 화려함에 감탄하여 해가 지는 줄도 모르
고 온종일 보고 있다는 의미에서 '해 저무는 문(日暮らし門)'이라고도 불린다.

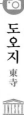

맵북 **P.17-A1·A2** 도오지 주소 **南区九条町1** 전화 075-691-3325 홈페이지 www.toji.or.jp 운영 05:00~17:00(금당·강당 08:00~17:00), 연중무휴 요금 무료 가는 방법 19·78번 버스 도오지난몬마에(東寺南門前) 정류장에서 도보 2분 키워드 교왕호국사

도오지
東寺

교토의 오랜 심벌

높이 54.8m에 달하는 일본에서 가장 높은 목조 오중탑이 있는 사찰. 일본의 옛 수도이자 교토의 옛 이름인 헤이안쿄(平安京) 역사에서 유일하게 남아있는 유구로, 당시 남쪽 현관문이었던 라조몬(羅城門) 동쪽에 세워졌다. 823년 대승불교의 한 분야인 밀교를 일본에 전파한 고보 대사(弘法大師)에게 하사되면서 진언종의 총본사가 되었다. 남대문에 들어서면 보이는 금당(金堂)은 이곳의 본당이다. 모모야마(桃山) 시대를 대표하는 불사 고쇼(康正)의 작품 야쿠시산존(薬師三尊)이 안치되어 있다. 금당 바로 뒤편에 자리한 강당(講堂) 내부에는 21체의 입체 만다라 불상이 전시되어 있다. 그림으로 이해하기 어려운 만다라를 보다 사실적으로 표현하고자 고보 대사가 불상으로 제작한 것이다. 오중탑은 강당 뒤편 식당(食堂)으로 가는 길목 입구를 통해 정원을 지나면 볼 수 있다. 교토의 랜드마크로 교토인의 사랑을 받고 있는 이 탑은 4차례 소실된 후 1644년 재건되면서 지금의 모습을 갖췄다.

Tip 야간 특별 관람

매년 벚꽃 시즌을 맞이해 꽃이 어우러진 아름다운 밤 풍경을 감상할 수 있도록 3월 중순부터 4월 중순까지 야간 특별 관람 이벤트를 개최한다. 도오지의 상징인 오층탑과 벚꽃 나무 200그루를 비롯해 곳곳에 조명을 설치해 경내를 환하게 비춘다.

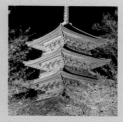

요금 성인 ￥500, 고등학생 ￥400, 중학생 이하 ￥300

산주산겐도 三十三間堂

맵북 **P.17-B1** 🔊 산주우산겐도오 주소 東山区三十三間堂廻町657
전화 075-561-0467 홈페이지 sanjusangendo.jp 운영 4월~11월 15일 08:00~
17:00(마지막 입장 16:30), 11월 16일~3월 09:00~ 16:00 (마지막 입장 15:30), 연중무휴
요금 성인 ￥600, 중·고등학생 ￥400, 어린이 ￥300 가는 방법 100 · 206 · 208번 버스
하쿠부츠칸산주산겐도마에(博物館三十三間堂前) 정류장에서 하차 후 바로 키워드 렌게오인

1,000개 천수관음상의 위엄

정식 명칭은 렌게오인(蓮華王院)으로,
고시라카와(後白河) 일왕이 행궁 내 창
건한 불당이다. 본당의 명칭인 산주산
겐도를 통칭하여 부르는 것은 기둥과
기둥 사이에 공간이 33칸 있어 붙여진
이름이다. 불당 내에는 국보로 지정된
천수관음좌상(中尊千手観音坐像)을
중심으로 10열 단상에 1,000개의 천수
관음상이 진열되어 있다. 양쪽에 40개
팔이 달린 천수관음상이 내부를 가득

채운 광경이 압권이다. 화재로 인해 헤이안(平安) 시대에 만들어진 불상은 124체에 불과하
고 나머지는 가마쿠라(鎌倉) 시대에 16년에 걸쳐 복원하였다.

귀 무덤 耳塚

맵북 **P 17-B1** 🔊 미미즈카 주소 東山区正面通大和大路西入南側
가는 방법 교토 국립박물관 정문에서 도보 6분 키워드 귀무덤

우리 선조의 한이 서린 무덤

도요토미 히데요시(豊臣秀吉)를 신격
화한 도요쿠니 신사(豊国神社) 맞은
편에는 우리의 가슴 아픈 역사와 연관
된 유적지가 자리한다. 임진왜란 당시
도요토미는 전쟁 성과의 증거물로 삼
기 위해 조선과 명나라 연합군 전사자
들의 귀와 코를 벨 것을 지시하였고 썩
는 것을 방지하고자 소금이나 술에 절
인 후 항아리에 넣어 일본으로 보내게

하였다. 게다가 전쟁의 성과를 허위로 보고하기 위해 남녀노소 구별 없이 일반 백성들과 부
녀자, 어린아이들의 코도 베어가며 전리품으로 가져가는 잔혹함을 드러냈다. 그의 명령에
따라 교토로 가져간 2만여 명의 귀와 코를 매장한 무덤이 바로 이곳이다. 건립 당시에는 코
무덤(鼻塚)으로 칭하였으나 잔인하다고 여겨져 귀무덤이라 불리게 되었다. 참고로 경남 사
천의 선진리성에는 코가 베인 연합군의 시체가 안치된 무덤 '이총'이 있다.

고묘인
光明院

맵북 P.17-B2 🔊 코오묘오인 주소 東山区本町15-809 전화 075-561-7317
홈페이지 komyoin.jp 운영 07:00~18:00 요금 ￥300(11월 ￥500)
가는 방법 게이한(京阪) 전철 도바카이도(鳥羽街道) 역 동쪽 출구에서 도보 6분 키워드 코묘인

돌과 이끼의 정원

1391년 도후쿠지(東福寺)의 탑두(塔頭, 선종에서 주지나 고승의 묘탑을 모시는 절)로 창건된 사찰. '무지개의 이끼 사원(虹の苔寺)'이라 불리며 유명세를 탄 하신테(波心庭)가 있는 곳으로 유명하다. 하신테는 일본 정원 역사에 한 획을 그은 조경가 시게모리 미레이(重森三玲)의 작품 중 하나로, 붉은빛 단풍을 배경으로 이끼와 돌이 오묘한 조화를 이루는 풍경이 근사하다. 도후쿠지에서 2분 거리에 위치하므로 함께 들러 볼 것을 권한다.

운류인
雲龍院

맵북 P.17-B2 🔊 운류우인 주소 東山区泉涌寺山内町36 전화 075-541-3916
홈페이지 www.unryuin.jp 운영 09:00~17:00(마지막 입장 16:30) 요금 ￥400
가는 방법 JR 전철 또는 게이한(京阪) 전철 도후쿠지(東福寺) 역에서 도보 15분 키워드 운룡원

초록 녹음과 붉은 단풍의 대비

동그란 '깨달음의 창'과 네 개의 네모난 '방황의 창'에서 보는 단풍이 무척이나 아름다워 현지인의 단풍 명소로 알려진 사찰. 특히 연꽃의 방(蓮華の間) 속 네 개의 창문에서는 각각 동백, 석등, 단풍, 소나무가 살며시 모습을 드러내는데, 정면에서 보기보단 왼쪽 구석에서 봐야만 볼 수 있어 대부분의 방문객이 측면에 앉아 지긋이 바라보고 있다는 점도 재미있다.

히가시혼간지 東本願寺

맵북 **P 17-A1** ◀) 히가시혼간지 주소 下京区烏丸通七条上ル 전화 075-371-9181
홈페이지 www.higashihonganji.or.jp 운영 3~10월 05:50~17:30, 11~2월 06:20~16:30
휴무 12월 25일~1월 3일 요금 무료 가는 방법 지하철 가라스마(烏丸) 선 교토(京都) 역 4번
출구에서 하차 후 도보 7분 키워드 히가시혼간지

세계에서 가장 큰 목조 건물

정토진종의 사찰로 1602년 도쿠가와 이에야스(德川家康)로부터 토지를 하사받아 혼간지 12대 법주 교뇨(教如)가 창건하였다. 정식 명칭은 신슈혼뵤(真宗本廟)이나 니시혼간지의 동쪽에 위치한다는 이유로 히가시혼간지라 통칭한다. 세계에서 가장 큰 목조 건물인 고에이도(御影堂)는 높이 38m, 폭 76m, 안 길이 58m의 규모로 지붕에 쓰인 기왓장만 17만 5,000장이다. 아미다도(阿弥陀堂)에는 본존아미타여래상(本尊阿弥陀如来)이 안치되어 있으며 오른쪽 단상에는 쇼토쿠 태자(聖徳太子)가, 왼쪽에는 교뇨의 초상화가 걸려있다. 현재 건물은 4번의 화재로 인해 소실된 후 1895년에 재건된 것이다. 큰 재료를 끌어올릴 때 쓰이는 운반용 밧줄이 끊어지기 일쑤라 전국의 여신도가 보낸 머리카락을 섞어 밧줄을 새로 만들었다고 한다. 덕분에 무사히 공사를 마무리할 수 있었고 그 당시 사용했던 밧줄 일부가 전시되어 있다.

교토 철도 박물관

京都鉄道博物館

맵북 P.17-A1 ◀» 쿄오토테츠도오하쿠부츠칸 주소 下京区観喜寺町
전화 0570-080-462 홈페이지 www.kyotorailwaymuseum.jp
운영 10:00~17:00(마지막 입장 16:30) 휴무 수요일·12/30~1/1
요금 성인 ¥1,500, 고등·대학생 ¥1,300, 초등·중학생 ¥500, 미취학 아동 ¥200, 2세 이하 무료
가는 방법 86·88번 버스 우메코지코오엔·교토데츠도하쿠부츠칸마에
(梅小路公園·京都鉄道博物館前) 정류장에서 하차 후 바로 키워드 교토철도박물관

열차 마니아의 테마파크

철도의 역사를 통해 일본 근대화의 흐름과 일본이 가진 기술력을 체감
할 수 있는 일본 최대 규모의 철도 박물관이다. 증기기관차부터 고속
열차까지 실제 사용되었으나 이제는 과거의 산물이 된 차량들을 전시
하고 있으며, 예전의 철도역사와 플랫폼을 재현하여 당시의 설비를 엿
볼 수 있는 공간도 마련되어 있다. 증기기관차를 타거나 철도 운전 시
뮬레이터를 직접 체험할 수 있는 부분도 충실한 편이다.

 Tip 박물관 관람 후 들르면 좋은 휴식 공간

박물관 우측에 있는 공원에는 옛 거리를 활보했던 노면 전차
를 휴식 공간으로 꾸민 시덴 카페(市電カフェ)가 있다. 교토
우유로 만든 아이스크림, 전차에 걸린 손잡이 모양의 과자 등
다양한 음료와 간식 메뉴가 충실하다.

맵북 P.17-A1 ◀» 시덴카훼 주소 下京区観喜寺町
전화 090-3998-8817 운영 10:00~18:00
가는 방법 교토 철도 박물관에서 도보 4분

도후쿠지 東福寺

맵북 P.17-B2 ◀)) 토오후쿠지 **주소** 東山区本町15-778 **홈페이지** tofukuji.jp
운영 4~10월 09:00~16:00, 11~12월 첫째 주 일요일 08:30~16:00, 12월 첫째 주 월요일~3월
09:00~15:30 **휴무** 12/29~1/3 **요금** [혼보(本坊) 정원] 성인 ￥500, 초등·중학생 ￥300
[쓰덴교(通天橋)·가이산도(開山堂)] 성인 ￥600, 초등·중학생 ￥300 [공통입장권] 성인 ￥1,000
초등·중학생 ￥500 **가는 방법** JR 전철 나라(奈良) 선, 게이한(京阪) 전철 게이한본(京阪本) 선
도후쿠지(東福寺) 역 6번 출구에서 하차 후 도보 10분 **키워드** 도후쿠지

붉은 구름 위의 산책

나라(奈良) 지역의 사원복합단지를 교토에 조성하고 15m의 거대한 불상을 안치하고자 1255년 건립한 절이다. 나라에 위치한 절 도다이지(東大寺)와 고후쿠지(興福寺)에서 각각 한 글자씩 따와 이름 지어졌다. 불상은 1319년 화재로 인해 소실된 후 재건되었으나 1881년 또다시 화재로 소실되어 현재는 불상의 일부인 2m 길이의 손(仏手)만 남아있다. 단풍 명소로 유명하며 특히 지붕이 달린 다리 쓰덴교(通天橋)에서 바라본 풍경이 압권이다.

동서남북 각각에 위치한 4개의 혼보(本坊) 정원이 아름답기로 유명한데, 돌과 이끼로 표현한 바둑무늬 디자인과 모래와 암석으로 뒤덮인 것이 여타 일본 전통정원과는 다른 근현대적인 모습이다. 1939년 조경가 시게모리 미레이(重森三玲)에 의해 설계되었으며 독특하고 참신한 디자인으로 인해 당시 일본 정원업계에 새로운 바람을 불러일으켰다.

동 북두칠성과 하늘의 강을 원주와 모래로 재현한 정원.

서 정갈한 사각형으로 다듬어진 철쭉을 가지런히 정렬한 정원.

남 선인이 사는 이상향의 세계를 기다란 돌의 배열로 표현한 정원.

북 초록빛 이끼와 회색 포석의 대비가 눈길을 끄는 바둑무늬 정원

맵북 P.17-B2 후시미이나리타이샤 주소 伏見区深草薮之内町68 전화 075-641-7331
홈페이지 inari.jp 운영 24시간 요금 무료 가는 방법 JR 전철 나라(奈良) 선 이나리(稲荷) 역, 게이한(京阪)
전철 게이한본(京阪本) 선 후시미이나리(伏見稲荷) 역에서 하차 후 도보 5분 키워드 후시미 이나리 신사

후
시
미
이
나
리
타
이
샤
伏
見
稲
荷
大
社

강렬한 붉은색 도리이 터널이 환상적인

일본 전국에 있는 3만여 이나리(稲荷) 신사
의 총본산으로 711년 신라에서 건너온 하타
씨(秦氏)의 후손이 이나리(稲荷)산에 창건
한 풍년과 상업 번영의 신을 모시는 신사다.
이곳의 상징은 단연 센본도리이(千本鳥居)
라고 할 수 있다. '도리이'란 신사 입구에 세
운 기둥 문으로, 이곳에는 1,000개의 붉은
도리이가 좁은 간격으로 이어져 약 70m 길이의 도리이 터널을 이루고 있다. 기념촬영을 즐
기는 방문객으로 가득하여 한적한 느낌의 엽서 같은 사진을 남기기엔 조금 어려울 수도 있
다. 영화 '게이샤의 추억(Memoirs of a Geisha)'의 한 장면도 이곳에서 촬영되었다.
정월 참배객은 교토에서 가장 많은 약 270만 명으로 전국적으로는 다섯 손가락 안에 드는
큰 규모와 인기를 자랑한다. 이나리산을 포함한 신사 내부는 24시간 개방하여 야간에도 참
배할 수 있다.

Tip 소원 성취를 돌로 점쳐보기

도리이 터널을 지나면 보이는 '오쿠샤봉배소(奥社
奉拝所)'에서 돌 무게 맞히기(おもかる石)를 해보자.
마음속으로 소원을 빌면서 석등 위 보주석을 들었을
때 무게를 가늠하는데, 생각보다 가벼우면 소원이
이루어진다고 한다.

조난구
城南宮

맵북 **P.17-A2** ◀» 조오난구우 **주소** 伏見区中島鳥羽離宮町7 **전화** 075-623-0846 **홈페이지** www.jonangu.com **운영** 09:00~16:30 **요금** 중학생 이상 ￥800, 초등학생 ￥500, 미취학 아동 무료(시기마다 다름) **가는 방법** 지하철 가라스마(烏丸) 선 다케다(竹田) 역 6번 출구에서 하차 후 도보 15분 **키워드** 조난구

한 폭의 그림 같은 빼어난 풍경

794년 당시 수도가 나라에서 교토로 천도되었을 때 국가 수호신으로 창건 된 신사. 현재는 이사, 공사, 여행 등의 안전을 비롯해 가정의 원만함과 나쁜 기운을 막아주는 액막이 등 '방제의 신'을 받들고 있다.

사실 이곳이 유명해진 이유는 따로 있다. 매년 2월 하순부터 3월 중순에 걸쳐 볼 수 있는 수양매화와 동백꽃이 어우러진 풍경이 한 폭의 그림 같다 하여 수많은 관광객을 불러 모으고 있다. 나뭇가지가 아래로 축 처진 수양매화와 이미 다 져 버려 바닥에 떨어진 동백꽃의 풍경은 인위적으로 만들어낼 수 없는 몽환적인 분위기를 자아낸다. 단, 사진을 찍기 위해 몰려든 인파를 어느 정도 감수할 각오가 필요하다.

Tip 조난구 인근 맛집

조난구 관람 후 들르면 좋은 맛집으로 '교토리큐(京都離宮 おだしとだしまき)'를 추천한다. 일본식 정원 또는 전통 가옥 내부에서 교토풍으로 만든 일본식 달걀말이 다시마키(だしまき) 도시락을 먹는 독특한 체험을 할 수 있다.

맵북 **P.17-A2** ◀» 쿄오토리큐우 **주소** 伏見区中島鳥羽離宮町45 **전화** 075-623-7707 **홈페이지** kyotorikyu.com **운영** 10:00~17:00, 화요일 휴무(화요일이 공휴일인 경우, 수요일 휴무) **가는 방법** 조난구에서 도보 1분

도요테 東洋亭

맵북 P.22-A 🔊 토오요오테에 **주소** 京都市下京区東塩小路釜殿町31-1 近鉄名店街みやこみち **전화** 075-662-2300 **홈페이지** www.touyoutei.co.jp **운영** 11:00~22:00(마지막 주문 21:00) **가는 방법** JR 전철 교토(京都) 역 하치조(八条) 출구에 있는 긴테쓰 미야코미치내(近鉄名店街みやこみち) 내 **키워드** 동양정 킨테츠

교토가 자랑하는 함박스테이크

1897년 창업한 교토의 대표적인 경양식 전문점. 110년이 넘는 역사를 자랑하는 만큼 오랜 단골손님도 많아 대기행렬이 끊이질 않는다. 백년 양식 함박스테이크(百年洋食ハンバーグステーキ)는 음식을 쿠킹포일로 감싼 채 보이지 않는 상태로 따끈따끈한 철판 위에 올려 나오는데, 포일을 열자마자 풍기는 진한 소스의 맛과 먹음직스러운 비주얼이 식욕을 자극한다. 스테이크는 긴말이 필요 없을 정도로 부드러운 육질을 자랑하며 절묘하게 어우러지는 소스 또한 일품. 껍질을 벗긴 토마토를 차갑게 식힌 다음 특제 드레싱을 뿌린 통토마토 샐러드(丸ごとトマトサラダ)도 명물이다.

규카츠 교토가츠규 牛カツ京都 勝牛

맵북 P.17-B1 🔊 규카츠 교토카츠규 **주소** 下京区真苧屋町211 **전화** 075-365-4188 **홈페이지** gyukatsu-kyotokatsugyu.com **운영** 11:00~22:00(마지막 주문 21:30) **가는 방법** JR 전철 교토(京都) 역 중앙 출구에서 도보 4분 **키워드** 규카츠 교토가츠규

규카츠의 원조 격

소고기를 커틀릿 스타일로 구운 규카츠(牛かつ)를 전문으로 하는 음식점. 미디엄 레어로 구운 선홍색의 고기 표면을 보는 순간 절로 군침이 고인다. 겉은 바삭하고 속은 살살 녹는 부드러운 식감과 입안에서 퍼지는 촉촉한 육즙은 인기의 분명한 이유다. 모든 메뉴는 엄선한 소고기로 만들며 고급 품종인 구로게와규(黒毛和牛)를 사용한 규카츠를 합리적인 가격에 맛볼 수 있다.

가츠쿠라 名代とんかつ かつくら

🔊 카츠쿠라 **주소** 下京区烏丸通塩小路下ル東塩小路町901京都ポルタ11F **전화** 075-365-8666 **홈페이지** www.katsukura.jp **운영** 11:00~22:00(마지막 주문 21:30) **가는 방법** 교토 포르타(P.362) 11층에 위치 **키워드** 돈카츠 가츠쿠라

푸짐한 돈카츠 정식

교토에서 시작하여 현재 전국적으로 지점을 운영하는 돈카츠 전문점. 일본 각지의 목장에서 직송된 우수한 품질의 돼지고기만을 사용하고 밥과 양배추샐러드도 역시 양질의 재료로 만든다. 메인 요리인 돈카츠 정식세트(とんかつ膳)를 주문하면 밥, 미소된장국, 양배추, 절임 반찬이 제공되며, 참깨는 자그만 절구로 빻은 다음 테이블에 비치된 매운 돈카츠 소스나 달달한 소스 중 하나를 뿌려서 먹는다. 양배추에는 유자 드레싱 소스를 뿌리면 된다.

本家第一旭たかばし本店
혼케다이이치아사히 다카바시

맵북 **P 17-B1** 🔊 혼케다이이치아사히타카바시
주소 下京区東塩小路向畑町845 전화 075-351-6321
홈페이지 honke-daiichiasahi.com 운영 06:00~01:00 휴무 목요일
가는 방법 JR 전철 교토(京都) 역 중앙 출구에서 도보 5분
키워드 혼케 다이이치 아사히 본점

교토라멘의 명가

교토 역 인근에 위치한 라멘 명가. 최고의 맛을 내기 위해 재료 하나
하나에 심혈을 기울여 꼼꼼하게 따진다. 엄선한 밀가루로 뽑은 수
타면, 교토 남부 후시미(伏見) 지역의 전통 간장쇼유, 2번 출산 경험
이 있는 체중 120kg의 암돼지를 사용한 구운 돼지고기 차슈(チャー
シュー), 교토에서만 나는 규죠네기(九条ネギ) 쪽파 등 정성을 쏟은
재료가 라멘 한 그릇에 들어 있다. 유사한 이름의 라멘 전문점이 있
으나 전혀 관련이 없으며, 지점 없이 이곳만 영업하므로 주의하자.

金沢まいもん寿司
가나자와 마이몬스시

맵북 **P 22-B** 🔊 카나자와마이몬스시 주소 下京区烏丸通塩小路下る東塩小路町902 전화 075-371-1144
홈페이지 www.maimon-susi.com 운영 11:00~22:00(마지막 주문 21:00) 가는 방법 JR 전철 교토(京都) 역
중앙 출구 앞 교토 포르타(P.362) 지하상가 내에 위치 키워드 Kanazawa Maimon Sushi

교토 역의 인기 회전초밥집

가나자와 지방 인근 해안에서 잡은 싱싱한 해산물을 직송해와 선보이는 회전초밥 전문점.
교토 역 지하상가에 자리하는 만큼 늘 기다란 대기행렬을 이룬다. 하지
만 매장이 넓고 기차 출발 전 짬을 내어 방문한 손님이 대부분이
라 회전은 꽤나 빠른 편이다. 제철 생선 한정 메뉴를 비롯해 각
종 메뉴는 각 테이블에 비치된 터치패널을 통해 주문할 수 있
으며 한국어도 지원해 편하다. 입장 전 가게 입구에 있는 대기
표를 뽑으면 되는데, 테이블과 카운터 좌석을 선택할 수 있다.

맵북 **P 22-A** 🔊 마아르브랑슈 주소 下京区東塩小路町901JR京都伊勢丹3F
전화 075-343-2727 홈페이지 www.malebranche.co.jp 운영 10:00~20:00
가는 방법 JR교토이세탄백화점(P.362) 3층에 위치 키워드 마르블랑슈 교토 이세탄

디저트로 교토를 표현하다

케이크, 마카롱, 초콜릿 등 서양의 디저트를 일본 스타
일로 재해석한 인기 디저트 전문점. 먹는 것이 아까울 정
도로 예술적인 디저트를 볼 수 있는데, 마카롱을 벚꽃 모양으로 만들거나 교토
의 사계절을 초콜릿으로 표현하는 등 교토에서 탄생한 브랜드라는 자부심이 느껴진
다. 기존 메뉴에 그치지 않고 최신 유행을 반영한 새로운 디저트를 만나볼 수 있으며, 최근
일본에서 큰 인기를 얻고 있는 팬케이크를 교토풍으로 재해석한 메뉴도 눈길을 끈다. 일본
차를 마시면서 디저트를 음미할 수 있는 세트 메뉴도 충실하다.

말브랑슈 マールブランシュ

아라시야마
嵐山

must do.

01.

도게쓰교를 배경으로 사진 찰칵!

02.

대나무 숲 사가노치쿠린길 가만히 걷기.

교토시 서쪽에 자리한 교토의 대표적인 경승지로 헤이안 시대 귀족들의 별장지로 이용되었던 지역이다. 빼어난 풍광 덕분에 일본 현지인 사이에서도 인기가 높아 1년 내내 방문객이 끊이질 않는다. 벚꽃과 단풍 명소로도 유명해 사계절 중 어느 시기에 방문해도 색다른 아름다움을 느낄 수 있다.

03.

도롯코 열차나 란덴을 타고 아름다운 아라시야마를 누비자.

04.

거리 곳곳에 있는 기념품점에서 나만의 선물 찾기.

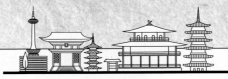

아라시야마 map

아라시야마 찾아가기	71, 72, 73번 버스를 타고 아라시야마(嵐山) 정류장이나 게이후쿠(京福) 전철과 한큐(阪急) 전철 아라시야마 역에서 하차한다. 대부분의 명소는 도보로 이동할 수 있다.

아라시야마는 교토의 홍보물에 빠지지 않고 등장할 정도로 수려한 자연풍광을 자랑한다. 길게 쭉 뻗은 도게쓰교가 시원스러운 아라시야마 공원, 장대한 대나무숲 사이로 난 오솔길 사가노치쿠린길은 보는 이로 하여금 절로 감탄사를 내뱉게 한다. 대부분의 명소가 모여 있는 편이라 산책하는 기분으로 하루 만에 주요 명소를 둘러볼 수 있다.

아라시야마에 도착했을 때 먼저 눈에 들어오는 도게쓰교와 아라시야마 공원에서 시간을 보낸 다음 반드시 방문해야 할 대나무숲과 노노미야 신사, 덴류지와 같은 역사적인 명소도 함께 둘러보도록 한다. 란덴, 도롯코 열차, 호즈강 유람선 등 아라시야마의 풍경을 찬찬히 감상할 수 있는 교통수단도 이용해보자.

course

도게쓰교 — 도보 5분 — 아라시야마 공원 — 도보 15분 — 사가노치쿠린길 — 도보 1분 —

노노미야 신사 — 도보 1분 — 덴류지 — 도보 1분 — 란덴

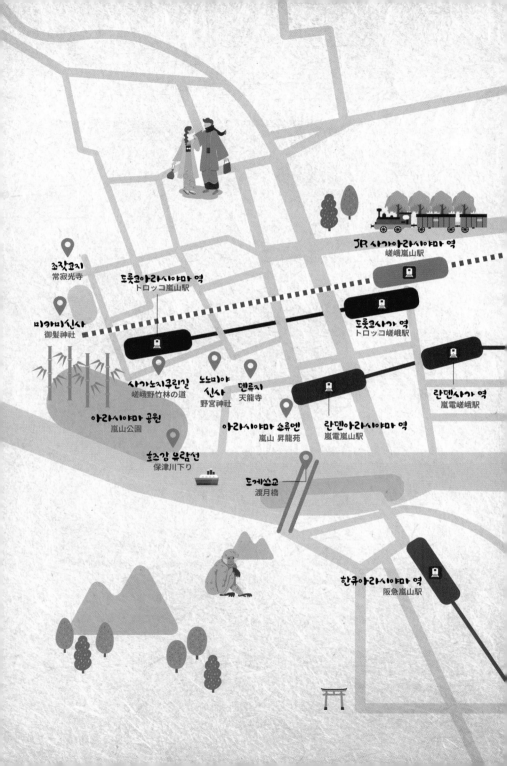

죠쟈코지
常寂光寺

도롯코아라시야마 역
トロッコ嵐山駅

JR 사가아라시야마 역
嵯峨嵐山駅

미카미신사
御髪神社

도롯코사가 역
トロッコ嵯峨駅

란덴사가 역
嵐電嵯峨駅

사가노지쿠린길
嵯峨野竹林の道

노노미야
신사
野宮神社

덴류지
天龍寺

아라시야마 공원
嵐山公園

아라시야마 쇼류엔
嵐山 昇龍苑

란덴아라시야마 역
嵐電嵐山駅

호즈강 유람선
保津川下り

도게쓰교
渡月橋

한큐아라시야마 역
阪急嵐山駅

맵북 P 26-A ◀» 토게츠쿄오 주소 右京区嵯峨中ノ島町
가는 방법 71·72·73번 버스 아라시야마(嵐山) 정류장에서 하차 후 도보 1분 키워드 도게츠 교

도게쓰교
渡月橋

아라시야마의 상징

상류 호즈강(保津川)과 하류 가쓰라강(桂川)에 놓인 155m의 기다란 목조 다리. 아라시야마를 홍보하는 풍경 사진이나 영상에 반드시 등장하는 상징 적인 건조물로, 벚꽃과 단풍 시기가 되면 많은 인파로 북적일 만큼 아름답 기로 유명하다. 헤이안(平安) 시대에 사가(嵯峨) 일왕이 남쪽에 있는 사찰 호린지로 가기 위한 참배 통로로 만들었으며, 현재는 남북을 연결하는 중 요한 교통로로 이용된다. 도케쓰라는 이름은 다리 위를 떠다니는 달이 마치 다리를 건너는 것처럼 보인다고 한 데서 유래하였다. 헤이안 시대의 귀족이 다리 부근에서 뱃놀이를 즐겼다고 전해지는데 지금도 호즈강 유람선(保津 川下り)으로 그 풍습이 이어지고 있다.

 Tip 도게쓰교 이름의 유래

이 강 부근은 우리 조상과도 밀접한 연관이 있다. 호즈강과 가쓰라강을 통 틀어 오이강(大堰川)이라고 부르는데, 이는 5세기 후반 고구려에서 건너온 도래인이 큰 둑을 쌓아 관개용수를 확보하면서 붙여진 이름이라 한다.

사
가
노
지
쿠
린
길

嵯
峨
野
竹
林
の
道

맵북 P 26-A ◀》 사가노치쿠린노미치 주소 右京区嵯峨小倉山田淵山町
가는 방법 게이후쿠(京福) 전철 아라시야마(嵐山) 역 출구에서 도보 4분 키워드 아라시야마 치쿠린

울창한 대나무숲으로의 산책

교토시의 역사적 풍토 특별 보존지구로 지정된
사가노 지역의 길게 뻗은 대나무 숲길. 사가노
는 아라시야마 북동쪽에 위치한 지역으로, 경관
이 아름다워 헤이안(平安) 시대부터 귀족의 별장
이나 암자가 많았다. 현재는 아라시야마를 대표
하는 산책로이자 교토다운 분위기가 물씬 느껴
지는 사진 명소로 유명하다. 노노미야 신사(野宮
神社)에서 오코우치 산장(大河内山荘)에 이르는
길이 아름답기로 이름 나 있다. 매년 12월에는 아
라시야마 화등로(嵐山花灯路) 등불 축제가 열려
환상적인 분위기를 만들어낸다. 참고로 덴류지
(天龍寺) 북문으로 나오면 지쿠린길로 자연스럽
게 이어진다.

맵북 P 26-A B ◀》 아라시야마코오엔 주소 西京区嵐山 전화 075-701-0124
홈페이지 www.pref.kyoto.jp/koen-annai/ara.html
가는 방법 71·72·73번 버스 탑승 후 아라시야마(嵐山) 정류장에서 하차 후 바로 키워드 아라시야마 공원

아
라
시
야
마

공
원

嵐
山
公
園

교토가 자랑하는 경승지

도게쓰교(渡月橋)를 사이에 끼고 흐르는 가쓰라강(桂川) 일대를 통틀어 이르는 부립공원.
총 3개 구역으로 나뉘는 공원은 도게쓰교 북서쪽에 자리한 오구라산(小倉山)을 가메야마
(亀山) 지구, 다리에 걸쳐진 형태로 강 한가운데 위치한 작은 섬은 나카노시마(中之島) 지
구, 다리 북쪽으로 펼쳐지는 광장은 린센지(臨川寺) 지구라고 부른다. 가메야마 지구에는 전
망대가 있어 아라시야마의 전경을 내려다볼 수 있다. 나카노시마 지구와 린센지 지구에서
는 가쓰라 강변과 도게쓰교가 절묘하게 어우러진 풍경을 감상할 수 있다.

덴류지
天龍寺

맵북 **P 26-A** ◀◉ 텐류우지 **주소** 右京区嵯峨天龍寺芒ノ馬場町68
전화 075-881-1235 **홈페이지** www.tenryuji.com **운영** 08:30~17:00(마지막 입장 16:50)
요금 [소겐치 정원] 성인 ¥500, 초등·중학생 ¥300, 미취학 아동 무료
[다이호조·쇼인·다호덴] 소겐치 정원 요금에서 ¥300 추가 [법당] ¥500
가는 방법 게이후쿠(京福) 전철 아라시야마(嵐山) 역 출구에서 도보 5분 **키워드** 텐류지

일본의 첫 사적 특별 명승지

임제종의 대본산으로 1339년 무로마치 막부(室町幕府) 초대 장군인 아시
카가 다카우지(足利尊氏)가 고다이고(後醍醐) 일왕의 명복을 빌기 위해
창건한 사찰이다. 임제종의 5대 사찰을 일컫는 교토 오산(京都五山) 가운
데 제1위로 지정되어 있다. 창건 후 지금까지 8차례의 큰 화재를 입었으나
1900년대 이후 재건되어 현재의 모습으로 자리 잡았다.

여름이면 연꽃이 활짝 피는 연못 호조이케(放生池)를 지나 천장을 가득 채
운 운용도(雲龍図)에 압도되는 법당(法堂), 독특한 표정을 지은 달마도가
인상적인 구리(庫裏)를 둘러보면 비로소 소겐치(曹源池) 정원과 마주하게
된다. 일본을 대표하는 정원으로 꼽히는 이곳은 선승 무소 소세키(夢窓疎
石)가 기획한 것으로 소겐치 연못을 중심으로 아라시야마와 가메야마의 풍
경을 정원의 일부로 삼은 지천회유식 정원이다. 법당(法堂)은 주말과 공휴
일에만 공개되며, 특별 참배 시기에는 매일 공개된다.

Tip **덴류지 포토 스폿**

길이 30m의 경내에서 가장 큰 건물인 다이호조(大方丈)에 앉아 정원을 감
상하거나 정원 뒤편에 있는 작은 언덕 보쿄노오카(望京の丘)에서 풍경을
내려다보면 아름답다.

노노미야 신사
野宮神社

맵북 **P.26-A** 🔊 노노미야진자 주소 **右京区嵯峨野宮町1**
전화 0570-04-5551 홈페이지 www.nonomiya.com
운영 24시간 요금 무료 가는 방법 지쿠린(竹林) 내에 위치. 도보 5분
키워드 노노미야 신사

인연을 맺어주는 신사

울창한 대나무 숲 지쿠린(竹林) 사이에 자리한 작은
신사. 신궁에서 사제로 봉사하는 왕녀를 사이구(斎
宮)라고 하는데, 이 사이구가 이세 신궁(伊勢神宮)으
로 가기 전 1년간 정진하던 곳이었다 한다. 일본 최고
의 걸작으로 꼽히는 장편소설 <겐지모노가타리(源氏
物語)>에서도 이곳을 모델로 한 신사가 등장한다.
현재는 연애, 순산 등을 기원하기 위해 많은 이들이
이곳을 찾는다. 특히 인연을 맺어준다는 부적 오마모
리(お守り)는 이곳의 인기 상품이다. 또 신사 한쪽에
는 거북이를 닮은 돌 오카메이시(お亀石)가 있는데,
이 돌을 만지면서 소원을 빌면 1년 이내에 이루어진
다고 하니 꼭 체험해보자.

조잣코지
常寂光寺

맵북 **P.26-A** 🔊 죠오잣코오지 주소 **右京区嵯峨小倉山小倉町3** 전화 075-861-0435
홈페이지 www.jojakko-ji.or.jp 운영 09:00~17:00(마지막 입장 16:30) 요금 ￥500
가는 방법 열차 산인본(山陰本) 선 사가아라시야마(嵯峨嵐山) 역 출구에서 도보 5분 키워드 조잣코지

고요하게 빛나는 절

오구라산(小倉山) 중턱에 자리한 작은 사찰로 1596
년에 건립되었다. 일본의 유명 시인 100명이 쓴 시를
한 수씩 모은 <백인일수(百人一首)>를 선별한 가마
쿠라(鎌倉) 시대의 시인 후지와라노 데이카(藤原定
家)의 산장 시구레테이(時雨亭)가 있었던 터에 지어
져 경내에는 그 흔적이 남아 있다.
이곳의 볼거리인 다호탑(多宝塔)은 1620년에 세워진
높이 12m의 거대한 탑으로 국가중요문화재로 지정되
어 있다. 항상 고요하게 빛나는 절이라는 의미를 지니
는 만큼 한적한 산속 그림 같은 멋진 풍경을 만들어낸
다. 교토의 이름난 단풍 명소로 알려져 있으며 경내와
다호탑에서 아라시야마 일대를 조망할 수 있다.

맵북 P.26-A 🔊 사가노도롯코렛샤 **주소** 右京区嵯峨天龍寺車道町 **전화** 06-6615-5230
홈페이지 www.sagano-kanko.co.jp **운영** 도롯코사가(トロッコ嵯峨) 역 출발 기준 09:02~16:02
휴무 홈페이지 확인 **요금** 성인 ￥880, 11세 이하 ￥440, 5세 이하 무료
가는 방법 열차 산인본(山陰本)선 사가아라시야마(嵯峨嵐山) 역 바로 왼편에 위치 **키워드** 도롯코사가

사가노도롯코 열차
嵯峨野トロッコ列車

아라시야마의 풍광을 담은 관광열차

교토 사가노(嵯峨野)를 기점으로 호즈강 (保津川) 계곡을 따라 단바가메오카(丹波亀岡)에 이르는 7.3km 구간을 25분간 운행하는 관광열차다(사가(嵯峨)-아라시야마(嵐山)-호두쿄(保津峡)-가메오카(亀岡) 순서로 운행). 벚꽃이 만발하는 봄, 푸르른 녹음이 펼쳐지는 여름, 온통 붉은빛 단풍으로 물드는 가을, 하얀 눈으로 뒤덮인 겨울 등 계절마다 풍경이 달라져 많은 이에게 사랑받고 있다. 계절의 아름다움을 느낄 수 있는 시기에는 티켓 확보가 쉽지 않으므로 오사카, 교토, 고베 등지에 가까운 JR 전철 역을 방문하거나 인터넷을 통해 미리 예매해두는 것이 좋다. 역마다 아라시야마를 대표하는 유명 관광지가 인접하며 역사에는 오리지널 상품을 판매하는 기념품숍이 있다. 애수가 감도는 복고풍 열차에 올라타 아라시야마의 생생한 자연을 감상하면서 여행으로 지친 몸과 마음을 달래보자.

 Tip 티켓 구매 방법

❶ 사전 예매 : 승차 1달 전 10:00부터 구매 가능
[구매 가능 장소] JR 서일본 역(교토 역, 오사카 역, 신오사카 역, 간사이공항 역, 가메오카 역, 니조 역, 사가아라시야마 역, 나라 역, 교바시 역, JR난바 역 등)
❷ 당일 구매 : 도롯코 열차역 창구에서 08:30부터 선착순 판매
[구매 가능 장소] 도롯코사가 역(08:35~), 도롯코아라시야마 역(08:50~), 도롯코가메오카 역(09:10~)

사가노도롯코 열차 좌석 선택 전 유의사항
❶ 차량은 5량 편성으로 차량당 56~64명 승차할 수 있다.
❷ 1호 차부터 4호 차는 일반 차량으로, 5호 차는 창문이 없어 개방감이 느껴지는 특별 차량 '릿치호(リッチ号)'로 운행된다.
❸ 릿치호는 봄철, 가을철에 자리 경쟁이 치열하다.
❹ 4인석으로 구성되며, 창가석은 A, D석, 통로석은 B, C석이다.
❺ 가메오카(亀岡)에서 사가(嵯峨)로 가는 방면 기준 창가 자리 가운데 호즈강 풍경을 오래 볼 수 있는 좌석은 짝수 자리 2~16번 A, D석이다.

미카미 신사 御髪神社

맵북 P.26-A 🔊 미카미진자 주소 **右京区嵯峨小倉山田淵山町10** 전화 075-882-9771
운영 24시간 요금 무료 가는 방법 사가노도롯코 열차 도롯코아라시야마(トロッコ嵐山) 역에서 도보 2분
키워드 미카미 신사

머리카락의 신을 모십니다

일본에서 유일하게 '머리카락'의 신을 모시는 작은 신사로 헤어케어, 발모제, 가발 등 이용(理容)과 관련된 업종에 종사하는 많은 이들의 방문이 끊이질 않는다. 특히 미용사를 꿈꾸는 이들의 국가시험 합격을 기원하거나 탈모가 낫기를 원하는 이들의 간절한 바람이 신사 곳곳에서 발견된다. 일본어로 머리카락을 뜻하는 가미(髮)는 신을 뜻하는 가미(神)와 동음이의어이기도 해 신의 힘이 넘치는 곳으로 해석되고 있다.

호즈강 유람선 保津川下り

맵북 P.26-A 🔊 호즈가와쿠다리 주소 **亀岡市保津町下中島2**
전화 0771-22-5846 홈페이지 www.hozugawakudari.jp 운영 09:00~15:00
요금 성인 ￥6,000, 초등학생 이하 ￥4,500, 3세 이하 무료
가는 방법 JR 전철 산인본(山陰本) 선 가메오카(亀岡) 역 출구에서 도보 8분 키워드 호즈강 유람선

유유자적 뱃놀이

JR 전철 가메오카(亀岡) 역 부근에서 아라시야마 도게쓰교(渡月橋)까지 16km의 호즈강을 2시간 동안 유람하는 뱃놀이다. 3~5명의 사공이 24명의 관광객을 태운 나룻배를 모는데, 벚꽃이 피고 단풍이 물드는 봄과 가을철에 인기가 높다.

목재, 곡식 등을 운반하던 역할이었으나 1895년경부터 관광 목적의 유람선으로 탈바꿈하였다. 오랜 역사를 자랑하는 만큼 나쓰메 소세키(夏目漱石), 미시마 유키오(三島由紀夫) 등 당대 최고 작가들의 소설에 등장하기도 하였다.

란덴
嵐電

맵북 P.26-A·B 🔊 란덴 주소 右京区嵯峨天竜寺造路町
전화 075-801-2511 홈페이지 randen.keifuku.co.jp 운영 아라시야마(嵐山) 역 기준 05:57~24:25
요금 [1회 승차] 성인 ￥250, 어린이 ￥120, [란덴 1일 자유 승차권] 성인 ￥700, 어린이 ￥350
가는 방법 도게쓰교(渡月橋)에서 도보 1분 키워드 란덴아라시야마역

Tip 족욕탕

란덴 아라시야마(嵐山) 역 내에는 아라시야마 온천수를 사용한 족욕탕을 운영하고 있다. 피로회복에 탁월하다고 하니 잦은 이동으로 피곤하다면 한번쯤 이용해보는 것도 좋다.
전화 075-873-2121
운영 09:00~20:00
(겨울은 ~18:00)
요금 ￥200(수건 포함)
이용권 구매처
란덴 아라시야마역
인포메이션

깜찍한 외형의 노면 전차

1910년에 개통된 오랜 역사를 자랑하는 노면 전차. 정식 명칭은 게이후쿠(京福) 전철의 아라시야마본선과 기타(北野)노선이지만 란덴(嵐電)이라는 애칭으로 더 알려졌다. 아라시야마본선은 아라시야마 역과 교토 번화가의 중심 시조 거리가 시작하는 시조오미야(四条大宮) 역 사이를 오간다. 기타노선은 아라시야마를 시작으로 닌나지(仁和寺), 묘신지(妙心寺), 료안지(龍安寺) 등 주요 관광지를 지나 기타노텐만구(北野天満宮)가 인접한 기타노하쿠바이초(北野白梅町)를 잇는다(자세한 노선은 맵북 P.18~19 참고).
봄철 포토 스폿으로 유명한 나루타키(鳴滝) 역과 우타노(宇多野) 역 구간은 벚꽃 터널이라 불리는데 만개한 벚꽃 나무 사이로 달리는 귀여운 복고풍 열차가 인상적이다. 매년 3월 하순에서 4월 상순 사이 주말 저녁에는 차량 내부의 불을 끄고 반짝거리는 바깥 풍경을 감상하며 달리는 이벤트도 개최한다.

Tip 란덴 이용 시 주의사항

란덴은 모든 노선에 일률적인 요금이 적용되므로 승차 시 요금을 지불하는 방식이 아닌 하차 시 요금을 내는 후불 방식이다. 다른 철도처럼 승차 시 티켓을 내거나 IC카드를 태그할 필요가 없는 대신 하차 시 모든 요금 정산이 이루어지니 참고하자. 출발역과 종착역은 역사 개찰구에서 요금을 정산하며, 중간 지점에 있는 역들은 열차 앞쪽과 뒤쪽에 있는 기계를 통해 요금을 지불하면 된다.

📷

란덴 아라시야마 역사

嵐電嵐山駅

맵북 **P.26-A** 🔊 란덴아라시야마에키 주소 右京区嵯峨天龍寺造路町20-2 운영 24시간
가는 방법 게이후쿠(京福) 전철 아라시야마(嵐山) 역사 키워드 란덴아라시야마역

아라시야마의 시작

'란덴(嵐電)'이라는 별칭으로 더 많이 불리는 게이후쿠(京福) 전철 아라시야마(嵐山) 역사는 교토의 각종 먹거리와 기념품을 즐길 수 있도록 다양한 업체가 매점 형태로 들어서 있다. 또한 매점 반대 방향으로 가면 일본의 전통 의상인 기모노의 화려한 직물을 600개의 기둥으로 제작하여 역사 일부를 장식한 기모노 포레스트(キモノフォレスト)가 있다. 아라시야마의 기념촬영 명소로 현지인들이 진작에 점 찍어둔 곳으로, 이곳에서 아라시야마의 일정을 시작하는 이들이 많다.

맵북 **P.26-A** 🔊 쇼오류우엔 주소 右京区嵯峨天龍寺芒ノ馬場町40-8
전화 075-873-8180 홈페이지 www.syoryuen.jp 운영 10:00~17:00, 연중무휴
가는 방법 게이후쿠(京福) 전철 아라시야마(嵐山) 역사 건너편에 위치 키워드 아라시야마 쇼류엔

📷

아라시야마 쇼류엔

嵐山 昇龍苑

교토 고유의 기념품 총망라

'노포는 즐겁다'를 테마로 하여 교토 각지에 흩어져 있는 유명 점포들을 한자리에 모은 상업시설이 탄생했다. 교토에서만 맛볼 수 있는 음식과 장인 정신이 깃든 공예품을 판매하는 13개 업체 점포부터 전통예술 체험 프로그램을 선보이는 공간까지 맛집, 쇼핑, 체험을 한곳에서 즐길 수 있도록 마련되었다. 야쓰하시, 차노카 등의 교토 명과를 비롯해 녹차, 지리멘산쇼, 채소절임, 사케 등 기념품으로 추천하는 상품이 많으니 꼭 한 번 들러보면 좋다.

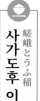

아라시야마 요시무라
嵐山よしむら

맵북 P.26-A ◀》 아라시야마요시무라 주소 右京区嵯峨天龍寺芒ノ馬場町3 전화 075-863-5700
홈페이지 yoshimura-gr.com/arashiyama 운영 비수기 11:00~17:00, 성수기 10:30~18:00, 연중무휴
가는 방법 게이후쿠(京福) 전철 아라시야마(嵐山) 역 출구에서 도보 3분 키워드 아라시야마 요시무라

유서 깊은 저택에서 즐기는 소바

수타 메밀국수를 맛볼 수 있는 소바 전문점. 메이지 시대의
화백 가와무라 만슈(川村曼舟)의 화실이었던 저택을 개조
하여 음식점으로 사용하고 있다. 저택 내에는 각각 소바, 기
모노 잡화, 두부를 판매하는 전문점이 있으며 대문 초입에
있는 건물이 흔히 알려진 소바집 요시무라다. 총 2층 건물
로, 아라시야마의 아름다운 풍광이 펼쳐지는 2층 창가 좌석
이 인기가 높다. 추천 메뉴는 메밀면, 유바 메밀면, 튀김덮
밥으로 구성된 도게쓰젠(渡月膳).

사가도후 이네
嵯峨とうふ稲

맵북 P.26-A ◀》 사가토후이네 주소 右京区嵯峨天龍寺造路町19
전화 075-882-5808 홈페이지 kyo-ine.com 운영 11:00~18:00, 연중무휴
가는 방법 게이후쿠(京福) 전철 아라시야마(嵐山) 역 출구에서 도보 1분
키워드 두부이네 본점

교토 전통요리가 먹고 싶다면

사가두부(嵯峨豆腐), 사쿠라모찌(さくら餅), 구로모토 전
병(黒本蕨餅) 등 교토의 전통 음식을 전문으로 하는 음식점. 두부와 함께 내세우는 대표 메
뉴는 우리말로 두부껍질이라고 부르는 유바(湯葉)다. 이는 두유를 가열할 때 표면에 생기
는 얇은 막을 말하는데, 미끌미끌한 식감과 고소한 맛이 특징이다. 두부와 유바를 메인으로
일본식 달걀찜인 자완무시(茶碗蒸し), 삶은 유부, 교토채소로 만든 채소절임 등을 맛볼 수
있는 세트 메뉴는 교토 음식의 진수를 보여준다. 아라시야마의 풍경이 보이는 2층 창가 자
리가 마련되어 있다.

무스비 카페
musubi cafe

맵북 P.26-B ◀》 무수비카훼 주소 西京区嵐山西一川町1-8
전화 075-862-4195 홈페이지 www.musubi-cafe.jp
운영 10:30~18:00(마지막 주문 17:00) 휴무 화요일(공휴일은 영업)
가는 방법 한큐(阪急) 전철 아라시야마(嵐山) 선 아라시야마(嵐山) 역
1번 출구에서 도보 3분 키워드 musubi cafe

건강한 한 끼 식사

몸과 마음의 건강을 생각한 정갈한 정식을 맛볼 수 있는 카페. 아라시야마를 오르는 등
산객이나 러닝, 조깅을 즐기는 이들에게 정보를 제공하는 곳이며 휴식공간이기도 하다.
매일 메인 메뉴가 바뀌는 정식 메뉴는 몸에 좋은 식재료만을 사용하며 아침, 점심, 저녁
에 따라 삼각김밥, 카레, 스파게티 등 메뉴가 달라진다. 식물성 재료로 만든 케이크와 교
토에서 수확한 채소로 만든 주스도 준비되어 있다.

`맵북 P 26-A` 🔊 익쿠스카훼 주소 右京区嵯峨天龍寺造路町35-3 전화 075-882-6366 운영 10:00~18:00
가는 방법 게이후쿠(京福) 전철 아라시야마(嵐山) 역 출구에서 도보 1분 키워드 eX 카페 교토 아라시야마점

일본식 빙수가 일품

고풍스러운 일본식 저택을 개조한 카페로 120평의 일본 정
원이 훤히 보이는 개인 소파석과 좌식 테이블이 놓인 다다
미방으로 되어 있다. 일본식 빙수인 가키고리(かき氷), 말
차 파르페, 말차 두유라테 등 일본 전통 디저트를 맛볼 수
있다. 아라시야마의 대표 사찰인 덴류지의 이름을 딴 덴류
지파르페(天龍寺パフェ)는 진한 말차 아이스크림의 풍미
와 쫄깃한 일본식 경단 시라타마(白玉)의 식감이 잘 어우러
져 부드럽게 넘어간다. 대나무 숯을 넣어 겉이 검은 롤케이
크 구로마루(くろまる)도 인기가 높다.

eX 카페 eX cafe

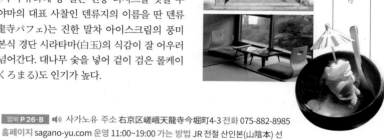

사가노유 嵯峨野湯

`맵북 P 26-B` 🔊 사가노유 주소 右京区嵯峨天龍寺今堀町4-3 전화 075-882-8985
홈페이지 sagano-yu.com 운영 11:00~19:00 가는 방법 JR 전철 산인본(山陰本) 선
사가아라시야마(嵯峨嵐山) 역 출구에서 도보 2분 키워드 sagano-yu

목욕탕이 카페로 탈바꿈

다이쇼(大正) 시대에 목욕탕이었던 건물의 형태는 그대로 두고
분위기만 바꾼 재미있는 콘셉트의 카페. 내부 인테리어는 깔끔
하고 모던한 분위기를 자아내지만 곳곳에 목욕탕이었던 것을
느낄 수 있는 타일 벽면, 거울, 수도꼭지가 있어 신선하다. 음료
와 디저트를 주로 판매하지만 점심 시간에는 파스타, 카레 등
의 식사 메뉴도 갖추고 있다. 2층에도 자리가 마련되어 있다.

`맵북 P 26-A` 🔊 아라비카쿄오토아라시야마
주소 右京区嵯峨天龍寺芒ノ馬場町3-47 전화 075-748-0057
홈페이지 arabica.coffee 운영 9:00~18:00 가는 방법 게이후(京福) 전철
아라시야마(嵐山) 역 출구에서 도보 4분 키워드 아라비카 교토 아라시야마점

아라시야마 방문객의 필수 코스

세계 120여 개국을 돌아다닌 후 커피 전문 무역상사를 차
린 주인장이 홍콩에 이어 두 번째로 오픈한 카페다. 도게쓰
교(渡月橋)가 보이는 가쓰라(桂川) 강변이 정면에 보이는
자리에 위치하여 분위기는 말할 필요 없이 훌륭하다. 세계
에서도 통하는 커피 브랜드를 만들고 싶다는 당찬 포부를
가진 만큼 커피 맛 또한 좋다. 최고의 커피를 제공하고자 하
와이의 유명 커피 산지 코나 지방에 커피농장을 운영하며
명품 커피 머신 슬레이어(Slayer)를 사용한다.

% 아라비카 교토 아라시야마 %アラビカ京都嵐山

교토 근교
京都近郊

보도인 平等院 UNESCO

맵북 **P.16** 🔊 보오도오인 주소 **宇治市宇治蓮華116** 전화 077-421-2861 홈페이지 www.byodoin.or.jp
운영 정원 08:30~17:30, 뮤지엄호쇼칸 09:00~17:00, 호오도 09:10~16:10 요금 [정원·뮤지엄호쇼칸]
성인 ¥700, 중·고등학생 ¥400, 초등학생 ¥300, 봉황당 ¥300 가는 방법 JR 전철 나라(奈良) 선 또는
게이한(京阪) 우지(宇治) 선 우지(宇治) 역 1번 출구에서 도보 10분 키워드 보도인

10엔 동전에 새겨진 세계유산

헤이안(平安) 시대 귀족 사회를 그린 일본의 장편 연애소설 <겐지모노가타리(源氏物語)>의 주인공 히카루 겐지(光源氏)의 모델이었던 왕족이자 좌대신 미나모토노 도오루(源融)의 별장을 정치가 후지와라노 미치나가(藤原道長)가 이용한 것이 이곳의 첫 시작이다. 그러다 1052년 미치나가의 아들 후지와라노 요리미치(藤原頼通)가 사찰로 새롭게 창건하였고, 일본의 ¥10짜리 동전 앞면에 등장하는 아미다도(阿弥陀堂)는 이듬해 세워졌다. 아미다도는 일본 국보로 지정된 건축물로 양 날개를 펼친 봉황과 닮았다 하여 호오도(鳳凰堂) 즉, 봉황당이라고도 불린다. 극락왕생을 기원하는 정토신앙을 구현한 걸작으로 평가받는다. 당 내부에는 헤이안 시대의 불사 조초(定朝)가 제작한 아미타여래좌상이 안치되어 있다. 봉황당 뒤편에 마련된 뮤지엄호쇼칸(ミュージアム鳳翔館)에서는 일본 국보로 지정된 운중공양보살상 26구를 비롯해 중요 소장품을 전시하고 있다.

우지가미 신사
宇治上神社

맵북 **P.16** 🔊 우지가미진자 **주소** 宇治市宇治山田59 **전화** 077-421-4634
홈페이지 ujikamijinja.amebaownd.com **운영** 24시간 **요금** 무료 **가는 방법** 뵤도인에서 도보 10분
키워드 우지가미 신사

소박한 분위기의 세계유산

'고도 교토의 문화재' 가운데 하나로 유네스코 세계문화유산으로 지정된 신사다. 일본 국보인 본전(本殿)은 현존하는 일본의 가장 오래된 신사 건축물로 헤이안(平安) 시대 후기에 건립되었다. 배전(拜殿) 역시 국보로 지정된 건축물로 가마쿠라(鎌倉) 시대 전기에 건립되었으나 헤이안 시대의 주거양식을 띠고 있다. 두 건축물 모두 건립 당시 벌채된 목재를 사용한 것이 특징이다.

제신은 일본의 제15대 일왕인 오진 일왕(応神天皇), 16대 닌토쿠 일왕(仁徳天皇), 오진 일왕의 태자인 우지노와키이라쓰코(菟道稚郎子)이다. 신사 한쪽에는 우지차를 생산할 때 사용되는 우지 7대 명수 가운데 하나이자 유일하게 남은 기리하라미즈(桐原水)가 나오는 샘이 있다.

산토리 맥주 교토 공장
サントリービール 京都工場

맵북 **P.16** 🔊 산토리비이루쿄오토코오죠오 **주소** 長岡京市調子3-1-1 **전화** 075-952-2020
홈페이지 www.suntory.co.jp/factory/kyoto **운영** 10:00~15:15 매시간 투어 실시, 연말연시 휴무
요금 무료(예약 필수) **가는 방법** JR 교토(京都) 선 나가오카쿄(長岡京) 역 또는 한큐(阪急) 전철 교토(京都) 선 니시야마덴노잔(西山天王山) 역 출구에서 무료 셔틀버스 운행(시간표 홈페이지 확인)
키워드 산토리 맥주 공장 교토

교토에도 맥주공장이 있습니다

일본의 대표 주류 회사이자 유명 맥주 브랜드를 소유한 '산토리(SUNTORY)'의 맥주 전용 공장 세 군데 중 한 곳이 교토에 위치하고 있다. 산토리의 대표 맥주인 '더 프리미엄 몰츠'의 생산 과정을 직접 눈으로 확인할 수 있어 인기가 높은데, 맥주의 원료부터 발효, 양조, 여과, 패키징까지 가이드의 안내를 받으며 제조 공정을 차례대로 살펴보는 시간을 가진다. 견학 후 공장에서 바로 만들어진 신선한 맥주를 시음하는 기회도 주어진다. 다양한 맛을 한 모금씩 마셔보며 비교할 수 있도록 여러 종류의 맥주와 함께 간단한 안주도 제공한다.

루리코인
瑠璃光院

맵북 P.16 🔊 루리코오인 주소 左京区上高野東山55 홈페이지 rurikoin.komyoji.com
운영 4/15~5/31, 7/1~8/17, 10/1~12/10 10:00~17:00(마지막 입장 16:30) 요금 성인 ¥2,000, 학생 ¥1,000
가는 방법 17·19번 버스 야세에키마에(八瀬駅前) 정류장에서 도보 5분 키워드 루리코인

바닥에 반사된 사계절

경내 서원 내부 바닥과 책상에 비친 계절 풍경이 아름다운 사찰. 예부터 무사와 귀족들에게 사랑받아 온 야세(八瀬) 지역에 위치한 숨은 명소였으나 울긋불긋 단풍이 물든 정원이 실내 바닥에 반사되면서 마치 물에 비친 듯한 몽환적인 분위기를 만들어 내 소셜 미디어와 입소문을 통해 유명세를 탔다. 평소 비공개로 운영되나 봄,

여름, 가을의 아름다움을 확인할 수 있는 시기에 맞춰 한시적으로 개방한다. 봄, 여름은 단풍이 물들기 전의 푸릇푸릇한 모습이 가을 못지않게 시원시원하고 생동감 넘쳐 방문객이 모여든다. 하지만 이곳의 백미는 11월 하순부터 12월 상순 사이에 만나볼 수 있는 오색 단풍철. 워낙 많은 방문객으로 인산인해를 이루므로 바닥에 반사된 '리플렉션 단풍'을 만나기까지 긴 대기를 해야 할 수도 있다.

미야마 가야부키노사토
美山 かやぶきの里

맵북 P.16 🔊 미야마카야부키노사토 주소 南丹市美山町北 전화 077-177-0660
홈페이지 kayabukinosato.jp 운영 24시간 가는 방법 JR 전철 산인본(山陰本) 선 히요시(日吉) 역 앞에서 난탄시영(南丹市営) 버스를 타고 1시간 이동 후 기타 가야부키노사토(北 かやぶきの里) 정류장에 하차 키워드 가야부키노사토

겨울 눈꽃과 조명의 콜라보

교토 시내에서 약 50km 떨어진 작은 마을로, 동화 같은 겨울의 전원 풍경이 아름다워 현지인의 나들이 명소로 인기를 누리고 있다. 지금으로부터 220여 년 전 에도(江戸) 시대와 150년 전의 메이지(明治) 시대에 지어진 초가집이 많이 남아있는데, 50채 가옥 중 39채가 초가지붕이다. 전통 기법으로 지은 전통 가옥으로 보존 가치가 높다는 평가를 받았다. 겨울에는 초가집 사이에 등불을 설치한 라이트 업 행사를 개최한다. 이 시기에 맞춰 교토 역을 출발하는 투어도 실시한다.

기후네 신사
貴船神社

맵북 P.16 ◀》 키후네진자 주소 左京区鞍馬貴船町180 전화 075-741-2016
홈페이지 kifunejinja.jp 운영 5~11월 06:00~20:00, 12~4월 06:00~18:00(굿즈 숍 09:00~17:00)
요금 무료 가는 방법 33번 버스 기부네(貴船) 정류장에서 도보 5분 키워드 기후네 신사

순백과 주홍빛의 대비

전국 2,000개에 달하는 만물 생명의 원천인 물의 신을 모시는 신사의 총본궁. 창건 시기는 미상이나 약 1,300년 전인 677년에 이미 존재했다고 할 만큼 오랜 역사를 자랑한다. 신사 인근의 기부네강(貴船川)은 교토 시내 중심을 흐르는 가모강(鴨川)의 원류로, 신사는 '교토의 물자원을 지키는 신'으로서 예부터 소중히 여겨져 왔다. 눈이 내리는 겨울이 되면 주홍색 등불과 도리이 위에 눈이 쌓여 강렬한 대비를 보여 신비로운 분위기를 자아낸다.

쇼오주인
正寿院

맵북 P.16 ◀》 쇼오주인 주소 綴喜郡宇治田原町奥山田川上149 전화 077-488-3601
홈페이지 shoujuin.boo.jp 운영 09:00~16:30(12~3월 10:00~16:00) 요금 ￥600(여름 풍령 축제 기간 ￥800)
가는 방법 JR 전철 나라(奈良) 선 우지(宇治) 역에서 우지차버스(宇治茶バス)를 타고 이동 후
쇼주인구치(正寿院口) 정류장에서 하차 키워드 쇼주인

이토록 예쁘고 아름다운 사원

하트 모양 창과 화려한 천장화가 여심을 사로잡아 소셜 미디어 인기 명소로 떠오른 사찰. 하트 창은 사실 의도한 것은 아니며, 멧돼지 눈 모양을 본뜬 '이노메(猪目)'라는 약 1,400년 전부터 전해지는 문양으로 재앙을 멀리하고 복을 불러온다는 의미가 있다. 꽃과 일본 풍경을 테마로 한 160개 그림을 가득 메운 천장화와 2,000개 풍령으로 경내를 꾸민 풍령 축제(風鈴まつり) 등 아름다운 풍경을 감상할 수 있어 시내에서 멀리 떨어져 있어도 방문객이 끊이지 않는다.

후시미 짓코쿠부네
伏見十石舟

맵북 P.16 ◀》 후시미줏코쿠부네 주소 伏見区南兵町247 전화 075-623-1030
홈페이지 kyoto-fushimi.or.jp/fune 운영 10:00~16:20 휴무 월요일(4・5・10・11월은 휴무 없이 운행)
요금 중학생 이상 ￥1,500, 초등학생 이하 ￥750 가는 방법 게이한(京阪) 전철 주쇼지마(中書島) 역 북쪽
출구에서 도보 3분 키워드 후시미 짓코쿠부네

나룻배 타고 벚꽃 구경

에도(江戸) 시대 항구 도시로 번성한 후시미 지역의 명물. 당시 유통과 교통의 주요 수단으로서 물자와 사람을 태웠던 배를 그대로 재현해 유람선으로 운항하고 있다. 봄에는 벚꽃, 여름엔 수국, 가을은 단풍을 만끽할 수 있어 현지인을 비롯해 최근에는 외국인 여행자의 방문도 늘었다. 주쇼지마 역 부근의 승선장을 출발해 후시미미나토 광장(伏見みなと広場)까지 이동한 다음 자료관 견학을 하고 다시 돌아오는 50분 코스로 구성되어 있다.

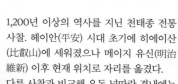

大原
오하라

교토 역에서 버스로 한 시간 정도 달리면 모습을 드러내는 오하라는 교토 중심부와는
사뭇 다른 풍경이 펼쳐지는 교토 북부의 작은 마을로, 덜 알려진 만큼 꾸미지 않은 자연
그대로를 품은 지역이다. 사찰 내부에서 정원을 바라보면 방 기둥이 액자 역할을 하여
액자정원으로 불리는 사찰들은 이미 알 만한 사람은 다 아는 숨은 명소이기도 하다.
사계절 내내 아름다움을 뽐내지만 단풍이 절정인 가을철에 많은 관광객이 방문한다.

산젠인
三千院

맵북 **P.16** 🔊 산젠인 주소 左京区大原来迎院町540 전화 075-744-2531
홈페이지 www.sanzenin.or.jp 운영 3~10월 09:00~17:00, 11월 08:30~17:00, 12~2월 09:00~16:30
요금 성인 ￥700, 중·고등학생 ￥400, 초등학생 ￥150 가는 방법 17·19번 버스 오하라(大原)
정류장에서 하차 후 도보 10분 키워드 산젠인

1,200년 이상의 역사를 지닌 천태종 전통
사찰. 헤이안(平安) 시대 초기에 히에이산
(比叡山)에 세워졌으나 메이지 유신(明治
維新) 이후 현재 위치로 자리를 옮겼다.
다른 사찰과 비교해 유독 널따란 경내에는
각종 볼거리가 숨어 있다. 절 북쪽을 수놓
은 유세엔(有清園)과 쇼헤키엔(聚碧園)은
연못을 중심으로 산책로를 형성한 지천회

유식 정원으로, 일본의 국보 가운데 하나인 아미타삼존(阿弥陀三尊) 불상이 안치된 왕
생극락원에서 바라본 모습이 특히 아름답기로 유명하다. 정원 곳곳에 숨어있는 자그마
한 지장보살 와라베치조(わらべ地蔵)를 찾는 재미도 쏠쏠하다.

호센인
宝泉院

맵북 **P.16** 🔊 호오센인 주소 左京区大原勝林院町187 전화 075-744-2409
홈페이지 www.hosenin.net 운영 09:00~17:00(마지막 입장 16:30) 요금 성인 ￥900,
중·고등학생 ￥800, 초등학생 ￥700 가는 방법 산젠인 (三千院)에서 도보 2분 키워드 호센인

액자 정원 하면 단연 1순위로 꼽히는 사찰.
짓코인(実光院)과 더불어 본사 쇼린인(勝
林院)에 속한 부속 사원이며 승려의 거처
로 이용되었다. 교토시 천연기념물로 지정
된 700년 묵은 노송 오엽송(五葉の松)이
묵직하게 자리한 정원은 이곳의 자랑이다.
기둥과 기둥 사이 공간으로 보이는 풍경은

실로 압권인데 실내에 앉아 바라보는 것만으로도 감탄사를 자아낸다. 입장료에 포함된
말차와 화과자를 음미하며 다른 곳에서는 느낄 수 없는 신비로움을 만끽해 보자.

호센인
宝泉院

쇼린인
勝林院

짓코인
実光院

오토나시 폭포
音無の滝

大原

오하라 버스정류장
大原バス停

산젠인
三千院

숯세이나리 신사
出世稲荷神社

쇼린인 勝林院

맵북 P.16 쇼오린인 주소 左京区大原勝林院町187 전화 075-744-2409
홈페이지 www.shourinin.com 운영 월~금요일 09:00~16:00(마지막 입장 15:30),
토·일요일·10~11월 09:00~17:00(마지막 입장 16:30) 요금 성인 ￥300, 초등·중학생 ￥200
가는 방법 호센인(宝泉院)에서 도보 1분 키워드 쇼린인

1013년에 창건한 천태종 사찰로 산젠인 참배길 끝자락에 위치한다. 천태종 승려 겐신(顕真)이 나무아미타불만 외워도 극락왕생을 할 수 있다고 주장하는 정토종 승려 호넨(法然)을 불러들여 100일간 논쟁을 벌였던 오하라 문답(大原問答)의 무대로 널리 알려졌다. 당시 '염불은 중생을 구한다'는 호넨의 말이 옳다는 의미로 본당에 안치된 아미타여래상의 손에서 빛이 비쳤다는 이야기가 전해지면서 '증거의 아미타'로 불리기도 한다.

고베

고베는 어떤 여행지인가요?

현지인이 선정한 일본 전국의 매력적인 도시 순위에서 늘 다섯 손가락 안에 들 만큼 높은 인기를 자랑하는 항구 도시. 예로부터 고베항이라는 세계 유수의 국제 항구가 위치하면서 일본의 근대화를 견인한 대단한 이력을 가진 곳이다. 지리적 특성 덕분에 전 세계의 다양한 문화가 유입되어 정착하였고, 고베 사람들도 이를 자연스레 받아들이면서 이국적인 분위기를 물씬 풍기는 도시로 성장하였다. 국제도시의 풍모를 연출하면서 산과 바다, 온천 등 풍부한 자연 환경을 겸비하고 있다는 점도 매력 포인트로 꼽힌다.

간사이국제공항 — 베이셔틀 고속선 — 고베 공항

간사이국제공항 — 리무진 버스 — 고베 산노미야 정류장

산노미야
三宮

must do.

01.

기타노이진칸을 산책하며 서양식
건축물을 감상하자!

02.

고베 맛집에서 고베규를 맛보자!

Chapter 01.

산노미야는 고베시의 교통 요충지로 산노미야 역을 중심으로 쇼핑, 관광 등 상업시설이 한데 모여 있다. 오사카, 교토, 나라에서 고베로 이동할 경우 대부분 JR, 긴테쓰, 한큐, 한신 전철을 이용해 산노미야 역에 정차하므로 고베 여행의 시작점이라고 볼 수 있다. 산노미야 역 부근에서 맛집을 탐방하고 쇼핑을 즐긴 후에는 기타노마치(北野町)나 누노비키(布引)와 같은 볼거리가 집중된 곳으로 이동하도록 하자.

03.

산노미야 역 쇼핑가에서 못다 한 쇼핑을 즐기자!

04.

고베시청 전망 로비에서 무료로 고베 풍경을 만끽하자!

산노미야 *map*

산노미야 역 주변 관광 명소인 이쿠타 신사를 시작으로 기타노이진칸을 거쳐 누노비키 허브 정원이나 누노비키 폭포로 점점 올라가는 것이 효율적인 동선이다. 이 일대를 둘러본 다음 마지막으로 고베시청 전망 로비에 들러 해 질 녘의 풍경이나 야경을 감상하며 일정을 마무리 짓는 것도 좋겠다.

❶ JR, 한큐(阪急), 한신(阪神), 긴테쓰(近鉄) 전철의 산노미야(三宮) 역과 지하철 세이신야마테(西神山手)선의 산노미야(三ノ宮) 역에서 하차한다.
❷ 관광 명소로의 이동은 도보 또는 시티루프(シティループ) 버스를 이용하도록 한다.

산노미야 역 부근에서 점심을 먹고 쇼핑을 즐긴 다음에 가까이 자리한 관광 명소부터 훑어 올라가도록 한다. 산노미야, 기타노, 누노비키 순으로 둘러본 다음 다시 산노미야로 돌아와 고베시청 전망 로비에서 야경을 즐기며 일정을 마무리한다.

course

산노미야 역 — 도보 3분 — 이쿠타 신사 — 도보 10분 — 기타노이진칸사 — 도보 5분 — 누노비키

로프웨이 — 도보 10분 — 누노비키 허브 정원 — 로프웨이 10분, 도보 20분 — 고베시청 전망 로비

고베 누노비키 허브원
神戸布引ハーブ園

누노비키폭포
布引の滝

JR 신고베 역
新神戸駅

누노비키 로프웨이
허브엔산로쿠 역
布引ロープウェイ ハーブ
園山麓駅

기타노텐만 신사
北野天満神社

기타노초 광장
北野町広場

기타노이진칸
北野異人館

스타벅스 기타노이진칸지점
スターバックスコーヒー
神戸北野異人館店

비너스브릿지
ビーナスブリッジ

이쿠타 신사
生田神社

JR 산노미야 역
三ノ宮駅

한큐 고베산노미야 역
阪急 神戸三宮駅

한신 고베산노미야 역
阪神 神戸三宮駅

고베시청 전망로비
神戸市役所1号館24階展望ロビー

맵북 P 30-A2 기타노이진칸 주소 神戸市中央区北野町 전화 078-251-8360
홈페이지 kobe-ijinkan.net 운영 테마관마다 상이 요금 테마관마다 상이 가는 방법 시티루프(シティループ)
버스정류장 기타노이진칸(北野異人館)에서 하차하면 바로 위치 키워드 기타노이진칸

기 타 노 이 진 칸
北 野 異 人 館

고베에서 만나는 이국의 정취

메이지(明治) 시대 외국인이 거주했던 주택을 관광지화한 고베의 대표적인
관광 명소. 고베항 개항 후 이 지역에 체류하는 외국인의 수가 증가하자 당
시 외국인 거주 구역이었던 거류지만으로는 부족함을 느낀 정부가 재정비
하여 세운 것이 지금의 이진칸이다. 고베항과 거류지가 한눈에 보이는 위치
라는 점이 크게 작용하였다.
1939년 제2차 세계대전 때 여러 차례 공습을 받고 대부분의 외국인이 자국
으로 돌아가면서 쇠락의 길을 걸었으나, 1977년 TV 드라마의 촬영지로 등
장하면서 재조명받게 되었다. 이후 관광지화가 본격적으로 진행되었고 현
재는 영국, 네덜란드, 이탈리아, 덴마크 등 20군데가 넘는 각국 이진칸을 비
롯해 다국적 레스토랑, 카페, 부티크 등 다양한 점포가 입점해 있다. 각 이
진칸은 운영시간과 요금이 다르므로 미리 확인하고 방문하는 것이 좋다.

Tip 기타노이진칸 공통 입장권

일부 테마관을 묶은 할인 입장권을 판매하고 있다. 비용도 절감되고 일일이 구매하는 번거로움도 줄일 수 있지만 16군데 가운데 티켓마다 지정된 곳에만 입장 가능하다는 단점이 있다. 티켓은 비지터 센터와 티켓 플라자, 각 테마관에서 판매하고 있다.

종류	요금	주요 테마관
기타노7관 주유 패스 (이진칸7관+전망 갤러리)	중학생 이상 ¥3,300 초등학생 ¥880	비늘의 집&전망 갤러리· 야마테 팔번관·기타노 외국인 클럽· 언덕 위의 이진칸·영국관· 서양관 주택·벤의 집
야마노테4관 패스 (이진칸4관+전망 갤러리)	중학생 이상 ¥2,200 초등학생 ¥550	비늘의 집&전망 갤러리·야마테 팔번관· 기타노 외국인 클럽·언덕 위의 이진칸
기타노도오리 3관 패스	중학생 이상 ¥1,540 초등학생 ¥330	영국관·서양관 주택·벤의 집

※미취학 아동은 무료, 초등학생 이하 어린이는 성인과 반드시 동반 입장 필수

FEATURE

기타노이진칸의
주요 테마관

1 풍향계의 관 風見鶏の館

1909년 독일인 무역상의 저택으로 지어진 건축물. 빨간 벽돌과 첨탑의 풍향계는 이진칸의 상징이 되었다.

맵북 P 30-A2 ◀)) 기타노이진칸 주소 神戸市中央区北野町3-13-3 전화 078-242-3223 홈페이지 kobe-kazamidori.com 운영 09:00~18:00(마지막 입장 17:45) 휴무 2·6월 첫째 주 화요일(공휴일인 경우 다음 날) 요금 성인 ¥500, 고등학생 이하 무료 시티루프 버스 자유승차권 지참 ¥450

2 영국관 英国館

1909년 영국인 건축가가 설계한 콜로니얼 양식의 건축물. 2층에 재현한 셜록 홈스의 방과 영국식 정원이 인기.

맵북 P 30-A2 ◀)) 에에코쿠칸 주소 神戸市中央区北野町2-3-16 전화 0120-888-581 운영 10:00~17:00 요금 ¥750

3 연둣빛관 萌黄の館

1903년 당시 미국 총영사의 저택으로 지어진 건축물. 이름 그대로 연두색으로 칠해진 외벽이 특징이다.

맵북 P 30-A2 ◀)) 모에기노칸 주소 神戸市中央区北野町3-10-11 전화 078-855-5221 운영 09:30~18:00(마지막 입장 17:45) 요금 성인 ¥400, 고등학생 이하 무료

4 야마테 팔번관 山手八番館

15세기 영국 튜더 왕조 시대의 건축 양식을 본뜬 건축물. 로댕, 부르델, 베르나르 등 조각 거장의 작품 전시 중.

맵북 P 30-A1·A2 ◀)) 야마테하치방칸 주소 神戸市中央区北野町2-20-7 전화 0120-888-581 운영 10:00~17:00 요금 성인 ¥550, 어린이 ¥110

5 비늘의 집&전망 갤러리
うろこの家·展望ギャラリー

천연석의 슬레이트 형태가 물고기 비늘로 보인다 하여 이름 붙여진 건축물. 앤티크 가구, 도자기, 회화도 전시 중.

맵북 P.30-A2 🔊 우로코노이에텐보오갸라리이
주소 神戸市中央区北野町2-20-4 전화 0120-888-581
운영 10:00~17:00 요금 ¥1,050

6 향기의 집 네덜란드관 香りの家オランダ館
1918년 네덜란드 총영사관으로 쓰일 목적으로 지어진 건축물. 민족 의상 시착과 오리지널 향수 제조 가능.

맵북 P.30-A2 🔊 카오리노이에오란다칸
주소 神戸市中央区北野町2-15-10 전화 078-261-3330
홈페이지 www.orandakan.shop-site.jp
운영 10:00~17:00 요금 성인 ¥700, 중·고등학생 ¥500, 초등학생 ¥300, 미취학 아동 무료

 Tip 스타벅스 기타노이진칸 지점
スターバックスコーヒー神戸北野異人館店
이진칸 주변에 있는 스타벅스는 고풍스러운 서양식 주택을 개조한 곳으로 등록 유형 문화재로 지정되어 있다.

맵북 P.30-A2 🔊 스타아박쿠스 주소 神戸市中央区
北野町3-1-31 전화 078-230-6302 운영 08:00~22:00

기타노초 광장

北野町広場

📷

맵북 **P.30-A2** 🔊 키타노초오히로바
주소 神戸市中央区北野町3-10
가는 방법 풍향계의 집 바로 앞에 위치
키워드 Kitanocho Square

전망과 휴식의 공간

풍향계의 관 바로 앞에 자리하는 자그마한 광
장. 높은 언덕에 위치하는 덕분에 이진칸을 조
망하는 전망대 역할도 한다. 언덕을 부지런히
올라온 여행자의 쉼터가 되어 주며, 주말에는
길거리 퍼포먼스나 미니 콘서트가 열리기도
한다. 광장 곳곳에 세워진 동상은 고베가 일본
재즈가 시작된 곳임을 나타내기 위해 트럼펫
이나 색소폰을 부는 악사를 표현하고 있다고
한다.

기타노텐만 신사

北野天満神社

📷

맵북 **P.30-A2** 🔊 키타노텐만진자 주소 神戸市中央区北野町3-12-1 전화 078-221-2139
홈페이지 www.kobe-kitano.net 운영 07:30~17:00 요금 무료 가는 방법 풍향계의 관 오른편에 위치
키워드 기타노텐만 신사

계단에 다다르면 나타나는 신사

서양식으로 건축된 이국적인 주택이 즐비한
이진칸 거리에 유일하게 일본 전통미를 느낄
수 있는 신사. 신사의 정문이라 할 수 있는 커
다란 회색의 도리이를 지나 계단을 타고 올라
가면 신사가 나타난다. 좋은 인연이 나타나길
기원하는 이들이 많이 방문하는 편이며, 봄이
되면 아름다운 벚꽃으로 물들어 더욱 로맨틱
한 분위기를 자아낸다.

이쿠타 신사

生田神社

맵북 **P.30-A2** 🔊 이쿠타진자 주소 神戸市中央区下山手通1-2-1 전화 078-321-3851
홈페이지 www.ikutajinja.or.jp 운영 07:00~17:00 가는 방법 JR 전철, 지하철 세이신야마테(西神山手) 선
산노미야(三ノ宮) 역 서쪽 3번 출구에서 도보 3분 키워드 이쿠타 신사

사랑이 이루어지는 연인의 성지

연애 성취로 유명한 신사. 이곳의 부적(오마모리, お守り) 중 흰색을 남자
가, 분홍색을 여자가 지니고 있으면 둘의 사랑이 이루어진다는 이야기가 전
해지면서 전국 각지에서 찾아온다고 한다. 신사의 역사도 오래된 편으로
201년에 쓰인 기록에도 등장할 정도다. 이쿠타의 신을 지키는 집이라는 의
미의 단어인 간베(かんべ)는 현재 지명인 고베의 어원이기도 하다. 경 내에
총 14개의 크고 작은 신사가 자리하며, 본전(本殿) 뒤편에 있는 이쿠타 숲
(生田の森)은 봄이 되면 벚꽃이 피어 벚꽃 명소로도 널리 알려져 있다.

맵북 P.30-B1 ◀》 코오베누노비키하아브엔 주소 神戸市中央区北野町1-4-3 전화 078-271-1160
홈페이지 www.kobeherb.com 운영 표 참조 휴무 부정기 요금 허브원+케이블카 왕복
고등학생 이상 ¥2,000, 초·중학생 ¥1,000 편도 고등학생 이상 ¥1,400, 초·중학생 ¥700
야간 영업 왕복 성인 ¥1,500, 어린이 ¥950 가는 방법 시티루프(シティループ) 버스
고베누노비키하브엔/로프웨이(神戸布引ハーブ園/ロープウェイ) 정류장에서 하차 후 로프웨이
하브엔산로쿠(ハーブ園山麓) 역에서 로프웨이 탑승하여 하브엔산초(ハーブ園山頂) 역에서
하차하면 바로 위치 키워드 고베 누노비키 허브정원

고베 누노비키 허브정원
神戸布引ハーブ園

은은한 허브 향기와 꽃세례

일본 최대 규모의 허브 정원으로 약 200여 종, 총 7만 5,000점의 허브와 꽃
이 계절마다 아름답게 피어나는 곳이다. 독일의 고성을 본떠 만든 웰컴 가
든(ウェルカムガーデン), 60종의 장미가 향기로운 로즈심포니 가든(ロー
ズシンフォニーガーデン), 100종의 허브를 전시한 허브 뮤지엄(ハーブミ
ュージアム), 사계절의 아름다움을 담은 사계 정원(四季の庭), 허브의 여
왕 라벤더만 모아놓은 라벤더 정원(ラベンダー園) 등 총 12곳의 테마 정원
으로 이루어져 있다. 또한 아름다움과 건강을 테마로 한 허브 요리 전문 음
식점과 기념품점도 있다.

영업 시간		케이블카			허브원	
		첫 출발	상행 막차	하행 막차	개원	폐원
3/20~7/19	월~금요일	9:30	16:45	17:15	10:00	17:00
9/1~11/30	토·일요일·공휴일		20:15	21:00		20:30
7/20~8/31	全日					
12/1~3/19	全日		16:45	17:15		17:00

Tip 정원은 산 중턱에 자리하므로 이곳에 가기 위해서는 반드시 로프웨이 케이블카를 탑승해야 한다. 기타노이진칸 부근 로프웨이 역에서 허브 정원까지 약 10분간 탑승하는 케이블카에서는 푸르른 자연이 어우러진 고베시의 경치를 감상할 수 있어 단순한 이동수 단 이상의 감동을 선사한다. 풍경 사이로 보이는 누노비키 폭포(布 引の滝)와 일본 최초의 댐으로 국가 중요 문화재로도 지정된 누노 비키고혼마쓰댐(布引五本松ダム)도 놓치지 말고 눈에 담아보자.

누노비키 폭포
布引の滝

맵북 **P 30-B1** ◀)) 누노비키노타키 주소 神戸市中央区葺合町
가는 방법 JR 전철, 지하철 신고베(新神戸) 역에서 등산로로 진입하여 도보 15분 키워드 누노비키 폭포

고베의 원천

고베의 원천. 고베시를 가로지르는 이쿠타 강(生田川) 중류에 흐르는 멘타키(雌滝), 쓰 즈미가다키(鼓ヶ滝) 메오토다키(夫婦滝), 온타키(雄滝) 등 4개의 폭포를 총칭하는 말 이다. 4개 폭포 가운데 가장 큰 온타키는 특 히 구혈이 커서 세계적으로도 보기 드문 폭 포로 알려져 있다. 헤이안(平安) 시대에 귀 족과 시인이 즐겨 찾던 명승지로, 현재는 누 노비키 폭포에서 출발해 미하라시 전망대 (見晴らし展望台)를 거쳐 누노비키 저수지 (布引貯水池)까지 약 1시간 정도의 산책 코 스가 각광받고 있다.

비이나스브릿지 주소 神戸市中央区神戸港地方字前山
가는 방법 JR 전철, 지하철 세이신야마테(西神山手)선 산노미야(三ノ宮)역 앞에서 고베시 버스 7번을
타고 정류장 스와야마코엔(諏訪山公園下)에서 하차하여 도보 20분 키워드 Venus Bridge

고층빌딩과 항구 조망

기타노이진칸 서쪽에 위치한 전망대 긴세다이(金星台)와 산 중턱에 자리한 스와야마 공원(諏訪山公園)을 잇는 전체 길이 90m의 기다란 다리로, 고베의 전경을 감상할 수 있는 전망대로 인기가 높다. 8자 모양의 나선 형태로 된 다리는 고베의 거리 풍경은 물론 메리켄파크(メリケンパーク)와 하버랜드(ハーバーランド)가 있는 베이에어리어까지 시원스러운 조망을 선사한다. 다리 끝까지 오르면 사랑의 메시지가 적힌 자물쇠가 한가득 매달려 있는 '사랑의 자물쇠 모뉴먼트(愛の鍵モニュメント)'가 있다. 이는 그리스 신화에서 사랑과 미의 신으로 등장하는 비너스와 연관 지어 만든 것으로, 영원한 사랑을 맹세하는 커플들을 위한 공간이다.

코오베시야쿠쇼이치고오칸니주우욘카이텐보오로비이 주소 神戸市中央区加納町6-5-1
전화 078-331-8181 홈페이지 www.city.kobe.lg.jp/information/about/building/24kai_lobby.html
운영 월~금요일 09:00~22:00, 토·일·공휴일 10:00~22:00 휴무 12/29~1/3, 설비 점검일 부정기 휴무
가는 방법 지하철 가이간(海岸)선 산노미야·하나도케마에(三宮·花時計前)역에서 도보 3분
키워드 고베 시청 전망대

고베시청이 선사하는 고베 전경

고베시청은 본청사 1호관 24층에서 고베의 전경을 누구나 감상할 수 있도록 전망 로비를 무료로 개방하고 있다. 시청은 산노미야 중심가에 남북으로 길게 뻗은 플라워로드(フラワーロード)에 위치한다. 건물에 들어서서 정면 중앙 엘리베이터를 타고 24층으로 올라가면 전망 로비에 도착하는데 지상 약 100m에서 고베 경치를 바라볼 수 있다.

로비 남쪽으로는 포트아일랜드를 비롯한 바닷가가 펼쳐지고, 북쪽으로는 기타노이진칸(北野異人館)이 있는 기타노 지역과 롯코산(六甲山)이 보인다. 시청의 운영시간 외에도 늦은 밤, 주말, 공휴일에도 개방하므로 꼭 한 번 방문할 것을 추천한다. 로비 곳곳에는 고베루미나리에와 고베시 자매 도시와 관련한 자료를 전시하고 있으니 관람해보자.

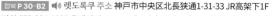

맵북 P.30-B2 🔊 렛도록쿠 주소 神戸市中央区北長狭通1-31-33 JR高架下1F
전화 078-334-1030 홈페이지 www.redrock-kobebeef.com 운영 11:30〜21:00 휴무 연중무휴
가는 방법 한큐(阪急) 전철 고베산노미야(神戸三宮) 역 서쪽 출구로 나와 산노미야한큐니시구치상점가
(三宮阪急西口商店街)로 진입하여 직진하면 오른편에 위치 키워드 레드락 본점

고베가 자랑하는 로스트비프덮밥

소고기를 오븐에 구운 서양식 요리 로스트비프를 밥 위에 얹은 로스트비프덮밥(ローストビーフ丼)과 같은 미국식 소고기 요리를 전문으로 하는 음식점이다. 로스트비프덮밥은 엄선한 소고기를 장시간 불에 익힌 다음 특제 소스를 넣고 구워낸 것으로 이 집에서 가장 인기가 높은 메뉴다. 미국산 소고기로 만든 스테이크덮밥도 있는데 두 메뉴를 업그레이드한 일본산 흑우 버전도 있으니 참고하자. 덮밥을 싫어하는 이들을 위해 밥과 메인 요리를 구분한 정식 메뉴도 판매하고 있다.

미소된장국이나 미니 샐러드가 포함된 세트 메뉴도 있다.

맵북 P.30-A2 🔊 모오리야 주소 神戸市中央区下山手通2-1-17 モーリヤビル
전화 078-391-4603 홈페이지 www.mouriya.co.jp 운영 11:00〜22:00(마지막 주문 21:00)
가는 방법 한큐 (阪急) 전철 고베산노미야(神戸三宮) 역 서쪽 출구에서 도보 5분 키워드 모리야 본점

고베에서라면 역시 고베규

140년 이상의 역사를 자랑하는 고베규 스테이크 전문점. 일본의 최상급 소고기로 꼽히는 고베규는 저녁 시간대보다 점심 시간이 저렴하면서 풍성한 한 상 차림을 즐길 수 있어 추천한다. 점심 메뉴는 스테이크를 주문하면 수프, 샐러드, 채소볶음, 밥 또는 빵, 커피 또는 홍차가 모두 포함된다. 주문하면 주방장이 눈앞에서 고기를 구워주며 곧바로 접시 위에 담아주므로 입에서 살살 녹는 따끈한 스테이크를 만끽할 수 있다. 소스에 찍어 구운 마늘이나 채소볶음과 함께 먹으면 더 맛있다.

그릴 스에마쓰
グリル末松

맵북 P.30-B2 ◀») 그리루스에마츠 주소 神戸市中央区加納町2-1-9
전화 078-241-1028 홈페이지 www.grill-suematsu.com 운영 11:30~14:30(마지막 주문 14:00),
18:00~22:00(마지막 주문 21:30) 휴무 화요일 가는 방법 JR 전철, 지하철 세이신야마테(西神山手) 선
산노미야(三ノ宮) 역 동쪽 1번 출구에서 도보 10분 키워드 Grill Suematsu

케첩 라이스와 크림소스의 조화

현지인의 큰 사랑을 받고 있는 경양식 전문점. 입소문으
로 인해 오사카, 교토 등 인근 도시에서 찾아온 방문객까
지 더해져 긴 행렬은 어느 정도 감수를 해야 한다. 점심
시간에만 선보이는 사쿠라 라이스는 이곳 오리지널 메뉴
로, 케첩 라이스 위에 돈카츠를 얹고, 크림 소스를 끼얹은
음식이다. 여태까지 맛본 적 없는 볼륨감 느껴지는 한 끼
식사에 포만감과 함께 만족감이 들 것이다.

버터향이 물씬 풍기는
걸쭉한 화이트 소스가 별미!

사보이
サヴォイ

맵북 P.30-B2 ◀») 사보이 주소 神戸市中央区三宮町1-9-1 センタープラザ東館B1F
전화 078-333-9457 홈페이지 www.jazz-voice.biz/savoy/savoy_1.html
운영 월~금요일 10:30~15:30, 토·일·공휴일 10:30〜19:00
가는 방법 센터플라자(センタープラザ) 동관(東館) 지하 1층에 위치 키워드 savoy

메뉴는 비프카레 단 하나

1988년에 창업한 사보이는 산노미야(三宮) 역 앞 센터플
라자(センタープラザ)에 위치한 일본식 카레 전문점이
다. 열 명 남짓 앉으면 빽빽할 만큼 좁아터진 가게 내부의
좌석은 모두 카운터석이지만 저렴한 가격과 풍미가 그윽
한 맛있는 카레를 보는 순간 모든 것이 용서된다.
메뉴는 비프카레(ビーフカレー) 단 한 가지에 불과하다.
밥의 양을 소, 중, 대 중에서 선택한 다음 달걀을 추가할
지 결정한다. 생맥주도 판매하여 반주를 즐기는 직장인의
모습을 종종 볼 수 있다. 인도 향신료 터머릭을 넣은 밥과
장시간 끓여 걸쭉한 카레 그리고 양배추를 얇게 썬 샐러
드의 심플한 구성이지만 만족할 만한 한 끼 식사를 즐길
수 있다.

`맵북 P.30-A2` 🔊 코오베니시무라코오히텐 주소 神戸市中央区中山手通1-26-3 전화 078-221-1872
홈페이지 www.kobe-nishimura.jp 운영 08:30~23:00 가는 방법 JR전철, 지하철 세이신야마테(西神山手) 선
산노미야(三ノ宮) 역 동쪽 8번 출구에서 도보 9분 키워드 니시무라 커피

神戸にしむら珈琲店
고베 니시무라 커피점

고베 오리지널 로컬 커피

1948년 기타노(北野) 지역의 작은 카페로 시작했으나
일본에서 처음으로 직접 로스팅한 원두를 사용한 스트
레이트 커피 메뉴를 선보이면서 입소문을 타고 순식간
에 고베를 대표하는 커피 전문점으로 우뚝 섰다. 니시무
라 오리지널 블렌드(にしむらオリジナルブレンド), 킬
리만자로(キリマンジャロ), 블루마운틴(ブルーマウン
テン) 등 니시무라가 자랑하는 스트레이트 커피를 비롯
해 비엔나커피, 카푸치노, 커피젤리(コーヒーゼリー) 등
초창기부터 많은 사랑을 받고 있는 커피와 각종 디저트
위주로 메뉴가 구성되어 있다. 또한 점심과 저녁 식사 메
뉴도 따로 마련되어 있다. 유럽 스타일의 고풍스러운 내
부 인테리어도 기분 전환에 그만이다.

프로인드리브 フロインドリーブ

`맵북 P.30-B2` 🔊 후로인도리이브 주소 神戸市中央区生田町4-6-15
전화 078-231-6051 홈페이지 h-freundlieb.com/wp1 운영 10:00~18:00(마지막 주문 17:30)
휴무 수요일(공휴일인 경우 다음 날) 요금 커피 ¥500~, 식사 메뉴 ¥1,050
가는 방법 JR전철 산노미야(三ノ宮) 역 중앙 출구에서 도보 10분 키워드 프로인드리브 본점

옛 예배당에서 우아한 식사를

등록 유형 문화재로 지정된 구 고베 유니언 교회(旧神戸
ユニオン教会)의 예배당을 개조해 만든 카페. 제1차 세계
대전 당시 포로로 붙잡혀 왔던 독일인 파티시에가 일본에
정착하면서 창업한 빵집이 시작이다. 1층은 빵, 케이크, 쿠
키 등 디저트를 판매하고 2층에 카페 이용을 위한 좌석이
마련되어 있다. 높은 천장과 스테인드글라스가 인상적인
카페 내부는 차분하면서도 우아한 분위기를 풍겨 마치 유
럽의 한 도시에 온 듯한 착각을 불러 일으킨다. 빵과 샌드
위치 메뉴의 평이 좋은 편이라 아침이나 점심 식사를 간
단하게 즐기기에도 좋다.

三宮センター街

산노미야 센터 거리

맵북 P.30-A2·B2 🔊 산노미야센타아가이 주소 神戸市中央区三宮町1~3丁目
전화 078-331-3091 홈페이지 3nomiya.com 가는 방법 JR 전철 고베(神戸) 선 산노미야(三ノ宮) 역 중앙
출구에서 도보 3분 키워드 산노미야 센터 가이

산노미야의 대표 상점가

고베 최대 번화가이자 교통망의 중심인 산노미야(三宮)에 위
치한 대형 상점가로, 1946년 오픈하여 2016년에 탄생 70주
년을 맞이하였다. 다른 아케이드형 상점가보다 비교적 면적
이 넓고 천장이 높아 쾌적하다. 패션 브랜드, 잡화, 고급 문구
점, 금은방 등 다양한 쇼핑 매장은 물론 레스토랑, 베이커리
등 유명 음식점도 다수 있어 선택의 폭이 넓다.

뿐만 아니라 간사이 첫 지점인 고베마루이(神戸マルイ)를 비
롯해 유니클로 자매 브랜드 GU와 종합 할인점 돈키호테가
자리하는 산노미야오파(三宮オーパ), 대형 전자제품 전문 매
장인 라비(LABI, 三宮), 일본의 대표 대형 서점인 준쿠도(ジ
ュンク堂) 등 유명 전문 매장도 상점가의 일부를 차지하고
있다. 천장에는 화가 가와니시 히데(川西英)가 그린 고베의
풍경을 스테인드글라스로 표현한 작품이 걸려 있으며, 상점
가 곳곳에서 예술작품을 발견할 수 있으니 유심히 살펴보자.

さんセンタープラザ

산센터 플라자

맵북 P.30-A2·B2 🔊 산센타아프라자 주소 神戸市中央区三宮町1-9-1 전화 078-331-5311
홈페이지 3nomiya.net 가는 방법 산노미야 센터거리(三宮センター街) 사이사이에 입구가 있다
키워드 Kobe San Center Plaza

500여 점포가 들어선 종합상업시설

산노미야 센터거리(三宮センター街)와 더불어 산노미야
를 대표하는 상업시설. 산센터플라자란 산플라자(さんプラ
ザ), 센터플라자(センタープラザ), 센터플라자 서관(セン
タープラザ西館) 등 독립적인 3개의 건물을 통칭하는 이름
이다. 전체 면적은 고시엔(甲子園) 야구장의 10배에 가까운
약 4만 평 규모로, 500여 개의 다양한 매장이 들어서 있으
며 일본 내에서도 손꼽히는 거대 쇼핑센터다. 나란히 붙어
있는 3개의 건물은 통로로 이어져 있어 이동하기 편리하며,
산노미야 센터거리와도 가까워 쇼핑 코스로 시간을 보내기
에 제격이다. 센터플러자 1층에는 산센터플라자 점포 정보
와 관광 정보 등을 제공하는 안내소 산노미야하테나(三宮
HATENA)가 자리한다.

산치카
さんちか

맵북 P.30-B2 ◀》 산치카 주소 神戸市中央区三宮町1-10-1 전화 075-761-0221
홈페이지 www.santica.com 가는 방법 지하철 가이간(海岸) 선 산노미야·하나도케이마에
(三宮·花時計前駅) 역 1번 출구에서 도보 1분 키워드 santica

산노미야 땅 아래로 뻗은 지하상가

1965년 산노미야 지하거리(三宮地下街)란 명칭
으로 개장한 지하상가로, 1985년 이곳의 애칭이었
던 산치카(さんちか)로 명칭을 변경하였다. 4와 9
를 제외한 1번가부터 10번가 그리고 아지노노렌
가(味ののれん街)의 총 9개 구역에 약 120여 점
포가 자리하며, 구역마다 각기 다른 테마로 점포
를 구성하고 있다. 1번가부터 6번가까지는 패션
매장, 7번가에는 디저트 전문점, 8번가에는 라멘
전문점, 10번가에는 레스토랑이 주로 입점해 있
다. 아지노노렌가 구역에는 라멘, 돈카츠, 소바 등
을 판매하는 14곳의 일본 요리 음식점이 있어 쇼
핑 도중 한 끼 식사를 해결하기에도 좋다.

**고베
한큐**
神戸
阪急

맵북 P.30-B2 ◀》 코오베한큐유 주소 神戸市中央区小野柄通8-1-8 전화 078-221-4181
홈페이지 www.hankyu-dept.co.jp/kobe 운영 10:00~20:00 가는 방법 한신(阪神) 전철
고베산노미야(神戸三宮) 역 서쪽 출구에서 도보 3분 키워드 한큐백화점 고베점

고베의 랜드마크급 백화점

1933년에 문을 열어 85년 이상 영업하며
고베를 대표하는 백화점으로 이름을 떨
친 소고(SOGO)가 2019년 새 단장을 했
다. 일반 백화점 형태의 본관에는 구찌, 생
로랑, 반 클리프 아펠, 티파니, 미키모토 등
유명 브랜드가 입점해 있으며, 바로 옆에
위치하는 신관에는 생활 취미 잡화 전문점
로프트, 한국인이 사랑하는 생활용품 브랜
드 무인양품 등으로 이루어져 있다. 지하 1
층에는 식품점과 디저트, 베이커리 등 고
베의 명물이 한자리에 모여 있어 이것저것
구매하기에 좋다.

고베 베이 에어리어 神戸ベイエリア

must do.

01.

모토마치의 대표 명소인 난킨마치와
구거류지에서 이색적인 풍경을 만끽하자!

02.

고베 포트타워에 올라 고베 전경을
감상하자!

Chapter 02.

2017년은 일본을 대표하는 국제 무역항구 고베항이 개항한 지 150주년이 되는 해였다. 일찍이 교역 거점 역할을 해온 곳인 만큼 문호개방에도 적극적인 자세를 보여 왔다. 덕분에 여느 도시와는 다른 이국적인 분위기가 물씬 풍기며, 특히 고베항이 인접한 항만 지구와 모토마치 부근에서 이러한 특징이 두드러진다.

03.

하버랜드에서 고베의 아름다운 야경을 배경으로 예쁜 기념사진을 남기자!

04.

고베가 자랑하는 일본식 양식 맛보기.

고베 베이 에어리어
map

고	베		
베	이	에	어	리	어
	하	루	여	행

모토마치 역을 중심으로 관광 명소가 모여 있으므로 먼저 역에서 제일 가까운 구거류지부터 돌아보고 상점가와 난킨마치를 구경하다 보면 항만 지구에 가까워져 있을 것이다. 고베 포트타워를 비롯한 메리켄파크의 명소를 돌아보고 맛집과 쇼핑이 한데 모인 하버랜드에서 고베의 밤을 즐겨보자.

고	베		
베	이	에	어	리	어
	찾	아	가	기

❶ 모토마치(元町)는 JR 전철, 한신 전철, 고베 고속철도의 모토마치(元町) 역 또는 지하철 가이간(海岸) 선의 규쿄류치·다이마루마에(旧居留地·大丸前) 역에서 하차한다.
❷ 하버랜드(ハーバーランド)는 지하철 가이간(海岸) 선의 하버랜드(ハーバーランド) 역 또는 JR 전철 고베(神戸) 역에서 하차한다.

고	베		
베	이	에	어	리	어
	추	천	코	스

모토마치에서 고베항이 위치한 바닷가로 이어지는 항만 지구는 사실 고베 관광의 핵심이라고 볼 수 있다. 고베의 이국적인 정서를 느낄 수 있는 난킨마치와 구거류지, 고베항의 야경을 즐길 수 있는 메리켄파크와 하버랜드가 위치하기 때문이다. 시간이 촉박한 여행자라면 이 구역만이라도 확실하게 둘러보자.

course

고베 구거류지 ── 도보 10분 ── 모토마치 상점가 ── 버스 15분 ── 난킨마치 ── 도보 10분 ──

고베 포트타워 ── 버스 10분 ── 메리켄파크 ── 도보 5분 ── 하버랜드

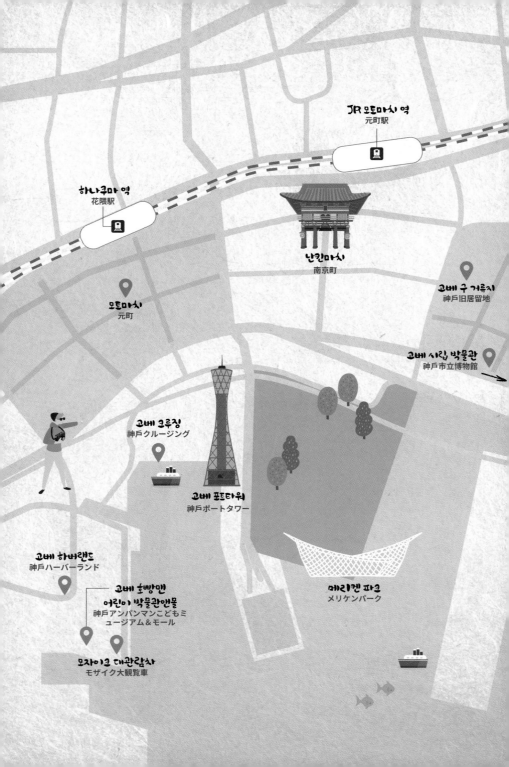

JR 모토마치 역
元町駅

하나쿠마 역
花隈駅

난킨마치
南京町

모토마치
元町

고베 구 거류지
神戸旧居留地

고베 시립 박물관
神戸市立博物館 →

고베 크루징
神戸クルージング

고베 포트타워
神戸ポートタワー

메리켄 파크
メリケンパーク

고베 하버랜드
神戸ハーバーランド

고베 호빵맨
어린이 박물관앤몰
神戸アンパンマンこどもミ
ュージアム＆モール

모자이크 대관람차
モザイク大観覧車

모토마치 元町

맵북 P.31-A2·B2 🔊 모토마치 주소 神戸市中央区元町通 홈페이지 www.kobe-motomachi.or.jp
가는 방법 JR 전철, 한신 전철, 모토마치(元町) 역에서 나오면 모토마치 상점가가 시작된다
키워드 모토마치 상점가

고베 관광의 중심지

고베의 관광과 생활의 중심지로 여행자가 즐길 만한 상업시설이 한데 모여 있다. 1.2km 길이의 기다란 모토마치 상점가(元町商店街)에는 카페, 디저트 전문점, 음식점 등 300여 점포가 들어서 있어 고베를 대표하는 맛집 거리로 유명하다. 의류, 액세서리, 패션 잡화 등 쇼핑 관련 점포도 즐비해 도쿄의 긴자(銀座), 오사카의 신사이바시(心斎橋)와 함께 3대 명품 상점가로 꼽힐 정도로 쇼핑 명소로도 알려져 있다. 간사이 지방을 대표하는 차이나타운 난킨마치(南京町)와 고급 패션 브랜드숍이 자리한 세련된 거리 구거류지(旧居留地)도 모토마치 지역에 위치한다. 시간 여유가 없는 와중에 짬을 내어 고베를 방문한 여행자들은 대부분 이 주변을 관광하고 야경을 보러 베이 에어리어로 넘어간다.

난킨마치 南京町

맵북 P.31-A1·B1 🔊 난킨마치 주소 神戸市中央区元町通·栄町通1～2
홈페이지 www.nankinmachi.or.jp 가는 방법 고베 시영 지하철 가이간(海岸) 선
규코류치다이마루마에(旧居留地·大丸前) 역 1번 출구에서 도보 1분 키워드 난킨마치

고베 속의 작은 중국

요코하마(横浜), 나가사키(長崎)와 함께 일본 3대 차이나타운으로 꼽히는 거리. 모토마치 거리(元町通)와 사카에마치 거리(栄町通) 사이에 난 좁은 골목 일대를 가리키며 중화 요리, 중국 식료품점, 잡화점 등 약 100여 점포가 줄지어 있다. 거리 한가운데에 있는 난킨마치 광장 아즈마야(あづまや)를 중심으로 각 십자로도 끝에는 이곳의 상징인 문이 우뚝 서 있다. 동쪽은 조안몬(長安門), 서쪽은 세이안몬(西安門), 남쪽은 가이에몬(海栄門)이라 불린다. 1월 또는 2월에는 춘절을 맞이한 축제가, 9월 또는 10월에는 중추절 축제가 열리는 등 다채로운 이벤트도 개최된다.

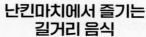

난킨마치에서 즐기는 길거리 음식

❶ 로쇼키 老祥記의 부타만주 豚饅頭
중국 톈진(天津) 지방의 만주를 일본인 입맛에 맞춰 개발한 돼지고기 찐빵. 창업 100년이 넘은 난킨마치의 상징과도 같은 곳이다.

주소 神戸市中央区元町通2-1-14
운영 10:00~18:30 휴무 월요일(공휴일인 경우 다음 날)

> **Tip**
> 로쇼키가 휴무인 경우 근처 자매점 '소케파오츠칸 曹家包子館'에서 로쇼키의 부타만주를 판매한다.
> 주소 神戸市中央区元町通1-3-7
> 운영 10:00~18:30 휴무 화요일

❷ 타이완 탕파오 台湾タンパオ의 샤오룽바오 小籠湯包
다량의 찜통으로 쪄낸 육즙이 그득한 돼지 만두를 전문으로 하는 곳.

주소 神戸市中央区栄町通1-3-13
운영 월~금요일 11:00~18:00 토·일·공휴일 11:00~19:00 휴무 수요일(공휴일인 경우 다음 날)

❸ 윤윤 YUNYUN의 야키샤오룽바오 燒小籠包
초대형 프라이팬으로 구워 겉은 바삭하고 속은 쫄깃한 샤오룽바오.

주소 神戸市中央区栄町通1-3-17
운영 11:00~18:00

❹ 코란 皇蘭의 가쿠니망 角煮まん
사각 썰기한 돼지고기 조림을 중국식 찐빵인 바오쯔 사이에 끼운 것.

주소 神戸市中央区栄町通2-10-6
운영 09:00~17:00 휴무 토·일요일

❺ 고베코로케 神戸コロッケ의 비프크로켓 ビーフコロッケ
일본의 소고기 고급 품종 쿠로게와규(黒毛和牛)로 만든 크로켓 전문점.

주소 神戸市中央区元町通2-4-1
운영 11:00~18:00

맵북 **P.31-B1** 🔊 코오베시리츠하쿠부츠칸 주소 神戸市中央区京町24 전화 078-391-0035
홈페이지 www.kobecitymuseum.jp 운영 09:30~17:30(특별전 개최 시 금·토요일 ~19:30)
휴무 월요일(월요일이 공휴일인 경우 다음 날) 요금 성인 ¥200, 고등학생·대학생 ¥150,
초·중학생 ¥100/특별전 개최 시 요금이 달라진다. 가는 방법 지하철 가이간(海岸) 선
구쿄류치다이마루마에(旧居留地·大丸前) 역 1번 출구에서 도보 8분 키워드 고베시립박물관

고베 시립 박물관 神戸市立博物館

고베의 역사를 알고 싶다면

고베의 역사와 문화 교류 관련 자료를 전시한 박물관
으로 구거류지 내에 위치한다. 1935년 요코하마쇼킨은
행(横浜正金銀行) 고베 지점으로 건축된 건물은 신 고
전 양식의 명건축물로 꼽히며 등록 유형 문화재로 지
정되어 있다. 1982년 고베 시립 난반 미술관(神戸市立
南蛮美術館)과 고베시 고고관(神戸市立考古館)을 통
합하여 현재의 새로운 박물관으로 개관하였고, 국보를
비롯해 고고학과 고베의 역사 자료, 고베 관련 미술 자
료 등을 수집, 보존하고 있다. 현재는 고베의 역사를 소
개한 상설 전시와 다양한 특별전도 개최하고 있다.

맵북 **P.31-B1** 🔊 코오베큐쿄류우치 주소 神戸市中央区京町 홈페이지 www.kobe-kyoryuchi.com
가는 방법 지하철 가이간(海岸) 선 규큐류치다이마루마에 (海旧居留地·大丸前) 역에서 하차하여 1번 출구
다이마루고베 백화점으로 올라가면 구거류지가 시작된다 키워드 구거류지

고베 구 거류지 神戸旧居留地

멋스러운 서양식 건물이 한곳에

1868년 고베항이 개항하면서 조성
된 외국인 거주지 및 교역 구역이다.
에도 막부에 펼쳤던 쇄국정책이 막
을 내리고 고베항을 비롯해 일본 전
역에 5개 항이 개항했다. 일본 정부
는 당시 고베항을 통해 들어온 외국
인과 일본인의 분쟁을 막기 위해 고
베 시가지에서 조금 떨어진 곳을 외
국인 거류지로 지정하여 한 곳으로
모이게 하였다. 이후 다이쇼(大正)
시대부터 일본인도 모이게 되면서
고베 비즈니스의 중심지로 발전하
게 된다. 현재는 서양식 건물에 고베
시립 박물관, 백화점, 패션 부티크,
레스토랑 등이 들어서 멋스러운 분
위기를 자아낸다.

Tip 구거류지를 배경으로 멋스러운 기념 촬
영을 할 수 있도록 각도, 시간대, 촬영 팁을 소개
한 홈페이지가 있다. 방문 전 참고하면 좋다.
홈페이지 www.kobe-kyoryuchi.com/genicspot

FEATURE

구거류지의 주요 건물들

구거류지 38번관
旧居留地38番館
미국의 건축가 윌리엄 메렐 보리스 (William Merrell Vories)가 설계한 건물. 당시에는 내셔널 시티 뱅크 오 브 뉴욕의 고베 지점이었다. 현재는 다이마루고베 백화점(大丸神戸)의 별관으로 사용 중이다.

쇼센 미쓰이 빌딩
商船三井ビルディング
레트로 빌딩의 대표 격인 아메리칸 르네상스 양식의 건물. 1922년 해 운회사 오사카쇼센(大阪商船)의 고베 지점으로 지어져 현재는 사무 실 빌딩으로 이용되고 있다.

구거류지 15번관
旧神戸居留地十五番館
1880년 건축된 개방적인 베란다를 가진 콜로니얼 스 타일 건축물로, 미국 영사 관으로 쓰였다. 등록 유형 문화재로 지정되었다.

쉽 고베 가이간 빌딩
シップ神戸海岸ビル
쇼센미쓰이 빌딩 건너편에 자 리한 건물. 종합상사인 미쓰이 물산(三井物産) 고베 지점으 로 건축된 후 1995년 고베 대 지진으로 파괴되었으나 재건 하면서 증축하였다.

신코 빌딩 神港ビルヂング
1939년 가와사키 기선의 본사 빌딩 으로 준공되었다. 전체적으로 단조 로운 디자인에 아르데코풍의 옥상 이 포인트가 되고 있다.

고베 메리켄 빌딩 神戸メリケンビル
고베 대지진에도 끄떡하지 않았다는 단단한 건 물. 현재는 웨딩드레스 전문점이 영업하고 있다.

📷

고베 포트 타워 神戸ポートタワー

맵북 **P.31-A2** 🔊 코오베포오토타와아 **주소** 神戸市中央区波止場町5-5 **전화** 078-335-6580
홈페이지 www.kobe-port-tower.com **요금** [전망플로어+옥상데크] 고등학생 이상 ￥1,200, 초등·중학생 ￥500
[전망플로어] 고등학생 이상 ￥1,000, 초등·중학생 ￥400, 미취학 아동 무료 **운영** 09:00~23:00, 연중무휴
가는 방법 시티루프(シティループ) 버스 탑승 후 나카톳테이·포토타와마에(中突堤·ポートタワー前)
정류장이나 메리켄파크(メリケンパーク) 정류장에서 하차하면 바로 앞에 위치 **키워드** 고베 포트타워

360도로 펼쳐지는 고베의 파노라마

높이 108m의 고베를 상징하는 존재로, 고베 항만 지구 중심부에 자리한 전망타워. 고베항과 고베시는 물론 시가지 뒤편에 자리한 롯코산(六甲山), 멀리는 오사카만 연안(大阪湾岸)까지 360도 사방으로 펼쳐진 탁 트인 파노라마 풍경을 감상할 수 있다. 일본의 전통 악기 쓰즈미(鼓)를 길게 형상화한 쌍곡면 구
조가 특징으로, 그 독특한 아름다움을 빗대어 '철탑의 미녀'라고도 부른다.
낮에는 눈에 확 띄는 새빨간 파이프 모양이 존재감을 드러내지만 밤이 되면 7,040개의 LED 조명이 뿜어내는 일루미네이션으로 화려한 야경을 선사한다. 전망대는 총 5개 층으로 이루어져 있으며 각각 다른 조망을 즐길 수 있다. 지상 1층에서 3층까지 마련된 무료 공간에서는 타워의 역사를 전시한 코너와 기념품점, 프랑스 요리점이 들어서 있다.

메리켄 파크 メリケンパーク

맵북 P.31-A2·B2 📢 메리켄파아크 주소 神戸市中央区波止場町2 전화 078-327-8981
홈페이지 www.kobe-meriken.or.jp 가는 방법 시티루프(シティループ) 버스 정류장 나카톳테이·
포토타와마에(中突堤·ポートタワー前)나 메리켄파크(メリケンパーク)에서 하차하면 바로 위치한다
키워드 메리켄 공원

바다 내음 그윽한 공원

고베항 사업의 일환으로 1987년 고베항 개항 120주년을
맞이하여 돌제(中突堤)와 메리켄 부두(メリケン波止場)
사이를 매립하여 조성한 공원. 공원 내에는 고베 포트타워
를 비롯해 선박과 항구의 역사를 전시한 고베 해양 박물관
(神戸海洋博物館), 고베 대지진 당시 파손된 부두 일부를
보존하여 지진의 무서움을 알리기 위해 정비한 고베항 지
진 메모리얼 파크(神戸港震災メモリアルパーク), 고베의
랜드마크 격인 건물로 파도의 물결을 형상화한 고베 메리
켄파크 오리엔탈 호텔(神戸メリケンパークオリエンタ
ルホテル) 등이 위치한다. 고베항 개항 120주년을 기념하
여 제작한 높이 22m의 예술작품으로 세계적인 건축가 프
랭크 게리(Frank Gehry)가 설계한 것을 일본의 대표 건
축가 안도 다타오(安藤忠雄)가 감수하여 제작한 피시댄스
(フィッシュ·ダンス)와 기념 촬영으로 인기가 높은 기념
물 BE KOBE도 빼놓지 말고 감상해 보자.

맵북 P.31-A2 🔊 코오베하아바아란도 주소 神戸市中央区東川崎町1 전화 078-360-3639
홈페이지 www.harborland.co.jp 운영 점포마다 상이 가는 방법 시티루프(シティループ) 버스 탑승하여
하바란도모자이크마에(ハーバーランド・モザイク前) 정류장에서 하차하면 바로 앞에 위치
키워드 고베 하버랜드

고베 하버랜드 神戸ハーバーランド

화려한 황금빛 야경

고베의 대표적인 관광 명소이자 대형 쇼핑센터다.
1992년 개장 후 많은 이들에게 사랑을 받았고, 최근
대대적인 리뉴얼 공사를 마치고 새로운 모습으로 손
님을 맞이하고 있다. 총 225개 점포에 달하는 복합
쇼핑몰 우미에(神戸ハーバーランドumie)가 탄생한
것이다. 노스몰(NORTH MALL), 사우스몰(SOUTH
MALL), 모자이크(MOSAIC)로 나뉘어 있으며 유니
클로, GU, ZARA, H&M, GAP 등 최신 유행의 SPA
브랜드나 셀렉트숍 나노 유니버스, 어반리서치 등 패
션 전문점이 다수 입점해 있다.
하버랜드 앞 다카하마 안벽(高浜岸壁)에서 바라보는
야경은 고베 야경 중에서도 으뜸으로 꼽히는데 건너
편에 자리한 고베 포트타워, 고베 해양 박물관, 오리
엔탈 호텔 등 고베의 랜드마크가 어우러진 화려한 풍
경은 보는 이로 하여금 탄성을 자아내게 한다.

FEATURE

하버랜드의 즐길 거리

모자이크 대관람차 モザイク大観覧車
고베 전경을 360도 감상할 수 있는 대관람차는 밤에 타면 야경을 온몸으로 느낄 수 있어 더욱 즐겁다. 여름에는 에어컨 시설도 갖추고 있어 쾌적하게 즐길 수 있다.
운영 10:00~22:00 요금 3세 이상 ¥800, 2세 이하 무료(6세 이하 어린이는 반드시 보호자와 동반 탑승 필수)

고베 호빵맨 어린이 박물관 앤 몰
神戸アンパンマンこどもミュージアム＆モール
한국인에게도 친숙한 만화 캐릭터 '호빵맨'의 세계가 펼쳐지는 박물관. 보고 만지고 느끼는 체험형 박물관으로 어린이 누구나 즐길 수 있다.
홈페이지 www.kobe-anpanman.jp 운영 박물관 10:00~18:00(마지막 입장 17:00) 기념품숍 10:00~19:00 요금 ¥2,000~2,500(날짜마다 다름)

고베 크루징 神戸クルージング
하버랜드 앞 선착장에서 출발하여 짧게는 고베항 부근을, 길게는 아카시 해협(明石海峽)까지 운항하는 크루즈는 고베에서 한 번쯤은 체험해볼 만하다. 점심, 애프터눈티, 트와일라잇, 나이트 등 시간별로 운행되며, 90~120분간 바다를 만끽할 수 있다. 음식을 즐기거나 음악회를 개최하는 등 크루즈마다 선상 내에서 즐길 수 있는 프로그램이 다양하며 가격도 천차만별이다.
전화 050-5050-0962 홈페이지 thekobecruise.com

아카노렌 赤のれん

맵북 **P.31-B1** 🔊 아카노렌 주소 神戸市中央区元町通2-1-14 전화 050-5488-6402
홈페이지 akanoren-kobe.gorp.jp 운영 11:30~15:00, 17:00~22:00(마지막 주문 21:30), 연중무휴
가는 방법 JR 전철, 한신 전철, 고베 고속철도의 모토마치(元町) 역 서쪽 출구에서 도보 1분 키워드 아카노렌

115년 전통의 고베규 전문점

일본의 고급 소고기 품종 중 하나인 고베규로 만든 스테이크, 샤부샤부, 스키야키 등을 합리적인 가격에 선보이는 인기 음식점. 섬세한 마블링에 매끄러운 육질이 특징인 고베규를 115년 이상 다룬 전문점이므로 맛은 어느 정도 보장이 된다. 테이블석과 개인실을 갖추고 있으나 일본 각지는 물론, 해외에서 온 여행자도 선호해 문 여는 시간에 맞춰 방문하는 것이 좋다.

맵북 **P.31-B1** 🔊 라미 주소 神戸市中央区三宮町3-4-3
전화 078-327-7225 운영 17:00~20:30 휴무 월·화요일 가는 방법
JR 전철 모토마치(元町) 역 서쪽 출구에서 도보 3분 키워드 lami

라미 L'Ami

현지인이 사랑하는 양식집

곧 25주년을 맞이하는 현지인의 유명 맛집. 늘 기다란 대기행렬을 이루며 변함없는 인기를 누리고 있다. 2000년 문을 연 이래 오므라이스, 오믈렛, 햄버그, 새우튀김, 카레, 게살 크림 크로켓 등 일본식 양식을 고집하고 있다. 합리적인 가격인 데다 맛도 좋아 높은 평가를 얻고 있다.

요쇼쿠노아사히 洋食の朝日

맵북 **P.31-A1** 🔊 요오쇼쿠노아사히 주소 神戸市中央区下山手通8-7-7
전화 078-341-5117 운영 11:00~15:00 휴무 토·일요일·공휴일 가는 방법 한신고베고속선(阪神神戸高速線)
니시모토마치(西元町) 역 동쪽 출구에서 도보 3분 키워드 요쇼쿠노 아사히

늘 변함없는 고전의 맛

합리적인 가격에 즐기는 최고의 경양식을 맛볼 수 있다는 고베에서 이름난 경양식 전문점. 모토마치 중심가에서 떨어진 한적한 주택가에 위치하는 데도 매일 긴 대기행렬을 만들어낸다. 인기 메뉴는 부드러운 육질과 진한 데미그라스 소스의 궁합이 맞는 비프카츠(ビフカツ). 이 외에도 돈카츠(とんかつ), 멘치카츠(メンチカツ), 새우튀김(エビフライ) 등 다양한 정통 경양식 메뉴가 있으며 밥과 미소된장국이 포함되어 있다. 점심에만 영업하므로 비교적 덜 붐비는 11:00 오픈에 맞춰서 가는 것을 추천한다.

카페라
カフェラ

맵북 P.31-B1 ◀◙ 카페라 주소 神戸市中央区明石町40大丸神戸店 1F 전화 078-392-7227
홈페이지 www.ufs.co.jp/brand/cfr 운영 09:45~21:00 가는 방법 고베 시영 지하철 가이간(海岸) 선 규쿄류치 ·
다이마루마에(旧居留地·大丸前) 역에서 하차하여 1번 출구로 나온다. 다이마루고베 백화점 1층에 위치
키워드 caffera

이국적인 테라스카페

다이마루고베(大丸神戸) 백화
점 건물 한쪽에 자리한 고전적
이고 모던한 분위기의 카페. 일
본의 커피 브랜드 UCC가 운영
하는 이 카페는 오래된 좋은 것
과 유행을 타지 않는 좋은 것을 남기고 싶다는 마음에서 만들었다고. 추운 겨울이 아니라면
밀라노의 한 커피 바를 재현한 테라스 좌석에 앉아 여유를 즐기는 것을 추천한다. 커피와
디저트 메뉴가 중심이므로 관광과 쇼핑 후 짬을 내어 휴식을 취하기에 좋다.

맵북 P.31-A2 ◀◙ 발음발음발음 주소 神戸市中央区東川崎町1-6-1 神戸ハーバーランドumie mosaic 2F
전화 078-341-3309 홈페이지 www.saint-marc-hd.com/doria 운영 11:00~22:00
가는 방법 고베 하버랜드 우미에 모자이크(神戸ハーバーランドumie MOSAIC) 2층에 위치
키워드 Kobe Motomachi Doria

고베 모토마치 도리아
神戸元町ドリア

고소하고 쫀쫀한 도리아

숙성된 치즈를 듬뿍 넣은 도리
아 요리를 맛볼 수 있는 음식점.
도리아란 쌀밥 위에 베샤멜소
스를 뿌려 오븐에 구운 것으로
그라탕과 비슷한 요리다. 화이
트크림, 토마토, 카레, 데미그라스소스 등을 베이스로 만든 정통 도리아와, 오므라이스와 도
리아가 합쳐진 오므도리아(オムドリア)를 비롯해 스튜, 수프, 리소토 스타일의 도리아를 기
간 한정으로 선보이고 있다. 점심시간에는 도리아와 샐러드 세트를 단품 메뉴보다 저렴한
가격에 즐길 수 있다.

포엠
Poem

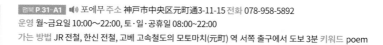

맵북 P.31-A1 ◀◙ 포에무 주소 神戸市中央区元町通3-11-15 전화 078-958-5892
운영 월~금요일 10:00~22:00, 토·일·공휴일 08:00~22:00
가는 방법 JR 전철, 한신 전철, 고베 고속철도의 모토마치(元町) 역 서쪽 출구에서 도보 3분 키워드 poem

진짜 일본식 다방을 소개합니다

좁은 골목길에 숨어 있어 아는 사람만 알던 단골 다방이었
다가 지금은 우연히 길을 걷다가 낭만 있는 외관을 마주친
보행자의 발을 붙잡아 복작복작한 분위기가 된 카페다. 내
부 역시 지금 유행하는 레트로 느낌이 물씬 느껴지며, 커
피, 푸딩, 레모네이드 등 복고풍 메뉴도 눈에 띈다. 가게 군
데군데에 비치된 만화책이나 문고책을 읽어도 좋다.

PLUS AREA

有馬温泉
아리마 온천

고베 북쪽 산기슭에 위치하는 대표적인 온천 마을로 기후(岐阜)현의 게로(下呂), 군마(群馬)현의
구사쓰(草津)와 함께 일본의 3대 유명 온천으로 꼽히는 아리마 온천. 고베 중심지에서 그다지
멀지 않은 곳에 위치하면서도 한적하고 고즈넉한 분위기의 고요함을 만끽할 수 있어 '간사이의
안방(関西の奥座敷)'이라는 수식어로 불리고 있다. 7가지 성분이 함유되어 효능이 풍부한
온천은 일본 최초의 역사서인 <일본서기(日本書紀)>에 기재되어 있을 만큼 예로부터 우수한
수질로 알려져 있다. 주소 神戸市北区有馬町 홈페이지 www.arima-onsen.com

 산노미야 출발 기준 고베 시영 지하철 산노미야(三宮)·고베(神戸) 전철
다니가미(谷上) 역·아리마구치(有馬口) 역·아리마온센(有馬温泉) 역 하차.

오사카 출발 : 한큐(阪急) 버스 운행 정류장 오사카(우메다 한큐삼번가) ▷
신오사카 고속버스 터미널 ▷ 아리마 온천
시간 오사카 기준 09:00~16:20, 1시간 소요 요금 성인 오사카 기준 ￥1,400, 어린이 ￥700 홈페이지 japanbusonline.com/ko

고베 출발 : JR 버스 운행 정류장 신고베 역(JR 전철) ▷ 산노미야 버스 터미널 ▷ 아리마 온천
시간 산노미야 버스 터미널 기준 08:50~15:40 요금 ￥780 홈페이지 www.nishinihonjrbus.co.jp/trans/lp/arima

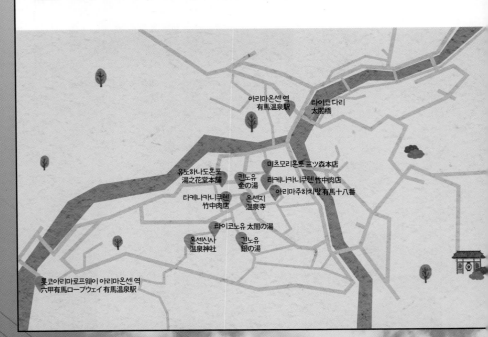

아리마 온천의 주요 온천

타이코노유
太閤の湯

주소 左有馬町池の尻292-2 전화 078-904-2291 홈페이지 www.taikounoyu.com
운영 10:00~22:00(마지막 입장 21:00) 휴무 부정기(홈페이지 확인) 요금 중학생 이상 월~금요일
¥1,980~2,750, 토·일·공휴일 ¥2,090~2,970(이용 시간에 따라 다름), 초등학생 월~금요일 ¥1,239,
토·일·공휴일 ¥1,430, 3~5세 월~금요일 ¥440, 토·일·공휴일 ¥550 키워드 다이코노유

우리에게 익숙한 일본의
무장 '도요토미 히데요시'가
즐겼다던 온천탕을 복원하여
26종류의 온천을 제공하는
온천 리조트. 지하 60km
깊이에서 용출된 고대
온천수는 일본 제일의 염분을
자랑한다고.

킨노유
金の湯

주소 有馬町833 전화 078-904-0680 홈페이지 arimaspa-kingin.jp/kin-01.htm
운영 08:00~22:00(마지막 입장 21:30) 휴무 둘째 주·넷째 주 화요일(공휴일인 경우 다음 날), 1/1
요금 고등학생 이상 월~금요일 ¥650, 토·일·공휴일 ¥800, 초·중학생 ¥350, 미취학 아동 무료
키워드 킨노유

철분과 염분이 듬뿍 함유된
고대부터 유서 깊은 황금빛
원천으로 홍수, 화재, 지진에도
살아남았다. 한국인 여행자
사이에서는 금탕으로 불린다.
건물 옆에는 무료 족욕탕도
마련되어 있다.

긴노유
銀の湯

주소 神戸市北区有馬町1039-1 전화 078-904-0256
홈페이지 arimaspa-kingin.jp/gin-01.htm 운영 09:00~21:00(마지막 입장 20:30) 휴무 첫째 주·셋째
주 화요일(공휴일인 경우 다음 날), 1/1 요금 고등학생 이상 월~금요일 ￥550, 토·일·공휴일 ￥700,
초등·중학생 ￥300, 미취학 아동 무료 키워드 긴노유

탄산천과 라듐천으로
이루어져 있어 무색에 투명한
온천수가 특징인 온천.
은탕이라는 이름이 붙어
금탕과 대비되곤 한다. 피부가
매끄러워져 여성에게 특히나
인기가 높다.

아리마 온천의 감초, 주전부리 모음

탄산 센베
炭酸せんべい

주소 유노하나도혼포(湯之花堂本舗)
有馬町1520－1 운영 09:00~18:00

철분과 염분을 함유한 아리마의
탄산천을 이용해 만든 전병
과자. 갓 구워 제공되는 전병의
소비 기한은 단 5초라는 점이
재미있다. 유노하나도혼포에서
맛볼 수 있다.

온천 만주
温泉饅頭

주소 미츠모리혼포(三津森本舗) 有馬町290-1
운영 월~수·금요일 09:00~18:30, 목요일 09:00~18:00,
토 09:00~21:00, 일요일 09:00~19:00

온천의 천연 수증기로 쪄낸 특별한 만주.
쫄깃한 겉의 식감과 팥소를 넣어 촉촉하면서도
달콤한 속이 절묘한 조화를 이룬다.
미츠모리혼포에서 맛볼 수 있다.

크로켓
コロッケ

주소 다케나카니쿠텐(竹中肉店) 有馬町813
운영 10:00~17:00 휴무 수요일

흑우 와규의 다진 고기로 만든 겉바속촉의 크로켓은 정육점이 추천하는 으뜸 메뉴다. 감자의 달달한 맛이 돋보이도록 시행착오를 거쳐 완성하였다고 한다. 다케나카니쿠텐에서 제공한다.

아카시야키
明石焼き

주소 아리마주하치방(有馬十八番) 有馬町1183
운영 월~금요일 11:00~17:30, 토·일요일 11:00~18:00 휴무 목요일

아리마 온천이 위치하는 효고현의 소울푸드도 안 먹어볼 수 없다. 푹신푹신한 반죽 속에 쫄깃한 문어가 들어간 다코야키의 원조다. 아리마주하치방에서 제공하고 있다.

아리마 사이다
有馬サイダー

아리마의 탄산천으로 만들어 강렬한 탄산과 상쾌한 맛이 매력인 음료. 놀라운 사실은 아리마 사이다가 일본에서 최초로 만들어진 사이다 음료라는 것. 아리마 온천 내 카페와 기념품점에서 만나볼 수 있다.

PLUS AREA

姫路城
히메지성

일본이 자랑하는 아름다운 성 히메지성은 일본 최초의 유네스코 세계문화유산이자 일본의
국보와 중요 문화재가 산재한 건축물이다. 1346년 요새가 있던 자리에 난보쿠초(南北朝) 시대의
무장 아카마쓰 사다노리(赤松貞範)가 본격적으로 축성하기 시작하였으며, 처음 지을 당시 작은
성에 불과했으나 해를 거듭할수록 점점 규모가 커졌다. 특히 아즈치 모모야마(安土桃山) 시대의
무장인 이케다 데루마사(池田輝政)가 성주가 되면서 대규모로 증축되었다. 이후 여러 차례
성주가 바뀌고 400년이 넘는 시간 동안 히메지를 지키는 상징적인 존재가 되었다.

국내외로 인정받은 성의 위엄

1931년 다이텐슈(大天守), 히가시코텐슈(東小天守)
등 8개 동의 천수각(天守閣)이 국보로, 74채의 건
물이 중요 문화재로 지정되었다. 일본 목조 성곽 건
축의 최고봉으로 꼽히는 설계 기술과 건축미를 인
정받아 1993년 나라(奈良)의 호류지(法隆寺)와 함
께 일본 최초의 유네스코 세계문화유산에 등재되었
다. 이토록 높은 평가를 받는 이유로는 독특한 건축
구조와 더불어 요새의 기능을 충실히 하는 방어설
비의 정교함, 날개를 펼친 우아한 백로의 자태 같다
하여 백로성(白鷺城)으로도 불리는 아름다움을 꼽을 수 있다. 또한 성 전체가 완성됐던 당시의 모습
그대로 보존이 잘 되어 있다는 점도 요인으로 꼽힌다.

2015년 눈부실 만큼 새하얀 성으로

2009년부터 시작해 5년 반이라는 긴 수리를 끝낸
다이텐슈는 2015년 3월 새하얗게 단장한 모습을 다
시 공개하였다. 재공개 후 기존의 성 색깔과는 확연
히 다른 새하얀 모습에 익숙하지 않은 이들이 의문
을 제기하였다. 하지만 이전의 색은 곰팡이로 인해
변질된 것이고 수리 후의 색이 히메지성이 탄생할
당시의 본래의 색이라고 한다. 곰팡이 억제제로 코
팅되어 있어 5~6년간은 지금의 새하얀 모습이 유지
된다. 다음 공사는 50년 후에 시행할 예정이다.

맵북 P 27 히메지조오 주소 姫路市本町68 전화 079-285-1146 홈페이지 www.city.himeji.lg.jp/castle
요금 18세 이상 ¥1,000, 초·중·고등학생 ¥300 운영 09:00~17:00(마지막 입장 16:00) 휴무 12/29, 12/30
가는 방법 JR 전철 히메지(姫路) 역에서 도보 25분, 산요(山陽) 전철 산요히메지(山陽姫路) 역에서 도보 20분
키워드 히메지 성

히메지성의 주요 볼거리

히시노몬 菱の門

히메지성에서 가장 큰 문으로 아즈치 모모야마(安土桃山) 문화의 화려한 건축양식을 띤다. 문 양쪽 기둥 위에 마름모(菱, 히시) 무늬가 새겨져 있어 이름 붙여졌다.

니시노마루 西の丸

천수각 서쪽에 자리한 정원이다. 정원 내 240m의 나가츠보네(長局)는 도쿠가와 이에야스(德川家康)의 손녀 센히메(千姬를) 모시는 여인들이 살고 있던 곳이다.

게쇼야구라 化粧櫓

센히메가 휴식을 취하던 곳이다. 센히메는 이곳에 10년을 머물며 1남 1녀를 낳았다.

다이텐슈 大天守

지하 1층, 지상 6층으로 된 히메지성의 상징과도 같은 곳이다. 내부에서는 적의 침입을 막기 위한 장치들을 볼 수 있으며 히메지성 주변 경관도 감상할 수 있다.

Tip 매일 20:00와 21:00부터 15분간 LED 조명에 비친 형형색색의 히메지성을 만나볼 수 있는 라이트업 행사를 개최한다. 세계적인 조명 디자이너가 기획, 계절마다 다른 연출을 선보여 기대감을 갖게 한다.

나라

나라는 어떤 여행지인가요?

간사이(関西) 지방 중앙에 위치하는 나라는 바다에 면해 있지 않은 내륙이지만 산과 고원이 있어 자연이 풍부한 지역이다. 한국인 여행자에게는 잘 알려져 있지 않으나 교토만큼 오래된 역사를 자랑하는 도시. 교토로 수도가 옮겨가기 전 나라 시대의 수도가 바로 현재의 나라시에 해당하는 지역이므로 유네스코 세계유산에 등재된 역사적 건축물과 국가 지정 중요문화재가 도시 곳곳에 산재해 있다. 옛 일본의 분위기를 느끼기에 손색이 없어 사람으로 넘쳐흐르는 교토가 부담스럽다면 훌륭한 대안이 될 것이다.

🚌
리무진 버스

✈
간사이국제공항   긴테쓰 나라 역   JR 나라 역

나라 공원 奈良公園

Chapter 01.

나라 관광의 핵심인 나라 공원 지역은 나라현의 중심구역이기도 하다. 드넓은 공원 내에는 유네스코 세계문화유산으로 등재된 유명 관광지부터 나라의 옛 정취를 느낄 수 있는 거리까지 나라의 매력을 느낄 수 있는 각종 명소가 자리한다. 보통 나라를 여행한다고 하면 이 지역 위주로 둘러본다고 생각하면 된다.

must do.

01.

나라 공원에서 사슴과 기념촬영 찰칵!

02.

도다이지에서 거대 불상 감상하기!

03.

시내 전망대에서 나라의 전경을 조망하자.

04.

나라마치에서 나라의 옛 정취를 느껴보자!

나라 공원
map

나	라		
		찾 아 가 기	

JR 전철 나라(奈良) 역에서 하차하여 가까운 산조 거리(三条通り)에서 시작하거나 긴테쓰(近鉄) 전철 긴테쓰나라(近鉄奈良) 역에서 하차하여 나라 공원까지 도보로 이동한다.

나	라		
		하 루 여 행	

반나절 또는 한나절 일정으로 나라를 둘러보기로 마음먹었다면 나라 공원 주변의 관광 명소를 위주로 둘러볼 것. 자신이 보고 싶은 명소나 하고 싶은 일정에 따라 전철 출발점을 정하자. 우선 점심을 먹고 움직이고 싶다면 시내 번화가인 산조 거리와 가까운 JR 전철 나라 역이, 사슴 구경을 먼저 하고 싶다면 긴테쓰 전철 긴테쓰나라 역이 좋다.

나	라		
		추 천 코 스	

나라 공원에서 사슴을 구경하는 것으로 산뜻하게 일정을 시작해보자. 대부분 도보로 이동할 수 있지만 시간적 여유가 없거나 걷기 싫다면 순환버스를 이용하는 것이 좋다. 공원 주변에 주요 명소가 한데 모여 있어 물 흐르듯 자연스럽게 즐길 수 있다.

course

나라 공원 ─ 도보 1분 ─ 도다이지 ─ 도보 10분 ─ 가스가타이샤

─ 도보 10분 ─ 우키미도 ─ 도보 10분 ─ 고후쿠지 ─ 도보 1분 ─ 사루사와연못

─ 도보 4분 ─ 나라마치 ─ 도보 6분 ─ 산조 거리

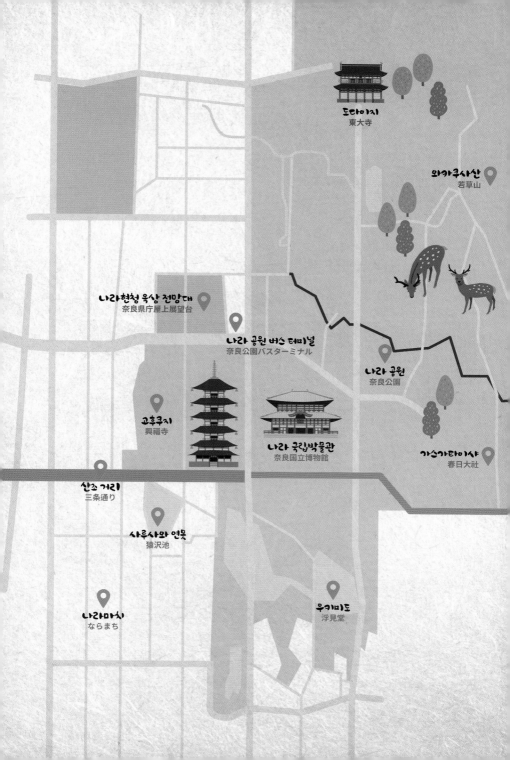

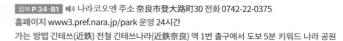

맵북 P.34-B1 ◀)) 나라코오엔 주소 奈良市登大路町30 전화 0742-22-0375
홈페이지 www3.pref.nara.jp/park 운영 24시간
가는 방법 긴테쓰(近鉄) 전철 긴테쓰나라(近鉄奈良) 역 1번 출구에서 도보 5분 키워드 나라 공원

나
라
공
원

奈良公園

사슴을 만나러 가는 힐링 여행

나라현을 대표하는 명승지이자 나라 관광의 핵심 구역으로, 나라를 여행한
다면 반드시 방문하는 곳이다. 약 200만 평 규모의 부지에는 유네스코 세
계문화유산에 등재된 사찰 도다이지(東大寺)와 고후쿠지(興福寺), 가스가
타이샤(春日大社)가 있다. 또한 일본의 국보와 중요문화재를 다수 소장한
나라 국립박물관(奈良国立博物館)도 공원 내에 위치한다.
공원을 방문하는 이유는 단지 널리 알려진 유명 관광지이기 때문만은 아니
다. 공원을 자유롭게 누비는 주인이자 마스코트로 많은 사랑을 받고 있는
1,000여 마리의 사슴을 만나러 많은 이들이 일부러 이곳을 찾는 것. 사슴
은 도다이지와 가스가타이샤로 가는 길목과 나라 국립박물관 부근에서 자
주 모습을 드러낸다. 노상에서 판매하는 일본식 전병 '시카센베이(鹿せん
べい)'를 먹이로 하면 더욱 가까이서 사슴을 지켜볼 수 있다. 주요 건축물을
비롯해 곳곳에 조명이 설치돼 있어 늦은 시간까지 공원을 즐길 수 있다.

Tip 일본 각지의 수많은 공원 가운데 왜 하필 나라 공원에는 사슴이 많은 걸까. 그 물음에 대한 해답은 공원 동쪽 가장자리에 있는 1,300년의 오랜 역사를 지닌 절 '가스가타이샤'에서 찾을 수 있다. 사원이 창건될 당시 신이 새하얀 사슴을 타고 내려왔다는 전설이 전해지면서 신의 사자로 여겨지기 시작하였다. 사슴은 현재 천연기념물로 지정되어 있으며, 예로부터 철저한 보호 아래 공원에서 서식하고 있다.

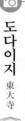

도다이지
東大寺

맵북 P.34-B1 토오다이지 주소 奈良市雜司町406-1 전화 0742-22-5511
홈페이지 www.todaiji.or.jp 운영 [대불전] 4~10월 07:30~17:30, 11~3월 08:00~17:00 [홋케도] 08:30~16:00
[도다이지뮤지엄] 4~10월 09:30~17:30, 11~3월 09:30~17:00 요금 입장권 중학생 이상 ¥800, 초등학생
¥400 [대불전·도다이지뮤지엄] 중학생 이상 ¥1,200 초등학생 ¥600 가는 방법 JR 전철 나라(奈良) 역,
긴테쓰(近鉄) 전철 긴테쓰나라(近鉄奈良) 역 앞에서 시내 순환버스 승차하여 다이부츠덴·가스가타이샤마에
(大仏殿·春日大社前) 정류장에서 하차하여 도보 5분 키워드 도다이지

대형 불상이 반기는 사원

743년 쇼무 일왕(聖武天皇)이 국가의 수호와 국민의 행복을 기원하고자 창
건한, 나라 시대를 대표하는 사찰. 당시 수도였던 헤이조쿄(平城京)를 중심
으로 꽃피운 불교 문화 '덴표(天平)'가 고스란히 담긴 상징적인 곳이다. 전
란이 빈번했던 시기인 헤이안(平安) 시대 말기부터 센고쿠(戦国) 시대에
걸쳐 건물 대부분이 소실되었지만 에도(江戸) 시대에 재건하여 지금의 모
습으로 남아 있다.

야구장 50배 크기의 넓은 경내에는 거대 불상이 자리한 대불전(大仏殿)과
매년 3월 전통 행사가 열리는 불당 니가츠도(二月堂), 도다이지에서 가장
오래된 건축물이자 나라 시대의 불상들이 진열된 홋케도(法華堂)가 자리한
다. 또한 도다이지의 역사와 미술에 관한 전시를 하는 도다이지뮤지엄(東
大寺ミュージアム)이 볼거리를 제공한다. 곳곳에 국보와 중요문화재가 자
리하므로 시간 여유를 두고 찬찬히 둘러볼 것을 권한다.

Tip 대불전 포즈의 의미는?
손바닥이 보이도록 든 오른손은 긴장을 풀고 두려워하지 않아도 된다는 격
려를 의미하며, 다리에 얹은 왼손은 소원이 이루어지기를 바라는 자비심을
나타낸다. 참고로 불상의 동글동글한 머리는 지혜를 상징한다.

도다이지의 볼거리

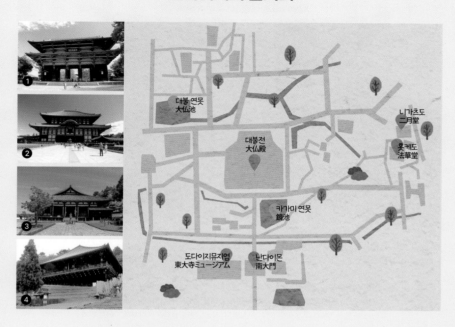

도다이지 관람 코스
난다이몬 ▶ 대불전 ▶ 홋케도 ▶ 니가츠도

❶ 난다이몬 南大門

높이 25.5m의 커다란 정문. 가마쿠라(鎌倉) 시대에 재건된 것으로 일본에서 가장 큰 삼문이다. 내부에는 69일 만에 만들어졌으며, 역동적인 움직임이 인상적인 곤고리키시입상(金剛力士立像)이 양쪽에 안치되어 있다.

❸ 홋케도 法華堂

경내에서 가장 오래된 건축물로, 나라 시대에 건립된 것으로 추정된다. 매년 음력 3월 법화회가 열린다 하여 산가츠도(三月堂)라고도 불린다. 불당에 안치된 후쿠켄사쿠관음입상(不空羂索観音立像)을 비롯한 불상들은 국보로 지정되어 있다.

❷ 대불전 大仏殿

세계 최대 규모의 목조 건물. 2번 소실된 후 에도(江戸) 시대에 세워진 현재 건물은 처음 건립되었을 때보다 작게 지어졌다고. 현지인에게 다이부츠사마(大仏さま)라는 애칭으로 불리는 높이 15m의 거대 청동불상 루샤나부츠(盧舎那仏)가 안치되어 있다. 불상의 콧구멍과 크기가 똑같은 하시라쿠구리(柱くぐり)는 불상 뒤편에 자리하는데, 기둥 밑 구멍을 통과하면 좋은 일이 생긴다고 전해진다.

❹ 니가츠도 二月堂

경내 동쪽에 자리한 불당. 음력 2월에 열리는 전통 법회 오미즈토리(お水取り)가 이곳에서 행해진다 하여 붙여진 이름이다. 행사는 세계 평화와 국민의 행복을 기원하기 위함이다. 건물 내 부타이(舞台) 정면에 서면 대불전과 나라 공원을 조망할 수 있다.

가스
가
타
이
샤

春日大社

앱북 **P.34-B2** ◀) 가스가타이샤 주소 奈良市春日野町160 전화 0742-22-7788
홈페이지 www.kasugataisha.or.jp 운영 3~10월 06:30~17:30, 11~2월 07:00~17:00
요금 [배관료] 무료 [국보전] 성인 ¥500, 고등·대학생 ¥300, 초등·중학생 ¥200 [만요식물원] 성인 ¥500,
어린이 ¥250 가는 **방법** JR 전철 나라(奈良) 역, 긴테쓰(近鉄) 전철 긴테쓰나라(近鉄奈良) 역 앞에서
나라교통버스 승차하여 가스가타이야혼덴(春日大社本殿) 정류장에서 하차하면 바로 위치
키워드 가스가타이샤

울창한 숲속 주홍빛 신사

전국에 있는 1,000여 군데 가스가신사(春日神社)
의 총본사로 768년에 창건하였다. 나라(奈良)시대
의 수도였던 헤이조쿄(平城京)의 수호와 국민의
번영을 기원하기 위해 건립되었다. 창건 당시 제신
이 사슴 등을 타고 등장하였다는 이야기가 전해져
사슴을 더욱 소중히 여기고 있다고 한다.

와카쿠사산(若草山) 일대에 드넓게 펼쳐지는 경
내에는 일본의 국보이자 강렬한 주홍색 기둥이 인
상적인 본전(御本殿)과 사전(社殿), 부부관계가
원만해지기를 기원하는 메오토다이코쿠신사(夫
婦大國社), 일본에서 가장 오래된 식물원인 만요
식물원(万葉植物園) 등 볼거리가 풍성하다. 산도
(参道)에 빽빽하게 늘어선 2,000여 개의 석등과

3,000개의 등롱은 헤이안(平安) 시대부터 자리하고 있으며, 역사적 가치가 높다고 일컫는
무로마치(室町) 시대 이전의 등롱도 이곳에서 볼 수 있다. 매년 2월과 8월에는 경내의 모든
등롱에 불을 밝히는 만토로우(万燈籠)가 열린다.

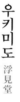

사루사와 연못 猿沢池

맵북 **P 34-A2** ◀️))) 사루사와이케 **주소** 奈良市芝辻町543 **전화** 0742-22-0375 **가는 방법** 고후쿠지(興福寺) 남대문적(南大門跡)에서 52계단(五十二段)을 타고 내려가면 바로 앞에 위치 **키워드** 사루사와 이케

나라 시민의 휴식처

고후쿠지(興福寺) 남쪽에 자리한 인공 연못. 작은 물고기나 짐승을 야생에 풀어줌으로써 살생을 금지하고 만물의 생명을 소중히 여기는 불교의식인 방생회(放生会)를 치르기 위해 749년 만들어졌다. 매년 수많은 물고기를 방생함에도 물속에는 물고기가 넘쳐나지 않아 예로부터 불가사의한 연못으로 불리고 있다. 버드나무 사이로 보이는 고후쿠지 오층탑이 연못과 어우러져 빼어난 절경을 이룬다 하여 나라 8경 중 하나로 꼽는다.

우키미도 浮見堂

맵북 **P 34-B2** ◀️))) 우키미도오 **주소** 奈良市高畑町 **가는 방법** JR 전철 나라(奈良) 역, 긴테쓰(近鉄) 전철 긴테쓰나라(近鉄奈良) 역 앞에서 시내 순환버스 승차하여 다이부츠덴 · 가스가타이샤마에 (大仏殿 · 春日大社前) 정류장에서 하차하여 도보 5분 **키워드** 우키미도

연못에 떠오른 팔각 정자

나라 공원 내 사기이케(鷺池) 연못 중앙에 자리하는 육각형 정자. 가스가타이샤에서 연못 방향으로 뻗은 길을 따라 숲을 걸으면 정자가 모습을 드러낸다. 봄철 벚꽃과 가을철 단풍 명소로 알려져 있다.

산조 거리 三条通り

맵북 **P 34-A2** ◀️))) 산죠오도오리 **주소** 奈良市三条町 **가는 방법** JR 전철 나라(奈良) 역에서 동쪽 출구로 나와 오른쪽에 큰 거리가 산조 거리의 시작이다 **키워드** Sanjo dori St

나라 시내 번화가

가스가타이샤(春日大社)에서 JR 전철 나라(奈良) 역까지 동서로 길게 뻗은 거리로 음식점, 기념품점, 드러그스토어, 편의점, 인포메이션센터 등이 밀집한 나라 시내의 중심가다. 본래 JR 전철 아마가쓰지(尼ヶ辻) 역까지 이어지는 거리 전체를 일컫지만, 일반적으로는 나라 역 부근에 형성된 상점가까지를 칭한다. 아담하고 귀여운 가게들이 옹기종

기 모여 있어 거리를 걷는 것만으로 나라를 관광하고 있는 듯한 기분이 든다. 나라 공원 일대의 명소를 관광한 다음 이곳에서 끼니를 해결하거나 기념품을 구입하도록 하자.

고후쿠지
興福寺

맵북 P 34-A1 ◀》 코오후쿠지 주소 奈良市登大路町48 전화 0742-22-7755
홈페이지 www.kohfukuji.com 운영 09:00~17:00(마지막 입장 16:45) 연중무휴 요금 [배관료] 대학생
이상 ￥700, 중·고등학생 ￥600, 초등학생 ￥300 [국보관·동금당(東金堂) 공통권] 대학생 이상 ￥900,
중·고등학생 ￥700, 초등학생 ￥350 [동금당] 대학생 이상 ￥300, 중·고등학생 ￥200, 초등학생 ￥100
가는 방법 긴테쓰(近鉄) 전철 긴테쓰나라(近鉄奈良) 역 2번 출구에서 도보 5분 키워드 고후쿠지

국보관의 불상에 주목

고도 나라의 문화재로서 유네스코 세계문화유산에 등재된 사찰이다.
후지와라노 가마타리(藤原鎌足)의 부인이 부군의 쾌유를 기원하기
위해 세운 곳으로 669년 교토에서 창건한 야마시나데라(山階寺)가
시초다. 이후 수도가 헤이조쿄(平城京)로 천도되면서 710년 지금의
자리에 고후쿠지란 이름으로 이전하였다.
경내에서 국보로 지정된 건물 4채, 중요문화재 1채 중 주목해야 할 곳
은 국보인 오층탑(五重塔)과 유물을 전시한 국보관(国宝館)이다. 나
라를 상징하는 탑이기도 한 오층탑은 50.1m 높이의 목조탑으로 교토
의 도오지(東寺)에 이어 일본에서 두 번째로 높다. 5차례 화재로 소실
되었으나 1426년 무로마치(室町) 시대에 재건되었다. 국보관에 전시
된 다수의 국보와 중요문화재 가운데 반드시 봐야 할 작품은 불상계
의 스타라 불리는 아슈라상(阿修羅像)이다. 본래 인도의 악신이었으
나 석가모니의 가르침에 의해 불교의 수호신이 된 아수라를 표현한
것으로 나라 시대의 걸작으로 손꼽힌다.

奈良国立博物館

나라 국립박물관

맵북 **P.34-B1** 🔊 나라코쿠리츠하쿠부츠칸 주소 奈良市登大路町50 전화 050-5542-8600
홈페이지 www.narahaku.go.jp 운영 일~금요일 09:30~17:00(마지막 입장 16:30), 토요일 09:30~20:00
(마지막 입장 19:30) 휴무 월요일, 12/28~1/1 요금 성인 ￥700, 대학생 ￥350, 18세 미만 무료
가는 방법 JR 전철 나라(奈良) 역, 긴테쓰(近鉄) 전철 긴테쓰나라(近鉄奈良) 역 앞에서 시내 순환버스
승차하여 히무로진자 · 고쿠리츠하쿠부츠칸(氷室神社 · 国立博物館) 정류장에서 하차하면 바로 위치
키워드 나라 국립박물관

불상 마니아라면 들러보아요

1895년 개관한 불교미술 전문 박물관. 나라
불교관(なら仏像館), 청동기관(銅器館), 동신
관(東新館), 서신관(西新館) 등 4채의 건물로
이루어져 있다. 이 중 나라불교관으로 명칭이
변경된 본관은 메이지(明治) 시대의 건축양
식이 돋보이는 붉은 벽돌 건축물로, 일본 정
부가 지정한 중요문화재로 등록되어 있다. 아

스카(飛鳥)에서 가마쿠라(鎌倉) 시대의 대표적인 불상은 물론 중국, 한국에서 건너온 불상
들도 만나볼 수 있다. 중국의 청동기 작품을 전시한 청동기관과 그림, 공예, 유물 등 불교미
술을 1개월 간격으로 교체해 전시하는 서신관도 빼놓지 말고 둘러보자.

奈良県庁屋上展望

나라현청 옥상 전망대

맵북 **P.34-B1** 🔊 나라켄초오오쿠조오텐보오다이 주소 奈良市登大路町30 전화 0742-27-8406
홈페이지 www.pref.nara.jp/4203.htm 운영 월~금요일 08:30~17:30 토 · 일 · 공휴일 4~10월
10:00~17:00 11~3월 13:00~17:00 휴무 부정기 요금 무료 가는 방법 긴테쓰(近鉄) 전철 긴테쓰나라
(近鉄奈良) 역 1번 출구에서 도보 5분 키워드 나라 현청

무료로 감상하는 나라 전경

무료로 나라 시내를 360도 감상할 수 있는 전망대.
누구나 나라의 조망을 즐길 수 있도록 나라현청이
옥상을 개방하였다. 동쪽에서는 도다이지와 와카쿠
사산이 한눈에 보이고 남쪽에서는 고후쿠지의 오층
탑이 우뚝 솟은 멋진 풍경이, 서쪽에서는 화창한 날
이면 저 멀리 헤이조큐세키(平城宮跡)까지 보인다.
눈앞에 펼쳐진 풍경을 확인할 수 있도록 친절한 안
내판이 설치되어 있으며, 옥상 전체에 잔디를 깔아
광장으로 조성했다. 벚꽃이 만발하는 봄과 단풍이 물
드는 가을에 아름다운 풍경을 만끽하기에 충분하다.

Tip 나라현 옥상 전망대와 와카쿠사산을 둘러볼 시간이 없다면 도다이지와 고후쿠지 주
변에 위치하는 나라 공원 버스 터미널 3층 옥상 정원에서도 나라 시내를 조망할 수 있다. 나라
를 방문하는 관광버스 전용 터미널로, 나라의 역사와 관광정보를 소개한 전시실과 기념품점,
음식점, 카페가 들어서 있다. 맵북 **P.34-B1** 주소 奈良市登大路町76

와카쿠사산
若草山

맵북 **P 34-B1** 🔊 와카쿠사야마 주소 奈良市雑司町 전화 0742-22-0375
운영 3월 셋째 주 토요일~12월 둘째 주 일요일 09:00~17:00 휴무 12월 셋째 주~3월 둘째 주
요금 중학생 이상 ¥150, 3세 이상 ¥80 가는 방법 JR 전철 나라(奈良) 역, 긴테쓰(近鉄) 전철
긴테쓰나라(近鉄奈良) 역 앞에서 나라교통버스 가스가타이샤혼덴유키(春日大社本殿行) 승차하여
카스가타이야혼덴(春日大社本殿) 정류장에서 하차하여 입구까지 도보 5분 키워드 와카쿠사 산

소소한 등산의 재미를 느끼는 호젓한 산

나라 공원 동쪽에 위치한 해발 342m의 아담한 산으로, 삿갓처럼 생긴 동그란 언덕 3개가 포개져 있는 듯한 형태 때문에 미카사산(三笠山)으로도 불린다. 가볍게 즐길 수 있는 등산 코스이자 나라 공원의 탁 트인 경치를 감상할 수 있는 뷰 포인트로 인기가 높다. 산 정상 부근에서도 사슴을 만날 수 있는데, 운이 좋으면 사슴과 나라 시내를 한 컷에 담은 멋스러운 사진을 찍을 수 있을지도 모른다.

남게이트(南ゲート)와 북게이트(北ゲート) 두 개의 입구를 통해 등산로를 따라 30~40분 정도 걷다 보면 산 정상에 도착한다. 어린이도 부담 없이 갈 수 있을 정도의 높이이나 도중에 가파른 구간이 있으므로 발이 편한 운동화를 착용하자. 산정 전망대에는 5세기경에 축조한 우구이스즈카 고분(鶯塚古墳)이 있다.

나라마치
ならまち

맵북 **P 34-A2** 🔊 나라마치 주소 奈良市中院町21 홈페이지 www.naramachiinfo.jp
가는 방법 사루사와 연못(猿沢池)에서 남쪽으로 직진하면 나라마치가 시작된다 키워드 naramachi

나라의 옛 정취를 느낄 수 있는

에도(江戸) 시대 이후에 지어진 전통 가옥이 즐비한 거리다. 일본 최초의 불교사원이자 현재 아스카데라(飛鳥寺)로 불리는 호코지(法興寺)가 헤이조쿄(平城京) 천도로 인해 이곳으로 이전하면서 간고지(元興寺)로 명칭을 변경하였고, 오늘날의 나라마치는 이 사찰의 경내에 해당한다. 에도 시대 중기부터 번창하기 시작하여 메이지(明治), 쇼와(昭和) 시대를 거쳐 상업의 중심지가 되었으나 긴테쓰나라 역(近鉄奈良駅)이 발전하면서 조용한 주택가로 변모하였다.

현재는 유네스코 세계유산으로 지정된 사찰 간고지를 중심으로 옛 모습을 간직한 자료관 나라마치코시노이에(ならまち格子の家), 나라마치카라쿠리오모차칸(奈良町からくりおもちゃ館), 카페, 기념품점 등 다양한 시설이 여행자를 반기고 있다.

시내 순환버스 타고 여행하기

나라 공원 주변을 한 바퀴 도는 시내 순환버스를 적극 활용하면 체력과 시간을 아끼며 더욱 편리하게 여행할 수 있다. 버스 정류장이 관광 명소 부근에 있고 눈에 띄는 노란색 버스로만 운행되어 알기 쉽다는 장점이 있다. 또한 나라교통버스가 판매하는 1일 승차권을 구매하면 더욱 저렴하게 이용할 수 있다는 점도 포인트. 스이카(Suica)나 이코카(ICOCA) 같은 IC카드로 승차 가능하나 3회 이상 버스를 탈 계획이라면 1일 승차권이 이득이다.

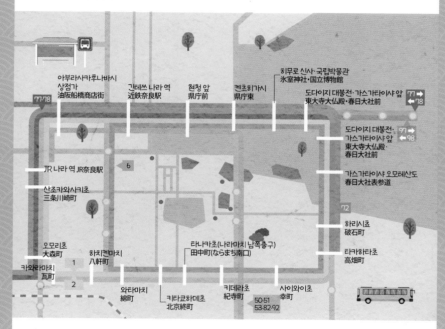

요금과 운행 시간

요금 1회 ¥250, 1일 승차권 ¥500 운행 시간 JR나라 역 시계 방향 기준
월~금요일 05:44~23:58, 토·일·공휴일 05:54~23:33, 15~20분 간격

Tip 주말과 공휴일에 방문했다면 구룻토 버스(ぐるっとバス)도 추천한다. 시내 순환 버스보다 정류장이 적고 요금이 저렴해 이득이다. 단, 평일에 운행하지 않는 점이 아쉬운 부분이다.

운행 노선 도다이지 대불전 앞 주차장 ▶ 도다이지 대불전·가스가타이샤 앞 ▶ 우키미도 ▶ 간코지·나라마치 ▶ JR 나라 역 서쪽 출구 ▶ 아부라사카후나하시 상점가 ▶ 긴테쓰나라 역 ▶ 현청 앞·나라 공원 버스 터미널 ▶ 도다이지 대불전 앞 주차장

요금 1회 ¥100, 1일 승차권 ¥500 시간 도다이지 대불전 앞 주차장 기준 09:00~17:00, 15분 간격

니시노쿄·이카루가 西ノ京·斑鳩

Chapter 02.

나라 공원 지역만큼은 아니지만 하나의 거대한 역사 박물관을 거니는 느낌을 받을 수 있다. 이카루가 지역의 대표적인 관광지인 호류지, 니시노쿄 지역의 헤이조큐세키·야쿠시지·사이다이지 등 이 구역에 위치한 명소 대부분이 유네스코 세계문화유산에 등재되어 있다.

must do.

01.

세계유산이 산재한 니시노쿄 지역을 찬찬히 살펴보자!

02.

세계에서 가장 오래된 목조 건축물인 호류지를 둘러보자!

03.
코스모스 흩날리는 호키지의 풍경 감상하기

04.
아스카에서 백제의 흔적 찾기

니시노쿄 · 이카루가
map

니	시	노	쿄	·
이	카	루	가	
		찾	아	가 기

❶ **니시노쿄** 헤이조큐세키와 사이다이지를 방문할 경우 긴테쓰(近鉄) 전철 야마토사이다이지(大和西大寺) 역에서 하차한다. 야쿠시지, 도쇼다이지를 방문할 경우 긴테쓰(近鉄) 전철 니시노쿄(西ノ京) 역에서 하차한다.
❷ **이카루가** 호류지와 호키지 모두 JR 전철 호류지(法隆寺) 역 앞에서 나라 교통버스를 이용해 이동하도록 한다.

니	시	노	쿄	·
이	카	루	가	
		하	루	여 행

나라 공원만큼 볼거리가 풍성한 지역인 만큼 시간을 어느 정도 할애해서 둘러보면 좋다. 니시노쿄 지역과 이카루가 지역의 주요 관광 명소를 둘러보는데 각각 반나절 이상이 소요되므로 시간 계산을 충분히 한 다음 동선을 고려하여 즐기도록 한다. 도보로도 이동이 가능하나 자전거를 대여하여 움직이는 것도 하나의 방법이다.

니	시	노	쿄	·
이	카	루	가	
		추	천	코 스

니시노쿄 지역과 이카루가 지역은 서로 전철로 이동하기 모호한 곳에 있고, 각각의 명소는 규모가 크거나 볼거리가 많은 편이므로 지역별로 반나절 또는 한나절씩 투자해 둘러볼 것을 권한다.

course

니시노쿄 **헤이조큐세키** ── 도보 20분 ── **사이다이지**

── 전철 5분 ── **도쇼다이지** ── 도보 15분 ── **야쿠시지**

이카루가 **호류지** ── 도보 20분 ── **호키지**

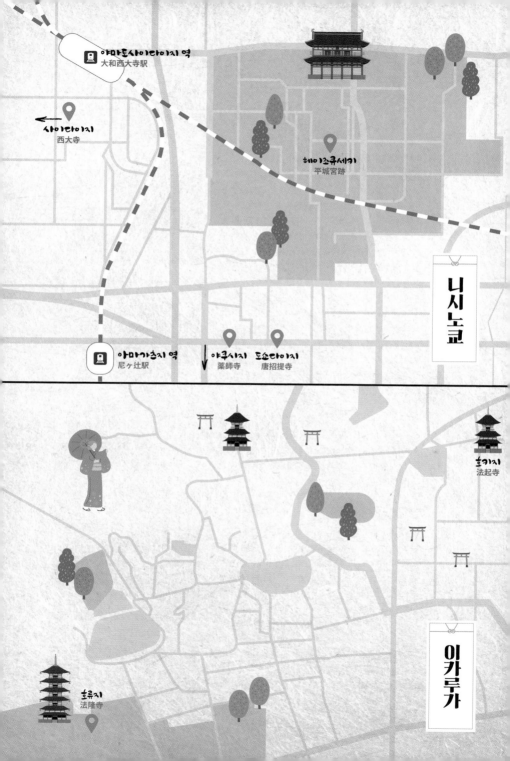

야마토사이다이지 역
大和西大寺駅

사이다이지
西大寺

헤이죠큐세키
平城宮跡

니시노쿄

야마가츠지 역
尼ヶ辻駅

야쿠시지
薬師寺

도쇼다이지
唐招提寺

호키지
法起寺

호류지
法隆寺

이카루가

헤이조큐세키 平城宮跡

맵북 P.35상단 ◀)) 헤에조오큐우세키 주소 奈良市佐紀町 전화 0742-30-8780 홈페이지 www.heijo-park.jp 운영 09:00~16:30(마지막 입장 16:00) 휴무 2·4·7·11월 둘째 주 월요일(공휴일인 경우 다음 날), 12/29~1/1 요금 무료 가는 방법 구룻토 버스(ぐるっとバス) 승차하여 스자쿠몬히로바마에(朱雀門ひろば前) 정류장에서 하차하면 바로 위치 키워드 평성궁 주작문

나라시대 수도의 왕궁 터

710년 나라(奈良) 시대의 수도였던 헤이조쿄(平城京)의 중심지이자 왕궁이 있던 자리다. 동서 1.3km, 남북 1km 넓이의 광활한 대지에 왕궁 헤이조큐(平城宮)의 정문인 스자쿠몬(朱雀門), 일왕 즉위식과 같은 국가의식이 행해지던 제1차 대극전(第一次大極殿), 왕의 궁전을 중심으로 조성된 도인 정원(東院庭園) 등이 옛 모습 그대로 복원되어 있다. 궁터 내에서 당시 모습을 알기 쉽게 소개하는 헤이조큐세키 자료관(平城宮跡資料館)과 발굴한 유구를 관람할 수 있는 유구 전시관(遺構展示館)을 운영하고 있다. 전시관 부근에 있는 제2차 대극전(第二次大極殿) 기단에 서면 궁터 전체 모습을 조망할 수 있다. 건물 간의 간격도 넓고 볼거리도 풍성한 편이므로 모두 둘러보는 데 꽤 많은 시간이 소요된다.

사이다이지 西大寺

맵북 P.35상단 ◀)) 사이다이지 주소 奈良市西大寺芝町1-1-5 홈페이지 saidaiji.or.jp 전화 0742-45-4700 운영 08:30~16:30(마지막 입장 16:00) 요금 본당, 아이젠도, 시오도 통합권 성인 ¥800, 중·고등학생 ¥600, 초등학생 ¥400, 미취학 아동 무료 가는 방법 긴테쓰(近鉄) 전철 야마토사이다이지(大和西大寺) 역 남쪽 출구에서 도보 3분 키워드 saidai-ji

남도칠대사 중 하나

765년 고켄(称徳) 일왕이 국가 수호와 평화 기원을 위해 7척의 금동사천왕상(金銅四天王像)을 제작한 것이 사원의 시초다. 나라 시대에 조정의 보호를 받았던 7개의 큰 절을 통틀어 남도칠대사(南都七大寺)라 하였는데, 당시 이에 포함된 사이다이지는 도다이지, 호류지 등과 함께 어깨를 나란히 하던 대형 사찰이었다. 헤이안(平安) 시대와 센코쿠(戦国) 시대 들어서 화재로 인한 소실로 쇠퇴하였으나 에도 시대 중기에 다시 재건하였다. 중요문화재로 지정된 본당, 아이젠도(愛染堂), 시오도(四王堂)가 그때 만들어진 건축물이다.

맵북 P.35상단 ◀◉ 야쿠시지 주소 奈良市西ノ京町457 전화 0742-33-6001 홈페이지 yakushiji.or.jp
운영 09:00~17:00(마지막 입장 16:30) 요금 성인 ￥1,000, 중·고등학생 ￥600, 어린이 ￥200
가는 방법 긴테쓰(近鉄) 전철 니시노쿄(西ノ京) 역 출구에서 도보 1분 키워드 야쿠시지

야쿠시지 薬師寺

질병 쾌유와 무병장수를 기원

나라 공원 부근의 고후쿠지(興福寺)와 더불어 불
교 법상종(法相宗)의 대본산이다. 680년 덴무(天
武) 일왕이 왕후의 쾌유를 기원하기 위해 후지와라
쿄(藤原京)(현 아스카 飛鳥)에 건립하였으며, 718
년 헤이조쿄(平城京) 천도와 함께 지금의 자리로
옮겨졌다. 대표적인 볼거리는 빼어난 아름다움을
지닌 동탑(東塔), 서탑(西塔) 등 두 개의 삼층탑과
불교미술의 수작으로 꼽히는 야쿠시삼존(薬師三
尊)이다. 동탑은 창건 당시의 모습을 간직한 유일
한 건축물로 언뜻 보기에는 육층탑으로 보이나 작
은 처마가 달린 독특한 형태의 삼층탑이다. 서탑은
초록색과 붉은색의 절묘한 조화가 돋보이는데 이
색 조합 자체가 나라라는 도시를 나타내는 것이라
한다. 야쿠시삼존은 일본 국보로 지정된 대표적인
고대 조각상으로 금당(金堂)에 안치되어 있다.

맵북 P.35상단 ◀◉ 토오쇼오다이지 주소 奈良市五条町13-46 전화 0742-33-7900
홈페이지 www.toshodaiji.jp 운영 08:30~17:00, 연중무휴 요금 [배관료] 대학생 이상 ￥1,000,
중·고등학생 ￥400, 초등학생 ￥200 [신호조(新宝蔵)] 성인 ￥200, 초등학생 이상 ￥100
가는 방법 긴테쓰(近鉄) 전철 니시노쿄(西ノ京) 역 출구에서 도보 10분 키워드 도쇼다이지

도쇼다이지 唐招提寺

사찰의 장엄한 아름다움

중국에서 건너온 고승 간진(鑑真)이 창건한 사찰
로 불교 율종(律宗)의 총본산이다. 일본에 건너온
지 5년이 지났을 때 니타베(新田部) 친왕으로부터
저택을 하사받은 간진은 759년 이곳을 계율을 공
부하는 수행의 연구도장으로 개조하여 문을 열었
다. 이후 그를 지지하는 이들의 기부로 강당(講堂),
호조(宝蔵) 등이 생겨나면서 사원으로서의 면모를
갖추기 시작했고 간진이 세상을 떠난 다음 그의 제
자에 의해 금당(金堂)이 세워졌다. 8세기 후반 창
건 당시의 모습을 그대로 간직한 금당과 나라 시대
의 왕궁이자 지금은 일부 건물과 터만 남은 헤이
조큐(平城宮)의 원형을 나타내는 유일한 건축물인
강당 등이 주요 볼거리다.

맵북 P.35하단 ◀)) 호오류우지 주소 生駒郡斑鳩町法隆寺山内1-1 전화 074-575-2555
홈페이지 www.horyuji.or.jp 운영 2월 22일~11월 3일 08:00~17:00, 11월 4일~2월 21일 08:00~16:30
요금 일반 ￥1,500, 초등학생 ￥750 가는 방법 JR 전철 호류지(法隆寺) 역 앞에서 나라교통버스 72번을
승차하여 호류지산도(法隆寺参道) 정류장에서 하차하면 바로 위치 키워드 호류지

호
류
지

法
隆
寺

세계에서 가장 오래된 목조 건축물

607년 쇼토쿠 태자(聖德太子)와 스이코(推古) 일
왕이 건립한 사찰로 불교 성덕종(聖德宗)의 총본산
이다. 일본 불교미술의 집대성으로 평가되며 아스
카(飛鳥) 시대의 문화를 엿볼 수 있는 대표적인 곳
이다. 이곳의 금당(金堂)은 현존하는 세계에서 가
장 오래된 목조 건축물로 1,400년의 역사를 자랑한
다. 1993년 '호류지 지역의 불교 건축물'이라는 이
름으로 일본에서 처음으로 유네스코 세계문화유산
에 등재되면서 세계적인 명성을 얻게 되었다. 금당,
오층탑(五重塔), 난다이몬(南大門) 등 총 19채의 건
물이 국보로 지정되어 있다. 5만 6,000여 평에 달
하는 넓은 경내는 크게 금당, 오층탑이 있는 사이인
(西院)과 유메도노(夢殿)가 있는 토인 (東院) 두 구
역으로 나눌 수 있다. 굵직한 건축물만 둘러보아도
최소한 2시간은 필요하므로 여유를 갖고 방문하는
것을 추천한다.

\ ZOOM iN /

호류지의 볼거리

❶ 난다이몬 南大門

호류지의 현관문. 창건 당시의 것은 화재로 소실되고 1438년에 재건한 것이다.

❷ 금당 金堂

아스카(飛鳥) 양식의 세계에서 가장 오래된 목조 건축물. 금당 내에는 일본 국보로 지정된 석가삼존상(釈迦三尊像)을 비롯해 아스카(飛鳥)와 하쿠호(白鳳) 시대의 불상이 안치되어 있다. 고구려의 화가 담징이 그린 금당벽화가 있었으나 1949년 화재로 소실되었고 현재는 모사도가 자리하고 있다.

❸ 오층탑 五重塔

높이 31.5m로 일본에서 가장 오래된 오층탑이다. 다섯 개의 누각은 밑에서부터 땅, 물, 불, 바람, 하늘을 나타내며 이는 불교의 우주관이기도 하다. 1층의 사방 부분엔 불교 설화의 장면을 나타내는 동상이 안치되어 있다.

❹ 유메도노 夢殿

나라 시대에 건립된 일본에서 가장 오래된 팔각원당. 당 중앙에는 쇼토쿠 태자(聖徳太子) 등신대 크기의 비불구세관음상(秘仏救世観音像)을 본존으로 두고 있다.

❺ 주우몬 中門

사이인의 입구 역할을 하는 문. 일본에서 가장 오래된 금강역사상(金剛力士像)이 문 양옆에 우뚝 서 있다.

호키지
法起寺

맵북 P 35하단 🔊 호오키지 주소 生駒郡斑鳩町大字岡本1873 전화 0745-75-2555 홈페이지 www.horyuji.or.jp/hokiji 운영 2월 22일~11월 3일 08:30~17:00, 11월 4일~2월 21일 08:30~16:30 요금 일반 ￥300, 초등학생 ￥200 가는 방법 JR 전철 호류지(法隆寺) 역 앞에서 나라교통버스 81번을 승차하여 호키지마에(法起寺前) 정류장에서 하차하면 바로 위치 키워드 강본산 법기사

코스모스와 어우러진 사원 풍경

호류지(法隆寺)와 함께 이카루가(斑鳩) 지역을 대표하는 사찰로 유네스코 세계문화유산에 등재되어 있다. 606년 쇼토쿠 태자(聖徳太子)가 법화경을 강연했던 오카모토 왕궁(岡本宮)을 사찰로 바꾼 것이다. 아스카(飛鳥) 시대에 지어진 현존하는 일본에서 가장 오래된 삼층탑이 있다. 처마 모양과 높이는 다르지만 호류지에 있는 오층탑과 흡사한 형태를 띠고 있다. 10월 중순, 가을이 되면 절 주변에는 코스모스가 만발하여 특별한 풍경이 펼쳐진다. 코스모스와 삼층탑이 한데 어우러진 모습이 워낙 아름다워 TV 광고에 배경으로 등장할 정도다.

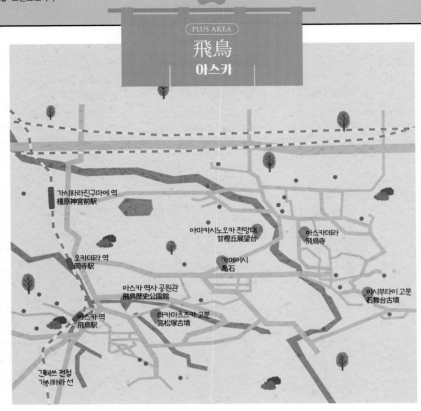

PLUS AREA

飛鳥
아스카

가시하라진구마에 역
橿原神宮前駅

아마카시노오카 전망대
甘樫丘展望台

아스카데라
飛鳥寺

오카데라 역
岡寺駅

가메이시
亀石

아스카 역사 공원관
飛鳥歴史公園館

이시부타이 고분
石舞台古墳

아스카 역
飛鳥駅

타카마츠즈카 고분
高松塚古墳

긴테쓰 전철
가시하라 선

스이코(推古) 일왕이 즉위한 6세기 말부터 지토(持統) 일왕이 후지와라쿄(藤原京), 현재 나라현가시하라(橿原)시로 천도하기 전까지 도읍지였던 아스카. 약 100년간의 아스카 시대에서 주목해야 할 부분은 이 시기에 꽃피웠던 아스카 문화에 가장 큰 영향을 끼친 것이 바로 백제가 전해준 불교 문화라는 점이다. 아스카의 이름은 일본으로 건너간 백제인이 안숙(安宿)이라고 부른 데서 유래하였다. 거창한 관광지랄 것도 없는 한적한 시골 마을에 불과하지만 이 지역 곳곳에 자리한 고분과 유적지에서 백제 문화의 흔적을 엿볼 수 있다.

찾아가기

긴테쓰(近鉄) 전철 아스카(飛鳥) 역에서 하차한다. 도보로 이동하는 하이커와 자전거를 빌려 이동하는 자전거족이 눈에 띈다. 주요 명소를 순회하는 아카카메(赤かめ) 버스가 있으므로 편리하게 이동할 수 있다.

추천코스

아스카 역 ▶ 다카마츠즈카 고분 ▶ 가메이시 ▶ 이시부타이 고분 ▶
아스카 절 ▶ 아마카시노오카 전망대

다카마츠즈카 고분 高松塚古墳

◀» 다카마츠즈카코훈 주소 高市郡明日香村平田444 전화 0744-54-3338
홈페이지 www.asukabito.or.jp/hekigakan.html 운영 09:00~17:00(마지막 입장 16:30)
휴무 2·4·7·11월 둘째 주 월요일(공휴일인 경우 다음 날), 12/29~1/3 요금 성인 ¥300,
고등·대학생 ¥130, 중학생 이하 ¥70 가는 방법 긴테쓰(近鉄) 전철 아스카(飛鳥) 역 앞에서
아스카 역사 공원(飛鳥歴史公園) 방향으로 도보 15분 키워드 다카마쓰 고분

1972년 우연히 발견된 벽화로 인해 유명 관광 명소로 떠오른 곳이다. 7세기 말에서 8세기 초에 축조된 것으로, 고분에 묻힌 이는 정확히 알 수 없으나 덴무(天武) 일왕의 왕자나 신하, 또는 우리나라 왕족일 것이라는 설이 있다. 고분은 일본 정부가 정한 특별역사유적지로, 벽화는 국보로 지정되어 있다. 벽화는 수리 및 복구 중인 관계로 볼 수 없지만 고분 서쪽에 위치한 다카마츠즈카 벽화관(高松塚壁画館)에 전시된 모사도와 내부의 모형으로 확인할 수 있다.

가메이시 亀石

◀» 가메이시 주소 高市郡明日香村川原108 가는 방법 다카마츠즈카 고분에서 도보 20분
키워드 귀석

은은한 미소를 짓는 거북이가 웅크린 듯한 모양을 한 길이 약 3.6m, 무게 약 40톤의 거대한 화강암 자연석. 당시 아스카와 인접한 다이마 지역(현 가츠라기시 葛城市)과의 기나긴 싸움 끝에 호수의 물을 빼앗기자 호수에 살고 있던 수많은 거북이가 죽고 말았다고 한다. 이를 불쌍히 여긴 마을 사람들이 돌에 거북이를 새겨 공양했다는 설이 있다. 원래 북쪽으로 향해 있던 거북이 돌은 서쪽을 향하면 나라 일대가 홍수에 잠긴다는 무서운 전설로 인해 후에 남서쪽으로 방향을 틀었다고 한다.

이시부타이코훈 주소 高市郡明日香村島庄254 전화 0744-54-3240
홈페이지 www.asuka-park.jp/area/ishibutai/midokoro/#midokoro01
운영 09:00~17:00 요금 성인 ￥300, 학생 ￥100 가는 방법 긴테쓰(近鉄) 전철 아스카 (飛鳥) 역 앞에서
아카카메버스(赤かめバス) 승차하여 이시부타이(石舞台) 정류장에서 하차해 도보 3분
키워드 석무대 고분

이시부타이 고분
石舞台古墳

아스카를 대표하는 역사 유적지로 아스카 역사 공원 내에 자리한다. 일본으로 건너간 백제인(일본에서는 구다라닌 百済人으로 표기)이자 아스카 시대의 최대 권력자였던 소가노 우마코(蘇我馬子)의 고분으로 알려졌다. 일본에서 가장 큰 고분으로 총 2,300톤에 달하는 화강암 30여 개를 쌓아 만든 것이다. 돌 윗부분이 마치 무대와도 같은 형태를 띤다 하여 돌 무대라는 의미의 이시부타이라는 이름이 붙여졌다. 달이 뜨는 밤이면 여우가 미녀로 변신해 고분 위에서 춤을 췄다는 전설이 내려온다.

아스카데라
飛鳥寺

◀)) 아스카데라 주소 高市郡明日香村大字飛鳥682
전화 0744-54-2126 운영 4~9월 09:00~17:30, 10~3월 09:00~17:00 휴무 부정기
요금 대학생 이상 ¥350, 중·고등학생 ¥250, 초등학생 ¥200
가는 방법 긴테쓰(近鉄) 전철 아스카(飛鳥) 역 앞에서 아카카메버스(赤かめバス) 승차하여
아스카다이부츠(飛鳥大仏) 정류장에서 하차해 도보 1분 키워드 아스카데라

596년 일본으로 건너간 백제인들
에 의해 지어진 사찰로 일본에서 가
장 오래된 불교사원이다. 창건 당시
가람 대부분은 불에 타 사라지고 현
재는 탑과 강당만이 남아 있다. 본
존에는 중요문화재이자 아스카다이
부츠(飛鳥大仏)라 불리는 동조석가
여래좌상(銅造釈迦如来坐像)이 안
치되어 있다.

아마카시노오카 전망대
甘樫丘展望台

◀)) 아마카시노오카텐보오다이 주소 高市郡明日香村豊浦 전화 074-454-2441
가는 방법 긴테쓰(近鉄) 전철 아스카(飛鳥) 역 앞에서 아카카메버스(赤かめバス) 승차하여
아마카시노오카(甘樫丘) 정류장에서 하차하면 정문이 보인다. 도보 15분 키워드 아마카시 언덕

아스카 시대 정권 실세였던 소가(蘇
我) 가문의 저택 터전이었던 곳이
다. 해발 148m로 현재는 아스카의
아름다운 풍경을 조망할 수 있는 전
망대로 조성되어 있다. 산책하는 기
분으로 숲길을 따라 10~15분 정도
올라가면 전망대에 도착한다.

와카야마

와카야마는 어떤 여행지인가요?

오사카, 교토, 고베 등 존재감 있는 굵직한 도시가 모여 있는 간사이 지방은 일본 국내에서도 높은 인기를 누리고 있는 여행 지역이다. 같은 지방에 속한 와카야마는 여타 도시에 비해 한국인 여행자에게는 다소 낯선 지역인지라 오사카를 방문하는 관광객이 반드시 찾는 필수 여행지라고는 할 수 없다. 다만 다른 도시와는 차별화된 매력이 있는 곳이기에 장기간 여행자나 간사이 지역을 자주 방문해 새로운 곳을 발굴하고 싶거나 비교적 관광객이 적어 한산한 분위기를 즐기고 싶은 이들에게 적극 권하는 곳이다.

| 간사이국제공항 | JR 전철 쾌속 | 히네노 역 | JR 전철 특급 | 시라하마 역 |

和歌山

시라하마 白浜

must do.

01.

도레토레 시장에서 싱싱한 해산물 즐기기

02.

시라하마의 3대 명소 방문하기

시라하마는 마츠야마(松山)의 도고(道後), 효고(兵庫)의 아리마(有馬)와 함께 일본에서 가장 오래된 역사를 보유한 온천이 있는 곳이다. 일본 고대 역사서인 <일본서기(日本書紀)>와 가장 오래된 서가집 <만요슈(万葉集)>에도 등장하는데, 이에 따르면 1,350년 전에도 이미 있었다는 말이 된다. 하루 2만KI가 흘러 내려오는 온천수는 시라하마 지역의 160개 온천시설을 지탱하고 있으며, 위장병과 피부병에 탁월한 효능이 있다. 드넓은 태평양을 배경 삼아 온천욕을 즐기는 노천탕은 시라하마의 상징이기도 하다.

03.

따끈따끈한 시라하마 온천 즐기기

04.

버스 타고 시라하마 한 바퀴 돌기

시라하마
map

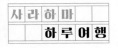

① JR 전철 와카야마(和歌山) 역에서
JR 전철 시라하마(白浜) 역까지 전철로 1시간 15분
② 시라하마 익스프레스호 白浜エクスプレス号
오사카와 시라하마를 연결하는 직통 버스. JR 전철 오사카 역 부근 JR 고속
버스 터미널을 출발하여 JR난바 역(OCAT), 린쿠 타운을 거쳐 시라하마 버
스 센터에 하차한다. 7:50부터 19:35까지 운행, 출발 정류장에 따라 3시간
~3시간 30분 소요.

온천과 절경을 동시에 선사하는 와카야마의 대표적인 온천 도시 시라하마
는 간사이 지역민의 드라이브 코스로도 인기가 높다. 물론 렌터카로 둘러보
면 좋겠지만 운전에 자신이 없거나 면허가 없는 이들에겐 든든한 버스가 있
으니 슬퍼하지 말자. 버스에 몸을 맡기고 차창 풍경을 바라보며 감상에 빠
지더라도 원하는 명소에 안전하게 데려다 주므로 몸과 마음이 편해지는 여
행을 즐길 수 있다.

시라하마 도쿠토쿠 프리 승차권 白浜とくとくフリー乗車券

시라하마의 주요 관광지를 거쳐 가는 메이코(Meiko) 버스를 정해진 기간에 무제한 승하차할 수 있는 티
켓으로 시라하마를 둘러보는 데 최적화되어 있다. 시라하마 전역을 순환하는 101번 버스(반대 방향은
102번)를 타거나 105번 버스(산단베키가 종점)를 타면 모든 명소에 도달할 수 있다. 추천 루트대로 모든
명소를 돌아본다는 가정하에 교통비를 계산해보면 ¥1,500 이상의 비용이 들기 때문에 무제한 승하차를
할 수 있는 자유승차권을 구매하는 것이 이득이다. 1~3일권으로 구성되어 있으며, 시라하마 역 앞 메이
코 버스 안내소(10:00~17:00, 연중무휴)에서 구매할 수 있다. 티켓 소지자에게는 산단베키 동굴 입장권
¥100 할인, 엔게쓰도 글라스 보트 ¥150 할인 특전이 주어진다.

맵북 P.38-B 홈페이지 meikobus.jp 요금 [1일권] 일반 ¥1,100, 어린이 ¥550
[2일권] 일반 ¥1,600, 어린이 ¥800 [3일권] 일반 ¥1,900, 어린이 ¥950

101&105번 노선 운행 루트 *숫자는 정류장 번호

① 시라하마 역 白浜駅 도착 ▶ **⑤** 도레토레 시장 とれとれ市場 ▶
�噴 린카이 臨海(엔게쓰도 円月島) ▶ **⑮** 시라라하마 白良浜 ▶ **⑱** 유자키 湯崎(사키노유 崎の湯) ▶
㉑ 센조구치 千畳口(센조지키 千畳敷) ▶ **㉔** 산단베키 三段壁 ▶ **①** 시라하마 역 白浜駅 도착

엔게쓰도
円月島

도레토레 시장
とれとれ市場

시라하마 역 앞 버스정류장
白浜駅前バス停

시라하마 역
白浜駅

시라라하마
白良浜

사키노유
崎の湯

센조지키
千畳敷

산단베키
三段壁

시라하마공항
白浜空港

맵북 P.38-B ◀))) 도레토레이치바 주소 西牟婁郡白浜町堅田2521 전화 0739-42-1010
홈페이지 toretore.com/ichiba 운영 08:30~18:30(식사 마지막 주문 17:30) 휴무 부정기 가는 방법
101·102·105번 버스 도레토레이치바마에(とれとれ市場前) 정류장에서 도보 3분 키워드 토레토레 시장

도레토레 시장 とれとれ市場 ⑤

싱싱한 해산물의 대향연

섬 남쪽의 규슈(九州)에서 시장이 위치하는 간사이(関西)까지 본토 서쪽을 아우르는 서일본 지역 가운데 가장 큰 규모의 수산시장. 인근 연안에서 잡은 싱싱한 생선을 비롯해 저 멀리 홋카이도에서 온 고품질의 연어, 게, 다시마까지 전국에서 모인 해산물이 가득하다. 시장은 크게 참치 해체 쇼와 해산물 전용 판매대를 갖춘 '시장 코너', 해산물 덮밥, 초밥, 해산물 구이 등 식사와 간식 메뉴를 판매하는 '식사 코너', 시라하마 지역의 특산품을 판매하는 '기념품 코너', 시장에서 고른 재료를 직접 구워 먹는 'BBQ 코너' 등 네 군데로 나뉘어 있다. 점심과 이른 저녁을 해결하고 싶다면 식사 코너를 이용하자. 먼저 자리를 잡은 다음 먹고 싶은 메뉴 쪽으로 줄을 서서 점원에게 돈을 지불하고 음식을 받으면 된다. 다채로운 해산물을 만끽할 수 있는 해산물 덮밥(海鮮丼)이 가장 인기가 많다.

Tip 시장의 큰 자랑거리인 '참치 해체 쇼'는 매일 1~3차례 11:00~14:00 사이에 치러진다. 참다랑어, 눈다랑어, 황다랑어, 날개다랑어, 인도 마구로 등 다양한 종류를 선보이며, 정해진 시간 없이 시장에 손님이 가장 많을 때를 맞춰 실시하므로 어느 정도 운이 필요하다. 해체된 참치는 그 자리에서 판매가 이루어지는데, 원하는 부위가 나왔을 때 구매 의향이 있으면 거수를 하면 된다.

엔게쓰도
円月島
54

맵북 **P.38-A** 📢 엔게쓰도오 주소 西牟婁郡白浜町県道34号線 요금 무료 가는 방법 101·102·105번 버스 린카이 엔게쓰도(臨海 円月島) 정류장에서 도보 2분 키워드 Engetsu Island

시라하마의 심벌

시라하마라는 지역과 그 풍경을 소개할 때 등장하는 자그마한 섬. 정식 명칭은 다카시마(高嶋)이나 섬 중앙에 동그랗게 둥둥 떠 있는 해식 동굴의 모습을 딴 엔게쓰도란 이름으로 널리 불리고 있다. 이곳이 유명한 경승지가 된 것은 섬의 독특한 형태만이 아니다. 여름과 겨울 시기 노을이 질 때 해가 섬 가운데 구멍을 절묘하게 통과하는 모습이 관찰되는데, 이 풍경이 무척 아름다워 석양 명소로 알려지기 시작했기 때문. 해

질 녘 풍경을 감상하고 싶다면 여름은 18:30, 겨울에는 16:30경 노을이 지기 시작하므로 참고하도록 하며, 원형에 해가 걸쳐지는 풍경도 정해진 곳에서만 보여 장소 선점도 매우 중요하다.

시라라하마
白良浜
15

맵북 **P.38-A** 📢 시라라하마 주소 西牟婁郡白浜町864 전화 0739-43-5555
운영 24시간(해수욕장 7월 1일~8월 31일 08:00~17:00) 가는 방법 101·102·105번 버스
시라라하마(白良浜) 정류장에서 도보 2분 키워드 시라하마 해변

반짝반짝 새하얀 모래사장

길이 640m의 기나긴 모래사장이 펼쳐지는 해변으로 모래 90%가 석영으로 이루어져 있어 새하얀 빛을 띤다. 시라하마란 명칭을 그대로 해석하면 백사장을 뜻하는데, 이에 걸맞은 해변이라 할 수 있다. 여름 한철에만 개장하는 해수욕장은 물놀이를 즐기러 온 현지인과 관광객들로 발 디딜 틈이 없다. 이 시기에 세워지는 야자수 잎으로 된 파라솔은 남태평양의 비치를 연상케 할 만큼 이국적인 분위기를 자아낸다. 여름엔 불꽃 축제, 겨울엔 불빛 조명 이벤트 '시라스나의 프롬나드'를 개최하여 한껏 열기를 끌어 올린다.

사키노유

崎の湯

⑱

맵북 **P 38-A** 🔊 사키노유 주소 西牟婁郡白浜町湯崎1668 전화 0739-42-3016
홈페이지 www.wakayama-onsen.jp 운영 4~6·9월 08:00~18:00, 7~8월 07:00~19:00, 10~3월
08:00~17:00 휴무 부정기 요금 3세 이상 ￥500 가는 방법 101·102·105번 버스 신유자키(新湯崎)
정류장에서 도보 7분 키워드 사키노유 온천

시라하마 온천의 자존심

700년대 나라 시대의 고대 시가집 〈만요슈(万葉
集)〉에도 기록되어 있을 정도로 오랜 역사를 자랑하
는 온천. 무려 1,350년 동안 계속 운영되어온 이곳 덕
분에 시라하마는 유서 깊은 온천 도시로서 자부심을
지니고 있다. 가장 큰 특징은 태평양이 펼쳐지는 새
파란 경치를 바라보고 바위와 부딪히는 파도 소리를
들으면서 온천욕을 누릴 수 있는 노천탕인 점. 온천
에서는 왼편에 위치하는 시라하마 해중 전망탑(白浜
海中展望塔)도 보이는데, 노천탕에서 바라보는 풍경
은 분명 아름다우나 전망탑의 사람들이 혹시 보이지
는 않을까 염려되기도 할 터. 전망탑은 꽤 거리가 있
는 편이며, 남탕에서만 보인다는 점을 참고로 하자.

Tip 시라하마 온천 즐기기

❶ 족욕탕 시라하마의 다양한 명소에는 족욕을 할
수 있도록 자그마한 규모의 족욕탕이 마련되어 있
다. 장시간 걷기 운동으로 인해 피로해진 발을 잠시
나마 쉴 수 있도록 곳곳에 설치되어 있다는 점은 여
행자를 위한 배려가 느껴지는 부분. 시라하마 해
변 남쪽 부근, 엔게쓰도가 보이는 길가, 산단베키
동굴로 들어가는 정문 부근 등에 있으므로 관광 후
꼭 한 번 이용해보자.
홈페이지 www.nanki-shirahama.com/onsen

❷ 유메구리 湯めぐり 시라하마의 료칸, 호텔, 전문
시설 14군데 온천 중 원하는 곳을 골라 이용할 수
있는 티켓이다. ￥1,800을 지불하면 판다 모양의 스
티커 4장이 제공되는데, 시설마다 스티커 1~2장을
사용해 입장할 수 있다. 참고로 책에 소개된 사키노
유는 스티커 1장으로 입장 가능하다. 구매일부터 6
개월간 유효하며, 시라하마 료칸 조합 가맹 시설에
숙박 중인 고객만 구매할 수 있다.
홈페이지 www.shirahama-ryokan.jp/yumeguri
요금 ￥1,800

📷

센조지키 千畳敷 ㉑

맵북 P.38-A 🔊 센조지키 주소 西牟婁郡白浜町2927-72 운영 24시간 요금 무료
가는 방법 101·102·105번 버스 센조구치(千畳口) 정류장에서 도보 6분 키워드 센조지키

켜켜이 쌓인 세월의 흔적

밀려오는 거친 파도의 영향으로 몇
세기에 걸친 침식을 거쳐 형성됐다.
커다란 바위 형태가 일본의 전통 매
트인 다다미를 닮아 있다. 층층이 겹
친 바위를 생생하게 관찰할 수 있어
좋다. 그리 가파르지 않으나 바닥이
매끄러운 편이므로 미끄러져 넘어
지지 않도록 조심해서 걷자.

맵북 P.38-A 🔊 산단베키 주소 和歌山県西牟婁郡白浜町2927-52 전화 0739-42-4495
홈페이지 sandanbeki.com 운영 08:00~17:00(마지막 입장 16:50), 연중무휴
요금 중학생 이상 ¥1,500, 초등학생 ¥750, 미취학 아동 무료 가는 방법 101·102번 버스
산단베키(三段壁) 정류장에서 도보 4분 키워드 산단베키

📷

산단베키 三段壁 ㉔

절벽 속에 숨겨진 동굴

높이 60m로 바다를 향해 곧게 뻗어 있는 절벽의
풍경이 장관을 이루는 곳. 절벽은 옛날 옛적 물고
기 떼와 지나가는 배를 찾을 수 있는 용도로 사용
되었다고 한다. 아름다운 바다를 바라보기만 해서
는 이곳의 매력을 알 수가 없으므로 전망대 바로
옆에 있는 건물에 입장할 것. 이곳에는 절벽의 감
춰진 비밀이 숨어 있다. 건물 속 엘리베이터를 타
고 24초간 밑으로 내려가면 지하 36m 속에 있는
동굴로 들어갈 수 있다. 이 동굴은 후에 큰 승리를
거둔 구마노스이군(熊野水軍)이라는 군대가 전
투에서 사용했던 배를 숨긴 장소로 알려져 있다.
200m 정도 되는 동굴 속은 당시 상황을 재현한
전시물과 1,600만 년 전에 만들어진 천연 동굴로
이루어져 있다.

高野山
고야산

816년 진언밀교의 창시자 고보다이시(弘法大師) (구우카이(空海)로도 불린다)가 창건한 고야산은 일본 내에서도 좋은 기운을 얻을 수 있는 곳으로 알려져 있다. 아울러 2004년 유네스코 세계문화유산으로 등재되면서 일본 현지인뿐만 아니라 전 세계에서 모여든 해외여행객의 발길이 끊이지 않는 관광 명소이기도 하다. 해발 900m 산속 삼림 숲에 총 117개의 사원이 모여 있는 종교 도시는 굵직한 주요 명소를 도는 당일치기로도 좋으며, 시간에 구애받지 않고 수행체험을 하며 즐길 수 있는 1박 템플스테이로도 제격이다.

홈페이지 www.koyasan.or.jp

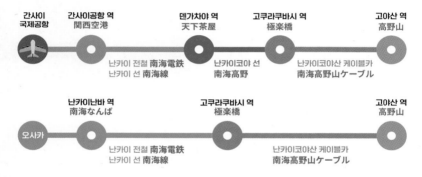

| 간사이국제공항 | 간사이공항 역 関西空港 | | 덴가차야 역 天下茶屋 | | 고쿠라쿠바시 역 極楽橋 | | 고야산 역 高野山 |

난카이 전철 南海電鉄 / 난카이 선 南海線 · 난카이코야 선 南海高野 · 난카이코야산 케이블카 南海高野山ケーブル

| 난카이난바 역 南海なんば | | 고쿠라쿠바시 역 極楽橋 | | 고야산 역 高野山 |

난카이 전철 南海電鉄 / 난카이 선 南海線 · 난카이코야산 케이블카 南海高野山ケーブル

추천 코스
다이몬 ▶ 단조가란 ▶ 곤고부지 ▶ 오쿠노인

단조가란 壇上伽藍

◀◈ 단조오가란 주소 伊都郡高野町高野山152 전화 0736-56-2011
운영 08:30~17:00, 연중무휴 요금 금당 중학생 이상 ¥500, 곤폰다이토 중학생 이상 ¥500,
초등학생 이하 무료 가는 방법 케이블카 고야산(高野山) 역 앞에서 난카이린칸(南海りんかん)
버스를 승차하여 곤도마에(金堂前) 정류장에서 하차하면 바로 위치 키워드 단상가람

고보다이시가 고야산을 창건할 당시 가장 처음 진언밀교의 수행장으로 세운 곳으로 오쿠노인(奧之院)과 함께 2대 성지로 꼽힌다. 고야산의 상징이자 진하고 선명한 주홍색이 인상적인 높이 50m의 다보탑 곤폰다이토(根本大塔), 고보다이시의 거처였던 미에도(御影堂), 고야산 전체의 총본당인 금당(金堂) 등 일본 국보와 중요문화재로 지정된 건물이 경내를 차지하고 있다.

곤고부지 金剛峯寺

◀◈ 곤고오부지 주소 伊都郡高野町高野山132 전화 0736-56-2011
운영 08:30~17:00, 연중무휴 요금 중학생 이상 ¥1,000, 초등학생 ¥300, 미취학 아동 무료
가는 방법 케이블카 고야산(高野山) 역 앞에서 난카이린칸(南海りんかん) 버스를 승차하여
곤고부지(金剛峯寺) 정류장에서 하차하면 바로 위치 키워드 금강봉사

고야산 진언종의 총본산이다. 816년 고보다이시가 진언종의 도량으로 창건한 곳으로 1593년 일본의 무장 도요토미 히데요시(豊臣秀吉)가 죽은 어머니의 명복을 기리고자 세운 절 세이간지(青巌寺)와 곤잔지(興山寺)가 합병되면서 곤고부지란 이름으로 개

칭되었다. 노송 껍질로 만든 커다란 지붕이 특징인 슈덴(主殿)을 비롯해 고야산의 아름다운 풍경이 담긴 그림 후스마에(襖絵)를 감상할 수 있는 베츠덴(別殿), 일본 최대 규모의 석정 반류테(蟠龍庭) 등이 주요 볼거리다.

오쿠노인 奧之院

◀◈ 오쿠노인 주소 伊都郡高野町高野山 전화 0736-56-2002 운영 5~10월 08:00~17:00, 11~4월
08:30~16:30 요금 무료 가는 방법 케이블카 고야산(高野山) 역 앞에서 난카이린칸(南海りんかん)
버스를 승차하여 오쿠노인마에(奧の院前) 정류장에 하차하면 바로 위치 키워드 고야산 오지원

대승불교의 한 분야인 진언밀교의 성지라 불리며 일본 내 명당 중 명당으로 꼽히는 곳이다. 길이 시작되는 이치노바시(一の橋)부터 고보다이시(弘法大師)가 입적한 다이시고뵤(大師御廟)까지 이어지는 2km의 참배 길에는 20만 개가 넘는 묘비, 위령비, 공양탑이 늘어서 있다. 일본 유수의 대기업이 바친 비석이 눈에 띄고 역사상 중요한 인물로 언급되는 오다 노부나가(織田信長), 다케다 신겐(武田信玄) 등의 위령탑도 안치되어 있다.

2007년 관광객이라고는 찾아보기 힘들었던 와카야마현의 무인역에 한 고양이가
역장에 취임하면서 단숨에 전국구적인 인기와 인지도를 얻게 된다. 주말이 되면
전국에서 찾아든 손님들의 발길에 문전성시를 이루고, 와카야마를 대표하는
관광지로 급부상하면서 16년이 지난 지금도 노선 운행과 역사 운영이 유지되고
있다. 한 마리의 고양이가 폐선 위기에 놓였던 한 철도 노선을 구한 것이다. 이 동화
같은 이야기의 주인공은 와카야마현 작은 동네에 자리하는 기시(貴志) 역이다.

맵북 P 36 키시에키 주소 和歌山県紀の川市貴志川町神戸 貴志駅
전화 073-478-0110 홈페이지 wakayama-dentetsu.co.jp 키워드 기시 역

고양이 🐾 역장은 누구인가요?

고양이 역장 인기에 큰 공헌을 했으며, 초대 역장으로 활동했던 다마(たま)는
2015년 무지개 다리를 건너 아쉽게도 만나볼 수는 없지만 이후 취임한 역장들이
변함 없는 귀여움과 나른함을 무장해 여전히 이용자들을 반기고 있다. 현재
역장에 재임 중인 고양이 친구는 울트라 역장 니타마(ニタマ)와 매니저 역
장 욘타마(よんたま). 둘은 지정된 요일에 번갈아가며 근무하고 있다.

근무일 10:00~16:00 휴무 [니타마] 수·목요일, [욘타마] 월·금요일

고양이 🐾 역장을 만나러 가는 길

JR 전철 와카야마(和歌山) 역에서 와카야마(和歌山) 전철 와카야마(和歌山) 역으로 환승하여 기시(貴志) 역에서 하차. 30~40분 소요.
요금 와카야마 역 출발 기시 역 도착 편도 ￥410, 일일 승차권 ￥800, JR 간사이 와이드 패스 소지자 무료 탑승
시간 와카야마 역 기준 월~금요일 06:22~23:00,
토·일·공휴일 06:08~23:00

여행의 시작은 열차 탑승부터

와카야마 역에서 기시 역까지 운행하는 열차는 초대 역장 다마를 캐릭터화한 다마 열차, 와카야마 현의 특산품인 매실이 열리는 매화로 열차 안을 꾸민 우메보시 열차, 기시 역이 위치하는 기시카와 지역의 특산품인 딸기를 형상화한 이치고 열차, 고양이 역장들의 캐릭터들로 꾸민 다마 뮤지엄 열차 등 4종류가 있다. 차량 전체적으로 아기자기하게 디자인되어 객실 전체를 차근차근 둘러보면 좋다.

고양이 🐾 역장이 지키는 기시 역

고양이 형태로 지어진 역사를 바깥에서 구경한 다음 역장을 만날 수 있는 내부를 구경해보자. 니타마 또는 욘타마가 근무 중인 모습을 지켜보는 것만으로도 기분이 좋아질 것. 고양이 역장 캐릭터와 열차 관련 기념품을 판매하고 있으니 참고하자.

오사카 머무르기

간사이의 숙박세와 입탕세

숙박세 宿泊税

숙박세는 관광자원의 매력 향상과 여행지의 환경 개선 등 관광 진흥에 필요한 비용을 충당하고자 마련된 제도다. 오사카와 교토에 위치하는 호텔 또는 료칸, 호스텔에 숙박하는 투숙객에게 부과하는 세금으로 할인과 혜택을 받은 금액을 제외하고 최종적으로 결제한 금액에 따라 세금이 책정된다. 숙박세는 결제한 최종 숙박비에 포함되어 있는 경우가 있으며, 그렇지 않은 경우 체크인 또는 체크아웃 시 별도로 지불하는 방식이다. 고베, 나라, 와카야마는 아직 숙박세는 없으나 현재 검토 중이므로 근시일 내에 시행될 가능성이 높다.

숙박세	
숙박 요금(1인 1박)	세율
오사카	
¥7,000 미만	미부과
¥7,000 이상 ¥15,000 미만	¥100
¥15,000 이상 ¥20,000 미만	¥200
¥20,000 이상	¥300
교토	
¥20,000 미만	¥200
¥20,000 이상 ¥50,000 미만	¥500
¥50,000 이상	¥1,000
고베·나라·와카야마	
미부과	

입탕세 入湯税

료칸이나 온천 시설을 이용하는 경우 지불하는 입탕세 제도도 시행하고 있다. 숙박세와 달리 입탕세는 간사이 전 지역에서 시행하고 있으며, 지역마다 내야 할 금액은 조금씩 달라진다. 참고로 오사카, 교토, 나라, 와카야마는 초등학생 이하 어린이, 고베는 7세 미만 어린이는 면제된다.

입탕세	
숙박 요금(1인 1박)	세율
오사카	
¥1,500 이하	미부과
¥1,500 초과	¥150
교토	
¥1,000 이하	미부과
¥1,000 초과 숙박 시	¥150
¥1,000 초과 당일치기 시	¥100
고베·와카야마	
숙박 시	¥150
당일치기 시	¥75
나라	
숙박·당일치기	¥150

1

인터컨티넨탈 호텔 오사카
インターコンチネンタルホテル大阪

맵북 **P.10-A1** ◀◐ 인타아콘치넨타루호테루오오사카 주소 北区大深町3-60 전화 06-6374-5700
홈페이지 www.ihg.com 체크인 15:00 체크아웃 11:00 요금 ￥40,000~ 가는 방법 JR 전철 간조(環状)
선 오사카(大阪) 역 중앙 출구로 나와 오른편 계단으로 내려가면 정면에 위치 키워드 인터컨티넨탈 호텔
오사카

JR 전철 오사카 역과 바로 연결되는 대형 상업 시설 그랜드 프런트 오사카 내에 위치
한다. 유명 호텔 브랜드 IHG 계열의 고급 호텔로, 객실 중 가장 낮은 등급의 디럭스룸
이 47~50평이며 가장 높은 등급의 레지던스는 무려 108평이 되는 등 넓은 평수를 자
랑한다. 도시적인 분위기의 세련된 객실은 세계적인 호텔 인테리어 업체 빌키 리나스
(BILKY LLINAS)가 디자인한 것이다.

2

리츠칼튼 오사카
ザ・リッツカールトン大阪

맵북 **P.10-A2** ◀◐ 자릿츠카아르톤오오사카 주소 北区梅田2-5-25 전화 06-6343-7000
홈페이지 www.ritzcarlton.com 체크인 15:00 체크아웃 11:00 요금 ￥50,000~ 가는 방법 한큐(阪急)
전철 오사카우메다(大阪梅田) 역 서쪽 출구에서 도보 1분 키워드 더 리츠 칼튼 오사카

기타 지역 중심지 우메다에 위치한 최고급 호텔. 외관부터 로비, 객실, 레스토랑까지 마
치 귀족의 저택에 온 것 같은 고풍스럽고 우아한 분위기가 느껴진다. 객실 설비부터 어
메니티까지 최고급 품질의 엄선한 제품만을 사용한다. 고층 빌딩이 즐비한 위치 덕분에
객실에서 바라본 조망 또한 아름다워 기타 지역 전망 명소에 굳이 갈 필요가 없을 정도
다. 호텔 내에는 리츠칼튼의 오리지널 제품을 판매하는 매장도 마련되어 있다.

3

힐튼 오사카
ヒルトン大阪

맵북 **P.10-B2** ◀◐ 히루톤오오사카 주소 北区梅田1-8-8 전화 06-6347-7111
홈페이지 www.hilton.com 체크인 15:00 체크아웃 12:00 요금 ￥30,000~ 가는 방법 지하철
요쓰바시(四つ橋) 선 니시우메다(西梅田) 역 4A 또는 4B번 출구로 나오면 바로 위치 키워드 힐튼 오사카

명품 브랜드 쇼핑으로 유명한 힐튼 플라자, 하비스와 인기 패션 브랜드 매장이 자리한
브리제 브리제, 각종 지하상가 등과 인접한 호텔. 다양한 쇼핑을 즐기기 위해 오사카를
방문한 이에게 적극 추천하는 곳이다. 세계적인 호텔 업체인 만큼 라운지, 피트니스 클
럽, 살롱 등 시설도 훌륭한 편이다. 호텔 객실에서 바라보는 도심의 야경이 아름다워 숙
박객의 호평을 얻고 있다.

4 세인트 레지스 호텔 오사카
セントレジスホテル大阪

맵북 P.8-B1 ◀) 센토레지스호테루오오사카
주소 中央区本町3-6-12 전화 06-6258-3333
홈페이지 www.marriott.com 체크인 15:00
체크아웃 12:00 요금 ¥50,000~ 가는 방법 지하철
미도스지(御堂筋), 주오(中央), 요쓰바시(四つ橋) 선
혼마치(本町) 역 7번 출구로 나오면 바로 위치
키워드 세인트 레지스 호텔 오사카

고급 호텔 브랜드 스타우드 계열사 가운데 가장
최상위 등급의 호텔이다. 미나미 지역의 중심지
인 난바에서 그리 멀지 않은 혼마치(本町) 역에
바로 위치하고 있으며, 오사카의 대표적인 브랜
드 스트리트 부근에 있어 명품 쇼핑을 즐기기에
도 좋다. 세인트 레지스만의 특별 서비스 '버틀
러'는 'Speed is Service'를 콘셉트로 하여 고객
의 요구 사항을 24시간 언제든지 해결해주는 일
대일 맞춤형 서포터다. 12층 세인트 레지스 가
든에서 오사카 전경을 바라보며 휴식을 취하는
것도 좋다.

5 스위스 호텔 난카이 오사카
スイスホテル南海大阪

맵북 P.8-A2·B2 ◀) 스이스호테루난카이오오사카
주소 中央区難波5-1-60 전화 06-6646-1111
홈페이지 www.swissotel-osaka.co.jp
체크인 15:00 체크아웃 11:00 요금 ¥30,000~
가는 방법 난카이(南海) 전철 난바(難波) 역 3번
출구에서 바로 연결 키워드 스위소텔 난카이 오사카

난카이(南海) 전철 난바(なんば) 역과 바로 연
결되는 최고의 위치를 자랑하는 호텔. 지하철,
긴테쓰 전철, 한신 전철 난바(難波) 역과도 매우
가까워 난바에서 다른 지역으로 이동할 때도 편
리하다. 호텔 5층은 다카시마야(高島屋) 백화점
오사카 지점과 바로 연결되어 쇼핑을 즐기기에
도 좋다. 객실은 심플하면서도 기능적으로 설계
되어 깔끔하면서도 편리하다.

6 그랜드 프린스 호텔 오사카 베이
グランドプリンスホテル大阪ベイ

맵북 P.13-A2 ◀) 그란도프린스호테루오오사카베이
주소 住之江区南港北1-13-11 전화 06-6612-1234
홈페이지 princehotels.co.jp/osakabay
체크인 14:00 체크아웃 12:00 요금 ¥20,000~
가는 방법 뉴트램난코포트타운(ニュートラム南港ポー
トタウン) 선 나카후토(中ふ頭) 역 출구에서 도보 3분
키워드 하얏트 리젠시 오사카

유니버설 스튜디오 재팬, 아시아 태평양 트레
이드 센터, 인텍스 오사카 등과 인접한 항만 지
구의 대표적인 고급 호텔. 모던한 일본풍 인테
리어와 객실에서 바라본 오사카항의 아름다
운 풍경이 인상적이다. JR 전철 오사카 역에서
08:00~21:00에 30분 간격으로 호텔을 오가는
무료 셔틀버스도 운행하고 있다.

7 제국 호텔(임페리얼 호텔) 오사카
帝国ホテル大阪

맵북 P.12상단-A1 ◀) 테에코쿠호테루오오사카
주소 北区天満橋1-8-50 전화 06-6881-1111
홈페이지 www.imperialhotel.co.jp 체크인 14:00
체크아웃 12:00 요금 ¥30,000~ 가는 방법 JR 전철
사쿠라노미야(桜ノ宮) 역 서쪽 출구에서 도보 5분
키워드 임페리얼 호텔 오사카

일본을 대표하는 호텔 브랜드로, 벚꽃 명소 게
마사쿠라노미야 공원 맞은편에 자리하여 봄이
되면 아름다운 경관이 눈앞에 펼쳐진다. 또 여
름에는 호텔 바로 앞의 오카와강(大川)에서 일
본 3대 축제인 덴진 마쓰리(天神祭)가 열려 일
본의 사계절을 즐기기에 더없이 좋다. 매일
08:00~21:00에 10~15분 간격으로 JR 전철 오
사카 역과 호텔을 오가는 무료 셔틀버스를 운행
하고 있다.

8 OMO7 오사카
OMO7大阪 by 星野リゾート

맵북 **P.14-A1** ◀◉ 오모세븐오오사카
주소 浪速区恵美須西3-16-30 전화 050-3134-8095
홈페이지 hoshinoresorts.com/ko/hotels/omo7osaka
체크인 15:00 체크아웃 11:00 요금 ¥25,000~
가는 방법 JR 전철 또는 난카이(南海) 전철
신이마미야(新今宮) 역 동쪽 출구에서 도보 1분
키워드 OMO7 오사카 호텔

일본의 유명 호텔 체인인 호시노 리조트가 야심 차게 선보이는 도심형 체험 숙박 체인의 오사카 지점. 역 앞에서부터 드넓게 펼쳐지는 숙박객 전용 정원 미야그린(Miya-green)을 지나면 7개 타입의 널찍한 객실을 갖춘 호텔 건물이 나타난다. 호텔이 위치하는 신세카이 지역과 대표적 놀이공원인 유니버설 스튜디오 재팬을 즐길 수 있다.

9 호텔 뉴 오타니 오사카
ホテルニューオータニ大阪

맵북 **P.12상단-B1** ◀◉ 호테루뉴우오오타니오오사카
주소 中央区城見1-4-1 전화 06-6941-1111
홈페이지 www.newotani.co.jp/osaka 체크인 15:00
체크아웃 12:00 요금 ¥30,000~ 가는 방법 JR 전철
간조(環状) 선 오사카조코엔(大阪城公園) 역 3번
출구에서 도보 3분 키워드 오사카 뉴오타니 호텔

임페리얼 호텔(帝国ホテル), 호텔 오쿠라(ホテルオークラ)와 함께 일본 3대 브랜드 호텔로 꼽히는 곳. 오사카 성 공원 바로 옆에 위치하여 일부 객실에서는 오사카 성이 한눈에 보인다. 기품 있는 내부 인테리어와 정중한 서비스 등이 특징으로 꼽히지만 단연 돋보이는 것은 조식이다. 일식, 양식, 중식 등 100가지 이상의 요리를 선보이는데, '맛있는 아침 식사를 통해 좋은 기운을 받았으면 좋겠다'는 셰프의 마음이 담겨 있다.

10 리가 로열 호텔 오사카
リーガロイヤルホテル大阪

맵북 **P.12하단** ◀◉ 리이가로이야루호테루오오사카
주소 北区中之島5-3-68 전화 06-6448-1121
홈페이지 www.ihg.com 체크인 15:00
체크아웃 11:00 요금 ¥21,000~ 가는 방법 게이한(京阪)
전철 나카노시마(中之島) 선 나카노시마(中之島) 역 3번
출구로 나오면 바로 위치 키워드 리가로얄호텔 오사카

80년의 역사와 전통을 지닌 호텔. 기타 지역과 미나미 지역 사이 중간 지점인 나카노시마(中之島) 지역에 위치한다. 기본적으로 모던하고 깔끔한 분위기이며 호텔 곳곳에 일본의 전통적인 멋을 살린 인테리어가 인상적이다. 객실 등급마다 테마를 달리하여 다양한 고객층의 만족도를 끌어낼 수 있도록 노력하고 있다. 오사카 역을 정기적으로 오가는 무료 셔틀버스를 운영 중이니 참고하자.

11 오사카 메리어트 미야코 호텔
大阪マリオット都ホテル

맵북 **P.15-C2** ◀◉ 오오사카마리옷또미야코호테루
주소 阿倍野区阿倍野筋1-1-43 전화 06-6628-6111
홈페이지 www.miyakohotels.ne.jp/osaka-m-miyako
체크인 15:00 체크아웃 12:00 요금 ¥40,000~
가는 방법 지하철 미도스지(御堂筋) 선, 다니마치(谷町)
선 덴노지(天王寺) 역 서쪽 출구로 나오면 바로 위치
키워드 오사카 메리어트 미야코 호텔

일본에서 가장 높은 빌딩 아베노 하루카스 19~57층에 자리한다. 오사카 호텔 가운데 비교적 최근에 생긴 곳인 만큼 깨끗하고 최신 설비를 갖추어 인기가 높다. 초고층 빌딩답게 조망이 무척 좋은데 특히 19층 라운지, 38층 피트니스 클럽, 57층 레스토랑에서 바라본 뷰가 환상적이다. 호텔 밑으로 긴테쓰(近鉄) 백화점, 미술관, 옥상정원 등이 있어 관광하기에도 좋다.

오사카 비즈니스 호텔

1 도미인 프리미엄 난바
ドーミーインPREMIUMなんば

맵북 P.8-B1 🔊 도오미이인프레미아무난바 주소 中央区島之内2-14-23 전화 06-6214-5489
홈페이지 www.hotespa.net/hotels/premium_nanba 체크인 15:00 체크아웃 11:00
요금 ¥15,000~ 가는 방법 지하철 센니치마에(千日前) 선, 사카이스지(堺筋) 선 닛폰바시(日本橋) 역 6번
출구에서 도보 5분 키워드 도미 인 프리미엄 난바

내부에 천연 온천 욕탕이 있는 독특한 콘셉트의 호텔. 미나미 지역 중심부에 자리하고
있어 위치도 최상인 데다가 숙박객이라면 누구나 온천을 즐길 수 있어 인기가 높다. 온
천은 15:00부터 다음 날 10:00까지 이용할 수 있다. 단, 01:00부터 05:00까지는 이용
할 수 없다. 또한 요나키 소바(夜鳴きそば)를 2층 레스토랑에서 21:30부터 23:00까지
숙박객에게 무료로 제공한다. 이처럼 도미인만의 재미있는 서비스 덕분에 숙박객의 만
족도도 괜찮은 편이다.

2 비아인 신사이바시
ヴィアイン心斎橋

맵북 P.8-A1 🔊 비아인신사이바시 주소 中央区西心斎橋1-10-15 전화 06-6121-5489
홈페이지 www.viainn.com/shinsaibashi 체크인 15:00 체크아웃 10:00 요금 ¥8,000~
가는 방법 지하철 미도스지(御堂筋) 선, 나가호리츠루미료쿠치(長堀鶴見緑地) 선 신사이바시(心斎橋)
역 7번 출구에서 도보 2분 키워드 컴포트 호텔 오사카 신사이바시

호텔 이름대로 신사이바시에 있는 호텔. 일본의 비즈니스 호텔답게 객실은 조금 좁지만
깔끔하고 어메니티도 충실한 편이다. 전 객실에 가습 기능이 있는 공기 청정기가 설치
되어 있으며, 삼각김밥, 밥, 샐러드 등 간단한 아침 식사를 즐길 수 있는 조식이 장점이
다. 1층에는 24시간 운영 중인 편의점이 있다.

3 호텔 비스타 오사카
ホテルビスタ大阪

맵북 P.9-B1 🔊 호테루비스타오오사카
주소 中央区宗右衛門町1-1 전화 06-4708-5519
홈페이지 osaka-namba.hotel-vista.jp/ja
체크인 15:00 체크아웃 11:00 요금 ¥15,000~
가는 방법 지하철 센니치마에(千日前) 선,
사카이스지(堺筋) 선 닛폰바시(日本橋) 역 2번 출구에서
도보 4분 키워드 호텔 비스타 오사카 난바

오사카 관광의 중심지인 도톤보리에서 가까운
위치로 문을 연 지 3년 만에 인기 호텔로 급부
상한 곳. 우드를 메인 이미지로 하여 전체적으
로 모던하면서도 심플한 분위기가 느껴진다. 전
객실에 프랑스 베드사의 침대를 사용해 보다 쾌
적한 잠자리를 제공한다. 또한 욕실, 화장실, 세
면대를 각각 분리한 독립형 스타일을 채용했다.

4 호텔 몬트레이 그라스미어 오사카
ホテルモントレグラスミア大阪

맵북 P.8-A2 🔊 호테루몬토레그라스미아오오사카
주소 浪速区湊町1-2-3 전화 06-6645-7111
홈페이지 www.hotelmonterey.co.jpgrasmere_osaka
체크인 15:00 체크아웃 11:00 요금 ¥14,000~
가는 방법 지하철 센니치마에(千日前) 선,
요쓰바시(四ツ橋) 선, 미도스지(御堂筋) 선 난바(難波)
역 30번 출구로 나오면 바로 위치 키워드 호텔 몬토레
그라스미아 오사카

영국 잉글랜드 지방의 문화와 풍토를 테마로 한
호텔이다. 잉글랜드에서 아름답기로 손꼽히는
코츠월드와 호수 지역 전원도시의 풍부한 자연,
런던의 전통적이면서도 안정감 있는 분위기를
참고로 하여 공간을 연출하였다. 객실과 레스토
랑 또한 영국 저택의 서재와 영국 정원을 콘셉
트로 한 유럽풍 디자인으로 꾸며져 있어 영국에
온 것 같은 착각마저 든다.

5 하톤 호텔 니시우메다
ハートンホテル西梅田

맵북 P.10-A2 🔊 하아톤호테루니시우메다
주소 北区梅田3-3-55 전화 06-6342-1111
홈페이지 www.hearton.co.jp/hotel/nishi-umeda
체크인 14:00 체크아웃 12:00 요금 ¥10,000~
가는 방법 지하철 요쓰바시(四つ橋) 선 니시우메다
(西梅田) 역 1번 출구에서 도보 1분 키워드 하톤 호텔
니시우메다

기타 지역의 핵심인 우메다에 위치한 호텔.
일반적으로 비즈니스 호텔은 15:00 체크인,
10:00~11:00 체크아웃인 경우가 많으나 이 호텔
은 14:00 체크인, 정오 체크아웃으로 규정되어
있어 마음 편히 쉴 수 있다. 객실에는 미국 시몬
스사의 침대를 비치하여 편안한 잠자리를 제공
한다. 우메다 중심가에 위치한 만큼 인근에 관광
명소, 쇼핑센터, 맛집이 즐비하여 관광을 즐기기
에 최적의 위치를 자랑한다.

6 컴포트 호텔 오사카 신사이바시
コンフォートホテル大阪心斎橋

맵북 P.8-B1 🔊 콘포오토호테루오오사카신사이바시
주소 中央区東心斎橋1-15-15 전화 06-6258-3111
홈페이지 www.choice-hotels.jp 체크인 15:00
체크아웃 10:00 요금 ¥10,000~ 가는 방법 지하철
미도스지(御堂筋) 선, 나가호리츠루미료쿠치
(長堀鶴見緑地) 선 신사이바시(心斎橋) 역 6번 출구에서
도보 5분 키워드 컴포트 호텔 오사카 신사이바시

세계 30여 개국에 6,100개 이상의 지점을 보유
한 대형 호텔 체인 컴포트 호텔의 신사이바시
지점이다. 미국의 유명 침구 전용 브랜드를 전
객실에 배치하는 등 쾌적한 수면 환경을 위해
노력하고 있다. 빵, 삼각김밥, 수프, 시리얼, 과일
등이 나오는 조식이 무료이며 체크인 후 커피나
차를 제공하는 웰컴 서비스도 실시한다. 전 객
실 금연도 장점.

7

베스트 웨스턴 호텔 피노 오사카 신사이바시
ベストウェスタンホテルフィーノ大阪心斎橋

맵북 **P.8-B1** 베스토웨스탄호테루피노오오사카신사이바시 주소 中央区東心斎橋1-2-19 전화 06-6243-4055 홈페이지 bwhotels.jp/osaka shinsaibashi 체크인 15:00 체크아웃 10:00 요금 ￥7,000~ 가는 방법 지하철 나가호리츠루미료쿠치(長堀鶴見緑地線) 선, 사카이스지(堺筋) 선 나가호리바시(長堀橋) 역 5A번 출구에서 도보 1분 키워드 베스트 웨스턴 호텔 피노 오사카

세계에서 가장 큰 호텔 체인 베스트 웨스턴의 신사이바시 지점이다. 객실은 도시의 세련된 분위기가 전해지는 블랙과 모노톤의 디자인을 채용하였다. 또한 숲속에 온 듯한 편안함을 느낄 수 있도록 직접 개발한 오리지널 아로마 향이 호텔을 가득 메우고 있다. 2020년 전 객실의 리뉴얼 공사를 진행해 더욱 깔끔해졌으며 비즈니스 목적으로 방문한 고객을 배려해 책상이 마련되어 있다.

8

미쓰이 가든 호텔 오사카 프리미어
三井ガーデンホテル大阪プレミア

맵북 **P.12하단** 미츠이가아덴호테루오오사카프레미아 주소 北区中之島3-4-15 전화 06-6444-1131 홈페이지 www.gardenhotels.co.jp/osaka-premier 체크인 15:00 체크아웃 11:00 요금 ￥13,500~ 가는 방법 게이한나카노시마(京阪中之島) 선 와타나베바시(渡辺橋) 역 2번 출구에서 도보 3분 키워드 미츠이 가든 호텔 오사카 프레미어

내 집에서 쉬는 것 같은 편안함을 느낄 수 있도록 전 객실을 마루 바닥재로 인테리어한 호텔. 덕분에 슬리퍼 없이 맨발로 다닐 수 있는 호텔이다. 3~12층은 천장을 높게 설계하여 답답함을 해소한 레귤러 플로어, 13~15층은 보다 고급스럽고 품격 있는 인테리어의 콘셉트 플로어로 나뉘어 있다. 16층에는 정원을 바라보며 인공 탄산천이 담긴 자쿠지에서 휴식을 취할 수 있는 스파가 마련되어 있다.

9

도요코인 오사카 난바
東横INN大阪なんば

맵북 **P.8-A2** 토오요코인오오사카난바 주소 中央区難波2-3-9 전화 06-7711-1045 홈페이지 www.toyoko-inn.com 체크인 16:00 체크아웃 10:00 요금 ￥11,000~ 가는 방법 지하철 미도스지(御堂筋) 선 난바(なんば) 역 24번 출구에서 도보 1분 키워드 토요코인 오사카 난바

한국에도 지점을 운영하고 있어 친근한 도요코인 체인의 오사카 지점 중 하나로, 난바 역 바로 앞에 위치하고 있다. 매일 06:30부터 09:00 사이에 무료 조식을 제공하며, 로비에는 노트북과 컬러 프린터를 제공하여 비즈니스 고객의 니즈도 만족시킨다. 객실이 다소 좁은 점이 아쉽지만 밝은 조명과 깔끔한 분위기가 나름 괜찮다.

1

퍼스트 캐빈 미도스지 난바
ファーストキャビン御堂筋難波

맵북 **P.9-A2** 🔊화아스토캬빈미도스지난바 주소 **中央区難波4-2-1難波御堂筋ビル3F**
전화 06-6631-8090 홈페이지 first-cabin.jp 체크인 17:00 체크아웃 10:00 요금 ￥8,000~
가는 방법 지하철 센니치마에(千日前) 선, 요쓰바시(四つ橋) 선, 미도스지(御堂筋) 선 난바(難波) 역 13번
출구에서 도보 1분 키워드 퍼스트캐빈 미도스지남바

비행기의 퍼스트 클래스를 콘셉트로 한 숙박 시설. 객실이 매우 깔끔하며 자그맣지만 너
무 좁다는 느낌은 없다. 잠옷, 수건, 샴푸, 컨디셔너, 보디 클렌저, 칫솔, 면봉 등이 제공되
며 여성 고객과 남성 고객을 위한 화장품 또한 따로 구비되어 있다. 공용 욕실, 라운지, 로
비 등 공동 공간은 늘 청결하다. 대욕탕, 사우나, 피트니스 시설도 완비되어 있다.

2

호스텔 큐
ホステルQ

맵북 **P.8-A1** 🔊호스테루큐우 주소 **中央区西心斎橋2-6-9** 전화 06-6212-5365
홈페이지 www.osaka-hostel.com 체크인 11:00~20:00 체크아웃 11:00 요금 ￥5,000~
가는 방법 지하철 센니치마에(千日前) 선, 요쓰바시(四つ橋) 선, 미도스지(御堂筋) 선 난바(難波) 역 25번
출구에서 도보 3분 키워드 호스텔 Q

도톤보리 중심가에 위치한 호스텔. 1~5층으로 이루어진 이 호스텔은 객실을 비롯해 라운
지, 부엌, 화장실 등 각종 시설이 깨끗하게 리뉴얼되어 깔끔하다. 남녀 공용 도미토리와 여
성 전용 도미토리, 트윈룸을 갖추고 있으며, 엘리베이터가 있어 짐을 객실까지 편하게 옮
길 수 있다. 노트북, 자전거, 멀티 어댑터 등을 대여할 수 있으며 코인 세탁기와 건조기도
비치되어 있다. 무료 와이파이도 사용할 수 있다.

3

아타라요 호텔 오사카
アタラヨホテル大阪

맵북 **P.8-B1** 🔊아타라요호테루오오사카 주소 **中央区南久宝寺町3-2-8 1F** 전화 06-6241-7770
홈페이지 www.hotel-atarayo.jp 체크인 16:00 체크아웃 11:00 요금 ￥4000~ 가는 방법 지하철
미도스지(御堂筋) 선, 나가호리츠루미료쿠치(長堀鶴見緑地) 선 신사이바시(心斎橋) 역 북(北)5번
출구에서 도보 7분 키워드 호텔 아타라요 오사카

2020년 11월에 문을 연 캡슐형 호스텔. 규모가 비교적 큰 편으로 2~4층 전체를 사용하
고 있으며, 여성 전용층을 마련해 안심하고 이용할 수 있도록 했다. 수건, 슬리퍼, 잠옷
을 기본으로 제공하며, 샴푸, 컨디셔너, 드라이어 등이 구비되어 있다. 세균과 바이러스
억제에 도움이 되는 서큘레이터를 설치하고 전 객실에 세균 스프레이를 두는 등 안전
관리에 만전을 기하고 있다.

교토 고급 호텔

1 에이스 호텔 교토
Ace Hotel Kyoto

맵북 **P.20-A1** 🔊 에에스호테루쿄오토
주소 京都市中京区車屋町245-2
전화 075-229-9000 홈페이지 jp.acehotel.com/
kyoto 체크인 15:00 체크아웃 12:00
요금 ￥40,000~ 가는 방법 지하철 가라스마
(烏丸) 선 가라스마오이케(烏丸御池) 역 남쪽
출구에서 바로 연결 키워드 Ace Hotel Kyoto

시애틀, 런던 등 전 세계에 지점을 내었던 부티크 호텔 체인이 아시아 진출 1호점으로 교토를 선택했다. 기존 부티크 호텔과는 다른 콘셉트의 호텔로 아메리칸 원색의 화려함보다는 모노톤의 간결함을 베이스로 한 아메리칸 빈티지 스타일의 인테리어가 참신하다. 특히 교토에 위치하는 만큼 동양과 서양의 미학에 중점을 둔 디자인을 채택했다.

2 파크 하얏트 교토
パークハイアット京都

맵북 **P.21-D2** 🔊 파아크하이아앗토쿄오토
주소 京都市東山区高台寺桝屋町 360
전화 075-531-1234 홈페이지 www.hyatt.com/
ja-JP/hotel/japan/park-hyatt-kyoto/itmph
체크인 15:00~24:00 체크아웃 12:00
요금 ￥150,000~ 가는 방법 202·206·207번
버스 히가시야마야스이(東山安井) 정류장에서
도보 6분 키워드 파크 하얏트 교토

교토의 계절 변화를 온몸으로 느끼며 자연의 아름다움을 만끽할 수 있는 하얏트 계열의 고급 호텔. 교토 전통 건축물 보존지구 내에 자리해 숙박하는 것만으로 역사적인 고도를 체험할 수 있다. 교토의 역사와 전통문화를 즐길 수 있는 투어 등 숙박객을 위한 다채로운 프로그램을 준비한 점도 인상적이다.

3 호시노야 교토
星のや京都

맵북 **P.26-A** 🔊 호시노야쿄오토
주소 京都市西京区嵐山元録 山町11-2
전화 050-3134-8091 홈페이지 hoshinoya.
com/kyoto 체크인 15:00~24:00 체크아웃
12:00 요금 ￥40,000~ 가는 방법 62·72·83번
버스 아라시야마코엔(嵐山公園) 정류장에서
도보 2분 키워드 HOSHINOYA Kyoto

일본의 유명 고급 호텔 체인인 호시노야가 야심차게 선보이는 숙박시설. 여행자의 필수 코스이자 교토 경관보호구역으로 지정되어 신비로운 아름다움을 간직한 아라시야마 중심가에 자리한다. 고요하고 맑은 분위기를 자아내는 어느 별장에 온 듯한 콘셉트로 호텔을 꾸몄으며, 전통미를 살리면서 모던한 인테리어가 특징이다.

4 리츠칼튼 교토
The Ritz-Carlton Kyoto

맵북 **P.24-B2** 🔊 릿츠카아르톤쿄오토
주소 京都市中京区鉾田町543 전화 075-746-
5555 홈페이지 www.ritzcarlton-kyoto.jp
체크인 15:00 체크아웃 12:00 요금 ￥150,000~
가는 방법 지하철 도자이(東西) 선
교토시야쿠쇼마에(京都市役所前) 역 2번
출구에서 도보 3분 키워드 리츠 칼튼 교토

가모 강변에 자리한 고급 호텔. 일본 전통과 현대적 감성을 융합한 세련된 인테리어가 특징이다. 달을 감상할 수 있는 일본 정원의 쓰키미다이(月見台)를 발코니에 설치한 스위트룸 '쓰키미', 가모강이 펼쳐지는 '럭셔리' 등의 객실을 선보인다. 일본식 우산 와가사(和傘), 종이접기, 미니어처 일본 정원, 기모노 체험 등의 프로그램도 운영하고 있다.

5 하얏트 리젠시 교토
ハイアットリージェンシー京都
Hyatt Regency Kyoto

맵북 P.17-B1 ◀ 》하이앗토리이젠시이호테루
주소 京都市東山区三十三間堂廻り644-2 전화 075-
541-1234 홈페이지 kyoto.regency.hyatt.com 체크인
15:00 체크아웃 12:00 요금 ¥40,000~ 가는 방법 100·
206·208번 버스 하쿠부츠칸·산주산겐도마에
(博物館·三十三間堂前) 정류장에서 하차하면 바로 위치
키워드 하얏트 리젠시 교토

교토 국립 박물관, 산주산겐도 등 교토 역 부근
굵직한 관광 명소에 인접한 호텔. 컨템포러리
재패니즈를 콘셉트로 하여 일본 전통의 아름다
움을 국제적인 감각으로 접목하여 편안한 공간
을 추구한다. 침대의 높이를 조금 낮추고 욕실
바닥에 천연 화강암을 사용하는 등 곳곳에서 일
본다움이 느껴진다. 호텔 내 스파에서는 일본의
한방 침을 이용한 트리트먼트가 인기다.

6 호텔 더 셀레스틴 교토 기온
ホテルザセレスティン
京都祇園

맵북 P.21-C2 ◀ 》호테루자세레스틴쿄오토기온
주소 京都市東山区八坂通東大路西入る小松町572
전화 075-532-3111 홈페이지 www.celestinehotels.jp/
kyoto-gion 체크인 15:00 체크아웃 12:00
요금 ¥30,000~ 가는 방법 게이한(京阪) 전철
게이한본(京阪本) 선 기온시조(祇園四条) 역 1번
출구에서 도보 10분 키워드 호텔 더 셀레스틴 교토 기온

일본의 전통과 교토의 역사를 현대식으로 해석
한 객실 디자인이 눈에 띄는 호텔. 어메니티부
터 객실에 구비된 모든 것을 교토와 관련된 것
으로 정성스레 가꾸었다. 교토 관광 명소가 밀
집한 기온에 위치하여 여행자에게 편리하다. 유
명 노포가 준비한 조식이 일품이다.

7 호텔 칸라 교토
ホテルカンラ京都

맵북 P.17-B1 ◀ 》호테루칸라쿄오토
주소 京都市下京区烏丸通六条下る北町190
전화 075-344-3815 홈페이지 www.hotelkanra.jp
체크인 15:00 체크아웃 11:00 요금 ¥32,000~
가는 방법 지하철 가라스마(烏丸) 선 고조(五条) 역 8번
출구에서 도보 1분 키워드 호텔 칸라 교토

전문학교였던 건물을 개조한 호텔. 단순히 숙박
시설로 인테리어만 바꾼 것이 아니라 단열재,
LED 조명을 사용하고 옥상에 태양광 패널을 설
치해 전동 자전거 충전용으로 사용하는 등 환경
을 생각한 설비를 갖추고 있다. 호텔 내 레스토
랑의 수입 일부를 환경과 문화재를 지키는 활동
에 쓰는 등 자연을 위한 적극적인 실천을 몸소
보여주고 있다. 내부 인테리어는 일본 특유의
깔끔함이 느껴지며 모든 룸의 욕실에는 나무 욕
조가 구비되어 있다.

8 웨스틴 미야코 호텔 교토
ウェスティン都ホテル京都

맵북 P.23-B2 ◀ 》웨스틴미야코호테루쿄오토
주소 京都市東山区粟田口華頂町1 전화 075-771-7111
홈페이지 www.miyakohotels.ne.jp/westinkyoto
체크인 15:00~24:00 체크아웃 12:00 요금 ¥60,000~
가는 방법 지하철 도자이(東西) 선 게아게(蹴上) 역 2번
출구에서 도보 2분 키워드 웨스틴 미야코 호텔 교토

세계적인 호텔 브랜드 SPG 계열의 고급 호텔. 헤
이안진구, 난젠지, 에이칸도, 지온인 등에 인접해
아름다운 자연으로 둘러싸여 있다. 호텔 내에는
교토시 문화재로 지정된 일본 정원 아오이덴(葵
殿), 가스이엔(佳水園)과 세계적인 조각가 이노
우에 부키치(井上武吉)에 의해 탄생한 '철학의
정원(哲学の庭)'이 있다. 호텔 뒷산 가초잔(華頂
山) 일대를 둘러볼 수 있는 산책로도 있어 힐링
을 만끽할 수 있다.

교토 비즈니스 호텔

1 교토 호텔 오쿠라
都ホテルオークラ

맵북 P.24-B2 🔊 쿄오토호테루오오쿠라
주소 京都市中京区河原町御池
전화 075-211-5111 홈페이지 www.okura-
nikko.com/ja/japan/kyoto/hotel-okura-
kyoto 체크인 15:00 체크아웃 11:00
요금 ￥15,000~ 가는 방법 지하철 도자이(東西)
선 교토시야쿠쇼마에(京都市役所前) 역 3번
출구에서 바로 연결 키워드 교토 호텔 오쿠라

120여 년의 역사를 지닌 호텔로 교토 최
고 번화가인 가와라마치 정중앙에 위치
한다. 교토 역 바로 맞은편에 웰컴 라운
지를 마련해 수하물을 맡길 수 있도록 하
고(유료), 호텔을 오가는 무료 셔틀버스
도 운행한다. 유럽풍을 기초로 하여 일본
전통의 멋을 더한 인테리어가 특징이다.

2 교토 브라이튼 호텔
京都ブライトンホテル

맵북 P.24-A1 🔊 쿄오토브라이톤호테루
주소 京都市上京区新町通中立売
전화 075-441-4411 홈페이지 kyoto.brighton
hotels.co.jp 체크인 15:00~24:00 체크아웃
12:00 요금 ￥17,500~ 가는 방법 지하철
가라스마(烏丸) 선 이마데가와(今出川) 역 6번
출구에서 도보 8분 키워드 교토 브라이튼 호텔

전 객실을 리뉴얼하여 보다 쾌적하고 깔
끔한 분위기를 느낄 수 있는 호텔. 전 객
실에 가습기를 설치하는 등의 세심한 배
려가 돋보인다. 호텔에서 가까운 지하철
역 가라스마오이케(烏丸御池) 역에서 호
텔을 오가는 무료 셔틀버스를 08:00부터
21:00까지 20분 간격으로 운행한다.

3 호텔 닛코 프린세스 교토
ホテル日航プリンセス京都

맵북 P.20-A1
🔊 호테루닛코오프린세스쿄오토
주소 京都市下京区烏丸高辻東入高橋町630
전화 075-342-2111 홈페이지 princess-
kyoto.co.jp 체크인 15:00 체크아웃 12:00
요금 ￥25,000~ 가는 방법 지하철
가라스마(烏丸) 선 시조(四条) 역 5번 출구에서
도보 3분 키워드 Hotel Nikko Princess Kyoto

교토 시내의 중심가 가와라마치(河原町)
부근에 위치한 호텔. 이 근방은 교토에서
가장 번화한 곳으로 쇼핑센터, 맛집 등
이 즐비하며 교통편도 편리해 관광 명소
로의 이동 또한 용이하다. 일반 수돗물이
아닌 몸에 좋은 부드러운 천연수를 지하
수에서 끌어와 사용하므로 샤워를 즐기
고 나면 그 차이를 확연히 느낄 수 있다.

4 호텔 타비노스 교토
HOTEL TAVINOS KYOTO

맵북 P.20-B2 🔊 호테루타비노스쿄오토
주소 京都市下京区河原町通五条上る安土町
612 전화 075-320-4111 홈페이지 hoteltavinos.
com/kyoto 체크인 15:00~24:00
체크아웃 11:00 요금 ￥10,000~
가는 방법 게이한(京阪) 전철 게이한본(京阪本)
선 기요미즈고조(清水五条) 역 3번 출구에서
도보 3분 키워드 HOTEL TAVINOS KYOTO

일본의 풍경을 테마로 한 귀여운 일러스
트를 전 객실에 배치해 친근감을 주는 호
텔. 일본 전통문화를 좋아하는 외국인 숙
박객에게 인기가 높다. 매일 6:30부터
10:00 사이 간단한 조식을 무료로 제공
하며, 3층 라운지에 커피, 홍차, 녹차를 무
제한으로 즐길 수 있도록 구비해 두었다.

5
다이와 로이넷 호텔 교토 시조 가라스마
ダイワロイネットホテル京都四条烏丸

맵북 P.20-A1

◀》 다이와로이넷토호테루쿄오토시조오가라스마
주소 京都市下京区烏丸通仏光寺下ル大政所町678
전화 075-342-1166 홈페이지 www.daiwaroynet.jp/
ko/kyoto-shijo 체크인 14:00 체크아웃 11:00
요금 ￥16,500~ 가는 방법 지하철 가라스마(烏丸) 선
시조(四条) 역 5번 출구에서 도보 1분 키워드 다이와
로이넷 호텔 교토 시조 카라스마

주택 건설 업체인 다이와하우스 그룹 계열의 호
텔. 비교적 넓은 공간을 확보해 객실을 꾸렸으
며, 프랑스 업체의 고급 침대를 채용해 쾌적한
수면을 할 수 있도록 하였다. 객실 내에서 데스
크 업무를 해야 할 상황에 대비해 넓은 테이블
과 밝은 조명을 완비한 점도 특징.

6
도미 인 프리미엄 교토에키마에
ドーミーイン PREMIUM 京都駅前

맵북 P.17-B1

◀》 도오미이인프레미아무쿄오토에키마에
주소 京都市下京区東塩小路町558-8 전화 075-371-
5489 홈페이지 www.hotespa.net/hotels/kyoto
체크인 15:00 체크아웃 11:00 요금 ￥18,000~
가는 방법 JR 전철 교토(京都) 역 중앙 출구에서 도보 3분
키워드 도미 인 프리미엄 교토 에키마에

한국인 여행자가 선호하는 호텔 계열사. 교토
역에서 조금만 걸으면 위치한다. 호텔 내 천연
온천 시설이 들어서 있으며, 사우나도 완비되어
있다. 매일 21:30부터 23:00 사이에 소바를 무
료로 제공하는 서비스도 인기.

7
호텔 그랑비아 교토
ホテルグランヴィア京都

맵북 P.22-B ◀》 호테루그랑비아쿄오토
주소 京都市下京区烏丸通塩小路下ル 전화 075-344-
8888 홈페이지 www.granvia-kyoto.co.jp 체크인
15:00~24:00 체크아웃 12:00 요금 ￥25,000~
가는 방법 JR 전철 교토(京都) 역 중앙 출구에서 바로
키워드 호텔 그란비아 교토

JR 전철, 지하철, 신칸센(新幹線) 교토 역 건물
에 위치한 호텔. 역 내에 자리한 만큼 접근성은
물론이고 쇼핑, 맛집, 관광 명소를 자유롭게 이
용할 수 있다는 편리함도 갖추었다. '몸과 마음
그리고 환경에 좋은 호텔'을 기업 이념으로 삼
아 일회용을 자제하고 절수형 변기를 설치하는
등 지구 환경을 생각해 다양한 노력을 하고 있
다. 호텔 곳곳에 예술가들의 작품을 전시하여
갤러리에 온 것 같은 느낌도 든다.

8
도요코인 교토 시조가라스마
東横INN京都四条烏丸

맵북 P.20-A1 ◀》 토요오코인쿄오토시조오가라스마
주소 京都市下京区四条通烏丸東入ル長刀鉾町28
전화 075-212-1045 홈페이지 www.toyoko-inn.com/
search/detail/00053 체크인 16:00~ 체크아웃 10:00
요금 ￥10,000~ 가는 방법 지하철 가라스마(烏丸) 선
시조(四条) 역 20번 출구에서 도보 1분 키워드 토요코인
쿄토 시죠 카라스마

한국에도 지점을 운영하고 있는 도요코인 체인
의 교토 지점 중 하나로, 가와라마치 중심가에
위치한다. 매일 6:30부터 9:00 사이에 무료 조
식을 제공하며, 로비에는 노트북과 컬러 프린터
를 구비해 비즈니스 고객의 니즈도 만족시킨다.
객실이 다소 좁은 점이 아쉽지만 밝은 조명과
깔끔한 분위기가 나름 괜찮다.

교토 호스텔

1
피스 호스텔 교토
Piece Hostel Kyoto

맵북 P.17-B1 📢 피이스호스테루쿄오토 주소 都市南区東九条東山王町21-1 전화 075-693-7077
홈페이지 www.piecehostel.com/kyoto 체크인 15:00~24:00 체크아웃 11:00 요금 ¥3,000~
가는 방법 JR 전철 교토(京都) 역 하치조(八条) 출구에서 도보 6분 키워드 피스 호스텔 교토

교토 역에 인접한 위치, 일본 디자인 호스텔의 시초인 만큼 모던하고 세련된 인테리어, 넓은 부엌과 조리기구가 있고 조식이 무료인 점 등 장점은 일일이 나열하기 어려울 정도로 많다. 전 세계에서 몰려든 여행자들로 붐비는 라운지에서 친구를 만들어 보는 것도 좋을 것이다.

2
렌 교토 가와라마치
Len Kyoto Kawaramachi

맵북 P.20-B2 📢 렌쿄오토 주소 京都市下京区河原町通り松原下ル植松町709-3
전화 075-361-1177 홈페이지 backpackersjapan.co.jp/kyotohostel 체크인 16:00~22:00
체크아웃 10:00 요금 ¥4,000~ 가는 방법 한큐(阪急) 전철 교토본(京都本) 선
가와라마치(河原町) 역 4번 출구에서 도보 8분 키워드 렌 교토 가와라마치

게스트하우스, 카페, 바, 레스토랑 등 다양한 얼굴을 가진 호스텔. 외관부터 심상치 않은 기운을 느끼며 안으로 들어서면 호스텔 같지 않은 분위기에 더욱 깜짝 놀랄 것이다. 로비이자 카페이자 라이브 공연장으로 사용되는 공간은 세련되면서도 매우 멋스럽다.

3
위베이스 교토
Webase 京都

맵북 P.20-A2 📢 위베에스쿄오토 주소 京都市下京区岩戸山町436-1 전화 075-468-1417
홈페이지 we-base.jp/kyoto 체크인 15:00~ 체크아웃 11:00~ 요금 ¥4,800~
가는 방법 지하철 가라스마(烏丸) 선 시조(四条) 역 6번 출구에서 도보 5분 키워드 위베이스 교토

도미토리부터 개인실까지 폭넓은 객실 구성으로 인기가 높은 호스텔 체인. 숙박객만 이용 가능한 넓은 라운지에서 비즈니스 업무를 보거나 음식을 먹을 수 있다. 500권 이상의 세계 각지 여행 관련 서적이 구비되어 있어 독서를 즐기기에도 좋다. 24시간 코인 세탁기와 여성 전용 파우더룸이 있어 편리하다.

오사카 여행 준비하기

01
여행 목적

우선 동행자의 여부에 따라 여행의 스타일은 확연히 달라진다. 나 홀로 여행이라면 기간과 예산에 맞춰 여행의 주된 목적과 동선을 자유롭게 세울 수 있다는 장점이 있다. 물론 특별한 일정 없이 즉흥적으로 움직이는 것 또한 가능하다. 반대로 가족, 친구 등 동행자가 있는 경우라면 목적을 확실히 하는 것이 일정 짜기에도 편리하다. 부모님을 모시고 가는 효도 관광이라면 일정을 느슨하게 잡고 온천을 추가하고, 아이를 동반한 가족 여행이라면 어린이들이 좋아할 만한 동물원이나 체험활동을 포함하는 등 구체적으로 계획을 세우는 것이 좋다.

02
여행 방법

여행 기간과 동행자가 정해졌다면 항공권과 숙소를 예약하자. 예약 방법은 세 가지가 있다. 자신이 항공권과 숙소를 직접 예약하고 일정도 자유롭게 정할 수 있는 '자유여행'과 항공권, 숙소만을 여행사가 대행해 예약해주는 '에어텔', 항공권과 숙소 예약뿐만 아니라 전체 일정을 여행사가 모두 정하고 가이드까지 동반하는 '패키지 여행'이다. 자유여행은 자신이 원하는 대로 모든 일정을 정할 수 있지만, 모든 걸 스스로 해결해야 하는 점이 단점으로도 꼽힌다. 계획을 세우는 데 시간적 여유가 없거나 여행 경험이 부족한 경우에는 부담감으로 작용할 수 있다. 에어텔은 항공권과 숙소만 예약되어 있으므로 나머지 일정은 자신이 자유롭게 짤 수 있지만, 호텔 위치에 맞춰 일정을 정해야 하는 점, 갑작스럽게 계획에 차질이 생겨 변경과 취소를 해야 하는 경우 번거롭다는 단점이 있다. 패키지 여행은 부모님을 모시고 가는 경우 추천하지만, 불특정 다수 혹은 소수와 함께 하는 단체 여행이므로 정해진 틀에 맞춰 움직이는 것이 불편하거나 익숙하지 않다면 피하는 것이 좋다.

03
여행하기 가장 좋은 시기

날씨를 고려했을 때 추천하는 시기는 덥지도 않고 춥지도 않은 3~5월과 10, 11월이다. 여름이 시작되는 6월부터 8월 사이의 낮 시간대는 살인적인 더위로 인해 몸과 마음이 지칠 수 있어 많은 일정을 소화하기가 어렵다. 또한 6, 7월에 집중되는 장마와 9월까지 계속되는 태풍은 여행자에게 최대의 적이다. 겨울은 한국보다 덜 추운 편이기는 하나 그렇다고 추위가 없는 것도 아니기 때문에 패딩과 코트 차림이 좋다. 또한 연말연시에는 영업시간을 단축하거나 아예 영업하지 않는 곳이 많으므로 여러 변수가 발생할 수 있다.

04
여행을 피해야 할 시기

일본의 주요 장기 휴가 시기는 4월 하순부터 5월 상순으로 이어지는 긴 연휴 기간인 골든 위크(ゴールデンウィーク), 일본의 명절 중 하나로 양력 8월 15일 전후 4일간 보내는 오봉お盆, 9월 하순의 연휴 기간인 실버 위크(シルバーウィーク), 그리고 12월 말부터 1월 초까지의 연말연시다. 이 시기는 귀성길에 오르거나 일본 국내 여행을 떠나는 이들이 폭발적으로 늘어나 숙박 시설과 교통편 수요가 증가하므로 요금이 평소의 2~3배 이상 폭등한다. 관광 명소와 맛집, 상업 시설에도 많은 인파가 몰려들기 때문에 대기 시간이나 혼잡한 풍경으로 인해 평소보다 피로도가 높아질 수 있다.

05
여행을 권장하는 시기

일본 국내 여행자가 급격하게 줄어드는 비수기는 골든 위크(4월 29일경부터 5월 5일경까지)가 끝나는 5월 상순부터 7월 연휴 직전인 둘째 주까지, 1월 연휴 직후인 셋째 주부터 졸업식 시즌이 시작되기 직전인 3월 상순까지가 대표적이다. 날씨가 쾌적하고 덥지 않아 돌아다니기 좋은 5~7월 사이가 숙박 요금도 비교적 저렴하고 교통편도 예약하기 좋으며 관광객도 적어 여행하기 가장 좋은 시기라 할 수 있다.

06
추천하는 여행 일수

관광, 식도락, 쇼핑, 온천을 모두 충족시키고 싶다면 비행기 시간 오전 출발, 오후 도착 기준 빠듯하게 2박 3일, 여유롭게 3박 4일은 필요하다. 저마다 추구하는 여행 스타일이 다르기 때문에 단정지을 수는 없지만 누구나 방문하는 정통 코스를 생각하면 2박 이상은 투자해야 한다. 간사이 지역 중 두 도시 이상 방문 예정이라면 3박 이상은 염두에 두고 계획을 짤 것. 도시를 이동할 때마다 일일이 숙박을 예약하기보다는 오사카에 숙소를 잡은 다음 인근 도시에 당일치기로 다녀오는 편이 여러모로 편리하고 좋다.

여권과 비자 준비하기

여권과 비자는 해외여행의 필수품이다. 기본적으로 여권 만료일이 6개월 이상 남아 있다면 대부분 국가로 여행이 가능하다. 일본은 비자면제 협정국으로 여행목적으로 입국한 경우 최장 90일까지 체류할 수 있는 상륙허가 스탬프를 찍어준다. 귀국편 비행기 e티켓 등 출국을 입증할 서류를 지참하는 것이 입국심사에 유리하다.

01 여권 만들기

① **여권 종류** 단수여권과 복수여권 두 종류가 있다. 말 그대로 단수여권은 1회성이고, 복수여권은 기간 만료일 이내에 무제한 사용 가능한 여권이다.

② **준비물** 여권 발급 신청서(접수처에 비치), 여권용 사진 1매(가로 3.5cm, 세로 4.5cm 흰색 바탕에 상반신 정면 사진, 정수리부터 턱까지가 3.2 ~ 3.6cm, 여권 발급 신청일 6개월 이내 촬영한 사진), 신분증, 병역 관계 서류(미필자에 한함),

※유효기간이 남아있는 여권을 소지하고 있다면 여권을 반납해야 함.

③ **여권 발급절차** 발급기관인 전국의 도·시·군청과 광역시의 구청을 방문(서울특별시청은 제외) ▶ 접수처에 비치된 신청서 작성 ▶ 접수 ▶ 수수료 납부 ▶ 여권 수령

달라진 여권 사진 규정

까다로웠던 여권 사진 규정이 2018년부터 완화되었다.

기존 규정 중 뿔테 안경 지양, 양쪽 귀 노출 필수, 가발 및 장신구 착용 지양, 눈썹 가림 불가, 제복군복 착용 불가, 어깨 수평 유지 등의 항목이 삭제되었다.

개정된 여권 사진 규정은 반드시 외교부 여권 안내 홈페이지(www.passport.go.kr/issue/photo.php)를 통해 확인해야 한다.

02 여권 발급 수수료

종류	요금	사증면	금액	대상
복수여권	10년	26면	47,000원	만 18세 이상
		58면	50,000원	
	5년	26면	39,000원	만 8세~만 18세 미만
		58면	42,000원	
		26면	30,000원	만 8세 미만
		58면	33,000원	
단수여권	1년		15,000원	1회 여행 시에만 가능
잔여유효 기간부여			25,000원	여권 분실 및 훼손으로 인한 재발급
기재사항변경			5,000원	사증란을 추가하거나 동반 자녀 분리할 경우

① 기본 준비물

- ☐ 여권
- ☐ 여권 사본
  (여권 분실에 대비해 따로 보관할 것)
- ☐ 항공권 e티켓
- ☐ 여행자보험
- ☐ 현금(엔화) 및 신용카드
- ☐ 국제학생증 또는 국제운전면허증
  (학생 할인 및 렌터카 이용 시)
- ☐ 레일패스 및 바우처
  (한국에서 예약한 경우)
- ☐ 숙소 바우처

② 의류 및 잡화

- ☐ 상의 및 하의
- ☐ 속옷
- ☐ 양말
- ☐ 잠옷
- ☐ 겉옷
- ☐ 방한용품
- ☐ 운동화
- ☐ 실내 슬리퍼
- ☐ 보조가방
- ☐ 우산

③ 전자 용품

- ☐ 멀티플러그
  (일본 플러그 형태는
  110V용타입A 플러그)
- ☐ 스마트폰
- ☐ 카메라
- ☐ 카메라, 스마트폰 충전기

④ 전자 용품

- ☐ 세면도구 및 수건
- ☐ 화장품
- ☐ 여성용품
- ☐ 비상약
- ☐ 자물쇠(도난 방지용)

⑤ 여행 관련

- ☐ 프렌즈 오사카
- ☐ 여행 일정표
- ☐ 필기도구 및 노트

⑥ 그 외

- ☐ 물병
  (일본에서 생수는
  미네랄워터
  ミネラルウォーター,
  탄산수는 炭酸水)

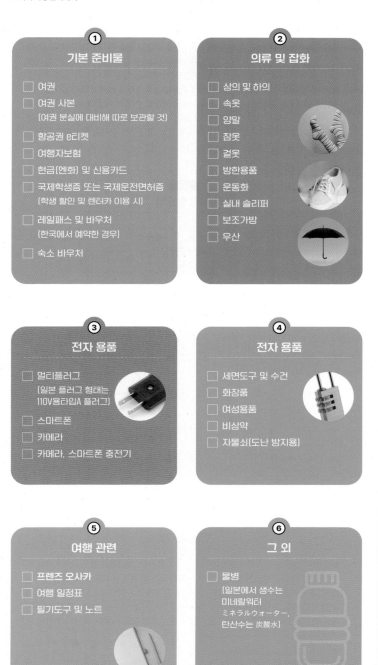

before
the
travel

항공권 예약하기

인천국제공항 또는 김포, 부산 김해, 대구, 청주공항을 통해 간사이국제공항으로 취항하는 항공사로는 국적기인 대한항공과 아시아나항공을 비롯해 에어서울, 에어부산, 이스타, 진에어, 제주항공, 티웨이, 에어로케이, 피치항공 등의 저가 항공사가 있다. 최근 간사이 노선의 취항과 증편으로 항공편이 증가하여 선택의 폭이 넓어졌으며 저렴한 항공권도 예년에 비해 비교적 손쉽게 구입할 수 있게 되었다. 특히 저가 항공은 가격 할인 프로모션을 자주 진행하고 있어 이벤트 시기를 잘 노린다면 더욱 저렴하게 구입할 수 있다. 탑승 날짜가 다가올수록 어느 항공사든 가격이 상승하므로 미리 예약해두는 것이 좋다.

01 취항 항공사

출발지	간사이국제공항(KIX)	출발지	간사이국제공항(KIX)
인천 국제공항 (ICN)	대한항공	김포 국제공항 (GMP)	대한항공
	아시아나항공		아시아나항공
	제주항공		제주항공
	진에어	김해 국제공항 (PUS)	제주항공
	에어서울		에어부산
	에어부산		티웨이항공
	티웨이항공		진에어
	이스타항공	대구국제공항 (TAE)	티웨이항공
	피치항공	청주국제공항 (CJJ)	에어로케이항공

02 항공권 구입

항공권은 각 항공사 홈페이지를 통해 구입이 가능하다. 저가항공 프로모션은 미리 회원 가입을 해두면 메일을 통해 이벤트가 공지되며 공식 홈페이지를 통해 예약할 수 있다. 대표적인 가격 비교 사이트인 네이버항공권과 스카이스캐너, 인터파크와 여행사인 하나투어, 모두투어, 노란풍선 등도 활용해보자. 원하는 날짜를 검색하면 가격순으로 항공권을 확인할 수 있어 편리하다. 부산에서 배를 이용해 오사카로 가는 경우, 페리 회사의 공식 홈페이지를 통해 구입할 수 있다.

팬스타크루즈 www.panstarcruise.com

STEP 01

숙소 선택하기

여행을 준비하는 과정 중 하나인 숙소 선정은 여행의 만족도를 좌우하는 중요한 요소이기도 하다. 누구나 합리적인 가격에 깔끔한 시설, 관광하기 좋은 위치를 겸비한 숙소를 찾고 싶어 한다. 또한 단순히 잠자리로서의 기능을 하는 숙박시설뿐만 아니라 외곽 지역인 유후인과 벳부로 발을 넓혀 일본 문화를 체험하고 온천도 즐기는 료칸 이용도 높은 편이기 때문에 숙박 선정에 고심이 깊어지는 지역이기도 하다. 가격, 시설, 위치 등 자신이 중요시하는 부분을 잘 고려해서 골라보자. 여행 일정이 확정되었다면 신속히 숙소 예약에 돌입하자.

> **료칸 숙박비는 왜 비싼가?**
> 료칸 숙박비는 일반 호텔 숙박비에 비해 훨씬 비싸다. 이는 일본 정통 요리인 가이세키 요리 식사와 료칸 특유의 최상의 서비스, 온천 이용료가 포함되어 있기 때문이다. 보통 1박 기준 체크인 당일 저녁과 다음 날 아침식사가 포함되어 있으며, 온천 이용과 최상의 서비스를 제공받을 수 있다.

STEP 02

숙소 예약하기

숙소 예약은 해당 숙소의 공식 홈페이지를 이용할 수 있으나 호텔 예약 홈페이지 또는 여행사를 통해 예약할 경우 더 저렴한 요금으로 이용할 수도 있다. 특히 호텔 예약 홈페이지를 이용하면 성급, 가격대, 위치, 조식 포함/불포함 여부 등 원하는 조건에 맞게 숙소를 찾을 수 있어 편리하다. 호텔 예약 홈페이지로는 부킹닷컴(www.booking.com), 아고다(www.agoda.com/ko-kr), 익스피디아 (www.expedia.co.kr), 호텔스닷컴(kr.hotels.com), 트리바고(www.trivago.co.kr), 호텔스컴바인(www.hotelscombined.co.kr) 등이 있다.

> **성수기에는 빠른 예약은 필수!**
> 골든위크(4월 하순~5월 상순)와 실버위크(9월 하순), 연말연시는 일본의 극성수기. 전체적으로 가격이 높아지고 조기에 만실이 되므로 되도록이면 피하는 것이 좋겠지만, 부득이하게 일정이 겹친다면 빠른 예약이 무엇보다도 중요하다. 참고로 현지인의 여름 휴가철은 일본 최대의 명절 오봉(8월 15일)을 전후로 한 시기로, 앞서 골든위크, 실버위크, 연말연시와 마찬가지로 성수기로 분류된다

일본의 화폐 단위는 엔(¥, Yen)이 사용된다. 화폐 종류로는 1000, 2000, 5000, 10000엔 4가지 지폐와 1, 5, 10, 50, 100, 500엔 6가지 동전으로 구성되어 있다.

1,000엔

2,000엔

5,000엔

10,000엔

500엔

100엔

50엔

10엔

5엔

1엔

01
환전

일본 현지에서의 카드와 간편 결제 사용이 늘어남에 따라 한국에서 무리하게 환전해 가는 방식이 이제는 옛말이 되었다. 더불어 트래블로그, 트래블월렛과 같은 선불식 충전카드가 인기를 끌면서 여행지에서 필요한 금액만큼만 사전에 충전하여 사용하는 이들도 늘어났다. 선불식 충전카드가 편리한 건 환전 수수료가 없고 충전 시 매매 기준율로 환전되어 꽤나 큰 비용을 아낄 수 있기 때문이다. 또한 큰 금액의 현금을 직접 소유할 필요가 없어 여행자의 부담도 줄어든다. 그러므로 여행지에서 사용 예정인 금액은 대부분 선불식 충전카드에 넣어두거나 충전할 수 있도록 따로 빼두자. 당장 필요할 때 사용할 수 있는 비상금 정도의 소액만 은행 애플리케이션을 통해 환전 신청 후 가까운 은행 영업점이나 인천공항 내 은행 환전소에서 수령하면 좋다. 현지에서 현금이 필요하다면 트래블로그와 트래블월렛을 통해 ATM 출금을 하면 된다.

02
신용카드

개인이 운영하는 작은 상점 이외에 대부분의 쇼핑 명소에서는 신용카드 사용이 가능하지만 음식점의 경우 아직은 카드 사용이 제한된 곳도 있다. 신용카드 브랜드 가운데 비자(VISA), 마스터 카드(Master Card), 아메리칸 익스프레스(American Express), JCB, 은련카드(Union Pay)를 사용할 수 있다. 단, 해외에서 사용 가능한 카드인지 반드시 확인해두어야 한다. 카드 사용 시 주의할 점으로 카드 뒤에 서명이 반드시 있어야 하고, 실제 전표에 사인을 할 때도 그 서명을 사용해야 한다. 한국에서 하는 것처럼 하트를 그리거나 서명과 다르게 사인한다면 결제를 거부당할 수도 있다. 신용카드의 현금 서비스와 체크카드의 현금 인출은 일본 우체국 유초은행(ゆうちょ銀行)과 세븐일레븐 편의점 내 세븐은행(セブン銀行)의 ATM 등에서 이용 가능하다(트래블로그 카드인 경우 세븐은행(セブン銀行) ATM, 트래블월렛은 이온(イオン) ATM에서 인출할 경우 수수료 무료).

	트래블월렛	트래블로그
실물카드		
발행처	트래블월렛	하나카드
연동 플랫폼	트래블월렛 앱	하나머니 앱
브랜드	비자(VISA)	마스터(MASTER), 유니온페이(UPI)
연결 은행	다양한 계좌 가능	
적용 환율	매매기준율	
통화 권종	45종	58종
환전 수수료		유로, 파운드, 엔화, 달러
무료 통화	유로, 엔화, 달러	2024년 현재 수수료 무료 이벤트 실시 중
해외 가맹점 수수료	무료	
해외 결제 수수료	무료	
해외 결제 한도	충전 금액 내 한도 없음	$5,000(월 $10,000)
해외 ATM 수수료	$500 이내 무료, 이후 2%	무료
건당 ATM 인출 한도	$400	$1,000
1일 ATM 인출 한도	$1,000 (월 $2,000)	$6,000 (월 $10,000)
최소 충전	¥20, €1, £1, $1	¥100, €1, £1, $1
충전 한도	모든 통화 합산 원화 200만 원	통화별 원화 300만 원
원화 환급 수수료	1%	
국내 사용	사용 가능	

before the travel ✽ 트래블월렛 VS 트래블로그 비교하기

Tip

ATM에서 현금 인출하는 방법

ATM 기계마다 이용 방법이 약간씩 다를 수 있으므로 유의하자.

❶ 엔화가 충전된 카드를 준비한다 ┅ ❷ 구글 맵으로 ATM 검색하여 기기를 찾는다 ┅ ❸ 기기에 카드를 삽입한다 ┅ ❹ 카드 비밀번호 4자리를 입력한다 ┅ ❺ 언어 설정에서 '한국어'를 클릭한다 ┅ ❻ 원하는 거래는 '출금'을 클릭한다 ┅ ❼ 원하는 계좌는 '건너뛰기'를 클릭한다 ┅ ❽ 출금할 금액을 선택한 후 최종 화면에서 엔화를 클릭한다

ATM 인출 시 요구되는 비밀번호가 4자리라면 카드 발급 시 등록한 4자리를 입력하고, 6자리를 요구하는 경우에는 4자리 비밀번호 뒤에 00을 입력하면 된다.

앞서 언급한 바와 같이 일본에서도 간편 결제 서비스가 점차 확대되고 있는 실정이다. 일본의 주요 간편 결제 서비스로는 페이페이(PayPay), 라인페이(LINE Pay), 라쿠텐페이(R Pay), 알리페이(ALI PAY) 등이 있다. 이 중 한국에서 많이 사용하는 네이버페이와 카카오페이는 일본 간편 결제 시스템과 연계하여 일본 현지에서도 이용할 수 있게 되었는데, 네이버페이는 유니온페이와 알리페이, 카카오페이는 알리페이와 연계하여 일본에서 이용 가능하다. 이용 시 환율은 당일 최초 고시 매매기준율이 적용되며, 별도 수수료는 없다. 네이버페이와 카카오페이 모두 각 포인트와 머니로만 결제되므로 잔액 확인 후 사용하도록 한다(선물받은 포인트와 머니는 사용 불가). 이용 시 아래 절차를 참고하자.

🤖 Tip 주요 사용처

네이버페이 : 간사이국제공항, 빅카메라, 야마다전기, 돈키호테, 유니버설 스튜디오 재팬, 다카시마야 백화점, 다이마루 백화점, 코코카라파인 드러그 스토어, 웰시아 드러그스토어, 다이코쿠 드러그스토어, 마쓰야 규동 전문점, 재팬 택시, 로손 편의점, 세븐일레븐, 패밀리마트, 도토루, ABC마트, 이치란 라멘 전문점 등

카카오페이 : 이온몰, 빅카메라, 다이마루 백화점, 이세탄 백화점, 돈키호테, 에디온, 로손 편의점, 패밀리마트 편의점, 쓰루하 드러그스토어 등

네이버페이, 카카오페이 이용 방법

Ⓝ pay 결제방법
❶ 네이버페이 애플리케이션에서 '현장결제' 클릭
❷ 'N Pay 국내'를 클릭
❸ 결제 방법 중 '알리페이 플러스 또는 유니온페이 중국 본토 외'를 선택
❹ 유니온페이로 전환된 바코드로 결제 진행

💬 pay 결제방법
❶ 카카오톡 내 카카오페이 창을 열어 '결제' 클릭
❷ 화면 상단 오른쪽 첫 번째 지구본 아이콘 클릭
❸ 국가/지역 선택에서 '일본' 클릭
❹ 알리페이로 전환된 바코드로 결제 진행

트렌드 키워드에서 여전히 주목받고 있는 '비대면'은 일본의 일상생활에서도 큰 변화를 불러일으키고 있다. 처음부터 끝까지 모두 터치스크린 키오스크를 통한 셀프 계산대 방식을 적용하기보단 일부만을 차용해 일본만의 독특한 비대면 거래 방식을 도입한 곳이 늘어났는데, 대표적으로 세븐일레븐과 같은 편의점이나 라이프 등의 슈퍼마켓 등이 있다. 물건 구매 시 계산대에서 점원이 직접 바코드로 물건을 찍는 흐름까지는 종래 방식과 동일하나 다음 절차인 결제부터는 터치스크린 키오스크를 통해 구매자가 직접 진행해야 하는 점이 상이하다. 구매자는 최종 결제 금액을 보고 결제수단을 고른 후 지불 방식에 따라 절차를 진행해야 한다. 현금으로 지불할 경우 키오스크 하단에 장착된 기계에 직접 돈을 넣어야 하며, 신용카드나 선불식 충전카드를 선택한 경우 기계 우측에 있는 결제 시스템을 통해 결제를 처리해야 한다. 결제에 어려움을 느낀다면 점원에게 도움을 요청하자.

화면에서 결제 방법을 선택
- 바코드 결제
- 나나코(세븐일레븐카드)
- 현금
- 기타(간편 결제)
- 신용카드
- 교통카드
  (스이카, 파스모, 이코카 등)

신용카드나 선불식 충전카드는
기기 우측을 통해 결제

현금 결제는 기기 하단 이용
동전은 좌측에, 지폐는 우측에 삽입

기타(간편 결제 서비스인
페이 애플리케이션)를 선택한 경우
점원에게 바코드나 QR코드를
제시하여 결제 완료

쇼핑할 때 주의할 점

대부분의 쇼핑 명소는 외국인 관광객을 위한 편의 서비스가 잘 정비되어 있는 편이다. 특히 한국인의 입소문으로 인해 필수 코스가 된 곳은 한국어가 가능한 직원 배치나 한국어 브로슈어 구비 등 한국인에 특화된 서비스를 실시하고 있다. 무엇이든 저렴하게 원하는 것을 구하면 좋겠지만 어느 정도의 발품이 필요하므  로 적정선에서 구입하면 된다. 생활용품 전문점이나 편의점에서 사지도 않은 제품이 영수증에 포함되어 있거나 구입한 수량보다 훨씬 많은 수량으로 계산되었다는 후기가 심심찮게 들려오고 있는 요즘, 무엇보다도 영수증을 꼼꼼하게 확인하는 것이 중요하다. 또한 면세 절차 후 이루어지는 밀봉 과정에서 구입한 제품이 누락되는 경우도 있다고 하니 잘 지켜보자.

01
우편 이용

엽서를 보낼 때 필요한 우표는 우체국 창구나 편의점에서 구입할 수 있다. 우체국은 일본어로 유우빙쿄쿠(郵便局)로 오렌지색 간판이 특징이며 주말과 공휴일은 운영하지 않는다. 엽서 1장당 선편 ¥90, 항공편 ¥100이 필요하며 7일 정도 소요된다. 받는이 주소 칸에 반드시 'SOUTH KOREA', 'AIR MAIL'을 기입해야 한다.

02
여행 방법

① 일본 국내 전용 유심칩(심카드 SIM Card)

첫 번째, 일본 국내 전용 유심칩(심카드 SIM Card)을 구입하는 것이다. 기존의 한국 유심칩이 끼워진 자리에 일본 전용 유심칩을 끼우고 사용설명서대로 설정을 하면 손쉽게 데이터를 이용할 수 있는 시스템이다. 온라인에서 판매하는 심카드는 보통 5~8일간 기준 1GB·2GB의 데이터는 5G·4G 속도로, 나머지는 3G 속도로 무제한 이용할 수 있는 것이 일반적이다. 최근에는 유심칩을 별도로 끼우지 않아도 데이터 이용이 가능한 eSIM도 새롭게 등장했다. 온라인에서 상품을 구매한 다음 판매사에서 발송된 QR코드 또는 입력정보를 통해 설치 후 바로 개통되는 시스템이다. 판매사에 기재된 방법대로 연결해야 하지만 그다지 어렵지는 않다. 단, 설치 시 인터넷이 연결된 환경에서만 개통 가능한 점을 명심하자. eSIM 사용이 가능한 단말기 기종이 한정적인 점도 아쉬운 부분. 유심과 eSIM은 일본에서도 구입 가능하나 여행 전 국내 여행사나 소셜 커머스에서 구입하면 더욱 저렴하다.

② 포켓와이파이

두 번째는 포켓와이파이를 대여하는 것이다. 포켓와이파이는 1일 대여비 약 3,000~4,000원대로 별도의 기기를 소지하여 와이파이를 무제한 사용할 수 있는 서비스다. 저렴한 가격에 여러 명 혹은 여러 대의 기기가 하나의 포켓와이파이에 동시 접속이 가능하다는 것이 강점으로 꼽힌다. 하지만 여행 최소 1주일 전에 예약해야 하고 임대 기기를 수령하고 반납해야 하는 단점이 있다. 또 기기를 항시 소지해야 하며, 배터리 문제도 신경 써야 하는 점도 포켓와이파이를 대여하기 전 유의해야 할 사항이다.

③ 데이터 로밍

로밍 서비스는 현재 SK텔레콤, KT, LGU+, 일부 알뜰폰 통신사에서 운영하고 있다. 일본에 도착한 순간부터 데이터를 무제한으로 이용할 수 있는 서비스로, 자신의 스마트폰 번호 그대로 음성통화, 문자메시지를 사용할 수 있다. 현지 통신사의 데이터망을 이용하므로 속도가 빠르고 대부분의 지역에서 연결이 원활하다는 장점이 있다. 다소 비싼 요금이 흠이므로 가격을 고려하면 3~4일 이내의 단기 여행자에게 좋다.

길찾기

구글 맵스 Google Maps
현재 위치에서 목적지까지 가는 방법을 차량, 대중교통, 도보 등 다양한 방식으로 알려주는 지도 앱.

노리카에 안나이 乗換案内
일본 내비게이션 전문 업체가 개발한 일본 전국의 전철, 지하철, 노면 전차 등의 경로 안내 전문 앱.

번역

네이버 파파고 papago
네이버가 개발한 번역 애플리케이션. 번역 정확도가 구글맵보다 높다. 음성 번역과 이미지 번역 등을 제공.

구글 번역 Google Translate
구글이 개발한 번역 애플리케이션. 파파고와 마찬가지로 음성 번역과 이미지 번역을 제공한다.

교통

IC카드 IC CARD
파스모(PASMO), 스이카(Suica) 등 일본 교통카드를 출국 전 만들고 싶다면 애플리케이션을 다운 받는다.

IC카드 잔액 확인
스마트폰에 카드를 갖다 대면 일본 교통카드의 잔액을 실시간 확인 가능한 앱.

출국

스마트 패스 SMARTPASS
여권, 안면정보, 탑승권을 사전 등록하면 출국장에서 얼굴 인증만으로 통과 가능한 패스트트랙 앱.

면세점 어플 Duty Free
롯데, 신세계, 신라 면세점 앱에서 출국 시 줄을 서지 않고 면세품 인도장의 대기표를 발권 받을 수 있다.

before the travel

✿

여행에 유용한 애플리케이션

사건·사고 대처하기

01
긴급 연락처

긴급 전화 110 대한민국 영사콜센터 +82-2-3210-0404
주 오사카 대한민국 총영사관

주소 大阪市中央区西心斎橋2-3-4 전화 06-4256-2345
홈페이지 overseas.mofa.go.kr/jp-osaka-ko/index.do
운영 09:00~16:00 가는 방법 지하철 미도스지(御堂筋) 선,
센니치마에(千日前) 선 난바(なんば) 역 25번 출구에서 도보 10분

02
여권을 분실한 경우

가까운 경찰서(交番, 고오방)를 방문
하여 여권분실신고서 작성 ▶ 신고
서, 여권용 컬러사진 1매, 여권 사본이
나 여권 번호, 발행일자 등이 적힌 서
류를 들고 한국영사관 방문 ▶ 수수료
(¥6,240)를 내고 여권 발급(사진촬
영 비용 ¥500 별도)

03
여행 중 갑작스러운 부상과 아픈 경우

부상이나 병의 증세가 심해졌다면 긴급전화 119로 통화하여 구급차를 부르는 것이
좋다. 전화가 연결되면 우선 외국인임을 밝히고 위치와 증상을 차분히 설명한 다음
앰뷸런스를 부탁하면 된다. 일본은 긴급상황에 대비하여 통역 서비스를 운영하므로
일본어를 못하더라도 안심하고 한국어로 대응하자. 3개월 미만의 여행자에게는 의
료보험이 적용되지 않으므로 병원비가 매우 비싸다. 이런 경우를 대비하여 여행 전
반드시 여행자보험을 가입하는 것이 좋다.

04
여행자보험

해외여행 시 뜻하지 않은 사건·사고를 당하게 된다면 여행자보험의 실효성이 여실히
드러난다. 사고나 질병으로 인해 병원 신세를 졌거나 도난으로 손해를 입었을 경우 가
입 내용에 따라 어느 정도 보상을 받을 수 있다. 보험사마다 종류와 보장 한도가 다르
므로 꼼꼼히 확인해보고 결정하는 것이 좋다. 실제로 사건·사고를 겪었다면 그 사실
을 입증할 수 있는 서류는 기본적으로 준비해두어야 한다. 병원에 다녀왔다면 의사의
소견서와 영수증, 사고증명서 등이 필요하고, 도난을 당했다면 경찰서를 방문하여 도
난신고서를 발급받아둬야 한다.

오사카 여행 준비하기 507

01 의류 사이즈표

성별	국가	XS	S	M	L	XL	
여성복	한국	44/85	55/90	66/95	77/100	88/105	-
	일본	5/34	7/36	9/38	11/40	13/42	-
남성복	한국	-	90	95	100	105	110
	일본	-	36	38	40	42	44

02 신발 사이즈표

여성	한국	220	225	230	235	240	245	250	255	260
	일본	22	22.5	23	23.5	24	24.5	25	25.5	26
남성	한국	245	250	255	260	265	270	275	280	285
	일본	24.5	25	25.5	26	26.5	27	27.5	28	28.5

한국인과 일본인은 체격 차이가 크지 않아 일본의 의류 및 잡화 사이즈도 우리가 흔히 생각하는 사이즈와 비슷하다. 다만, 사이즈 표기 방식이 우리와는 조금 다르므로, 위의 사이즈표를 보고 자신에게 맞는 사이즈의 의류 및 잡화를 구입해보자.

Tip 일본 소비세의 경감세율 제도

2019년 10월 1일부터 일본의 소비세가 8%에서 10%로 상승했다. 여기서 이전과 다른 '경감세율(輕減税率)'이라는 새로운 제도가 탄생했는데, 쉽게 설명하자면 일상생활에서 널리 이용되는 것에 한해서는 종전의 8% 세율이 그대로 적용된다. 경감세율 적용의 가장 대표적인 것은 주류와 외식을 제외한 음식료품이다. 여기서 주의해야 할 사항은 도시락이나 패스트푸드를 테이크아웃할 경우에는 8%가 적용되나 점포 내에서 먹을 경우는 10%가 적용된다. 길거리 야타이(屋台)와 푸드코트도 마찬가지로 구매 후 바깥에서 먹는다면 8%, 내부에서 먹으면 10%가 적용된다. 또한, 맥도날드의 햄버거 세트에 장난감이 포함된 '해피밀'을 구매할 경우 장난감이 덤으로 주어지는 경우는 8%이지만 음식과 관련 없이 장난감만 구매하는 경우는 10%가 적용된다. 유원지 매점에서 먹거리를 사 먹더라도 매점 앞 벤치에 앉으면 10%, 다른 곳에서 먹거나 걸으면서 먹으면 8%로 꽤 까다롭게 구분되어 있다. 예외도 있는데, 일부 대형 프랜차이즈 요식업체는 기업체에 따라 테이크아웃과 점포 내 식사 메뉴를 동일한 가격으로 책정한 곳도 있다. 대표적인 곳은 맥도날드, KFC, 프레시니스 버거 등의 패스트푸드점을 비롯해 소고기덮밥 전문인 마쓰야(松屋), 일본식 튀김덮밥집 뎬동텐야(天丼てんや), 패밀리 레스토랑 사이제리야(サイゼリヤ) 등이 있다.

❀

여행 일본어

 인사

안녕하세요. (아침 인사)
おはようございます。
🔊 오하요 고자이마스

안녕하세요. (점심 인사)
こんにちは。
🔊 콘니치와

안녕하세요. (저녁 인사)
こんばんは。
🔊 콤방와

실례합니다. 죄송합니다.
すみません。
🔊 스미마셍

감사합니다.
ありがとうございます。
🔊 아리가또 고자이마스

 호텔

체크인하고 싶어요.
チェックインお願いします。
🔊 체크인 오네가이시마스

(종업원)여권을 보여주시겠어요?
パスポートお願いします。
🔊 파스포토 오네가이시마스

택시 좀 불러주시겠어요?
タクシーを呼んで下さい。
🔊 타크시오 욘데 쿠다사이

몇 시에 체크아웃인가요?
チェックアウトは何時ですか。
🔊 체크아우또와 난지데쓰까

체크아웃하고 싶어요.
チェックアウトお願いします。
🔊 체크아우또 오네가이시마스

 레스토랑

메뉴를 볼 수 있을까요?
メニューをもらえますか。
🔊 메뉴오 모라에마스까

(메뉴를 가리키며)이걸로 할게요.
これにします。
🔊 코레니 시마스

추천 메뉴는 무엇인가요?
お勧めは何ですか。
🔊 스메와 난데쓰까

계산서 주세요.
お会計をお願いします。
🔊 오카이케오 오네가이시마스

카드 결제 가능한가요?
クレジットカードは使えますか。
🔊 크레짓또카도와 츠카에마스까

 관광할 때

○○ 역은 어디인가요?
すみませんが、○○ 駅はどこですか。
🔊 스미마셍가 ○○에키와 도꼬데스까

주변에 은행이 있나요?
近くに銀行はありますか。
🔊 치카쿠니 깅꼬와 아리마스까

돈을 환전하고 싶어요.
両替がしたいのですが。
🔊 료가에가 시따이노데스가

사진촬영은 가능한가요?
写真を撮ってもいいですか。
🔊 샤싱오 톳떼모 이이데스까

화장실은 어딘가요?
トイレはどこですか。
🔊 토이레와 도꼬데스까

쇼핑할 때

얼마인가요? いくらですか。
🔊 이쿠라데스까

이걸로 구매할게요. これください。
🔊 코레 쿠다사이

입어 봐도 되나요? 試着してもいいですか
🔊 시차쿠시떼모 이이데스까

좀 더 큰(작은) 사이즈는 있나요?
もっと大きい(小さい)ものはありますか。
🔊 못또 오오키이(치이사이)모노와 아리마스까

이 아이템의 다른 색은 있나요?
他の色はありますか。
🔊 호카노 이로와 아리마스까

아플 때

열이 나요 熱が出ました。
🔊 네츠가 데마시타

목이 아파 요 喉が痛いです。
🔊 노도가 이타이데스

두통 頭痛
🔊 주츠으

기침 咳
🔊 세키

재채기 くしゃみ
🔊 쿠샤미

콧물 鼻水
🔊 하나미즈

가래 たん
🔊 탄

설사 下痢
🔊 게리

코막힘 鼻づまり
🔊 하나즈마리

근육통 筋肉痛
🔊 킨니쿠츠으

감기약 風邪薬
🔊 카제구스리

두통약 頭痛薬
🔊 즈츠으야쿠

진통제 鎮痛剤
🔊 친츠으자이

해열제 解熱剤
🔊 게네츠자이

지사제 下痢止め
🔊 게리도메

숫자

1 いち 🔊 이치	한 개 ひとつ 🔊 히토츠
2 に 🔊 니	두 개 ふたつ 🔊 후타츠
3 さん 🔊 상	세 개 みっつ 🔊 밋츠
4 よん/し 🔊 욘/시	네 개 よっつ 🔊 욧츠
5 ご 🔊 고	다섯 개 いつつ 🔊 이츠츠
6 ろく 🔊 로쿠	여섯 개 むっつ 🔊 못츠
7 なな/しち 🔊 나나/시치	일곱 개 ななつ 🔊 나나츠
8 はち 🔊 하치	여덟 개 やっつ 🔊 얏츠
9 きゅう 🔊 큐	아홉 개 ここのつ 🔊 코코노츠
10 じゅう 🔊 쥬	열 개 とお 🔊 토오

Tip 번역 애플리케이션

스마트폰 번역 애플리케이션을 이용하면 더욱 손쉽게 의견을 전달할 수 있다. 한글로 원하는 문장을 입력한 후 '번역' 버튼을 누르면 끝! 스피커 버튼을 누르면 음성 지원이 되어 더욱 편리하다. 대표적인 번역 애플리케이션으로는 구글 번역(Google Translate)과 포털 사이트 네이버가 만든 통·번역 애플리케이션 파파고(Papago)가 있다. 아이폰 사용자는 앱 스토어(App Store)에서, 안드로이드 사용자는 구글 플레이(Google Play)에서 다운로드 받아 사용한다.

INDEX
인덱스

✱

프렌즈 시리즈 **25**

프렌즈 **오사카**

발행일 | 초판 1쇄 2024년 9월 9일

지은이 | 정꽃나래 · 정꽃보라

발행인 | 박장희
대표이사·제작총괄 | 정철근
본부장 | 이정아
파트장 | 문주미
책임편집 | 박수민

기획위원 | 박정호

마케팅 | 김주희, 한륜아, 이현지
디자인 | 정원경

발행처 | 중앙일보에스(주)
주소 | (03909) 서울시 마포구 상암산로 48-6
등록 | 2008년 1월 25일 제2014-000178호
문의 | jbooks@joongang.co.kr
홈페이지 | jbooks.joins.com
네이버 포스트 | post.naver.com/joongangbooks
인스타그램 | @j__books

© 정꽃나래 · 정꽃보라, 2024

ISBN 978-89-278-8059-2 14980
ISBN 978-89-278-8003-5(세트)